機器分析の事典

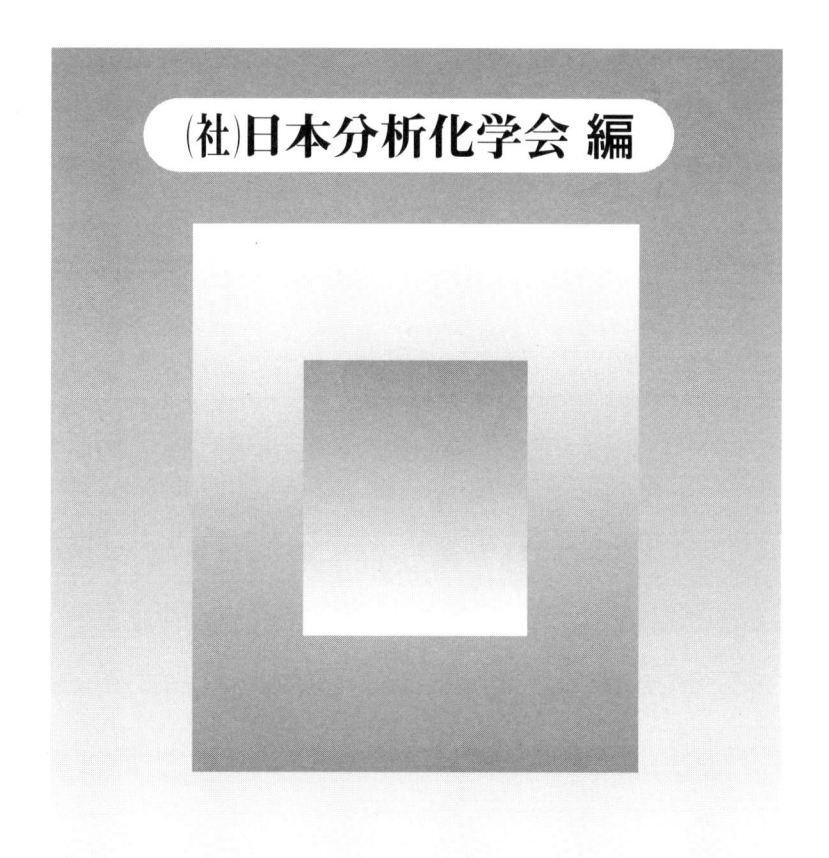

(社)日本分析化学会 編

朝倉書店

まえがき

　物質を相手にする科学に携わる上で，物質の成分が何から構成され，それらの成分がどういう状態で，どれくらい含まれているかという情報は必須のものである．現在，先端科学・技術を切り拓く上で，分析化学，とりわけ機器分析化学が重要度を増しているゆえんである．本書は，物質に関する情報を得る上で，利用することの多い各種分析機器に関して，それらの機器がどのような情報をもたらすのか，機器の中身はどうなっているのか，作動原理はどうか，どのような用途があるのか，といった点について簡潔にまとめたものである．

　今日，分析機器は多種多様で，数えることもできないほどである．本書では，それらのうちで広く使われている分析機器を用途ごとにおおまかに分類し，組成分析，状態分析，表面分析，結晶構造分析，形態分析，分離分析，その他とした．合計110余の機器を，この分類に当てはめて，解説してある．

　本書のおもな読者層としては，さまざまな領域で機器分析の実務に携わっている研究者，技術者，学生の方々を想定している．今後，機器の利用者がその原理，動作機構などを知らなくとも分析値が得られる，いわゆる「ブラックボックス化」がますます進むと考えられる．本書には上記のように，機器の選択から，データの採取まで，間違いのない道筋をたどる上で，必要と考えられる事項が種々盛り込まれているので，折にふれて参考にしていただきたい．

　各項目は第一線の方々にわかりやすさを旨にご執筆をお願いし，可能な限り記述の統一を計った．早期の刊行を心がけたため，機器の特性上，なお幾分執筆者の個性が残っている場合もあるかと思うが，お許し願いたい．

　最後に，本書を出版するに当たり，大変お世話をいただいた朝倉書店編集部に厚く御礼申し上げる．

2005年10月

編集委員一同

編集委員

小熊 幸一　千葉大学工学部	田中 龍彦　東京理科大学工学部
河合　潤　京都大学大学院工学研究科	保母 敏行　東京都立大学名誉教授

執筆者

小熊 幸一　千葉大学工学部	長島 珍男　工学院大学工学部
大野 賢一　昭和大学薬学部	鈴木 孝治　慶應義塾大学理工学部
伊藤 克敏　昭和大学薬学部	山田 幸司　(財)神奈川科学技術アカデミー
山田 正昭　首都大学東京都市環境学部	加藤 弘眞　(株)三菱化学科学技術研究センター横浜分析センター
小林　剛　物質・材料研究機構分析ステーション	平井 昭司　武蔵工業大学工学部
千葉 光一　産業技術総合研究所計測標準研究部門	角田 欣一　群馬大学工学部
中原 武利　大阪府立大学名誉教授	樋口 精一郎　前長崎大学教育学部
我妻 和明　東北大学金属材料研究所	宇野 公之　大阪大学大学院薬学研究科
前田 邦子　理化学研究所加速器基盤研究部	西村 善文　横浜市立大学大学院国際総合科学研究科
河合　潤　京都大学大学院工学研究科	渡辺 正行　日本分光(株)TV&CD技術部
滝埜 昌彦　横河アナリティカルシステムズ(株)アプリケーションセンター	内山 一美　首都大学東京都市環境学部
日高　洋　広島大学大学院理学研究科	坂本 昌巳　千葉大学大学院自然科学研究科
中村　進　産業技術総合研究所計測標準研究部門	齊藤 公児　新日本製鐵(株)技術開発本部先端技術研究所
田中 龍彦　東京理科大学工学部	渡部 徳子　青山学院大学女子短期大学
板垣 昌幸　東京理科大学理工学部	吉田 博久　首都大学東京都市環境学部
日置 昭治　産業技術総合研究所計測標準研究部門	松尾 基之　東京大学大学院総合文化研究科
桑野　潤　東京理科大学工学部	髙橋 秀之　日本電子(株)電子光学機器本部
中田 隆二　福井大学教育地域科学部	森　良弘　シルトロニック・ジャパン(株)R&D/SIMOXグループ
菅原 正雄　日本大学文理学部	松野 信也　旭化成(株)基盤技術研究所

山本　　公	アルバック・ファイ(株)	保母敏行	東京都立大学名誉教授
槇石規子	JFEスチール(株)スチール研究所	前田恒昭	産業技術総合研究所ベンチャー開発戦略研究センター
石井秀司	京都大学大学院工学研究科	北川文彦	京都大学大学院工学研究科
工藤正博	成蹊大学理工学部	大塚浩二	京都大学大学院工学研究科
岩附正明	山梨大学名誉教授	真鍋　　敬	愛媛大学理学部
東　　常行	(株)リガクX線研究所	本水昌二	岡山大学大学院自然科学研究科
矢板　　毅	日本原子力研究開発機構放射光科学研究ユニット	四宮一総	日本大学薬学部
岡本芳浩	日本原子力研究開発機構燃料材料工学ユニット	前田昌子	昭和大学薬学部
岡本篤彦	立命館大学総合理工学研究機構	斉藤　　誠	東亜ディーケーケー(株)商品開発部
桜井健次	物質・材料研究機構材料研究所	藤田芳一	大阪薬科大学総合薬学系薬物治療教育研究部門
釜崎清治	首都大学東京都市環境学部	遠藤昌敏	山形大学工学部
小野昭成	日本電子(株)電子光学機器本部	尾林正信	京都電子工業(株)
辻　　幸一	大阪市立大学大学院工学研究科	浅野泰一	前八戸工業高等専門学校物質工学科
美濃部正夫	(株)住化分析センター	岡本幸雄	東洋大学工学部
横山茂樹	カールツァイス(株)マイクロスコープディビジョン	恩田宣彦	(株)パーキンエルマージャパン応用研究部
宮村一夫	東京理科大学理学部	乗富秀富	首都大学東京都市環境学部
竹内豊英	岐阜大学工学部	宮本圭介	日本シイベルヘグナー(株)テクノロジー事業部門
野々村誠	東京都立産業技術研究所製品開発部	武井　　孝	首都大学東京都市環境学部

(執筆順)

目 次

I. 組成分析

1 分光光度計 …………………………………2
2 蛍光光度計 …………………………………4
3 蛍光偏光測定装置 …………………………6
4 りん光測定装置 ……………………………7
5 時間分解蛍光光度計 ………………………8
6 蛍光寿命計 …………………………………10
7 レーザー励起蛍光光度計 …………………11
8 化学発光分析計 ……………………………12
9 フレーム原子吸光分光光度計 ……………15
10 電気加熱原子吸光分光分析計 ……………18
11 還元気化原子吸光分光光度計 ……………20
12 水素化物発生原子吸光分光光度計 ………23
13 誘導結合プラズマ発光分光分析装置 ……25
14 マイクロ波誘導プラズマ原子発光分光分析装置 ……29
15 炎光分光光度計 ……………………………32
16 スパーク放電発光分析装置 ………………34
17 波長分散型蛍光X線分析装置 ……………37
18 エネルギー分散型蛍光X線分析装置 ……41
19 四重極型質量分析計（イオントラップ型を含む）……46
20 二重収束型質量分析計 ……………………50
21 飛行時間型質量分析計 ……………………55
22 タンデム質量分析計 ………………………60
23 安定同位体比質量分析計 …………………65
24 誘導結合プラズマ質量分析装置 …………68
25 pH 計 ………………………………………73
26 酸化還元電位計 ……………………………76
27 直流ポーラログラフ ………………………78
28 電解分析装置 ………………………………79
29 電量分析装置 ………………………………81
30 隔膜電極式酸素計 …………………………84
31 電気伝導率計（導電率計） ………………86
32 バイオセンサー ……………………………88
33 ガスセンサー ………………………………90
34 オプティカルセンサー ……………………93

35 温度滴定装置 …………………………… 96
36 光度滴定装置 …………………………… 98
37 電気滴定装置 …………………………… 100
38 水分測定装置（カールフィッシャー滴定法）……… 102
39 γ線測定装置 …………………………… 106

II．状態分析

40 全反射蛍光顕微鏡 ……………………… 112
41 分散型赤外分光光度計 ………………… 114
42 非分散型赤外分光光度計 ……………… 116
43 顕微測定用フーリエ変換赤外分光光度計 ……… 123
44 近赤外分光光度計 ……………………… 125
45 FT-ラマン分光光度計 ………………… 126
46 レーザーラマン分光光度計 …………… 130
47 顕微ラマン分光光度計 ………………… 133
48 旋　光　計 ……………………………… 135
49 旋光分散計 ……………………………… 139
50 円二色性分光計 ………………………… 142
51 光音響分光装置 ………………………… 146
52 光音響顕微鏡 …………………………… 148
53 核磁気共鳴装置 ………………………… 150
54 固体核磁気共鳴装置 …………………… 155
55 電子スピン共鳴装置 …………………… 161
56 パルス電子スピン共鳴装置
　　（フーリエ変換 ESR 法）……………… 167
57 熱重量測定装置 ………………………… 169
58 示差熱分析装置 ………………………… 171
59 示差走査熱量計 ………………………… 173
60 熱機械分析装置 ………………………… 176
61 熱　量　計 ……………………………… 178
62 比熱測定装置 …………………………… 180
63 メスバウアー分光装置 ………………… 182

III．表面分析

64 電子線マイクロアナライザー ………… 186
65 全反射蛍光X線分析装置 ……………… 192
66 X線反射率測定装置 …………………… 195
67 X線光電子分光装置 …………………… 196
68 オージェ電子分光装置 ………………… 198
69 電子線回折装置 ………………………… 201
70 二次イオン質量分析計 ………………… 205

IV. 結晶構造分析

- 71 粉末X線回折計 …………………… 210
- 72 単結晶回折計 ……………………… 214
- 73 粉末中性子回折装置 ………………… 219
- 74 X線吸収分光装置 …………………… 222
- 75 X線応力測定装置 …………………… 225

V. 形態分析

- 76 透過電子顕微鏡 ……………………… 228
- 77 走査電子顕微鏡 ……………………… 234
- 78 分析電子顕微鏡 ……………………… 239
- 79 光学顕微鏡 …………………………… 242
- 80 走査トンネル顕微鏡 ………………… 244
- 81 原子間力顕微鏡 ……………………… 246

VI. 分離分析

- 82 高速液体クロマトグラフ …………… 250
- 83 分取液体クロマトグラフ …………… 252
- 84 イオンクロマトグラフ ……………… 254
- 85 液体クロマトグラフ-質量分析計 …… 258
- 86 液体クロマトグラフ-核磁気共鳴装置 … 264
- 87 ガスクロマトグラフ ………………… 266
- 88 ガスクロマトグラフ-質量分析計 …… 269
- 89 超臨界流体クロマトグラフ ………… 274
- 90 薄層クロマトグラフ ………………… 277
- 91 等速電気泳動装置 …………………… 280
- 92 等電点電気泳動装置 ………………… 282
- 93 ゾーン電気泳動装置 ………………… 284
- 94 ゲル電気泳動装置 …………………… 288
- 95 フローインジェクション分析装置 … 291
- 96 向流分配クロマトグラフ …………… 294

VII. その他

- 97 イムノアッセイ関連測定装置 ……… 300
- 98 濁度計 ………………………………… 306
- 99 光散乱光度計 ………………………… 307
- 100 色彩測定器 ………………………… 309
- 101 屈折計 ……………………………… 312
- 102 表面プラズモン共鳴測定装置 …… 314
- 103 遠心分離機 ………………………… 317
- 104 超臨界流体抽出装置 ……………… 318
- 105 マイクロ波分解装置 ……………… 320
- 106 有機元素分析装置 ………………… 323
- 107 密度計（比重計）………………… 325
- 108 粘弾性測定装置 …………………… 327

109 粘度計 …………………………………………329
110 粒度分布測定装置 ……………………………331
111 凍結乾燥機 ……………………………………333

索　　引 …………………………………………………335

資　料　編 …………………………………………………341

I

組成分析

1

分光光度計

spectrophotometer

定性情報 吸収スペクトル:極大波長について既知化合物と比較する.

定量情報 吸光度:ベールの法則を用いる.

装置構成 装置の構成を図1に示す.

光源:連続光を発するものが用いられ,可視部(340～1100 nm)測定用にはタングステンランプ,紫外部(185～360 nm)測定用には重水素放電管が用いられる.紫外・可視分光光度計では通常タングステンランプと重水素放電管が装着されており,波長領域により使用するランプを切りかえるようになっている.

分光部:光源から発せられる連続光から単色光を取り出す働きをするもので,入出射スリットと分光素子から構成される.分光素子にはプリズム,回折格子が用いられる.フィルターは特定の波長の光を透過するもので,波長が固定される.プリズムは水晶などからつくられ,屈折率の違いにより分光する.回折格子は表面に600～1200本/mmの細い溝を切ったもので,表面の回折現象によって分光する.

試料室部:ここに試料を入れたセルを設置する.セルにはさまざまな形状,大きさのものがあり,用途に応じて使い分けられる.

検出部:試料を透過した光を検出する部分で,光信号を電気信号に変換する.光電池(フォトセル)や光電子増倍管などが用いられる.

分光光度計には,単機能の安価なものから高性能の高価なものまである.たとえば,分光部がフィルター式で単機能のものは,環境水の水質チェッカーとして汎用されている.シングルビーム方式の装置は,製造工程のチェッカーや日常分析に用いられる.また,溶媒の影響および光源の強度変動の影響を除くためにダブルビーム方式が使用され,濃度の低い試料や共存物質の含まれる試料には高分解能のダブルモノクロ方式(二つの分光器を直列に配置したもの)が使用される.

近年,コンピュータの進歩により,光源の切りかえ,波長走査,検出器の感度調整などの各種制御および測定モードの設定,さらには測定値の表示,各種演算などのデータ処理をパソコンで行える装置が市販されている.

測 定 着色していない物質を測定する場合は,適切な試薬を添加して発色させる必要がある.この場合は,試薬を添加し発色させた後,試料溶液をセルに移して一定波長における光の吸収量(吸光度)を測定する.吸収スペクトルを測定する場合は,単色光を波長順に走査し,吸光度を波長の関

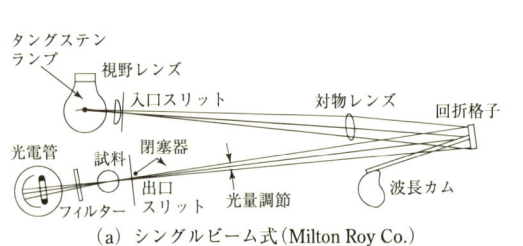
(a) シングルビーム式(Milton Roy Co.)

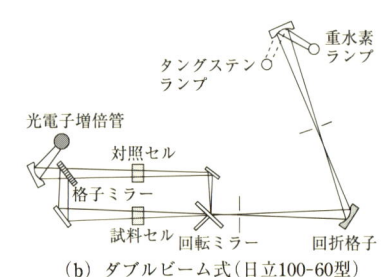
(b) ダブルビーム式(日立100-60型)

図1 分光光度計の構成

数としてプロットする．

原　理　セルに入射する光の強度を I_0, セルを透過した光の強度を I とすると, 透過度 T は I/I_0 になる ($T \times 100 = (I/I_0) \times 100$ を透過率という). 光が通過するセル内の液相の厚さを L (光路長という), 目的物質の濃度を C (mol/L), その物質特有の吸収定数を ε (モル吸光係数) とすると,
$$T = (I/I_0) = 10^{-\varepsilon CL}$$
となる. 吸光度 A は $A = \log(1/T) = \log(I_0/I) = \varepsilon CL$ であり, モル吸光係数, 溶液濃度, 光路長に比例することがわかる. この式で表される関係をブーゲ-ベール (Bouguer-Beer) の法則という.

用　途　分析の対象となる物質は, 紫外部または可視部に吸収帯をもつものである. しかし, 本来紫外部または可視部に吸収を示さないものでも, 適切な発色団 (発色試薬) を導入することにより吸光光度法が適用可能となる. したがって, 吸光光度法の対象となる物質は無機化合物から有機化合物まできわめて幅広い. 近年では, ガラスやレンズなどの材料の特性評価などにも適用されている.

応用例　モリブデン青法による水中のリン酸イオンの定量[1]

A. 試料中のリン酸イオンの吸光度測定

① アスコルビン酸 0.11 g を 30 mL ビーカーにはかり取り, 水 6 mL を加えて溶解する.

② これに 2.5 M 硫酸 10 mL, 酒石酸アンチモニルカリウム半水和物 [K(SbO)C$_4$H$_4$O$_6 \cdot 1/2$H$_2$O] (14 mg/5 mL) 水溶液 1 mL, モリブデン酸アンモニウム四水和物 [(NH$_4$)$_6$Mo$_7$O$_{24} \cdot 4$H$_2$O] (0.20 g/5 mL) 水溶液 3 mL を順次加えてよく混合する.

③ 試料溶液 8.0 mL と②で調製した混合試薬溶液 1.6 mL を 10 mL 全量フラスコに入れ, 水で標線まで希釈する.

④ 10 分間放置後, 880 nm における吸光度を水を対照として測定する.

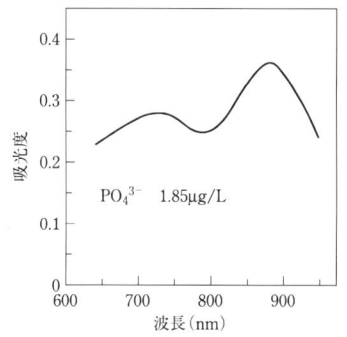

図2　リンモリブデン酸錯体の吸収スペクトル[1]

⑤ 試料溶液のみを加えない他は上記と同じ操作を行い, ブランク値とする.

B. 検量線の作成

① リン酸イオン標準原液 (100 μg/mL): 110℃で乾燥したリン酸二水素カリウム (KH$_2$PO$_4$) 14.22 mg をセミミクロ化学はかりで取り, 水に溶解して正確に 100 mL とする.

② リン酸イオン標準原液 0.5 mL を全量ピペットで取り, 10 mL 全量フラスコに入れ標線まで水で希釈する. この溶液は 1 mL 中に 5 μg のリン酸イオンを含む.

③ 上記の希釈標準溶液を 0, 0.5, 1, 1.5, 2 mL をそれぞれ 10 mL 全量フラスコに取り, Aの②で調製した混合試薬溶液 1.6 mL を加え, 水で標線まで希釈し, 0, 0.25, 0.50, 0.75, 1.00 μg/mL のリン酸イオン標準溶液とする.

④ 10 分間放置後, 880 nm における吸光度を水を対照として測定する.

⑤ 横軸にリン酸濃度, 縦軸に吸光度をプロットし, 検量線を作成する.

C. 結果の整理

試料の吸光度からブランクの吸光度を差し引き, 検量線からリン酸イオンの濃度を求める.

[小熊幸一]

参考文献

1) 岩附正明, 太田清久 (編著): 図解 分析化学の実験マニュアル, p.165, 日刊工業新聞社, 2002.

2
蛍光光度計
fluorometer

定性情報 励起または蛍光スペクトル：極大波長について既知化合物と比較する．

定量情報 蛍光強度：濃度との関係を用いる．

装置構成 装置の構成を図1に示す．

光源：光源には広い波長領域にわたり比較的強い連続スペクトルをもつ高圧キセノン(Xe)ランプが一般的に用いられる．また連続スペクトルが必要でない場合は，水銀ランプを用いることもできる．水銀ランプには低，中，高圧のものがあり，それぞれ輝線スペクトルの強度やバンド幅が異なる．

分光部：分光光度計と同様に，光源から発せられる連続光から単色光を取り出す働きをする分光器(monochromator)としてプリズムや回折格子が用いられる．また特定の波長干渉フィルターを用いることもできる．これに加えて蛍光光度計では検出側にも分光器が装着され，試料から蛍光成分以外である溶媒のラマン散乱光や励起光の散乱光(レイリー散乱)，迷光が除かれる．

試料室部：ここに試料を入れたセルを設置する．セルにはさまざまな形状，大きさのものがあり，用途に応じて使い分けられる．

検出部：試料から発せられる蛍光を検出する部分で，光信号を電気信号に変換する．光電子増倍管が一般によく用いられる．

測定 蛍光性を示さない物質を測定する場合は，適切な試薬を添加して蛍光性物質へと導く(蛍光誘導体化反応)必要がある．この場合は，試薬を添加して蛍光誘導体化後に試料溶液をセルに移して一定の励起および蛍光波長における蛍光量(蛍光強度)を測定する．励起スペクトルを測定する場合は，蛍光波長を固定して励起光の単色光を波長順に走査し，蛍光強度を励起波長の関数としてプロットする．蛍光スペクトルを測定する場合は，励起波長を固定して蛍光波長を走査し，以下励起スペクトルの測定と同様に行う(図2)．

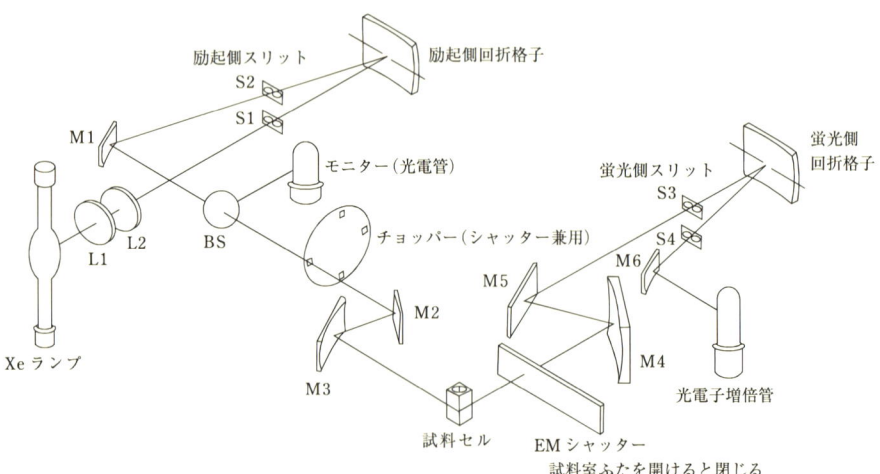

図1 蛍光光度計の構成（日立ハイテクノロジーズ，分光蛍光光度計 F-4500）

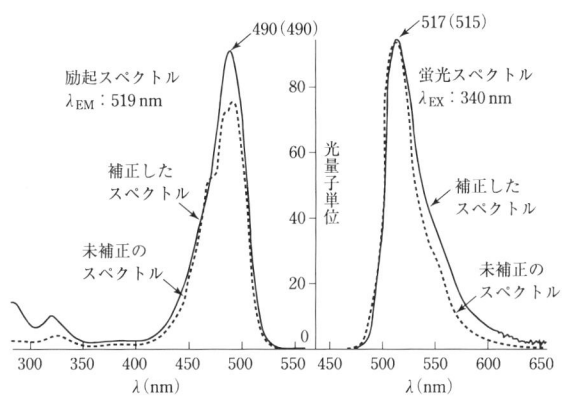

図2 フルオレセインの励起および蛍光スペクトル（中澤裕之：最新機器分析化学，南山堂，2000）

原 理 光を吸収したエネルギーの高い状態（励起一重項状態）の分子がもとの状態（基底一重項状態）に戻る際に光を放出する現象を蛍光という．蛍光寿命は通常 10^{-9} 秒から 10^{-6} 秒程度であり，多くの分子では吸収した光エネルギーの一部を振動や熱エネルギーとして失うために，蛍光は吸収した光よりエネルギーの小さい長波長の光を放出する（ストークスの法則）．蛍光強度 F は次式で表される．

$$F = kI_0 \Phi \varepsilon CL$$

ここで，k は比例定数，I_0 は励起光の強度，Φ は蛍光量子収率，ε は励起波長におけるモル吸光係数，C は試料濃度，L は光路長である．したがって，蛍光強度は励起光の強度に比例することから光源を強くするほど強い蛍光が得られるために，蛍光光度法は高感度な分光法である．また試料濃度にも比例することから試料の定量分析にも用いられるが，高濃度の試料溶液では蛍光の再吸収などにより比例関係が成り立たなくなることもある（濃度消光）．

蛍光量子収率の求め方は絶対的量子収率と相対的量子収率の二つがあり，絶対的量子収率測定法では補正しなければならない係数が多く煩雑であるために通常は相対的量子収率測定法により求められる．その方法は，硫酸キニーネの 0.1 M 硫酸溶液の 20°C における 366 nm の励起光照射により得られる蛍光量子収率を 0.55 として，これに対する目的物質の相対的量子収率を算出する．

用 途 分析の対象となる物質は，蛍光性を示すものである．しかし，本来無蛍光性の物質でも適切な試薬を導入することにより蛍光光度法の適用が可能となる．したがって，蛍光光度法の対象となる物質は無機から有機化合物まできわめて幅広い．

応用例 8-キノリノールやその誘導体である 5-スルホ-8-キノリノールは，金属イオンと錯形成すると蛍光性が大きく増大する蛍光試薬である．この蛍光特性を利用すると，Mg, Al, Zn, Cd, Ga, In などを高感度に定量できる．試薬の水溶性から 8-キノリノール錯体はクロロホルムなどの有機溶媒中で，5-スルホ-8-キノリノール錯体は水溶液中で用いることができ，励起波長 400～420 nm，蛍光波長 490～510 nm で測定する．しかし選択的な金属イオンの分析には適さないため，あらかじめ金属イオンを相互分離する必要がある．　［大野賢一］

参考文献
1) 西川泰治, 平木敬三：蛍光・りん光分析法, 共立出版, 1984.

3 蛍光偏光測定装置

fluorescence polarimeter

定性情報 蛍光偏光度：既知化合物と比較する．

定量情報 蛍光偏光度を算出する際に測定する蛍光強度．

装置構成 装置の構成図は蛍光光度計を参照．

光源：蛍光光度計と同様のものを用いることができる．

分光部：蛍光光度計の装備に加えて光源側と検出側の両方に偏光子を設置し，励起・蛍光ともに平面(直線)偏光として測定を行う．

試料室部：蛍光光度計と同様のものを用いることができる．

検出部：蛍光光度計と同様のものを用いることができる．

測 定 蛍光測定と同様に，蛍光性を示さない物質を測定する場合は適切な試薬を添加して蛍光性物質へと導く(蛍光誘導体化反応)必要がある．蛍光性物質の試料溶液をセルに移し，偏光子を通して平面(直線)偏光とした一定波長の励起光を照射する．偏光子を利用して励起光平面に対して平行および垂直方向における一定波長の蛍光量(蛍光強度)を測定する．蛍光偏光度 P は平行成分の蛍光強度を $I_{//}$，垂直成分の蛍光強度を $I_{\perp}$ とすると

$$P=(I_{//}-I_{\perp})/(I_{//}+I_{\perp})$$

の式から算出する．

原 理 蛍光偏光法は分子の回転ブラウン運動に応じて生じる蛍光偏光度の変化を捉える分光法である．すなわち，偏光子を通して偏光した光はその偏光面に配向した分子を選択的に励起する．その励起分子が蛍光を発するまでの数ナノ秒間(10^{-9} s)に分子がどれだけ回転(回転ブラウン運動)し，励起平面と異なる面に蛍光を発したかを測定する方法である．回転緩和時間(ある分子が一定角度回転するために要する時間)を回転運動の指標とすると蛍光偏光度(P 値)との間に比例関係が成り立ち，次のように表される．

$$P \text{値} \propto \text{回転緩和時間} = 3\eta V/RT$$

ここで，η：分子の粘度，V：分子容積，R：気体定数，T：絶対温度を示す．つまり大きな分子はゆっくり回転し(P 値大)，小さな分子は早く回転する(P 値小)ことを示す．蛍光偏光度は容易に測定可能であり，分子容積 $V ≒$ 分子量とすると対象とする分子の分子量を見積もることができる．その応用として蛍光偏光法を用いた分子間相互作用を解析する手法が数多く報告されている．

また蛍光偏光度と同等に用いられる蛍光異方性値(A)とは，$A=2P/(3-P)$ の関係となる．

用途・応用例 DNA やタンパク質などの生体高分子における分子間相互作用解析に多く用いられる．DNA ハイブリダイゼーションアッセイ，抗原–抗体反応，タンパク質分解酵素検出などが報告されている．蛍光偏光法による検出感度は相互作用前後の分子量変化の大きさに依存するため，2分子間相互作用においては通常低分子側を蛍光性物質とする．　　[大野賢一]

参考文献
1) 峰野純一：蛋白質 核酸 酵素, **42**, 77, 1997.
2) 高木俊夫：蛋白質 核酸 酵素, **42**, 81, 1997.

4 りん光測定装置

phosphorimeter

定性情報 りん光スペクトル．
定量情報 りん光強度．
装置構成 装置の構成図は蛍光光度計を参照．

光源：蛍光光度計と同様のものを用いることができる．

分光部：通常りん光寿命は10^{-4}秒から10秒程度と長いため，寿命の短い蛍光や励起光成分をカットして測定する．そのような装置をホスフォロスコープ(phosphoroscope)という．ホスフォロスコープにはチョッパー(chopper)とよばれる光束の断続器が装着されてりん光成分を取り出す方法が採用されている．

試料室部：試料を入れたセルを設置する．石英窓付きのジュワー(Dewar)容器を用いて液体窒素により試料を冷却することが多い．セルにはさまざまな形状，大きさのものがあり，用途に応じて使い分ける．

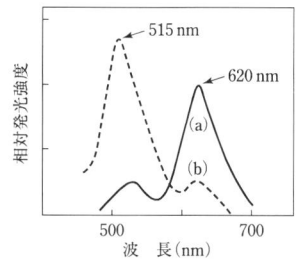

図1 鉛(II)-カルセイン錯体および亜鉛(II)-カルセイン錯体の常温りん光スペクトル
(a)鉛カルセイン錯体 30℃ [Pb：4.1 ng]
(b)亜鉛カルセイン錯体 30℃ [Pb：6.5 ng]
(西川泰治ほか：分析化学, **32**, 729, 1983)

検出部：蛍光光度計と同様のものを用いることができる．

測　定　りん光分析では分子の衝突による熱的失活過程を抑制して強いりん光強度を得るために極低温(液体窒素温度：77 K)環境下で測定することが多い．用いる溶媒は極低温でも溶解度を有する，無色で気泡の発生しにくい，それ自身発光せず，試料分子との相互作用が少ないなどの条件が必要とされる．しかし物質によっては沪紙やアルミナなどの薄層上に試料をスポットして乾燥すると，常温でりん光が観察されることも知られており，脚光を浴びている．りん光分析における励起，りん光スペクトル測定は，蛍光分析と同様に行う．すなわち，りん光波長を固定して励起スペクトルを測定し，励起波長を固定してりん光スペクトルを測定する(図1)．

原　理　分子が光を吸収してエネルギーの高い状態(励起一重項状態)になるまでの過程は蛍光現象と同じだが，りん光ではエネルギーの低い異なる励起状態へ無放射的に遷移し(励起一重項→励起三重項遷移)，もとの状態(基底一重項状態)に戻る際に光を放出する．一般に電子対のスピンが逆平行の場合を一重項，平行の場合を三重項とよび，励起一重項から励起三重項への遷移は，電子スピン状態の変換である．りん光現象は蛍光のそれと比較してより長い過程を経ることから寿命も長く，エネルギーを多く失うためより長波長の光を放出する．

用途・応用例　石炭タール留分など通常の蛍光分析では困難な混合成分の多い試料の場合でも，りん光分析では鋭いりん光スペクトルを与えることが多いため，特定の成分を選択的に定量できる．また長い寿命を利用して，寿命差による各成分分析も可能である．

［大野賢一］

参考文献
1) 西川泰治，平木敬三：蛍光・りん光分析法，共立出版，1984．

5
時間分解蛍光光度計
time-resolved fluorometer

定性情報 なし．

定量情報 ユウロピウム(Eu)などの希土類イオンキレートの遅延蛍光から得られる時間分解蛍光強度．

装置構成 基本的な構成部分は以下のようなものからなる．
① パルス光を発する励起光光源部
② 励起光分光部
③ 励起光を試料に導く光学系
④ 試料室部
⑤ 試料から測光部に励起光を導く光学系
⑥ 蛍光光分光部
⑦ 時間分解測定が可能な測光部
⑧ データ制御部

図1にWallac社製の時間分解測定装置1230 ARCUSおよび1234 DELFIAの測光部の模式図を示す[1]．これらはユウロピウム，サマリウムおよびテルビウムのキレートを測定するために開発された装置である．また，HPLC用の専用検出器も報告されている[2]．

光源：光源にはキセノンフラッシュランプが用いられる．このランプは持続時間1μs程度のフラッシュを毎秒1000回繰り返す．

分光部：励起光の分光は，270 nmから380 nmの波長が選択できるフィルターによる．

試料室部：試料セルとしてプラスチック製の96穴マイクロタイタープレートが使用される．プレートはオートチェンジャーにより自動的に移動し，プレート1枚あたり約3分で測定が可能である．

検出部：試料から発せられる蛍光は適切なフィルターを透過させサイドウィンドウ型光電子増倍管により検出する．遅延蛍光の検出は最もよいS/N比が得られる遅延時間および測定時間を最適化して測定される．

測 定 表1にユウロピウム，サマリウ

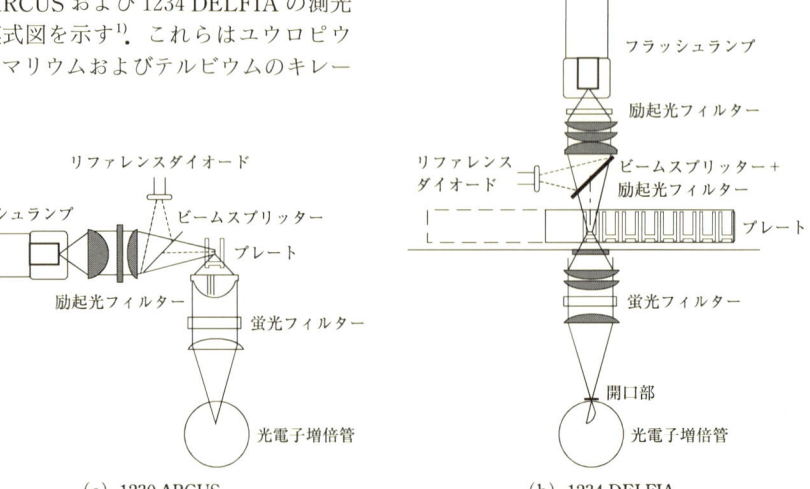

(a) 1230 ARCUS   (b) 1234 DELFIA

図1 マイクロタイタープレート用時間分解蛍光装置[1]
(Wallac社製の時間分解蛍光装置)

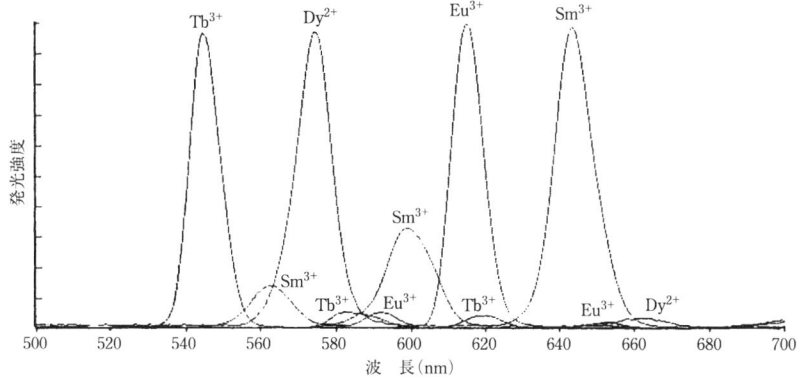

図2 希土類イオンキレートの蛍光スペクトル(励起波長300 nm)[1]

ムおよびテルビウムのキレートの測定に用いられる条件を示す.

表1 希土類イオンキレートの測定条件

希土類元素キレート	励起波長(nm)	蛍光波長(nm)	遅延時間(μs)	測定時間(μs)
ユウロピウム	340	615	400	400
サマリウム	340	645	50	100
テルビウム	300	545	500	1400

いずれも得られる蛍光はストークスシフトが大きく,遅延性であるためナノ秒程度で消失するタンパク質やプラスチックからのバックグラウンド蛍光の影響を受けずに測定ができる.

また,1秒間に1000回測定を繰り返し,得られた蛍光強度を積算するため高感度な方法である.さらに,おのおのから得られる蛍光スペクトルはシャープであり(図2),お互いの蛍光に干渉が少ないため適切なデータ制御により多重標識測定が可能である.

原理 ユウロピウムキレートの蛍光は有機配位子からの励起,励起配位子内での項間交差,配位子からユウロピウムの^{5}D軌道へのエネルギー転移,ユウロピウムの^{5}D軌道から^{7}F軌道への蛍光の放射遷移からなる.このような複雑な過程を経ることにより遅延蛍光性を示す.

用途 希土類元素キレートを標識および検出に用いることにより,イムノアッセイ,DNAハイブリダイゼーションアッセイに応用されている.

応用例 希土類元素イオンのみの時間分解蛍光強度はきわめて低いため,2-ナフチルトリフルオロアセトン,トリ-n-オクチルホスフィンオキシドおよびTriton X-100を含む酢酸-フタル酸緩衝液(pH 3.2)からなる蛍光増強試薬を加えて測定する.溶液中で希土類元素イオンは吸収係数の高い集光型発色団とキレートを生成し,ミセル化することで水分子の影響が排除された高い蛍光が得られる.

本測定法における,ユウロピウムおよびサマリウムキレートの最小検出感度はそれぞれ0.05 pmol/L,3.5 pmol/Lであり,共存するタンパク質などのバックグラウンド蛍光の影響を受けないため,通常の蛍光測定よりも高感度である.　　　　［伊藤克敏］

参考文献
1) Hemmilä, I., Harju, R.：Bioanalytical applications of labeling technologies (Hemmilä, I., Ståhlberg, T., Mottram, P. eds.), pp. 83–120, Wallac Oy, 1994.
2) Iwata, T., Senda, M., Kurosu, Y., Tsuji, A., Maeda, M.：*Anal. Chem.*, **69**, 1861–1865, 1997.

6
蛍光寿命計
fluorescence lifetime spectrometer

定性情報 蛍光強度：減衰曲線を既知化合物と比較する．

定量情報 蛍光強度：濃度との関係を用いる．

装置構成 装置の構成を図1に示す．

光源：ナノ秒程度の非常に短い光を高速に繰り返す(パルス光)ことのできるキセノンフラッシュやパルスレーザーを用いる．

分光部：蛍光光度計と同様のものを用いることができる．

試料室部：ここに試料を入れたセルを設置する．セルには様々な形状，大きさのものがあり，用途に応じて使い分けられる．

検出部：非常に短い蛍光の減衰を観測するために，ps (10^{-12}秒)からns (10^{-9}秒)の時間分解能をもつマイクロチャネルプレート光電子増倍管やストリークカメラを用いる(注)．

測定 蛍光性を示さない物質を測定する場合は適切な試薬を添加して蛍光性物質へと導く(蛍光誘導体化反応)必要がある．パルスレーザーを測定試料に照射して蛍光性分子を励起した後，試料から放出される一定波長の蛍光量(強度)の時間的変化を追跡する．

原理 一般に蛍光過程は光の吸収，分子の振動による過剰エネルギーの放出(励起状態の最低振動準位への移行)，蛍光の放出から構成され，それぞれ10^{-16}〜10^{-15} s，10^{-13}〜10^{-12} s，10^{-9}〜10^{-8} sの時間で速やかに起こる．励起した分子が蛍光を発する間にはさまざまな無放射的な失活過程が存在し，蛍光の減衰曲線の速度論的解析から励起分子の状態を直接的に観察できる．多くの分子では疎水的環境の方が親水的環境より長い蛍光寿命をもつことから，その分子の存在する微小空間の環境情報を知ることができる．

用途・応用例 蛍光寿命は物質の光物理，光化学初期過程の研究に有用な情報を与えるため，表面や界面の微視的環境や動的構造の解析，液晶や高分子薄膜などの二次元系分子集合体の動的研究に用いられる．また生命科学においては，生体膜中のタンパク質の回転や並進拡散の研究，生体分子の機能解析などさまざまな分野で利用されている．

(注) 10^{-9}：ナノ(n)，10^{-12}：ピコ(p)，10^{-15}：フェムト(f)．　　　　　　　　　　[大野賢一]

参考文献
1) 吉原太郎：第4版 実験化学講座7 分光II，丸善，1992．

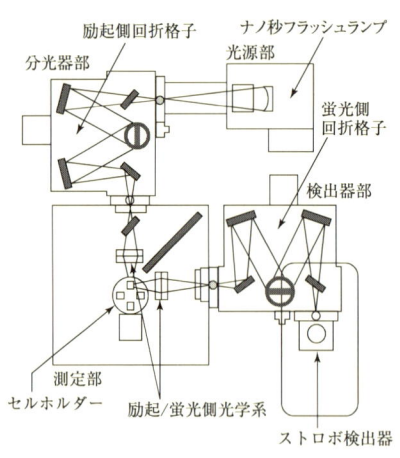

図1　蛍光寿命計の構成図
　　　(大塚電子，PTI-3000)

7 レーザー励起蛍光光度計

laser-induced fluorometer

定性情報 蛍光スペクトル：極大波長について既知化合物と比較する．

定量情報 蛍光強度：濃度との関係を用いる．

装置構成 装置の構成を図1に示す．

光源：非常に強い光源であるレーザーを用いる．使用できるレーザーは，おもに可視領域の波長を有する気体レーザー(Ar, He-Ne)や固体レーザー(Nd：YAG)半導体レーザー(レーザーダイオード)，色素レーザーである．

分光部：励起用レーザー光のスペクトル線の波長に関してはきわめて正確で分光器を必要としないので，スペクトル分解能はレーザー光の線幅に依存する．光ファイバーなどを用いてレーザー光を誘導し，対物レンズにより集光することで試料にレーザー光を照射する．試料から生じるさまざまな光には蛍光光度計と同様にプリズムや回折格子などの適切な分光器を用いる．

試料室部：レーザー励起蛍光光度計は分離分析法の検出系として用いられることが多く，分離カラムやキャピラリーカラムから溶離した試料がフローセルを通過する際に光を照射して，その蛍光を観測する．

検出部：試料から発せられる蛍光を検出する部分で，光信号を電気信号に変換する．光電子増倍管が一般によく用いられる．

原理 レーザー(laser)とは，light amplification by stimulated emission of radiationの頭文字で，放射の誘導放出により光を増幅して発光強度を強くすることである．レーザー光励起における蛍光現象も，その原理は通常の蛍光現象と同様である．蛍光強度F，次式で求められる．

$$F = k I_0 \Phi \varepsilon c l$$

ここで，kは比例定数，I_0は励起光の強さ，Φは蛍光量子収率，εは励起波長におけるモル吸光係数，cは試料濃度，lは光路長である．

この関係式から光源を強くするほど強い蛍光が得られ，レーザー光源により非常に高感度化を図ることができる．

用途・応用例 レーザーの単色性，指向性，高出力に優れる特徴からマイクロ高速液体クロマトグラフィー(μ-HPLC)やキャピラリー電気泳動(CE)，マイクロチップなどの微少な流れ分析法の検出系として用いられる．近年では超高感度または，一分子検出法の強力なツールとして薬理学，生化学，分子生物学，食品，環境，その他多くの分析分野で用いられている．

［大野賢一］

参考文献
1) 吉原太郎：第4版 実験化学講座7 分光II，丸善，1992．

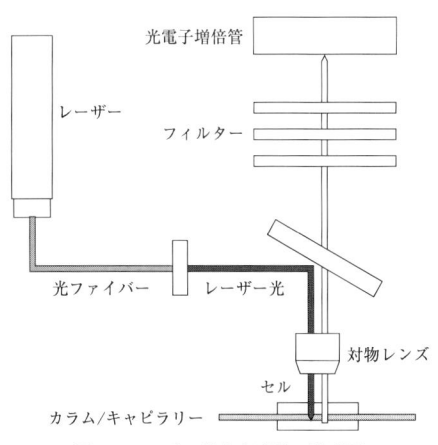

図1 レーザー蛍光光度計の構成図
(三和通商，ZETALIF)

8
化学発光分析計

chemiluminescent analyzer,
chemiluminometer

定性情報 普遍的なものはない(化学発光反応,化学発光スペクトルが参考になることがある).

定量情報 発光強度あるいは発光量.

装置構成 基本構成の模式図を図1に示す.化学発光反応(多くは酸化反応)[1]を行わせる方法によりバッチ式とフロー式に区別される.溶液化学発光反応を利用する分析ではバッチ式(図1(a))およびフロー式装置(図1(b))が,気相化学発光反応を利用する分析ではフロー式装置(図1(b))が用いられる.

試料(試薬)導入部:バッチ式では注射器を用いて手動で,あるいは精度を高めるために自動注入器で一定量(〜300 μL)反応セルに導入される.フロー法では,通常,ポンプを用いて一定の流速(溶液化学発光分析では1 mL/min前後,気相化学発光分析では数百 mL/min)で導入されるが,溶液化学発光分析では注入バルブを用いて一定量(10〜200 μL)導入されることが多い.

反応部:ここに反応セルを設置する.反応セルにはさまざまな形状,大きさのものがあり,用途に応じて使い分けられる.バッチ式装置で使用される反応セルの体積は数 mL 程度で,十分に発光反応を進行させるためにかくはんや加温ができるものもある.溶液化学発光分析で使用されるフロー式装置では体積が100〜300 μL 程度のフロー型の反応セル(フローセル)が用いられる.

検出部[1]:化学発光(極大発光波長>400 nm)を検出する部分で,光信号を電気信号に変換する.化学発光は微弱であるので通常,分光することなく光電子増倍管を用いて検出される.しかし,化学発光の極大波長が近赤外領域にあるときには可視光をカットするガラスフィルターを使用することがある(図3).化学発光が比較的強いときには安価なホトダイオードが利用可能である.なお,反応セルを取り出す際には自動的にシャッターが下り,外光の検出部への侵入を防ぐようになっている.

化学発光分析計はバッチ式とフロー式,アナログ計測とディジタル計測のものが市販されている.化学発光がそれほど微弱で

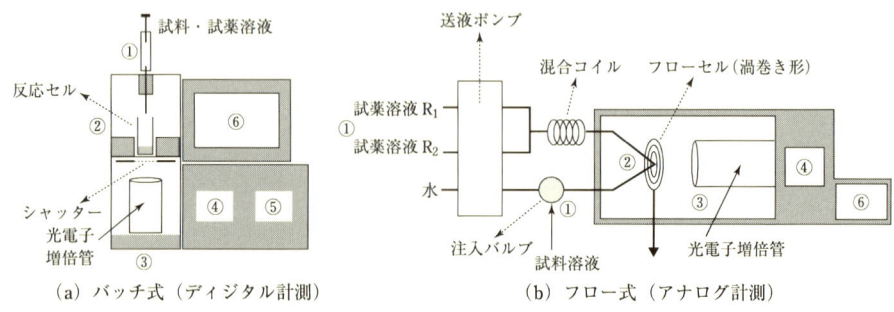

(a) バッチ式(ディジタル計測)　　(b) フロー式(アナログ計測)

①試料(試薬)導入部,②反応部,③検出部,④信号計測部,⑤データ処理部,
⑥化学発光応答表示部(ディスプレイ,記録計)

図1　化学発光分析計

ないときには検出部からの出力をそのままエレクトロメーターで計測するアナログ計測で十分である．しかし，化学発光が非常に微弱なときに高感度分析を必要とする場合には，高価な光子計数装置で計測するディジタル計測によらねばならない．なお，構成は単純なので分析目的によっては自作の装置が利用可能であり，市販の蛍光光度計を利用することもできる．

最近ではコンピュータ制御の装置が多く市販されている．とくにバッチ式装置では試料・試薬の自動注入，極大発光強度や任意の時間の間の発光量が自動的に表示され，各種演算などのデータ処理が容易に行えるようになっている．

測　定　バッチ法では，試料あるいは(一部の)試薬を入れた反応セルを装置の反応部に設置した後，化学発光反応を開始させるために試薬あるいは試料を導入する．

フロー法では，一定の流速で試薬および試料を反応セルに導入する．化学発光反応が速いときには化学発光応答曲線のピーク高さ(極大発光強度 I_{max})を，遅いときには反応時間 $T(=b-a)$ の間に放射される発光量 W_T (化学発光応答曲線の $a-b$ 間の図形の面積)を測定して定量を行う(図2)．化学発光が比較的強いときには化学発光スペクトルの測定が可能で，市販の分光蛍光光度計にフローセルを設置してフロー法で発光させておいて励起光源のランプをオフにした状態で蛍光スペクトルを測定する操作を行う．

原　理　化学発光反応が試料(初期濃度 C)に対して一次，すなわち C に比べて試薬濃度が大過剰と考えられるときには，反応開始後の時間 t での発光強度 I_t は

$$I_t = \Phi k e^{-kt} C$$

で表せる．反応開始後の時間 a から b の間の発光量 W_T は

$$W_T = \int_a^b I_t dt = \Phi (e^{-ka} - e^{-kb}) C$$

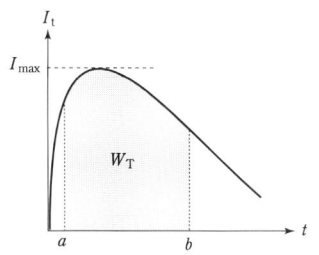

図2　化学発光応答曲線(発光量 $W_T(T=b-a)$ は a と b の間図形の面積に相当する)

と表せる(図2)．Φ は化学発光量子収率で定数と考える．k は反応の速度定数である．これらより I_t および W_T は C に比例することがわかる．なお，化学発光反応が終了するまでに放射される全発光量($a=0$，$b=\infty$ のとき)は k によらず ΦC に等しくなる．

用　途　分析対象は基本的には化学発光反応にあずかる物質，すなわち酸化性物質と被酸化性(化学発光性)物質であるが，化学発光反応系に共存して発光を強めたり(触媒作用)，弱めたりする(抑制作用)物質も分析対象となる．また，化学発光性でない物質でも誘導体化などにより化学発光性物質，あるいは化学発光反応にあずかる物質に変えてやれば分析対象になりうる．分析対象物質は無機ガス，無機イオン，有機化合物などきわめて幅広い．フロー式装置は高速液体クロマトグラフィー(HPLC)のポストカラム検出器としても利用されている．

最近，大気中で自然に酸素酸化(自動酸化)されて生じる極微弱発光を測定する装置が開発され，各種原材料・製品などの特性評価，品質管理への適用例が報告されている[2]．

応用例[1,3,4]　主として環境化学，薬学，臨床化学分野などで高感度分析に応用されている．図3の装置を用いて大気中あるいは発生源での ppb～数千ppm レベルの窒

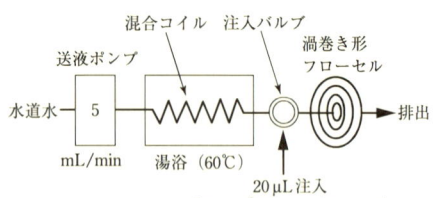

図4 水道水中の遊離塩素のフローインジェクション化学発光分析システム

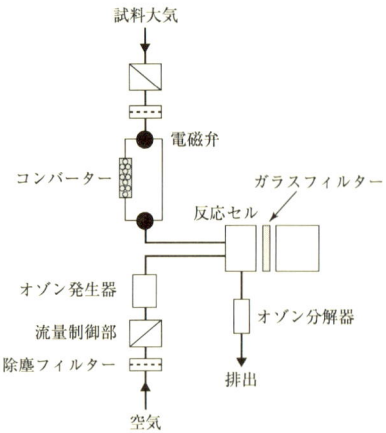

図3 窒素酸化物の化学発光分析システム

素酸化物 NO_x ($=NO+NO_2$) のモニタリング (分別定量) が行われている。一酸化窒素 (NO) はオゾン (O_3) と反応して化学発光 (極大発光波長：1200 nm) を生じるが，二酸化窒素 NO_2 は化学発光を生じないので NO に還元してから測定される。試料ガスは 0.5～1.0 L/min の流量で送られ，電磁弁により二分される。直接反応部に送られると NO が，還元触媒を詰めたコンバーターに送られると $NO+NO_2$ の合量が測定される。NO/NO_x の切り換え電磁弁は 10 秒に 1 回切り換えられ，両者から NO と NO_2 濃度が求められる。

次に，代表的なフロー分析法であるフローインジェクション分析法 (FIA) の検出手段に化学発光法を利用した水道水中遊離塩素 (HOCl) の化学発光分析システムを図4に示す。試料溶液の水道水は内径 1 mm の黒色テフロン管中を連続的に送液され，反応試薬のローダミン 6 G 溶液は注入バルブを用いて水道水の流れの中に 20 μL 注入される。ローダミン 6 G は注入されると水道水中の HOCl と反応を開始し，フローセル (内径 0.8 mm の透明テフロン管を用いて自作) 中で十分反応が進行して化学発光を生じる。　　　　　　　［山田正昭］

参考文献
1) 今井一洋(編)：生物発光と化学発光，廣川書店，1989．
2) 大澤善次郎：ケミルミネッセンス，丸善，2004．
3) 林　金明，石井幹太，山田正昭：ぶんせき，865，1998．
4) FIA 研究懇談会会誌，**16**，Supplement (15 周年記念特集号)，2000．

9
フレーム原子吸光分光光度計

flame atomic absorption
spectrophotometer : FAAS

定性情報 吸収スペクトル：スペクトルの波長について既知元素と比較する．

定量情報 吸光度：定量には濃度との関係(ランベルト-ベールの法則)を用いる．

装置構成 装置の基本構成を図1に示す．

光源部：光源部は，光源およびランプ点灯用電源で構成する．光源には，測定元素と同じスペクトルを発光する光源を使用す

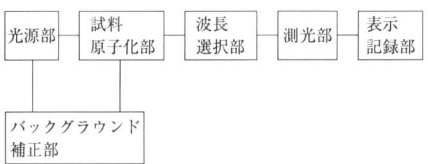

図1 原子吸光分析装置の構成
バックグラウンド補正部は常備の構成要素ではなく，これを備えないこともある．

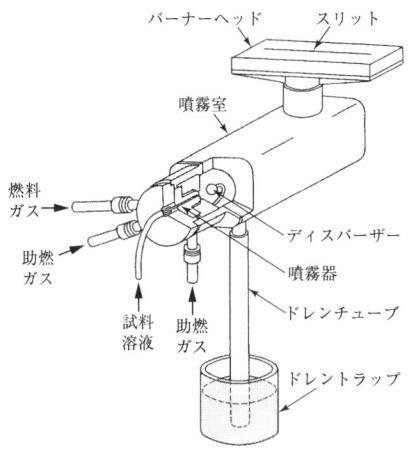

図2 予混合バーナーの概略図

る．幅の狭い線スペクトルの吸収であるから，線幅が狭いほど強い吸収が得られる．このような光源として，中空陰極ランプ，無電極放電ランプが使用される．

試料原子化部：フレーム方式の原子化部は，(1)バーナーおよび(2)ガス流量制御部で構成する．

(1)バーナーは試料溶液を，ネブライザーを用いて噴霧室内に吹き込んで，細かい粒子だけをフレームに送り込む予混合バーナーまたは霧化された試料溶液の全量をフレームに送り込む全噴霧バーナーとする．一般的に使用されている予混合バーナーの概略図を図2に示す．予混合バーナーに用いるフレームの種類は，アセチレン-空気，アセチレン-一酸化二窒素，水素-アルゴンなどとする．ドレントラップは，燃料ガスおよび助燃ガスがドレンチューブから流出しないものを用いる．

(2)ガス流量制御部は，バーナーに供給する燃料ガスおよび助燃ガスの圧力や流量を一定に保つためのもので，調圧弁，流量調節弁および圧力や流量またはそれに対応する値を表示する計器で構成する．

波長選択部：波長選択部は，光源から放射されたスペクトルの中から必要な分析線だけを選び出すためのもので，回折格子を用いた分光器を備え，近接線を分離できる十分な分解能を備えたものとする．光学系には，単光路方式(single beam)または複路方式(double beam)の2種類がある．単光路方式は1本の光束のみで測定する．複光路方式は光束を二つに分け，それぞれの信号を測定して処理することにより，光源のノイズやドリフトを打ち消すことができる．

バックグラウンド補正部：バックグラウンドを補正するものであり，その補正方式には(1)連続スペクトル光源方式または(2)ゼーマン方式が一般的である．

(1)連続スペクトル光源方式は連続スペクトルを発生する光源(重水素ランプ，タ

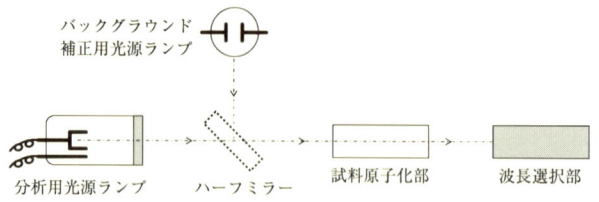

図3 バックグラウンド補正に連続スペクトル光源方式を用いる原子吸光分析装置の模式図

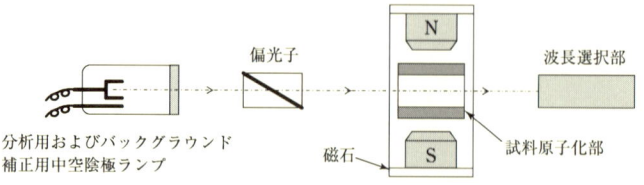

図4 バックグラウンド補正にゼーマン方式を用いる原子吸光分析装置の模式図

ングステンランプなど）をバックグラウンド補正に用いる方式である．連続スペクトル光源ランプとその光源を分析用光源ランプ（中空陰極ランプまたは無電極放電ランプ）の光軸に一致させる光学系で構成する．連続スペクトル光源方式の一例を図3に示す．

(2) ゼーマン方式は磁場によってゼーマン（Zeeman）分裂したスペクトル線をバックグラウンド補正に用いる方式である．ゼーマン効果を生じさせるための磁石および光信号を分別する信号処理部で構成する．磁石には永久磁石または電磁石を用いる．ゼーマン方式の一例を図4に示す．

測光部：測光部は，(1)検出器および(2)信号処理部で構成する．

(1) 検出器では検出器への入射光の光強度をその強度に応じた電気信号に変換するもので，光電子増倍管，半導体検出器などがある．

(2) 信号処理部は測定に必要な信号を他の信号と分離し出力するもので，信号処理の方式にはアナログ方式とディジタル方式がある．信号処理には測定値の読取りの精度向上および迅速化を図る目的で，信号の積分，吸収ピーク値の読取りの機能をもち，検量線の作成，記憶の機能をもつものが多い．

表示記録部：表示記録部は，測定中の信号または測定結果を表示し記録するもので，吸光度，濃度，検量線などを表示記録する．アナログ方式およびディジタル方式がある．表示記録部にはディスプレイ，記録計，プリンターなどがある．近年，コンピュータの進歩により，ガス流量，光源調整，波長走査，検出器の感度調整などの各種制御および測定モードの設定，さらには測定値の表示，各種演算などのデータ処理をパソコンで行える装置が主流である．

測　定　フレーム原子吸光分析法はフレーム中に試料を導入するため，試料は溶液を用いるのが一般的である．測定は，対象元素の光源を点灯し，対象元素に適したフレーム種を選定する．試料溶液をフレーム中に噴霧して目的元素の吸光度を測定する．定量は検量線法または標準添加法のいずれかによる．

原理・特徴　原子の蒸気はその元素固有の波長の光を吸収する．この現象を原子吸光という．このとき，基底状態の原子は光のエネルギーを吸収して励起され，より高い励起状態に移る．この現象を利用するのが原子吸光分析法である．この分析法は以

下のような特徴がある．

① 溶液化が可能な試料にはほとんど適用でき，試料の前処理が比較的簡単である．

② 非金属元素を除き，分析対象元素が多い．

③ 分析にあまり経験を必要とせず，比較的容易に定量分析ができる．

④ 原則的な特性から単元素分析装置が多く，多元素迅速分析には向かない．

用 途 フレーム原子吸光分析法は，溶液にすることができる試料にはほとんど適用が可能なので，その用途は多岐にわたる．化学，金属，セラミックス，半導体工業，食品，生体，土壌，鉱物，水質，環境，臨床検査などにおける，成分分析および微量金属元素などの不純物分析に利用され，物質・材料や環境の評価および製造プロセスなどに用いられている．

応用例 鉄および鋼中のマンガンの定量（0.003～0.010 mass％）．

試料を適切な酸で分解し，過塩素酸を加え，加熱して過塩素酸の白煙を発生させる．塩酸で塩類を溶解し，溶液を沪過する．沪液を原子吸光光度計の空気・アセチレンフレーム中に噴霧し，その吸光度を測定する．

A．試料溶液の調製

① 試料 1.00 g をはかり取ってビーカー（200 mL）に移し入れ，時計皿で覆い，混酸（HCl：1，HNO_3：1，H_2O：2）を 20 mL 加えて加熱分解する．

② 過塩素酸 15 mL を加え，引き続き加熱して，過塩素酸の白煙を 5～6 分間発生させる．

③ 放冷した後，塩酸（6 M）10 mL を加えて塩類を溶解する．

④ この溶液を沪紙（5 種 A）を用いて沪過し，温塩酸（0.12 M）および温水を用いて，沪紙に塩化鉄（III）の黄色が認められなくなるまで洗浄する．

⑤ 沪液および洗液を 100 mL の全量フラスコに水で洗い移し，常温まで放冷した後，水で標線まで薄め，残査は捨てる．

B．吸光度の測定

試料溶液の一部を，水を用いて零点を調整した原子吸光光度計の空気・アセチレンフレーム中に噴霧し，279.5 nm の波長における吸光度を測定する．

C．空試験

試料のかわりに鉄（できるだけ純度が高く，マンガンを含有しないものまたはマンガン含有率が既知で，できるだけ低いもの）を，はかり取った試料と同量はかり取り，以下，A，B の手順に従って試料と並行して操作する．

D．検量線の作成

7 個のビーカー（200 mL）を準備し，それぞれに鉄（C. で用いたもの）1.00 g をはかり取って移し入れ，次に，標準マンガン溶液（10 μg-Mn/mL）を 0～10.0 mL を正確に加える．以下①～③の手順に従って操作し，試料と並行して測定した吸光度とマンガン量との関係線を作成し，その関係線が原点を通るように平行移動して検量線とする．

E．計算

D で作成した検量線に B および C で得た吸光度を挿入して，それぞれのマンガン量を求め，試料中のマンガン含有率（mass％）を，次の式によって算出する．

$$\text{マンガン含有率} = \frac{A_1 - A_2}{m} \times 100$$

ここに，A_1 は試料液中のマンガン量(g)，A_2 は空試験液中のマンガン量(g)，m は試料はかり取り量(g)である．

注：空試験に使用した鉄中にマンガンが含まれる場合は，はかり取った鉄中のマンガン量を差し引いて補正する．

[小林 剛]

参考文献
1) 不破敬一郎, 下村 滋, 戸田昭三：最新原子吸光分析, 広川書店, 1990.
2) 保母敏行（監修）：高純度技術大系 第 1 巻 分析技術, フジ・テクノシステム, 1996.

10 電気加熱原子吸光分光分析計

electrothermal atomic absorption spectrophotometer : ET-AAS

定性情報　吸収スペクトル（または定量する元素に関するスペクトル情報）．

定量情報　吸光度．

装置構成　装置の構成はフレーム原子吸光光度計と併用とし，試料原子化部のみフレームに代わり電気加熱炉とする．電気加熱方式の原子化部は，電気加熱炉および電源部で構成する．

電気加熱炉：電気加熱炉は，発熱体に電流を流し，ジュール熱により試料溶液を乾燥，灰化，原子化するもので，その発熱体は黒鉛製または耐熱金属製を用いる．酸化防止および試料蒸発などのため，アルゴン，アルゴンと水素の混合ガスなどを炉の中に流す構造になっている．炉の形状は黒鉛製の場合，チューブ型が一般的であり表面にパイロコーティング処理を行ったものもある．金属製ではタングステンやタンタル製でストリップ(板)型が多い．現在，電気加熱炉の主流は黒鉛管を用いた黒鉛炉であり，その一例を図1に示す．

電源部：電源部は，電気加熱炉の発熱体を段階的または連続的に必要な温度に加熱する．一般に使用される電力供給方法には次のようなものがある．

①電流制御方式：電源の出力電流をフィードバックにより一定に補償する方法で，接触抵抗値を無視することができる．

②温度制御方式：原子化ステップにおいて最初に炉に大電流を流し，急激に加熱するが，温度センサー（シリコンダイオードなどの光センサー）により温度を測定し，その信号を電源にフィードバックする方式のものである．急速に設定温度になるような電流を自動的に流すようにした方法であり，急速加熱が容易である．

測　定　溶液試料を用いて原子吸光を測定するには乾燥，灰化，原子化の3段階の基本操作が必要である．そのプログラムの一例を図2に示す．それぞれの段階で試料の状態が変化する．乾燥段階では溶媒が蒸発し，塩が析出する．灰化段階では塩が熱分解（または還元）する．原子化段階では灰化時に得られた安定な化合物を原子状態とする．原子化は測定対象元素を原子蒸気にして光の吸収を測定する段階で，測定対象元素や試料の特性によっては徐々に昇温（ランプモード）するか，急速に昇温（ス

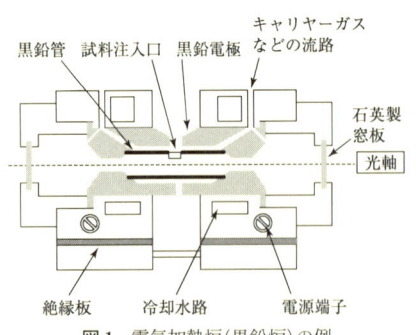

図1　電気加熱炉（黒鉛炉）の例

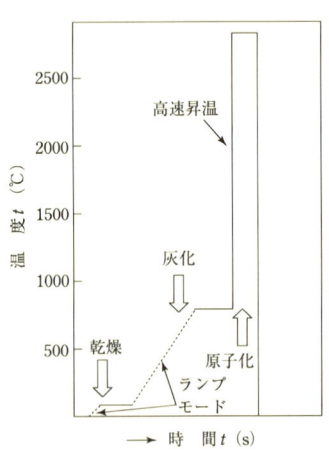

図2　電気加熱原子化装置の温度プログラムの例

テップモード)するかの選定が重要である．

原理・特徴 原理はフレーム原子吸光法と同じである．その特徴を以下に述べる．

①分析対象元素の原子蒸気が限られた狭い空間で生成されるためフレーム原子吸光法と比べて高感度である．

②微少量試料分析が行える．

③黒鉛炉の材料である黒鉛は加工性や耐熱・耐酸性などに優れている．

④炉内において目的元素の高密度化が達成されることは同時に共存成分も高密度となり，それらの成分に起因するバックグラウンドが生じるため，その補正法が正確な分析値を得るためには重要な課題となる．

⑤測定対象元素や試料によって測定条件が異なるため，多元素同時定量が困難である．

⑥高融点元素や難解離性化合物(炭化物，酸化物)形成元素への適用が困難である．

用途 フレーム原子吸光法に適用できるほとんどの試料に適用可能で，より微量分析および微少量試料の分析に適する．ただし，高融点元素や難解離性化合物形成元素への適用は困難である．

応用例 工業用水中の鉛の定量

試料を前処理した後，マトリックスモディファイヤーとして硝酸パラジウム(II)を加え，電気加熱炉で原子化し，鉛による原子吸光を波長283.3 nmで測定して，鉛を定量する．

A．定量範囲

Pb 5〜100 μg/L，繰返し分析精度：相対標準偏差で2〜10%(装置，測定条件によって異なる)．

B．操作

①試料の前処理は試料100 mLにつき硝酸10 mLの割合で加える．加熱して約10分間静かに沸騰させる．放冷後，必要に応じて水で一定量にする．

②前処理操作①を行った試料の100 μL以上の一定量をマイクロピペットで小型の容器にとり，これと同体積の硝酸パラジウム(II)溶液(10 μg-Pd/mL)を加え，よく混ぜ合わせる．

③操作②を行った試料の一定量(たとえば10〜50 μL)をマイクロピペットまたはオートサンプラーで発熱体に注入した後，発熱体を加熱し，乾燥(100〜120℃，約30秒)した後，灰化(500〜800℃，約30秒)し，原子化(1600〜2300℃，3〜6秒)し，波長283.3 nmの指示値(ピーク高さ値またはピーク面積値)を読む．この測定は同一試料で3回以上繰り返し，平均値を用いる．なお，乾燥，灰化，原子化の条件は装置によって異なる．

④空試験として①の操作での試料と同量の水をとり，試料と同様に②および③の操作を行って試料について得た指示値を補正する．

⑤検量線から鉛の量を求め，試料中の鉛の濃度(μg-Pb/L)を算出する．

C．検量線

鉛標準液(1 μg-Pb/mL) 0.5〜10 mLを全量フラスコ100 mLに段階的にとり，前処理操作を行った試料と同じ条件になるように酸を加えた後，水を標線まで加える．この溶液について②③の操作を行う．別に空試験として水について検量線の作成に用いた標準液と同じ条件になるように酸を加えた後，②③の操作を行って標準液について得た指示値を補正し，鉛の量と指示値との関係線を作成する．検量線の作成は，試料測定時に行う． 〔小林　剛〕

参考文献
1) 高橋　努，大道寺英弘：ファーネス原子吸光分析，学会出版センター，1984．
2) 小林　剛：黒鉛炉原子吸光法，まてりあ，**33**，313，1994．

11 還元気化原子吸光分光光度計

cold-vapor/atomic absorption spectrophotometer：CV-AAS

定性情報 吸収スペクトル（または定量する元素に関するスペクトル情報）．

定量情報 吸光度．

装置構成 装置の構成はフレーム原子吸光分光光度計と併用とし，還元気化原子化部を新たに取り付ける．

還元気化原子化部：還元気化部は還元容器，吸収セル，空気ポンプ，流量計，乾燥管および連結管から構成される．図1に構成例を示す．なお，これらを一体とした水銀分析専用機もある．

測　定 試料溶液に還元剤を加えることによって水銀化合物から水銀を気化させ，これを常温の吸収セルに導いて原子吸光を測定する．

原理・特徴 水銀は常温でも原子状態で存在し得るので，原子吸光の測定が行える．還元法では塩化スズ（II）溶液を加えると水銀が還元されて気化する．水銀蒸気は吸収セル内に導かれ，吸収が測定されるため，高感度が得られる．

用　途 溶液試料に適することから，工場排水，河川水，湖沼水，海水などの全水銀定量に利用される．さらに，土壌堆積物や肥料など他種類の固体試料にも広く利用されている．

応用例 さまざまな種類の水に対応するため，いくつかの定量方法が標準化されている．それぞれ適用分野が異なるため操作上大きな違いがある．その一例を以下に示す．

(1) 工場排水中の全水銀の定量[2]

試料を過マンガン酸カリウムで前処理した後，塩化スズ（II）で水銀（II）を還元する．この溶液に通気して発生する水銀蒸気による原子吸光を波長 253.7 nm で測定し，水銀を定量する．

A．定量範囲

Hg 0.5〜10 μg/L，繰り返し分析精度：4〜20%

B．操作

①試料の適量を三角フラスコ 300 mL にはかり取り，水を加えて約 150 mL とする．

②硫酸（9 M）2 mL，硝酸 5 mL および過マンガン酸カリウム溶液（50 g/L）20 mL を加えて振り混ぜ，約 15 分放置する．過マンガン酸の色が消えたときは，溶液の赤い色が約 15 分間持続するまで，過マンガン酸カリウム溶液を少量ずつ加える．

③ペルオキソ二硫酸カリウム溶液（50 g/L）10 mL を加え，約 95℃ の水浴中に三角フラスコ 300 mL を浸して約 2 時間加熱する．

④室温まで冷却し，塩化ヒドロキシルアンモニウム溶液（80 g/L）10 mL を添加して過剰の過マンガン酸を還元する．

⑤ただちに溶液を還元容器に移し入れ，水で 250 mL とした後，通気回路を組み立

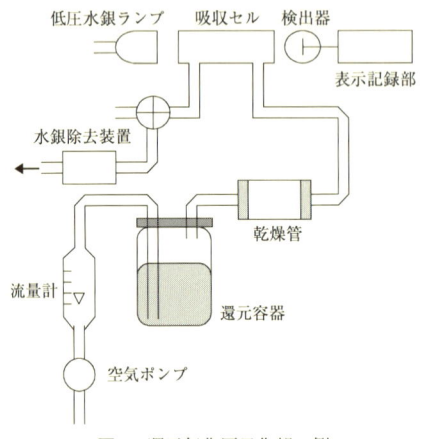

図1　還元気化原子化部の例

てる．

⑥手早く，塩化スズ(II)溶液10mLを加え，あらかじめ設定した最適流量で空気ポンプを作動し，空気を送気させる．波長253.7nmの指示値を読み取る．バイパスコックを回して，指示値が元に戻るまで通気を続ける．

⑦空試験として試料と同量の水をとり，①〜③と同量の試薬を加えた後，操作④⑤を行って指示値を読み取り，試料について得た指示値を補正する．

⑧検量線から水銀量を求め，試料中の全水銀の濃度(μg-Hg/L)を算出する．

C．検量線

水銀標準液(0.1μg-Hg/mL) 1〜20mLを還元容器300mLに段階的にとり，硫酸(9M)20mLと水を加えて200mLとした後，⑤の操作を行う．別に，空試験として水200mLを還元容器300mLにとり，硫酸(9M)20mLを加えた後，⑤の操作を行って水銀標準液について得た指示値を補正し，水銀の量と指示値との関係線を補正する．検量線の作成は，試料測定時に行う．

(2) 食料，飲料加工処理用水中の全水銀の定量[3]

試料を紫外線照射することによって，有機物，有機水銀化合物を分解し，すべての水銀を水銀(II)とする．水銀(II)を塩化スズ(II)で金属水銀に還元する．この溶液に通気ガスを送り，発生する水銀単原子蒸気による原子吸光を波長253.7nmで測定し，水銀を定量する．

A．定量範囲

この方法では，分析に用いる測定試料において，0.02μgの水銀が定量可能である．また，測定試料100mLを用いた場合の定量下限は0.2μg/Lである．

B．操作

①試験水は採取後ただちに保存剤として，1Lあたり酸性二クロム酸カリウム溶液(二クロム酸カリウム4g/500mL水＋

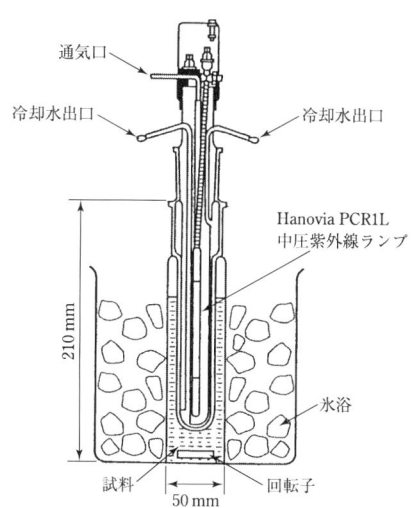

図2 紫外線照射装置の概略図の例

硝酸500mL)50mLを加える．この溶液から100mLをとる．

②測定試料を照射容器に移し，回転子を入れる．容器を紫外線照射装置(図2)に取り付け，氷浴に浸す．連続的にかき混ぜながら，試験溶液を10分間照射する．

③照射した溶液を還元容器に移す．25±0.5℃に調節し，塩化スズ(II)溶液($SnCl_2 \cdot 2H_2O$ 100g/L)2mLを加える．

④ただちに，還元容器を通気装置に連結し，引き続きかき混ぜながら，塩化スズ(II)添加30秒後に通気を開始する．

⑤吸収セルに入った水銀は，波長253.7nmで吸収を生じる．ピーク面積で測定を行う場合は，信号が初期値に戻るまで測定を行う．

⑥空試験では，測定試料の代わりに水(水銀を含まない)について試料と同量をとり，試料と同量の試薬を加えた後，同じ操作を行って指示値を読み取り，試料について得た指示値を補正する．

⑦検量線から水銀量を求め，試料中の全水銀の濃度(μg/L)を算出する．

C. 検量線

水銀標準液(10 μgHg/mL)を用いて，使用装置の測定濃度範囲(0.1〜10 μgHg/Lの範囲で適宜選択する．)内で少なくとも5点の検量線用溶液を使用直前に調製する．

3) 水銀分析の試料前処理

水銀を含む個体試料は多種類にわたり，それぞれの試料を分解するなどの適切な前処理法が行われている．その例を示す．

土壌堆積物の前処理法：還元気化原子吸光法を適用する場合の前処理として，① HNO_3-$KMnO_4$還流分解法，② HNO_3-H_2SO_4-$KMnO_4$分解法，③ HNO_3-$NaCl$分解法がある．

①法は，湿試料を分解フラスコにとり，HNO_3で有機物を分解後$KMnO_4$を加えて分解を続ける．尿素，塩化ヒドロキシルアンモニウムで過剰の$KMnO_4$を分解，ガラス繊維沪紙で沪過する．

②法は，①法と同様に操作するが，さらにH_2SO_4，$K_2S_2O_8$なども使用する．この方法は海洋生物中の水銀の定量にも利用される．

③法は，HNO_3と$NaCl$を使用し，沸騰水浴中で分解する．

肥料の前処理法：リン鉱石に由来する複合肥料の分析では，還流冷却器をつけたビーカーに試料2〜5gを取りHNO_3 10〜20 mL，H_2SO_4 10 mLで分解する．尿素，$KMnO_4$を加え水で100 mLとする．または試料1gあたりV_2O_5 50 mgにHNO_3 10 mLおよびH_2SO_4 5 mlを加え，140〜150℃で15分以上分解する．リン鉱石では，試料2gをH_3PO_4(7.5 M) 25 mlを加え，$KMnO_3$で分解する．　　　［小林　剛］

参考文献
1) 不破敬一郎，下村　滋，戸田昭三：最新原子吸光分析，広川書店，1990．
2) JIS K 0102 工場排水試験方法，1998
3) JIS K 0400-66-20 水質―フレームレス原子吸光法による全水銀の定量，第2部：紫外線照射処理による方法，1998

12 水素化物発生原子吸光分光光度計

hydride-generation atomic absorption spectrophotometer：Hy-AAS

定性情報 吸収スペクトル：スペクトル波長について既知元素と比較する．

定量情報 吸光度：ランベルト-ベールの法則を用いる．

注　解 適用可能元素について表1にスペクトル波長を示す．

装置構成 装置の構成はフレーム原子吸光分析装置と併用とし，水素化物発生原子化部を新たに取り付ける．水素化物発生原子化部は水素化物発生部および原子化部で構成する．

水素化物発生部：水素化物発生部は，一定量の試料溶液を反応容器に採取して水素化物発生を行うバッチ方式と連続的にテトラヒドロホウ酸ナトリウム溶液と試料溶液をペリスタポンプで反応容器に送液して水素化物を発生させる連続自動システムがある．一例を図1に示す．

原子化部：原子化部には，おもに次の二種がある．

(1) 水素-アルゴンフレームを用いる．このフレームは短波長域でもフレーム吸収が小さく，比較的低温でも容易に原子化される．ヒ素やセレンなどに感度良く適用できる．このフレームは，通常の空気-アセチレンフレーム用のバーナーがそのまま使用できる．

(2) 加熱石英セルを用いる．おもに電気加熱した石英セルを用いて原子化を行う．この方法は石英セル中で生じた原子の滞留時間が比較的長く，フレームガスによる原子蒸気の希釈が少ないことから，フレーム法に比べ高感度である．

測　定 溶液中で還元されて気体状の水素化物を生成し，原子吸光分析法によって定量される元素は一般的に，ヒ素，アンチモン，セレン，ビスマス，ゲルマニウム，スズ，テルル，鉛に限定される．還元反応

表1　適用可能元素のスペクトル波長

元素	波長(nm)	
	第1強度	第2強度
As	189.0	193.7
Sb	217.6	231.2
Se	196.0	204.0
Bi	223.1	306.8
Ge	265.1	275.5
Sn	286.3	303.4
Te	241.3	225.9
Pb	217.0	283.3

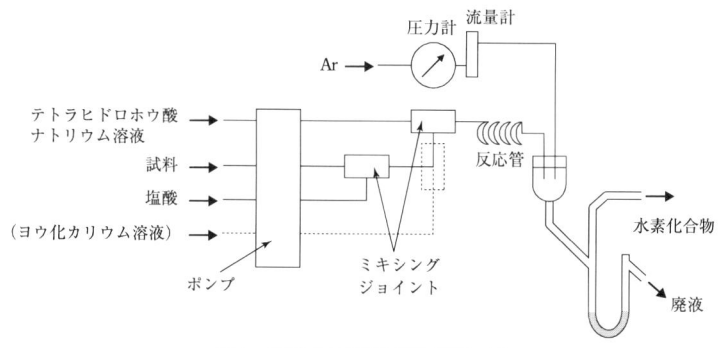

図1　連続式水素化物発生装置の例

は金属-酸還元系(亜鉛-塩酸系)でも起こるが, 現在, もっとも一般的に利用されているのはテトラヒドロホウ酸ナトリウム-酸還元系である. この系は亜鉛-塩酸系に比べて還元力が強いので上述の8元素に適用できる.

原理・特徴 還元による生成物が沸点の低い水素化物となるような元素は, この性質を利用して高感度分析を行うことができる. 感度向上の理由の一つは一定時間内に多量の原子蒸気を発生させられるため, セル内に高い原子密度が得られる. さらに, 連続的に発生させる自動システムが可能で, フローインジェクション分析に組み込むことができる.

用途 溶液試料に適することから, 工場排水, 工業用水, 海水, 河川水, 湖沼水などに利用が多い.

応用例 工場排水中のヒ素の定量[2]

試料を前処理して, ヒ素を水素化ヒ素とし水素-アルゴンフレーム中に導き, ヒ素による原子吸光を波長193.7 nmで測定して, ヒ素を定量する.

A. 操作

①試料の適量(Asとして$0.1\sim1\,\mu g$を含む)をビーカー100 mLにはかり取り, 硫酸(9 M) 1 mLおよび硝酸2 mLを加え, さらに過マンガン酸カリウム溶液(3 g/L)を溶液が着色するまで滴下する.

②加熱板上で加熱して硫酸白煙を発生させる.

③室温まで冷却した後, 全量フラスコ20 mLに移し入れ, 水を標線まで加える. 装置にアルゴンを流しながら, この溶液と塩酸($1\sim6$ mol/L), テトラヒドロホウ酸ナトリウム溶液(テトラヒドロホウ酸ナトリウム5 gを水酸化ナトリウム溶液(0.1 mol/L) 500 mLに溶かしたもの)を, 定量ポンプを用いてそれぞれ$1\sim10$ mL/minの流量で連続的に装置内に導入し, 水素化ヒ素を発生させる.

④発生した水素化ヒ素と廃液を分離した後, 水素化ヒ素を含む気体を水素-アルゴンフレームまたは加熱吸収セルに導入し, 波長193.7 nmの指示値を読み取る.

⑤空試験として水について①および②の操作を行った後, 試料と同様に操作して指示値を読み取り, 試料について得た指示値を補正する.

この場合, 鉄, ニッケル, コバルトはそれぞれ, ヒ素の5, 10, 80倍量程度を越えて共存すると水素化ヒ素の発生を阻害する. しかし, 試料を処理後, 全量フラスコに移し入れ, 20 mLにするときに, ヨウ化カリウム溶液(100 g/L) 4 mLを添加するか, または他の溶液とともにヨウ化カリウム溶液($20\sim100$ g/L)を$1\sim10$ mL/minの流量(濃度・流量は装置によって異なる)で, 水素化ヒ素発生装置に導入することによって, 鉄による妨害は1000倍量共存する場合でも除去できる.

⑥検量線から, ヒ素の量を求め, 試料中のヒ素の濃度(μg-As/L)を算出する.

B. 検量線

ヒ素標準液($0.1\,\mu$g-As/mL) $1\sim10$ mLを段階的に全量フラスコ20 mLにとり, 水を標線まで加える. 以下, 試料の場合と同様に操作して, ヒ素の量と指示値との関係線を作成する. 検量線の作成は, 試料測定時に行う.

[小林 剛]

参考文献

1) 保母敏行(監修):高純度技術大系 第1巻 分析技術, フジ・テクノシステム, 1996.
2) JIS K 0102 工場排水試験方法, 1998.

13
誘導結合プラズマ発光分光分析装置
inductively coupled plasma atomic emission spectrometer : ICP-AES

定性情報 発光スペクトル．
定量情報 元素の発光スペクトル強度．
装置構成 ICP発光分析装置．装置の構成を図1に示す．装置はICPを励起源(光源)として，集光部，分光/検出部，データ処理部から構成される．さらに，励起源部にはプラズマにエネルギーを供給するための高周波電源，Arガス供給系および試料導入系が付随する．

プラズマは石英製三重管構造のプラズマトーチを通して供給されるArガスを高周波によって電離して維持される．プラズマトーチには，外側からそれぞれ冷却ガス(coolant gas；15〜20 min^{-1})，補助ガス(auxiliary gas；0〜2 min^{-1})，キャリヤーガス(carrier gas；0.5〜2 min^{-1})とよばれるArガスが供給される．このArガスにトーチ外側に取り付けられた2〜5巻の高周波誘導コイルを介して高周波(周波数27.12 MHz，出力0.8〜2.3 kW)を供給するとArガスの一部がイオン化してプラズマを形成する．プラズマとしての重要なパラメーターはプラズマ温度と電子密度であり，分析に用いられる領域では，プラズマ温度は6000〜9000 K，電子密度は10^{15}個/cm^{3}程度である．

溶液試料はネブライザーで噴霧されてミストになり，キャリヤーガスとともにプラズマに導入される．一般的なネブライザーによる試料の吸い上げ量は0.5〜2 mL/min，また，吸い上げられた試料の1〜3%がミストとしてプラズマに導入される．これ以外の試料導入法として，導入効率の高い超音波ネブライザー，微少量試料の導入に適しているフローインジェクション法，加熱気化導入法，マイクロネブライザー法などが用いられる．プラズマに導入された元素は熱的に励起され発光する．

プラズマの発光は入射レンズ系によって集光され，分光器に導入される．分光器は波長掃引測光するモノクロメーター(図1)と多元素同時測光するポリクロメーターに大別される．モノクロメーターは入り口スリットと出口スリットが固定され，外部光学系により入り口スリット上に結像された光を分光器内でコリメーターレンズにより平行光にし，回折格子(刻線数1800〜3600本/mm程度)で分光した後出口スリット上に焦点を結ぶように構成される．

回折格子を回転させることにより，回折された各波長の光が出口スリットに結像し，出口スリットの後に置いた検出器により検出される．波長掃引型分光器ではステッピングモーターで回折格子を回転させ，コンピュータによって出口スリット上に結像する波長を制御することにより，高速波長掃引あるいは目的の波長への高速移

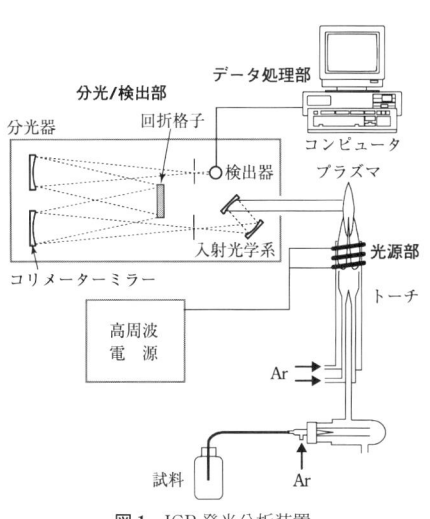

図1 ICP発光分析装置

動を行って測定を行う．発光は分光器において波長ごとに分散され，目的元素の発光を光電子増倍管(photomultiplier)で検出する．検出器において電流に変換された信号は増幅され，データ処理部において解析・記録される．

一方，多元素同時測光型の分光器としては，最近では，エッシェル分光器と面検出器を組み合わせたポリクロメーター型分光器が普及し始めている．エッシェル分光器は回折格子とプリズム(第2の回折格子を使用する場合もある)の二つの分光素子を使い，入射光を回折格子で縦方向に分散させ，さらにプリズムによって水平方向に次数分離(ブラッグの式を参照)を行う点に特徴がある．

エッシェル分光器では刻線数が70〜80本/mmと非常に少なく，ブレーズ角が大きな"エッシェル回折格子"を用いる．この回折格子ではわずかな分散波長幅に多くの次数のスペクトルが重なるが，プリズムで各次数を分離することによって，x軸方向に波長分離されたスペクトルがy軸方向に次数ごとに積み重ねられた二次元構造のスペクトルを得ることができる．高次波長のスペクトルを選択すれば高い分解能で分光することができ，実際には短波長領域で100次を超える高次数のスペクトルを使うことによって高い分解能を実現している．

面検出器には半導体マルチチャネル検出器を用い，各ピクセルに照射された光強度を蓄積し，マイクロ秒オーダーで掃引しながら検出する．そのためエッシェル回折格子によって得られる二次元のスペクトルを面検出器上に結像することによって，各波長の光，すなわち各元素の発光スペクトル強度を同時検出することができる．

測　定　ICP-AESでは溶液化された試料をネブライザーで噴霧して，サイクロンチャンバーで粒径の大きな水滴を除き，ミスト状の試料をプラズマに導入する．プラズマに導入された元素は，脱溶媒，原子化，イオン化，励起などのプロセスを経て，原子あるいはイオンとして発光する．この発光は分光器の入射スリット上に集光されて分光器に導入され，分光器で分光されて目的の波長の発光強度を測定する．

ICP-AESでは，以下に示す優れた分析化学的特徴を有している．

①周期表の多くの元素について高感度分析(検出限界はおおむね ppb (10^{-9} g/mL = ng/mL)レベル)が可能である．

②ダイナミックレンジ(検量線の直線領域)が4〜6桁と広い．

③多元素同時分析が可能である．

④共存元素による化学干渉やイオン化干渉が小さい．

⑤分析精度が高い．

一般に，ICP-AESは1 ppb (ng/mL)〜100 ppm (μg/mL)の濃度範囲にある元素の多元素同時定量法として広く普及している．

ICP-AESで試料を測定する際には，分析誤差を与える干渉に注意する必要がある．干渉は，一般的に，①物理干渉，②化学干渉，③イオン化干渉，④分光干渉に分類される．ICP-AESでは，物理干渉と分光干渉が支配的であり，化学干渉やイオン化干渉はほとんど観測されない．

物理干渉とは物理的な因子の変化によって生じる分析上の妨害であり，試料溶液の噴霧や輸送過程において生じる．具体的には，キャリヤーガス流量，試料溶液の粘性，塩類の種類，あるいは酸の種類の違いによって，ネブライザーによる試料の吸い込み量や噴霧された霧滴の粒径が変化し，プラズマ中に導入される試料量が変動するために生じる干渉である．ICP-AESでは，Arをキャリヤーガスとし，さらに，その流量が1 mL/min程度と低いことから，ネブライザーによる吸引能力が他の分析法に比

べて低く，物理干渉を受けやすいことになる．

物理干渉の抑制法としては，試料溶液と標準溶液の主成分組成を合わせるマトリックスマッチング法，試料中に含まれていない非測定対象元素を内標準元素として試料溶液と標準溶液に添加して，目的元素と内標準元素の発光強度比を測定する内標準法，試料溶液に既知量の標準溶液を添加して検量線を作成し，その外挿値から定量する標準添加法，あるいは化学分離法（キレート樹脂，イオン交換，共沈分離，溶媒抽出など）により目的元素をマトリックス成分から分離する方法が有効である．

一方，分光干渉とは，測定元素の発光線に対してプラズマガス成分や共存物質に由来する，①バックグラウンド発光の変動，②原子やイオンの発光線の重なり，③分子バンドの重なり，④主成分の連続光や線発光の迷光，などが原因の分光的な干渉である．分光干渉は，ICP-AES において測定上もっとも重大な問題であり，高精度・高確度の分析を行うためには分光干渉の適切な補正が不可欠である．

分光干渉の抑制には，第一義的には重なりのない発光線を選ぶことと高分解能分光器を使うことがもっとも有効である．しかし，ICP-AES のように高温励起源では分光干渉を受けない発光線を探すことは難しく，また，高分解能分光器を用いることも装置制約上難しい場合が多い．そこで，一般的には，各測定元素に対する主成分元素からの干渉割合をあらかじめ測定し，主成分存在量から干渉量を見積もって補正する分光干渉補正係数法がもっとも広く用いられている．また，物理干渉の抑制法として述べたマトリックスマッチング法も有効な分光干渉補正法である．

原　理　発光分析法は熱的に励起された原子が励起状態から基底状態（一般的にはより低いエネルギー状態）に戻るときに放射される発光線を測定する．このとき，発光線の波長または振動数とエネルギー差の関係は次式で表される．

$$hc/\lambda = h\nu = E_1 - E_0 = \Delta E$$

ここで，E_1 と E_0 はそれぞれの元素に固有な励起状態のエネルギーであり，各元素はそのエネルギー差に等しい振動数で発光する．発光強度は励起状態にある原子の数に比例するため，高い励起エネルギーをもつ励起源が有効である．ICP-AES ではプラズマが励起源となり，励起源からの光を光学系で集光して分光器に導入し，各元素に固有な発光スペクトルを分光して，検出器で検出する．

分析システムとしては他の原子スペクトル分析法（原子吸光法や原子蛍光法）に比べて単純な構成になるが，複雑な発光スペクトルの中から目的元素のスペクトルを分離するために，比較的分解能の高い分光器が必要となる．

用　途　環境科学，臨床科学から現場の工程管理分析に至るまで，元素分析法として広く用いられている．

応用例　底質試料の分析（Cr，Cu，Ni，Pb，Zn の定量）

底質試料はマイクロ波加熱分解法を用いた酸分解操作により溶液化する．分解用の酸には硝酸，過塩素酸およびフッ化水素酸（いずれも超高純度試薬）を使用する．

①試料 0.1～0.15 g をマイクロ波酸分解容器に分取ひょう量した後，硝酸 4 mL と過塩素酸 0.5 mL を添加する．

②一晩放置し，試料が十分に酸溶液になじんだ後，マイクロ波を照射して加熱分解を行う．

③放冷後，さらに過塩素酸 0.5 mL とフッ化水素酸 3 mL を添加し，再びマイクロ波を照射して加熱分解を行う．

④放冷後，過塩素酸の白煙が生じるまで分解溶液を蒸発濃縮する．

⑤残液に硝酸 1 mL を添加し，さらに超

純水で約50gまで希釈して全量をひょう量する.

また，分解操作における汚染を見積もるため，試料を入れずに分解の全操作を行う空試験操作をあわせて行う.

ICP-AESによる測定では多元素同時定量の特徴を活かす意味で，多元素混合標準溶液の使用が一般的である. 多元素混合標準溶液は，市販の元素標準溶液を適宜混合して調製する. 基本的には，分光干渉と物理干渉を避けるために主成分元素測定用と微量成分元素測定用の混合標準溶液を調製するが，さらに溶液中での元素の安定性などを考慮していくつかのグループに分けた混合標準溶液を調製した方がよい. また，検量線の作成では，前述の多元素混合標準溶液とブランク溶液から検量線を作成する検量線法が一般的であるが，この場合にはマトリックスマッチングなどの干渉補正法を考慮して標準溶液を調製することが肝要である.

具体的には，重量法(質量比混合法)により各元素の標準溶液原液(1000 μg/g相当)を混合・希釈して，検量線作成用標準溶液を調製する. このとき，市販の標準溶液は容量ベース濃度(1000 μg/mL)で調整されていることから，密度補正が必要である. 操作手順例は以下のとおりである.

① 100〜1000 mgのCr, Cu, Ni, Pb, Znの各標準溶液原液を脱金属処理済PP容器(容量100 mLのもの)にひょう量する.

② 同様に，内部標準元素標準溶液(Yb 100 μg/g溶液)を約1g添加し，添加量をひょう量する.

③ 純水を約20g加えたのち，超高純度硝酸を1 mL(約1.4g)添加し，溶液総量が約100gとなるよう純水を加えて，ひょう量する.

以上の操作の結果，測定溶液は約0.13 M硝酸溶液となる. 検量線用標準溶液は，試料溶液中に予想される目的元素濃度を挟み込む濃度範囲で3本調製する. あわせて，純水に硝酸のみを添加したブランク溶液(同じく約0.13 M硝酸溶液)も調製する. また，試料分解に付随するマトリックス効果を除去するために，測定用標準溶液の調製では，試料マトリックスに起因する干渉(主に分光干渉)が試料溶液と同レベルとなるように，試料分解溶液中の主成分元素(この場合，Al, Fe, Ca, Na, K, Mg, Ti)をほぼ同じ濃度となるよう標準溶液およびブランク溶液に添加し，試料分解に使用した過塩素酸(超高純度)を1 mL添加する.

ICP-AESにおける測定波長は，基本的に発光強度の強い線の中から他成分の干渉が少なく感度のよい(S/Bが高い)発光線(イオン線および原子線)を選択する. 代表的な測定波長としては，Cr 267.716 nm(イオン線)，Cu 324.754 nm(原子線)，Ni 321.10 nm(イオン線)，Pb 220.353 nm(イオン線)，Zn 213.865 nm(原子線)Yb 328.937 nm(イオン線)が一般的に用いられる.

また，分析法全体の妥当性を評価するためには底質標準物質(たとえば，(独)産業技術総合研究所から頒布されている海底質標準物質NMIJ 7302-a, 湖底質標準物質NMIJ 7303-a)を分析し，分析操作全体をバリデーションすることが重要である.

［千葉光一］

参考文献
1) 原口紘炁：ICP発光分析の基礎と応用，講談社，1986.
2) 河口広司，中原武利(編)：プラズマイオン源質量分析，学会出版センター，1994.
3) 原口紘炁，寺前紀夫，古田直紀，猿渡英之(訳)：微量元素分析の実際，丸善，1995.

14 マイクロ波誘導プラズマ原子発光分光分析装置
microwave induced plasma atomic emission spectrometer : MIP-AES

定性情報 発光スペクトル線の波長．
定量情報 元素に固有な波長における発光スペクトル線の強度．
装置構成 一般的な市販装置は見られないので，著者らの研究室でOkamotoキャビティーを取り入れて組み立て，使用している水素化物生成-高出力窒素マイクロ波誘導プラズマ発光分析装置の概略を図1に示す．

このようなOkamotoキャビティーでは，大気圧でドーナツ状の窒素はじめ酸素や空気およびアルゴンのプラズマを1kW以上の高出力(大電力)でも安定に生成することができる．窒素はじめ酸素や空気のプラズマを生成するとき，これらのガスは放電を開始しにくいので，まず放電しやすいアルゴンガスを用いてプラズマを発生させる．実際の窒素プラズマの点灯の手順を以下に示す．最初にプラズマガスとしてアルゴンを12 L/min以上流し，マイクロ波出力を400 W以上に設定する．この状態でテスラーコイルを用いてトーチの上方に火花を飛ばし，アルゴンプラズマを点灯する．その後出力を900 W以上にし，プラズマガスをアルゴンから窒素に切り換え，窒素プラズマを点灯する．このとき，スリースタブチューナーの設定は，窒素などのプラズマとほぼ整合するように調節しておき(アルゴンプラズマに対しては不整合状態)，窒素プラズマに切り換えた後，反射電力が

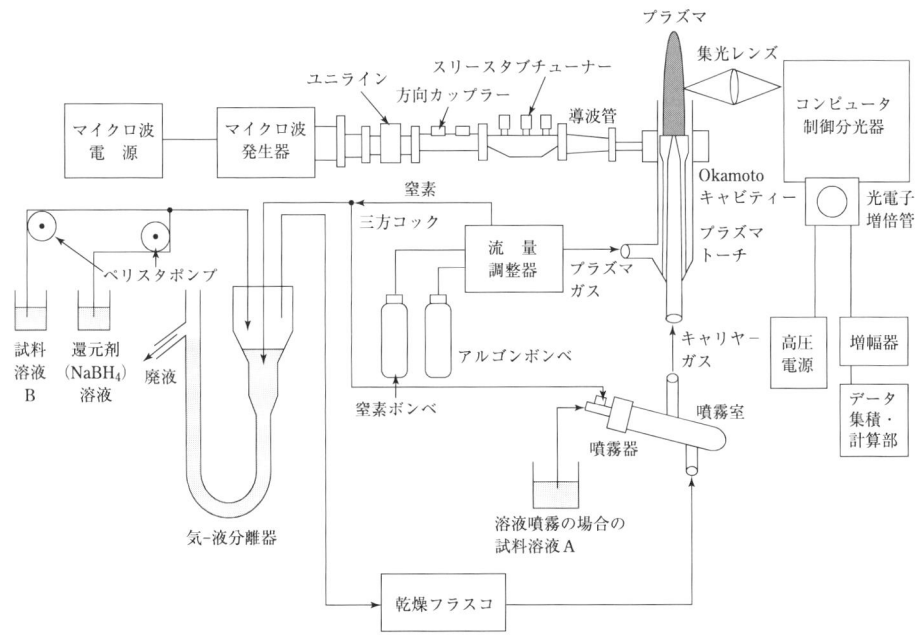

図1 水素化物生成-高出力窒素マイクロ波誘導プラズマ発光分析装置の概略[1]

ほぼ完全に0になるように微調整する．そして，約10分程度プラズマを安定させた後，測定を開始する．

次に，実際に試料を導入して測定する操作を以下に述べる．

図1に示すように，まず試料導入に溶液噴霧法を適用した場合，試料溶液Aを同軸型ネブライザーで吸い上げ，生成した溶液エアロゾルを直接キャリヤーガスとともにプラズマ中に導入する．また水素化物生成法を適用した場合は，試料溶液Bと還元剤であるテトラヒドロホウ酸ナトリウム溶液をペリスタポンプで連続的に送液し，ミキシングジョイントで混合する．この後の反応で生成した水素化物は，気-液分離器で溶液マトリックスから分離された後，水分除去のための硫酸トラップを経てキャリヤーガスとともに噴霧室から導入する．プラズマからの光をレンズで集光し，モノクロメーターで分光した後，光電子増倍管で電気信号に変換してシグナルをコンピュータで処理・記録し，必要に応じプリンターでデータを出力・記録する．

作動原理 MIPを生成するためのキャビティー（空洞共振器）は，これまでにいろいろ研究・開発されてきたが，ここでは，分析によく用いられている2種類の代表的なBeenakkerキャビティーとOkamotoキャビティーについて述べる

(1) Beenakkerキャビティー：概略を図2に示す．銅製または真鍮製のキャビティーは円筒状で，その内径は共鳴周波数で決まり，一般的に用いられる周波数2.45GHzのとき約93mmである．また，その厚さは，エネルギー密度に反比例することから，10～30mmの範囲が最適とされている．キャビティーの内部には，円筒軸方向の交番電界と径方向の電界と$\pi/2$位相のずれた交番磁界とが形成され，キャビティーの中心軸上で最大となる．石英あるいはアルミナ製のトーチ(放電管)は，内径

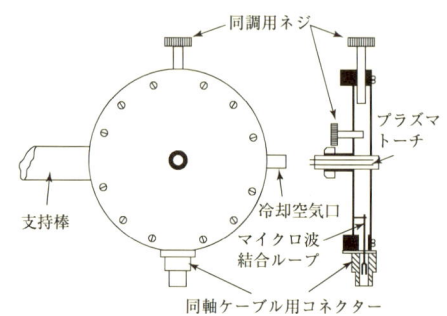

図2 Beenakkerキャビティーの概略[2)]

約1～1.5mmで，外径～8mmで，キャビティーの中心軸上に設置する．このキャビティーとトーチを用いると，ヘリウムやアルゴンの大気圧MIPを生成することができる．このプラズマは，ICPのようなドーナツ状ではなく，また供給できるマイクロ波電力が最大数百Wであるので，溶液試料のエアロゾルの連続・直接的な導入が不可能である．

しかしながら，ヘリウムMIPでは，励起エネルギー(19.81eV)の高い準安定状態ヘリウム原子による励起が期待できるので，励起エネルギーやイオン化エネルギーの大きな非金属元素の発光スペクトルの測定が可能となり，このプラズマの大きな特長となっている．一般的には，試料中の分析元素を何らかの方法によってガス化してプラズマ中に導入する方法が採用される．

(2) Okamotoキャビティー：断面を図3に示す．このキャビティーは高出力(大電力)(最大1.5kW)が供給でき，ドーナツ状の窒素や酸素，さらには空気のプラズマを大気圧下で生成することができる．このキャビティーは，負荷とのインピーダンス整合(マッチング)をよくするために，扁平導波管($8.4mm \times 109.2mm$，インピーダンス約50Ω)を用い，その中心部に円錐状の内導体と円筒状の外導体の先端に設けたフロントプレートからなるモード変換器で構成されている．

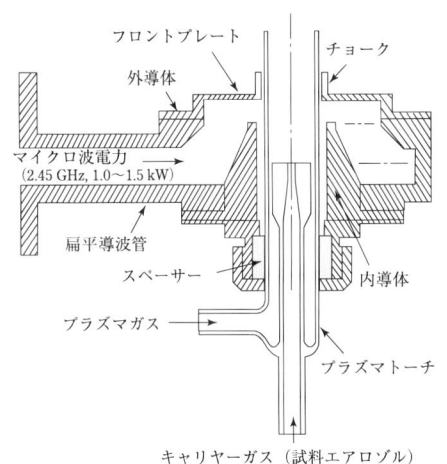

図3 Okamotoキャビティーの断面[3]

このように，キャビティーはすべて金属(銅)で構成され，マイクロ波電力も導波管を用いて供給し，整合もよくとれる(反射電力をほぼ零にすることができる)ため，1 kW以上のマイクロ波電力をプラズマ生成に用いることができる．この結果，ドーナツ状のプラズマの形成が容易になり，ICPと同様に，溶液試料のエアロゾルを直接かつ連続的にプラズマ中に導入することが可能になった．

なお，この場合に用いられるトーチは，同心状の外管(内径：窒素，酸素および空気のときは，約10 mm，アルゴンのときは，約4 mmである)と内管(先端部の外径は太く，窒素，酸素および空気のときは，約9 mm，アルゴンのときには，約3 mmである)から成る．内管にはキャリヤーガス(約1 L/min)とともに試料エアロゾルを，外管には接線方向からプラズマガス(約10 L/min)を供給し，プラズマの生成とともにその安定化をはかる．このように構成すると，ドーナツ状の大気圧プラズマを安定に生成することができる．

用　途　当初，Okamotoキャビティーは，質量分析のイオン源として開発されたので，このキャビティーを用いたMIP発光分析装置は製造・市販されていない．しかし，Beenakkerキャビティーを用いて得られるMIPは，現在では，ガスクロマトグラフィーにおける元素選択的な検出器として利用され，この種のガスクロマトグラフが市販されている．

応用例　市販装置がないことから，応用例は皆無に等しいが，図1に示したような試作装置を用いた応用例はいくつか報告されているので，文献[1]を参照していただきたい．

[中原武利]

参考文献
1) 松本明弘，中原武利：鉄と鋼，**89**, 881, 2003.
2) Beenakker, C. I. M.: *Spectrochim. Acta*, **31B**, 483, 1976.
3) Okamoto, Y.: *Anal. Sci.*, **7**, 283, 1991.

15
炎光分光光度計

flame spectrophotometer

定性情報 発光スペクトル.
定量情報 原子スペクトル線の強度.
　注　解　炎光分析法は創始された頃，元素の検出(発見)に用いられ，定性分析として始まった.
　装置構成　炎光分析に用いる装置は，燃料ガスおよび助燃ガスの調整部→試料噴霧部→励起発光部(化学炎)→分光部(選光部)→測光部からなる.
　選光は簡単なものは干渉フィルターを用いた炎光光度計からプリズムや回折格子を用い，光電子増倍管を併用した炎光分光光度計がある.
　試料(溶液)の噴霧にはアトマイザーバーナーと称するバーナーと噴霧装置が一体となった装置(全消費型バーナーという)と，噴霧室がバーナーと別になって，その中に試料が噴霧される装置とがある．前者は全試料が炎に入るので感度がよく，後者は細かい霧(エアロゾル)のみが選択されて炎に達するので精度よい測定ができる．図1に全消費型バーナーの概略を示す．また，バーナーも，用いる燃料ガスの種類によって使い分けられるので，噴霧装置もこれにともなっておのずから定まってくる.
　噴霧室をもったものは混合炎(予混式，スリットまたはスロットともいう)バーナーと組み合わせて使用される．全消費型バーナーであるアトマイザーバーナーは酸素-水素炎や酸素-アセチレン炎のように燃焼速度の大きな炎に用いられ，混合炎では空気-アセチレン炎が用いられる．図2に代表的な単光路型炎光光度計の概略を示す.
　全体の光学系としては単光路(シングルビーム)型と複光路(ダブルビーム)型がある.
　単光路型は一度に一つのスペクトル線が測定できる装置である.
　複光路型は光源(励起発光部)からの光を二つの別々の光路に分けるか(出口スリットは二つ)，または光源から直接に二つのスリットを通して光を分け，目的元素のスペクトル線と内標準元素のスペクトル線の強さ(輝度)を同時に測定し，その比を求める方法である．分析法としては，これを内標準法という.
　作動原理　炎光分析は発光分析の一方法であって，試料励起の方法(手段)に炎の熱

図1　全消費型バーナーの概略

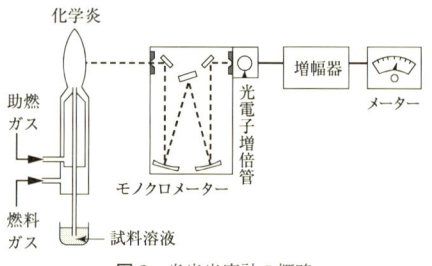

図2　炎光光度計の概略

表1 代表的な化学炎

化学炎	最高温度 (°C)	燃焼速度 (cm/s)
アルゴン-水素(空気混入)	400～1000	—
空気-プロパン	1900	80
空気-アセチレン	2300	160
空気-水素	2050	440
酸素-アセチレン	3100	2480
酸素-水素	2900	1150
酸素-シアンガス	4600	140
一酸化二窒素-アセチレン	2800	180

エネルギーを利用するという特長をもったものである．

炎光分析は，金属塩を溶解した溶液を一定の条件下で噴霧し，これを炎の中で蒸発・分解し，生成した原子の励起によって得られる元素特有の発光スペクトル線を測定し，その波長から存在する元素を同定(定性)し，さらにその強度から定量する．

したがって，まず試料を溶液状態に調製しなければならない．これを酸素または空気の圧力によってノズルから噴射して霧状の微粒子(エアロゾル)とする．これが，酸素-水素炎，酸素-アセチレン炎，空気-水素炎，空気-アセチレン炎，空気-都市ガス炎などの化学炎で気化，分解して遊離原子となる(ときには，酸化物のまま分子状で存在して発光する)．この原子(または分子)がさらに励起されて，あるエネルギー準位(励起状態)に達し，再びもとの基底状態にもどるときの光を測定する．表1に代表的な化学炎の特性を示す．

このように発光した原子スペクトル線(または分子発光スペクトル)は原子の濃度に比例するので，生成する原子の濃度と試料中の元素の濃度とを比例させるようにする(すなわち噴霧するためのガスの圧力や流量，試料の導入量あるいは燃料ガスの供給量，炎の温度などを一定の条件に固定して測定する)ことによって試料中の元素を定量することができる．炎の中では原子のエネルギー状態は熱的平衡状態に保たれていると考えられるので，ある状態に励起した原子と基底状態の原子の比はある温度では一定と考えてよい(ボルツマンの分布則)．

しかしながら，実際試料の分析では，干渉の有無の確認やその対策に配慮しなければならない．

用途 アルカリ元素やアルカリ土類元素から重金属元素のクロム，マンガン，鉛，銅，銀や一部の希土類元素の迅速で簡便な定性分析法として利用される．原子吸光分析やICP発光分析が普及した現在では，あまり利用されることがなくなった．しかし，現在でも，特に臨床分析におけるナトリウムやカリウムなどの測定(定量)には不可欠な分析法である．

応用例 血清中のナトリウムの定量の例を以下に簡単に述べる．

血清中のナトリウムの正常濃度は，138～146 meq/L(317～336 mg/mL)である．炎光分析により血清中のナトリウムを定量する場合には，蛋白質による検液の粘度の影響をなくすために，界面活性剤(たとえば，Sterox SEなど)を検液および標準溶液に加える．血清試料0.5 mLを100 mLメスフラスコに採り，1% Sterox SEを2 mL加え，精製水で100 mLに希釈する．

ナトリウム標準溶液(ナトリウムに関して約0.7 meq/Lの濃度を間に挟むような濃度範囲の一連の標準溶液)と200倍希釈した血清検液を用いて，空気-アセチレン炎(または空気-水素炎)中でナトリウムの波長589.0 nmにおける発光強度を測定して，ナトリウムの検量線から検液中のナトリウム濃度を求める．　　　　　[中原武利]

16
スパーク放電発光分析装置

spark discharge optical emission spectrometer : SD-OES

定性情報 原子発光線の波長位置．
定量情報 スペクトル線強度．

注 解 波長表あるいは標準スペクトルとの比較より定性分析ができるが，スペクトルパターンは一般に複雑であるため直感的な元素定性はできない場合が多い．

定量分析は，試料のマトリックス組成等を考慮して最適と考えられる発光線を選択し，標準試料群との比較を基本とする検量線法により行う．

動作原理 スパーク放電は2電極間に生じる間欠的な絶縁破壊に基づくものであり，通常はコンデンサーの充放電により制御される．図1はその基本的な電気回路を示したものである．外部充電回路により電圧印加 V_C をうけたコンデンサーCに蓄積された電荷が，スパーク間隙 G の絶縁破壊条件を超え放電するとき，スパークが生じ，それに伴いスパーク放電プラズマが生起する．スパーク放電発光分析法(以下，SD-OES)は，スパークにより電極から蒸発した試料原子が，スパーク放電プラズマ中で電離・励起を受け，その後脱励起する際に放出される原子発光線を分光検出するものである．図2は生起する放電プラズマを模式的に示したものである．

スパーク放電は電極間に生じるスパークチャネルとよばれる放電路とそれを取り囲んで生起するガスプラズマからなる．スパークチャネルは高速・高密度の電子流であり，その電子温度は数万Kにも及び，基本的に局所熱平衡にあると考えることができる．スパークチャネル部では，高速電子とプラズマガスとの衝突によりガス粒子の励起・電離や加速が起こり，さらにガス粒

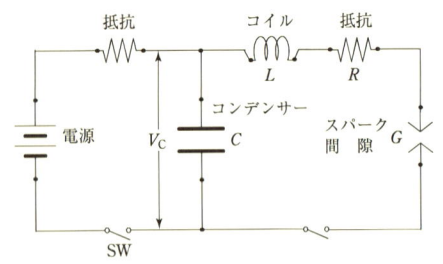

図1 スパーク放電発生用の電気回路

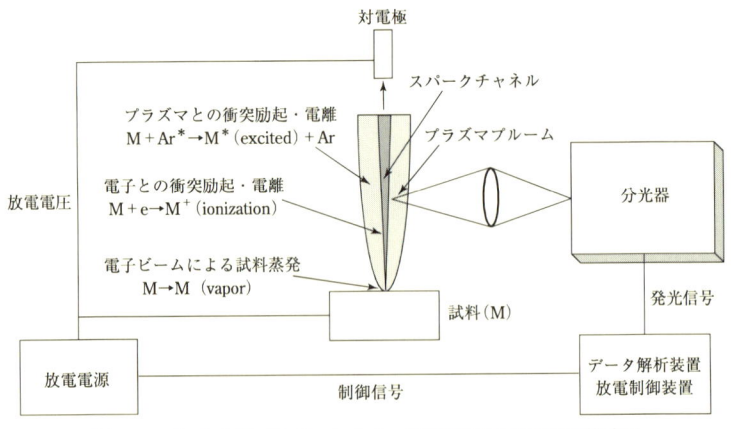

図2 スパーク放電プラズマとスパーク放電発光分析装置の模式図

図3 スパーク放電発光分析装置の発光部
（島津製作所製 PDA-5520 II を一部改造）

子間の衝突によりその周縁部にガスプラズマをつくる．試料原子は電子やガス粒子との衝突により励起・電離を受ける．

SD-OES の分光特性はスパーク放電の電圧応答特性に依存するが，その特性は図1に示す放電回路の抵抗 R，コイル L，コンデンサー C の各素子定数，および充電電圧 V_C を適切に選択することにより制御できる．一般に，V_C が 10 kV 以上の放電条件(高電圧スパーク)では，試料の導入量は十分に確保できるが，電子の再結合に起因する強い連続スペクトルを伴うため分光分析用としては不利である場合が多い．

金属元素の定量分析用としては，励起エネルギーが 3〜4 eV 程度の発光線を利用できるため，バックグラウンドを比較的低く抑えることができる V_C が 1 kV 程度の放電条件(低/中電圧スパーク)が用いられている．

この場合には，試料の導入量を確保するため放電の繰返し周波数を 500 Hz 程度まで高める条件が汎用されている．また，酸素，窒素等の非金属元素では分析線の励起エネルギーが 6〜8 eV と高くなるため，金属元素の分析用とは異なる放電条件が有利となる場合がある．

装置構成 図2に示すように，スパーク放電発光部，放電電源，発光スペクトルを検出する分光器から構成される．図3の写真は放電発光部を示している．スペクトルはきわめて複雑であり，分光干渉を軽減するため高分解能の分光器が望ましい．後で述べる本法の分析用途から多元素同時定量が必要とされるため，市販の分析装置では Paschen-Runge 型の分光器(polychrometer)が使用されている．酸素，窒素などの非金属元素に加えて，一部の金属元素においても高い検出感度をもつ分析線が真空紫外領域にあるため，100〜200 nm の波長領域が測定できる真空型の分光器が望ましい．

分析用途 スパーク放電発光分析法は現行法として金属材料の固体直接分析に幅広く使用されており，とくに素材産業における製造工程管理には不可欠な情報を提供している[1]．

分析特性 SD-OES は迅速かつ多元素同時定量が可能な分析法として優れた分析特性をもっており，分析が可能な元素としては一般の金属元素のみならず，炭素，硫黄，ホウ素，リンのような非金属元素，さらに酸素，窒素などのガス成分元素も含む．また，その分析時間は通常 30 秒程度である．とくに高速の分析応答が要求され，非金属元素の情報が求められる素材産業におけるオンサイト分析には最適である．定量限界は，分析元素や分析線の選択に依存し，さらに後述するマトリックス組成にも大きく依存するが，通常数 μg/g 程度である．また，分析精度は比較的良好で，内標準線を基準とした定量方法を用いることにより，微量濃度範囲を除外すればおおむね相対標準偏差が数%程度の分析結果を得ることができる．

SD-OES の最大の欠点は定量結果に及ぼすマトリックス効果が大きいことである．これには，原子発光分析では共通して問題となるマトリックス元素による分光干渉だけでなく，試料の金属組織などの影響も考慮しなければならない．

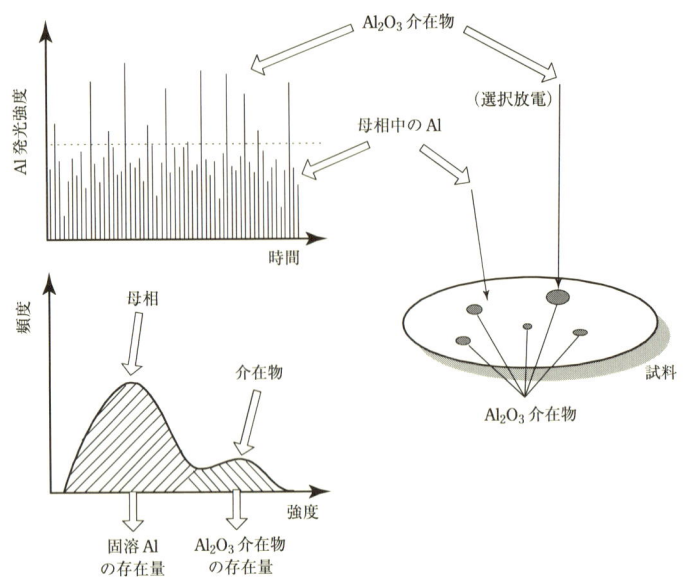

図4 パルス分布解析法の原理

鉄鋼分析における具体的例として,ある元素が同一の含有量存在している場合であっても,炭素鋼における定量結果とステンレス鋼における発光強度が異なるという現象が現れる.これは,選択蒸発や選択放電と総称される,試料組織の特定部位や介在物などに対して起こる不均一なサンプリングが原因である.

試料により結晶粒径が異なり,介在物や析出物なども固有の組成や粒径をもつために起こるものであり,解決策としては分析対象試料とできるだけマトリックスが類似した標準試料を準備するのが最も効果的である.実際分析においてもこの方法による分析標準(検量線)が採用されており,標準試料の選択は高い分析精度を確保するために重要である.

このように,SD-OES の発光信号が強いマトリックス効果を受けることを積極的に利用した測定方法が実用化されている.パルス分布解析法(pulse distribution analysis)はその代表的なものである[2].たとえば図4に示すように,スパーク放電が Al_2O_3 介在物に選択放電することを利用して,時間分解測光により個々のスパークごとの発光強度を記録することにより,金属母相と酸化物介在物のように異なった試料組織からの情報を分別して定量することができる.アルミニウムやチタン酸化物などのように,金属母相中に分散している介在物量を評価する方法として実用化されている.

[我妻和明]

参考文献
1) 佐伯正夫:鉄鋼の迅速分析,地人書館,1998.
2) 小野寺政昭,佐伯正夫,西坂孝一,坂田忠義,小野準一,福井 勲,今村直樹:鉄と鋼,**60**,1974,2002.

17

波長分散型蛍光 X 線分析装置
wavelength dispersive X-ray fluorescence spectrometer

定性情報 蛍光 X 線スペクトルのピークの回折角，波長またはエネルギー．

定量情報 蛍光 X 線スペクトルのピーク強度(計数値)．

装置構成 波長分散型蛍光 X 線分析装置の主要な構成部分は，①X 線発生部，②分光・検出部，③計数部，および④データ処理部であり，電源安定装置，排気装置，冷却水循環装置なども備える．

X 線発生部：試料に照射して蛍光 X 線を発生させるための励起源として，X 線管球から放射される一次 X 線を用いるのが一般的である．X 線管のフィラメントに負の高電圧を印加するか，あるいは対陰極に正の高電圧を印加して加速した電子で対陰極を励起し X 線を発生させる．対陰極で大きな熱量が発生するので冷却が必要である．通常，封入管方式の X 線管が使用される．X 線管の対陰極，管電圧および管電流は分析元素の種類など目的に応じて選定する．対陰極には，金，タングステン，ロジウム，クロムなどが用いられており，軽元素の分析にはロジウム，クロム，スカンジウムが適する．X 線管からの一次 X 線は，連続的な波長分布をもつ連続 X 線に，対陰極元素からの固有 X 線ピーク(複数)が重なったものである．一次 X 線を単色化して S/N 比を高めることができる．単色化の方法としては一次フィルター方式，二次ターゲット方式あるいはモノクロメーター方式が利用されている．

分光・検出部：一次 X 線の照射によって試料から発生した蛍光 X 線を，分光素子(単結晶，人工多層膜など)で回折して分光し，その強度を検出器で測定する．分光は平行法あるいは集中法で行われる．図1と図2に光学系の例[1]を示す．図1は平行法の例で，試料からの蛍光 X 線をソーラスリット A で平行線束にして平面結晶で回折し，もう一つのソーラスリット B を通して検出器で受ける．ゴニオメーターで分光素子を θ，検出器を 2θ だけ連動して回転させて計数する走査形装置では一般に平行法が用いられている．図2に示す集中法では，試料から放出された X 線をローランド円上に置いたスリット A で切り，わん曲した分光結晶で回折する．わん曲結晶で反射された X 線はやはりローランド円上に置いたスリット B に集中する．集中法は高い X 線強度をもち，多元素同時分析装置用の固定分光器などとして用いられている．

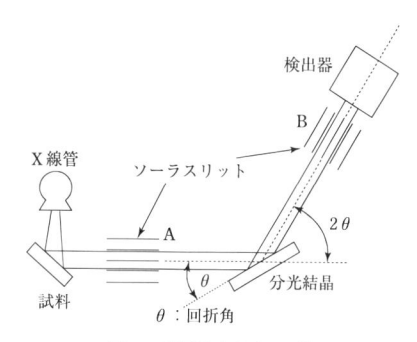

図1 平行法分光光学系[1]

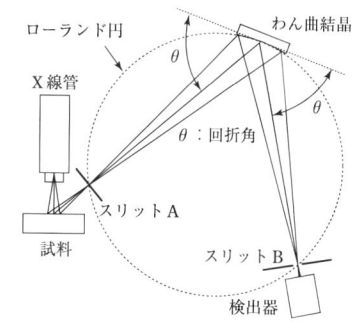

図2 集中法分光光学系[1]

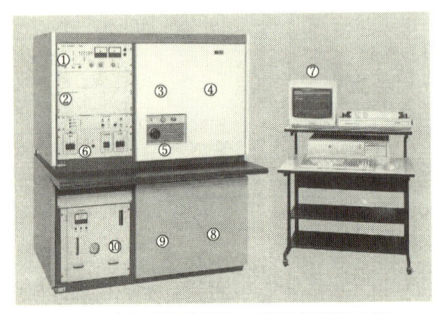

図3 波長分散型蛍光X線分析装置の例
（島津 SXF-1100）
①X線パワーコントローラー，②測定部，③X線管部，④分光部，⑤試料装てん口，⑥分電盤，⑦データ処理装置，⑧高圧トランス，⑨真空ポンプ，⑩冷却水送水装置

蛍光X線の検出器としては密封形比例計数管(SPC)，ガスフロー形比例計数管(FPC)およびシンチレーション計数管(SC)が使用されている．SCのエネルギー分解能はPCより低いが，短波長のX線に対する検出効率が高い．長波長のX線の検出には窓材として薄い高分子膜を張ったFPCが用いられる．長波長X線の測定の場合は，試料面から検出器に至るまでの雰囲気によるX線の吸収を減らすために，X線通路を減圧するかヘリウム置換する必要がある．図3は市販装置の一例である．

計数部：X線検出器から出力されたシグナル(パルス)を前置増幅器と比例増幅器で増幅し，波高分析器を通して計数率計あるいはスケーラでパルスの数を計測する．PCおよびSCは入射したX線のエネルギーに比例した波高のパルスを出力する．波高分析器でパルスの波高の上限と下限を適宜設定して選別することにより，高次反射のX線やバックグラウンドを除去できる．市販の蛍光X線分析装置には波高分析器の設定条件を角度2θに連動して変化させる機構が付いている．X線強度を連続的に測定するためには計数率計を用いる．スケーラは，設定時間内に入力したパルスの数を測定する定時計数法で，あるいは，設定した数のパルスが入力するのに要した時間を測定する定計数法で用いられる．

データ処理部：コンピュータを備え，ソフトウェアによりX線の発生，分光，検出，計数などの測定条件の設定と制御，計数データの記録や処理を行う．市販装置のソフトウェアには定性分析，定量分析，膜厚測定などのためのさまざまな機能が組み込まれている．

原　理　物質に高エネルギーの電子，イオンあるいはX線を照射すると，K殻やL殻の電子が励起されて空孔ができる．その空孔が外殻電子の遷移によって埋められる際に，各元素固有のエネルギーをもつ固有X線(特性X線ともいう)が発生する．X線照射によって生じる固有X線は蛍光X線とよばれる．K系列の固有X線のうちで最強のK_α線は$K-L_{2,3}$の，K_β線は$K-M_{2,3}$の遷移による．また，L系列X線で最強の$L_{\alpha 1}$はL_3-M_5の，$L_{\beta 1}$はL_2-M_4の遷移による．固有X線のエネルギーと原子番号の間には系統的な相関関係(モーズリーの法則)がある．原子番号50くらいまでの元素にはK線を，原子番号がそれ以上の元素にはL線を使って分析を行う．表1に$K_{\alpha 1}(K-L_3)$と$L_{\alpha 1}$の波長[2]を抜粋して示す．

波長分散型ではX線を分光素子で回折させることによってエネルギー分析を行うのでエネルギー分散方式に比べて検出効率は小さいが，エネルギー分解能は高い．格子面間隔dの分光素子にX線が入射すると，ブラッグの条件$n\lambda=2d\sin\theta$を満足する波長λのX線だけが反射される．図1と図2に示したように回折角θを測定することによって波長を知ることができる．波長λ(nm)とエネルギーE(keV)の関係は，$\lambda E=1.2396$である．

用途・応用例　測定試料の状態は通常液体または固体で，分析対象の元素は原子番

表1 代表的な固有X線の波長(nm)[2)]

原子番号	元素名	$K\alpha_1$	原子番号	元素名	$K\alpha_1$	原子番号	元素名	$L\alpha_1$	原子番号	元素名	$L\alpha_1$
8	O	2.362	30	Zn	0.1435	50	Sn	0.3600	72	Hf	0.1570
9	F	1.832	31	Ga	0.1340	51	Sb	0.3439	73	Ta	0.1522
10	Ne	1.461	32	Ge	0.1254	52	Te	0.3289	74	W	0.1476
11	Na	1.191	33	As	0.1176	53	I	0.3149	75	Re	0.1433
12	Mg	0.9890	34	Se	0.1105	54	Xe	0.3017	76	Os	0.1391
13	Al	0.8339	35	Br	0.1040	55	Cs	0.2892	77	Ir	0.1351
14	Si	0.7125	36	Kr	0.0980	56	Ba	0.2776	78	Pt	0.1313
15	P	0.6157	37	Rb	0.0926	57	La	0.2666	79	Au	0.1276
16	S	0.5372	38	Sr	0.0875	58	Ce	0.2562	80	Hg	0.1241
17	Cl	0.4728	39	Y	0.0829	59	Pr	0.2463	81	Tl	0.1207
18	Ar	0.4192	40	Zr	0.0786	60	Nd	0.2370	82	Pb	0.1175
19	K	0.3741	41	Nb	0.0746	61	Pm	0.2282	83	Bi	0.1144
20	Ca	0.3358	42	Mo	0.0709	62	Sm	0.2200	84	Po	0.1114
21	Sc	0.3031	43	Tc	0.0675	63	Eu	0.2121	85	At	0.1085
22	Ti	0.2749	44	Ru	0.0643	64	Gd	0.2047	86	Rn	0.1057
23	V	0.2504	45	Rh	0.0613	65	Tb	0.1977	87	Fr	0.1030
24	Cr	0.2290	46	Pd	0.0585	66	Dy	0.1909	88	Ra	0.1005
25	Mn	0.2102	47	Ag	0.0559	67	Ho	0.1845	89	Ac	0.0980
26	Fe	0.1936	48	Cd	0.0535	68	Er	0.1784	90	Th	0.0956
27	Co	0.1789	49	In	0.0512	69	Tm	0.1727	91	Pa	0.0933
28	Ni	0.1658	50	Sn	0.0491	70	Yb	0.1672	92	U	0.0911
29	Cu	0.1541				71	Lu	0.1620			

号4(ベリリウム)以上の全元素である．元素組成の定性，定量分析や膜厚測定に用いられる．分析領域の深さは試料の種類や分析線によって異なるが数十 μm 以下なので，蛍光X線分析は表面分析の一つともいえる．平行法走査形の従来の装置では分析面の径は 10～30 mm 程度であり，広域での平均組成が得られるが，最近の装置は分析径数百 μm での局所分析，マッピングの機能も備えている．定量分析法としてはもっとも分析精度の良い方法の一つで，主成分に関しての精度は分析値の 1% 以内に納めることができる．電子材料，環境試料，考古学試料，食品など大抵のものが分析の対象となりえる．鉄鋼(JIS G 1204, JIS G 1256), ステンレス鋼(JIS G 1254), 銅および銅合金(JIS H 1292), 鉄鉱石(JIS M 8205), 耐火れんがおよび耐火モルタル(JIS R 2216) などに関しては，原材料や製品の評価，工程管理分析などに利用されていて，括弧内に記した番号の日本工業規格で分析方法が規定され詳細な解説が添えられている．鉄鋼の場合，Si, P, S, Bi など 31 元素に適用され，定量範囲は各元素で異なるが，下限は 0.001～0.003%，上限は 0.1～99.5% とされている．図4にスペクトルの測定例を示す．

試料調製 定性分析用試料の場合は十分なX線強度が得られれば試料の形状や平坦さを厳密に整える必要はない．

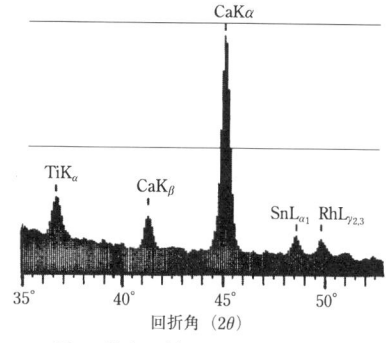

図4 蛍光X線スペクトルの測定例
ホウ素化合物(B_6P)粉末試料中の不純物の分析．ロジウム(Rh)管球，分光結晶 PET．

定量分析用試料については分析面が平滑平坦でX線的に均質である必要がある．JIS規定にはおのおのの系統の試料について詳細な調製方法が述べられている．

塊状，板状の試料は試料容器に入るサイズに切断し，研磨機や旋盤などで表面を平滑平坦に仕上げる．一般には#80～240程度の研磨材を用いている．鉄鋼の場合JISでは#60以上の研磨材を通常用いるとしている．研磨材からの汚染に注意を要する．

粒状や粉状の試料，組成の不均一な塊状試料は，粉砕して加圧成型して平板状試料にする．成型性が悪い場合は結合剤を加える．粉砕容器からの汚染にも注意を要する．粉砕だけでは十分な均一性が得られない場合や，X線強度に対する共存元素による影響(マトリックス効果)を希釈によって軽減したい場合は，試料を融剤で融解して均質なガラスビードを作成する．融剤としては，融点が高くない，保存性が良いなどの条件を満たすことから，ホウ酸アルカリが用いられている．粉砕した試料に2～15倍量の融剤を加えて混合し，るつぼで加熱して溶解させる．白金合金や黒鉛のるつぼが使用されている．るつぼそのものを鋳型として使用するか，融解生成物を別の鋳型につぎ込んで成型し，鋳型に接していたガラスビードの平面を測定面とする．るつぼ(鋳型)からガラスビードを取り出しやすくするために，リチウムヨウ化物などの少量の剥離剤を融剤と試料の混合物に加える場合もある．ガラスビードを再び粉砕して加圧成型して分析に用いるという方法もある．

液体試料はそのまま試料容器に入れて分析できるが，試料の揮散，気泡の発生，沈殿生成などが起こらないように処理する必要がある．沪紙上に試料を滴下して乾燥したりイオン交換樹脂で捕集したりして，沪紙やイオン交換樹脂ごと蛍光X線分析の試料とすることも行われている．エアロゾルなどはフィルターに吸引捕集した試料をそのまま分析できる．

定量分析 蛍光X線の測定強度から濃度を求めるには次のような方法がある[3]．

(1)検量線法：分析試料と組成が似ている濃度既知の検量用試料を用いて各元素の濃度とX線強度の関係を実験的に求め，図または数式(一次式か二次式)で表しておく．分析試料のX線強度を測定し，この図あるいは数式から組成を算出する．検量用試料としては，JSSシリーズ認証鉄鋼標準物質，JRRMシリーズ耐火物標準物質など諸機関から供給されている標準試料や，高純度物質を調合調製したものを用いる．

(2)標準添加法：分析試料に既知量の分析元素を加えX線強度の変化を求め定量を行う．

(3)内標準法：既知量の内標準元素を分析試料および検量用試料に添加する．分析元素と内標準元素のX線強度比と濃度の関係を検量用試料から求めておく．X線管からの励起X線の散乱線の強度を内標準として利用することもできる．

(4)ファンダメンタルパラメーター法(FP法)：蛍光X線の強度は試料の組成と質量吸収係数など基礎的定数の関数として理論的に与えられる．未知試料の組成の初期値を適当に設定して理論X線強度を計算，測定X線強度と対比して組成を再設定，逐次近似法により組成の最終値を得る．装置のX線検出効率などは波長によって異なるので，純粋な単体試料や組成既知の試料を用いて，各元素について測定X線強度と理論X線強度との間の変換係数をあらかじめ実測しておく．

［前田邦子］

参考文献
1) JIS K 0119 蛍光X線分析方法通則, 1997.
2) J. A. Bearden: *Rev. Mod. Phy.*, **39**, 78, 1967.
3) 中井　泉(編)：蛍光X線分析の実際, 第6章, 朝倉書店, 2005.

18
エネルギー分散型蛍光 X 線分析装置
energy dispersive X-ray fluorescence spectrometer

定性情報 特性 X 線のエネルギーとスペクトルのパターン．

定量情報 蛍光 X 線スペクトルのピーク強度．

注　解　全元素を測定する場合は，物理基礎式から元素の絶対定量が可能（ファンダメンタルパラメーター法）．軽元素が測定できない場合には，水溶液，酸化物固体，合金などのマトリックスを仮定して測定スペクトル強度から元素定量分析する．特定元素のスペクトル成分のみを測定する場合には，類似マトリックスをもつ標準試料の検量線法により定量する．

装置構成　装置の構成を図1に示す．空冷型 X 線管と固体半導体 X 線検出器からなる．デスクトップ型程度の大きさのものなら，X 線フィルターや二次ターゲットなどの自動交換機能，試料の自動交換機能をもつ．ピストル型，ヘアードライヤー型，アイロン型のようなハンディー装置は，従来は放射性同位元素を用いる方式であったが，現在は直径 4 mm 程度の超小型 X 線管が用いられる．カーボンナノチューブをエミッターとする X 線管も使われる．電池駆動で，分析したい部分に押し当てると分析値やスペクトルが小型の液晶画面に表示される．ハンディ型の分析所要時間は 10 秒程度．工程管理用のデスクトップ型精密装置と簡易ハンディ型の二極化が進行中．全反射蛍光 X 線分析装置はエネルギー分散型蛍光 X 線分析装置の特殊なものと見ることができる．波長分散方式は角度スキャンが必要なため大型で大出力 X 線管を必要とし，1 サンプルあたりの測定時間

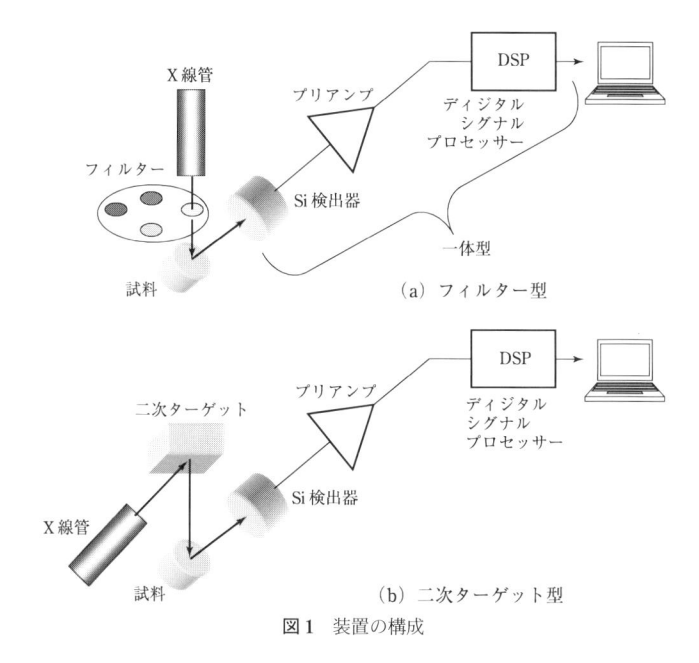

(a) フィルター型

(b) 二次ターゲット型

図1　装置の構成

も全元素測定を行う場合は10分のオーダーとなる．限定された元素のみを測定すればよい場合や，高精度を必要とする場合や，エネルギー分散方式ではピークが重なる場合などに適している．

X線源：エネルギー分散型蛍光X線装置は空冷型X線管が多い．X線管の典型的な消費電力は30 kV・50 μA程度．X線管の直径は数 mm〜数 cm．ターゲットは，目的元素(土壌中の有害金属を測定するものか，合金を測定するものかなど)によって異なる．W, Cu, Cr, Rh, Mo, Agなどが代表的．X線管からのX線を直接試料に照射する．場合によっては二次ターゲットを数種用意して切り換えられるようにした装置もある．二次ターゲットを用いればX線管自体を目的に応じて交換する必要がない．薄膜フィルターを用いる場合もある．Rh管を用いる場合，そのままではRhの特性X線がCdの妨害となるが，光路にZrフィルターを入れればCdの分析が可能になる．

検出器：液体窒素型Si半導体検出器が一般的．solid state detectorの頭文字をとってSSDとよぶ．Liをドープしてあるものが多いが，Liの拡散を防ぐため，使用しない場合でも液体窒素で冷却が必要なものが多い．Si(Li)SSDとよばれる．使用しないときは，液体窒素不要のものもある．使用する30分程度前に液体窒素を補給する．旧式のSSDは使用前1日程度冷却が必要．ペルチェ電子冷却式のものもある．Ge半導体のものは数十 keV以上の高いエネルギーの検出に向く．バイアス電圧を1000 V程度必要とする．Mn Kα線の半値幅で分解能を示す．通常150 eV以下．

最近，SDD(シリコン・ドリフト検出器)とよばれる検出器が使われ始めた．高電圧バイアス電源不要．ペルチェ電子冷却により−20°C程度で使用可能．予備的な冷却は数分程度．SSDは毎秒数千カウントで飽和し計数不能となるが，SDDをディジタルシグナルプロセッサー(DSP)と組み合わせれば数十万カウントの高計数率でも飽和しない．エネルギー分解能はSSDと同じ．SDDはノイズがやや多く，高感度測定にはSSDの方が優れている場合がある．

Si PIN型検出器も使われる．小型であることが特徴．−20°C程度のペルチェ冷却を必要とする．検出面積が狭いものはエネルギー分解能が180 eV程度，面積の広い高感度のものは300 eV程度．

以上の3種の検出器は，いずれも入射するX線のエネルギーに応じた数の電子-正孔対が生成しX線のエネルギーに比例した電荷パルスが発生することを利用している．

エレクトロニクス：半導体検出部にプリアンプが直結されており，アナログ線形増幅器で増幅と波形整形後，波高分析器(高速のアナログ・ディジタル変換回路)を通してコンピュータへ取り込む方式が使われてきた．最近は，プリアンプも内蔵した名刺サイズのディジタル・シグナル・プロセッサー(DSP)により，コンピュータのUSB端子やCOM端子へ直接接続する方式が主流となった(携帯電話の技術とチップの応用による)．

試料室：①大気圧下で測定するもの，②試料室は大気であるが，X線光路のみHe置換するもの，③ロータリーポンプで真空にするものなどがある．測定元素に応じて選択できる場合もある．Si, Alなどの軽元素は大気圧下での測定は，空気によるX線の減衰のため不利．水溶液は真空でも測定できる密閉セルがあるが，大気圧下またはHe置換によって測定する方が多試料測定の点から効率的．液体試料は6 μm厚さの使い捨てマイラフィルムを張ったセルに入れて下側からX線を照射する方式が便利．上側から液体自由表面を測定してもよい．パラフィンを円形に塗った専用の沪紙

へ点滴乾燥させて測定することも可能(この場合真空試料室へ導入できる).

測　定　入射X線の散乱線などをモニターしながら，自動的にX線管電流を増減させるものが多い．試料面が多少凹んでいても対処可能．試料を同時に数十個セットすると，各試料あたり数分で自動的に元素分析してゆく．結果は，スペクトル表示，元素濃度表示の2種類が一般的．ルーチン分析では濃度の表を見るだけでよいが，試料の種類が変化する場合にはスペクトルでチェックする必要がある．標準濃度の試料があるときには，あらかじめコンピュータに測定値と濃度を入力しておき，検量線を作成できる．

用　途　あらゆる固体，液体が分析対象となる．場合によっては気体も可能．基本的には前処理不要．ただし工程管理分析の場合には再現性のある前処理過程を要求される．希薄な水溶液の場合には，沪紙への濃縮，キレートによる分離濃縮などが併用されるが，基本的にはそのままの状態で分析可能．金属の破断面を研磨すれば定量精度は上がるが，ステンレスの通常の表面を何もふき取らずにそのまま測定しても，SUS 304など鋼種の特定が可能．雑な測定で100 ppm程度まで．X線フィルターを用いる，予備濃縮法を併用するなど，測定上十分な注意を行えば，サブppmまで定量可能．

応用例

A．コーヒーカップの絵の元素分析，土壌標準試料の測定

ハンディ型蛍光X線装置(リガク・ナイトン)で30秒測定する(図2)．その結果得られたスペクトルを図3に示す．今回の測定に用いたのは合金用と土壌用の2機種である．おもな違いは定量のためのプログラムである．そのため陶器の元素分析値は正しく得られないがスペクトルは正しく測定しているので，既知濃度の標準試料で検量

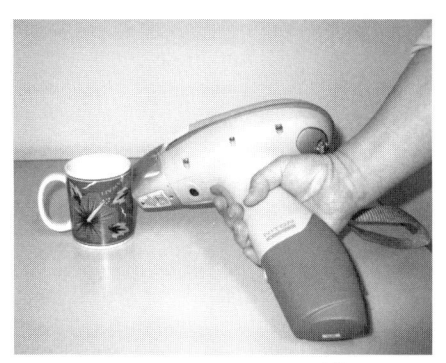

図2　コーヒーカップの測定[1]

表1　重金属分析管理用試料 KKS-1100-003 の分析結果[1]

元素	表示値 (ppm)	分析値 (ppm)
Pb	116±5	82.9
Hg	8.4 ± 2.6	—
As	43 ± 5	51.7
Cd	142 ± 9	—
Se	66 ± 5	44

線を作成すれば定量も可能．

土壌についてはマイラフィルムを張った液体セルに入れた鋼管計測(株)重金属分析管理用試料 KKS-1100-003 を，蛍光X線分析装置の電源を入れて30秒後から30秒間分析し，装置の液晶画面に表示された結果を表1に示す．

Cd(定量プログラムで対象外)とHg(低濃度)は分析できなかったが，機種によってはCdの定量が可能．Pb, As, Seは標準試料なしで表示値の3割以内の精度で濃度が絶対定量できる．同型機でプラスチック用のプログラムをもつものは定量値を表示可能．装置依存性よりもプログラム依存性の方が大きい．測定時間を3分程度まで延ばせば精度が上がる．標準試料は粉末状で固めていないので，この液体セルに入れただけの方法では低めの分析値が得られる．標準添加法を用いれば定量値の正確さは改

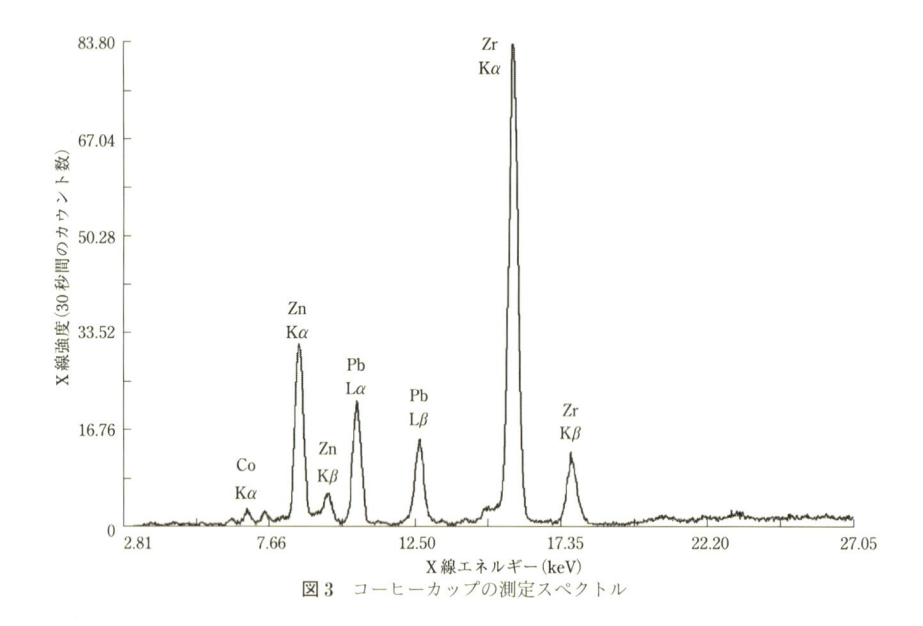

図3 コーヒーカップの測定スペクトル

善されるが，高価な標準試料は消費される．

B．水溶液の分析，亜鉛およびカドミウムの 100 ppm 水溶液

液体窒素で冷却する SSD を用いたデスクトップ型蛍光 X 線分析装置(島津・EDX 800)を用いて遷移金属水溶液を分析する．液体窒素補給後の待ち時間 30 分，Rh 管を用いる．管電圧・電流は自動設定

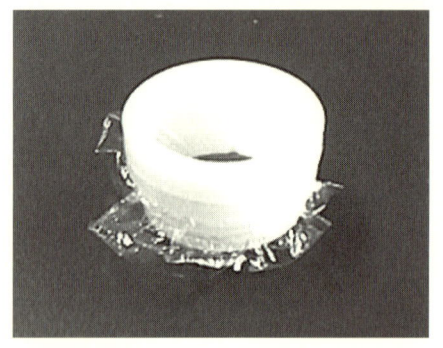

図4 液体セル(直径 2.5 cm)
6 μm マイラーフィルムを底に張る．

で測定時間は 3 分，全元素分析．空気中，水溶液であることを既知として，ファンダメンタルパラメーター法で簡易定量を行う．6 μm のマイラーフィルムの効果，空気光路かヘリウム光路か，どのフィルターを用いるかという設定により，定量プログラムは自動的にそれらのパラメーターを含めて濃度を算出する．原子吸光用 1000 ppm 亜鉛水溶液を 10 倍に希釈して 100 ppm とし，5 個の液体用セル(図 4)に入れ，各 3 分の全元素測定を 5 回行った定量結果を表 2

表2 1000 ppm の原子吸光用亜鉛標準溶液を 10 倍に薄めた水溶液を異なるコップに入れて 5 回繰り返し測定した定量結果*

1 回目	130 ppm
2 回目	113 ppm
3 回目	121 ppm
4 回目	124 ppm
5 回目	123 ppm

＊測定時間は各回 3 分で，水溶液中の軽元素以外の全元素を分析し，測定できない酸素・水素については水溶液であることを仮定して絶対濃度を計算する．検量線は用いていない．

I. 組 成 分 析

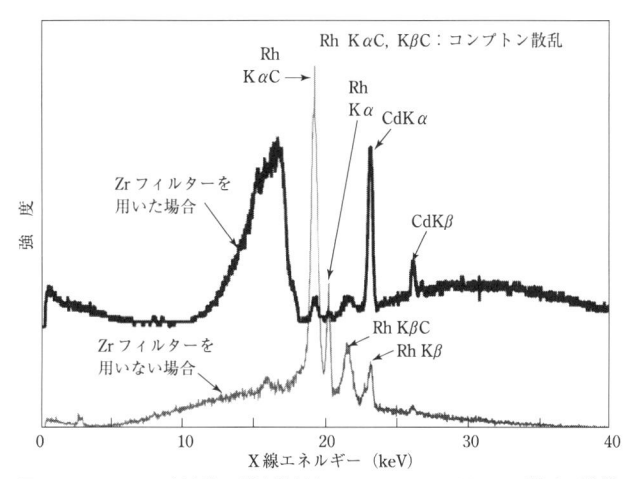

図5 100 ppmCd 水溶液の測定結果(Zr フィルターを用いれば検出可能[2])

に示す．液体セル内の亜鉛の全量は 0.7 mg である．この質量を標準試料なしで絶対定量可能であることを意味している．

図 5 は同様な方法で 100 ppm カドミウム水溶液を定量した結果を示す．得られた定量値は Zn と同様の精確さである．装置に標準のジルコニウムフィルターを用いることによって定量が可能となる．

最近の X 線分析装置の発達については文献[3]，ポータブル装置の可能性については文献[4] 参照． ［河合　潤］

参考文献

1) Kawai, J., Ida, H., Murakami, H., Koyama, T.: X-ray fluorescence analysis with a pyroelectric x-ray generator, *X-Ray Spectrom.*, **34**, 2005.
2) 古谷吉章，真鍋晶一，河合　潤：エネルギー分散型蛍光 X 線分析による環境試料分析のための基礎検討，X 線分析の進歩，**33**, 345-362, 2002.
3) Tsuji, K., Injuk, J., Van Grieken, R.(eds.): X-Ray Spectrometry: Recent Technological Advances, John Wiley, 2004.
4) 河合　潤：X 線分析の展望，ぶんせき，記念誌，150, 2002.

19 四重極型質量分析計（イオントラップ型を含む）

quadrupole mass spectrometer and ion trap mass spectrometer: QP-MS, IT-MS

定性情報 質量スペクトル．

定量情報 質量スペクトル上の全あるいは特定 m/z イオン強度．

注 解 近年，電子イオン化(EI)法で測定された質量スペクトルは多くのイオンを生成し，その再現性が高いことから，質量スペクトルデータベースが構築され市販されている．このデータベースによる検索システムは既存の化合物の同定にきわめて有効である．質量スペクトルのパターンによる未知化合物の同定法は四重極型 MS，イオントラップ型 MS の両方で可能であるが，イオントラップ型 MS はさらに MS/MS や $(MS)^n$ の質量スペクトルを測定することが可能であり，市販データベースに存在しない未知化合物の構造解析に有効である．

定量に関しては，四重極型 MS の場合，液体クロマトグラフ(LC)やガスクロマトグラフ(GC)と接続することにより全イオン検出(TIM)法で得られるトータルイオンクロマトグラム(TIC)や特定のイオンの測定する選択イオン検出(SIM)法により得られる SIM クロマトグラム上に検出されるピーク面積により化合物の濃度を求める．一方，イオントラップ型の場合 SIM 法が原理上 TIM 法の一種であり，通常 TIM 法で得られるマスクロマトグラフィー(MC)あるいは MS/MS 法である選択反応検出(SRM)法によって得られるクロマトグラムから定量を行う．TIM 法での感度はイオントラップ型 MS が優れているが，四重極型 MS での SIM 法はさらに高感度な分析が可能である．

装置構成 質量分析計の構成を図1に示す．

イオン源：試料をイオン化する部分で，目的に応じてさまざまなイオン化法が使用されている．

質量分離部：生成されたイオンを質量と電荷の比で分離する部分で，分離する原理により四重極型，イオントラップ型に分類される．

検出部：イオンを検出する部分でエレクトロンマルチプライアやフォトマルチプライアが多く使用される．また高 m/z イオンの高感度化や負イオンの検出を安易にするためにコンバージョンダイノードを取り付けたエレクトロンマルチプライアも広く使用されている．

排気部：質量分析計は一部のイオン化（エレクトロスプレーイオン化；ESI，大気圧化学イオン化：APCI）を除き通常は高真空($10^{-5} \sim 10^{-7}$ Torr)に維持される必要がある．その高真空を維持する部分で拡散ポンプまたはターボ分子ポンプおよびロータリーポンプが使用される．

原理・特徴 現在広く使用されている代表的な質量分析計(MS)で，原子，分子，クラスターなどの粒子を何らかの方法で気体状のイオンとし，それらイオンを質量電荷比(m/z)に応じて分離・検出して作成した質量スペクトルにより化合物の原子量，分子量や分子構造情報などを得ることが可能である．

(1)四重極型 MS[1]：四重極型質量分析部の構成および原理を図2に示す．四重極型は4本の円柱状電極（表面は双曲面が理想）

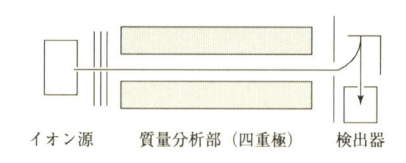

イオン源　質量分析部（四重極）　検出器

図1 質量分析装置の構成

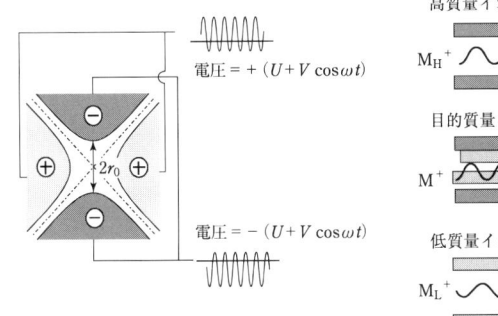

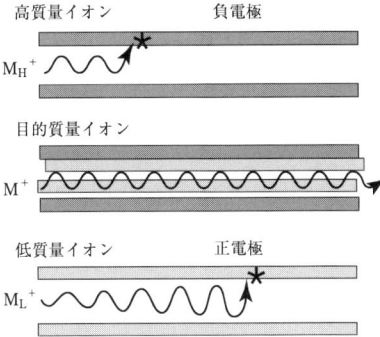

図2　四重極型質量分離部およびイオン分離の原理

からなり，相対する電極を電気的に結合しそれぞれに正，負の直流電圧 U と高周波交流電圧 V をかけ電場をつくる．イオンは通常10〜20 V の低加速電圧で加速されて四重極に導かれ，電場によって振動する．この振動は電圧・周波数に応じてある一定の m/z 値をもつイオンのみ安定な振動をして，電極内を通過し検出器に到達する．しかしそれ以外の高 m/z イオン群は振動が大きくなり負電極に衝突し，低 m/z イオン群は同じく正電極に衝突し電極を通過することができなくなる．したがって，直流と交流電圧の比を一定に保ちつつ交流電圧を直線的に変化させることで全イオンを通過させることが可能である．その際，測定されるイオンの質量 m は，電極に印加する交流電圧の大きさ V とその周波数 Ω および電極間の距離 $2r_0$ で決まり，次の式で与えられる．

$$m/z = 13.9(V/r_0\Omega^2)$$

この式から質量の大きいイオンを分析するには V を大きくし，r_0 と Ω を小さくすればよい．しかし，現実には r_0 は数 mm 以下にはできず，周波数 Ω を小さくするとイオンが十分に振動できなくなる．そのため，測定可能な質量範囲は交流電圧 V で決まり，現在の装置では上限が3000程度である．

質量分析計の質量分解能 R とは識別できる質量差 Δm で表現され，次の式で表される．

$$R = m/\Delta m$$

四重極型MSの質量分解能は原理的には質量に比例し，通常 Δm が0.5程度である．したがって質量範囲3000まで測定可能な装置では最大質量分解能は6000である．

以上のように四重極型MSは極端に大きな質量範囲や分解能は得られないが，小型の装置の設計が可能であり，電子回路の設計も簡単であり広く普及している．

(2) イオントラップ型MS[2]：イオント

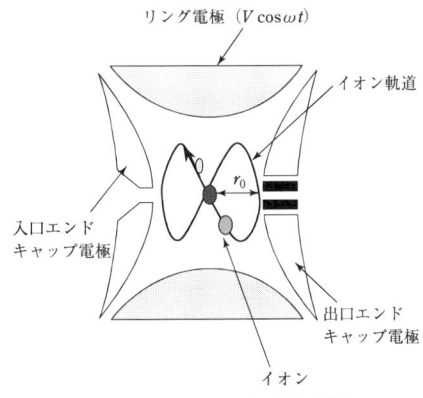

図3　イオントラップ型質量分離部

ラップ型MSの構成は図3に示す。このタイプの質量分析計は回転対称形の3個の電極から構成されており、四重極型の入口と出口をふさいだ形に相当する。これらの電極は中央のドーナツ型電極をリング電極、左右の電極をエンドキャップ電極とよぶ。イオントラップ型MSの場合リング電極に高周波交流電圧Vのみ印加することで、ある特定m/zより大きいイオンはすべてこのイオントラップ内で振動しながら閉じ込めることが可能である。閉じ込められたイオンは交流電圧Vを変化させることでm/zの小さいイオンから順次振動が不安定となり、出口側エンドキャップ電極の穴から排出され検出が可能である。したがってイオントラップ型MSでは閉じ込められた全イオンを検出し質量スペクトルを得ることが可能であり、四重極型MSと比較してTIM法での感度が高い。

その際、測定されるイオンの質量mは、電極に印加する交流電圧の大きさVとその周波数Ωおよびイオントラップ内の半径r_0で決まり、次の式で表される。

$$m/z = 4.39(V/r_0^2\Omega^2)$$

イオントラップ型質量分析装置の場合、原理的には測定質量の上限はないが質量分解能が低下するため、通常上限は4000程度である。また質量分解能は原理的に走査速度に依存しており、最近ではΔmが0.2程度の装置も開発されている。

イオントラップ型質量分析装置の特徴はイオンを閉じ込めることでイオンに対して、いろいろな分析が可能であり、イオンを中心に集めるため導入されているヘリウムなどのバッファーガスとの衝突によりMS/MSスペクトルの測定も可能である。しかしイオントラップに閉じ込めることのできるイオン量は制限があり通常10^6個程度である。したがって、さまざまな手法でイオントラップ内に閉じ込めるイオン量を調整している。最近ではイオントラップの容量を大きくし、閉じ込めるイオン量を飛躍的に増加させた装置も開発されている。

用途・測定例 四重極型MS、イオントラップ型MSともに、液体クロマトグラフ(LC)やガスクロマトグラフ(GC)などのクロマトグラフと接続したGC/MSやLC/MSとして広く使用されており、さまざまな試料の定性分析、定量分析に用いられている。得られる質量スペクトルは使用するイオン化法により大きく異なるがEI法で測定された四重極型質量分析装置による質量スペクトル例を図5に示す。

この質量スペクトルはステアリン酸メチル(分子量298)の例であるが、スペクトル中最も高質量側に出現しているピーク$m/z=298$は、分子から電子が1個失われた分子イオン(M^+)で分子量情報を与える。このような分子量情報を与えるイオンは一般に分子量関連イオンとよばれ、その他電子1個が付加したM^-、プロトンが付加した$[M+H]^+$、プロトンが失われた$[M-$

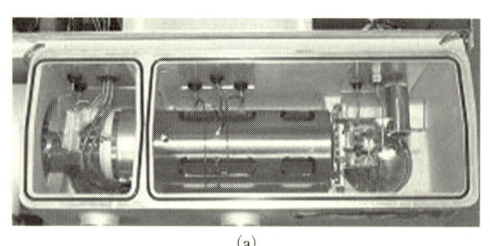

図4 四重極型(a)およびイオントラップ型(b)質量分析計(Agilent Technologies社カタログ)

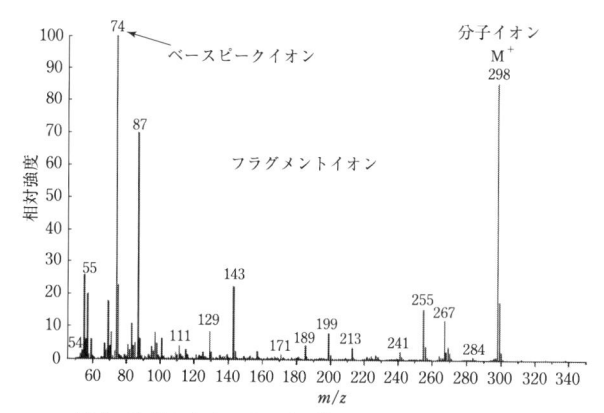

図5 EI法によるステアリン酸メチルの質量スペクトル

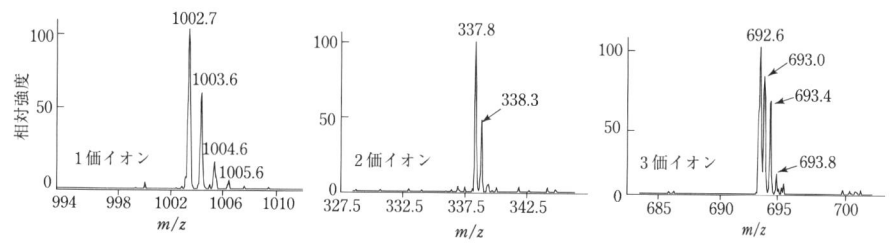

図6 イオントラップ型質量分析装置によるペプチドの多価イオンスペクトル

H]⁻, ハイドライドが失われた [M−H]⁺, アルカリ金属イオン(Na^+など)が付加した [M+Na]⁺などがある。その他EI法では分子イオンより低質量側に分子イオンが分解したイオンも観察され，このイオンをフラグメントイオンとよび，試料分子の構造情報を与える重要なイオンである。またこの質量スペクトル中の分子関連イオンのようにスペクトル中もっとも強度の高いイオンをベースピークとよび，相対強度を100％としスペクトルを規格化している。

イオントラップ型質量分析装置で測定したペプチドの多価イオンの質量スペクトルを図6に示す。

塩基性ペプチドをESI法でイオン化した場合，複数の第一級アミノ基にプロトンが付加するため，多価イオン [M+nH]$^{n+}$ が観察される。このプロトンが n 個付加した n 価の多価イオンは $m/z=(M+n)/n$ で観察される。したがって同位体イオンとの質量差は $1/n$ となり，分解能の低い質量分析装置では多価イオンの同位体イオンの測定は不可能である。しかしイオントラップ型質量分析装置は質量分解能が高く $\Delta m=0.2$ での測定が可能なため，3価イオンにおいても全同位体イオンが完全分離され検出が可能である。またイオントラップ型質量分析装置はMS/MSが可能であり，未知化合物の構造解析に有効である。

[滝埜昌彦]

参考文献

1) Dawson, P. H.: Quadrupole Mass Spectrometry and Its Applications, Elsevier, 1976.
2) March, R. E., Hughes, R. J.: Quadrupole Storage Mass Spectrometry, John Wiley, 1989.

20
二重収束型質量分析計

double-focusing mass spectrometer

定性情報 質量スペクトル．

注 解 有機化合物の場合，質量スペクトルから化合物の分子量，分子構造推定を行う．質量スペクトルは質量スペクトルデータベースを利用したライブラリーサーチを行うことにより，対象となる化合物の同定が可能な場合がある．高分解能測定したイオンの質量電荷比(m/z)の精密質量から分子式，イオンの組成式を決定することが可能．

無機化合物の場合，ほとんどが試料中の元素分析であるが，局所分析，深さ方向分析などにおける測定では試料のキャラクタリゼーションが可能となる．

定量情報 質量スペクトル上の全あるいは特定 m/z イオンの強度．

注 解 有機化合物の場合，一般にGC/MS，LC/MSなどと組み合わせ，対象成分から生じるイオン電流を積算した形のクロマトグラムとし，そのピーク面積を求め，標準物質を用いて作成した検量線より定量を行う．生成したイオンの全量を用いることもあるが，通常は対象成分に特有のイオンの m/z 値のイオン強度をモニターしたものを用いる．また，分離分析法と組み合わせず，直接試料を導入して測定を行い，特定の m/z 値のイオン電流値から定量を行う場合もある．

無機化合物の場合，元素分析では対象となる元素に特有の m/z 値のイオン電流をモニター，あるいは積算する形で定量を行うが，方法として検量線法，同位体希釈法，あるいはマトリックス元素とのイオン強度比から行う方法などがある．また，イオン化法によっては標準物質との比較なしでの半定量が可能である．

装置構成 通常の質量分析計と同じく，試料導入部，イオン化部，質量分離部，排気部，制御部などからなる．

試料導入部：イオン化の方法，分離分析法との組み合わせの有無などによって異なる．有機化合物の場合，GC/MSではキャピラリーカラムをイオン源に直接接続して試料導入を行う方式が一般的である．LC/MSではイオン化部を含むインターフェイス部を介して試料導入を行う．固体試料直接導入プローブやリザーバーを用いる場合もある．また二次イオン質量分析法（SIMS），高速原子衝撃法（FAB）などでは通常，バッチ方式での試料導入が行われる．無機化合物の場合，通常はバッチ方式で行われるが，どのイオン化法によるのか，あるいは固体試料，溶液試料などの試料形態によって導入方法（セッティング方法）が異なる．

イオン化部（イオン源）：試料成分のイオン化を行う部分で，各イオン化に特徴的な構造になっている．二重収束型MSを用いるおもなイオン化法は有機化合物の場合，電子イオン化（EI）法，化学イオン化（CI）法，エレクトロスプレーイオン化（ESI）法，大気圧化学イオン化（APCI）法，SIMS，FABなどである．また，無機化合物の場合，EI，スパークソース質量分析法（SSMS），SIMS，グロー放電質量分析法（GDMS），表面電離質量分析法（TIMS），誘導結合プラズマ質量分析法（ICPMS）などがある．

質量分離部（アナライザー）：イオン化部で生成したイオンをその m/z によって分離する部分で，二重収束型は磁場と静電場によって行う．種々の型式がある．

検出部：イオンを検出し，イオン電流を増幅させるためのもので，検出器の型として二次電子増倍管（SEM）（多段ダイノード

型およびチャネルトロン型), ファラデーカップ, シンチレーターを利用した光電子増倍管, などがある. また, この型の装置に特徴的な検出器としてアレイ検出器がある. これは数千個の小さなチャネルトロンを数 cm から十数 cm の直線に配列したもので, この検出器をイオンの収束面におき磁場あるいは電場によって分散した複数のイオンを同時に検出する. なお, 一部の装置 (Mattauch-Herzog 型) では写真乾板を使用する方式も残っている. なお, 最近の装置は高感度検出と特に高質量域の感度低下を補うため後段加速型検出器 (PAD) を組み合わせて使用することが多い. これは, まず質量分離されたイオンをコンバージョンダイノードなどとよばれる数〜20 kV 程度に印加した電極に衝突させ, 放出された二次電子やイオンを SEM に向かって加速させ, 検出・増幅させる.

排気部: イオン化部および質量分離部を真空に保つためのもので, 前段に油回転ポンプ, 後段に油拡散ポンプまたはターボ分子ポンプが用いられることが多い. イオン化部はイオン化法によって異なるが, たとえば EI 法の場合 0.01 Pa 以下にする必要がある. 質量分離部はこの型の装置の場合, 通常 10^{-5} Pa 以下に保たれる. また, 通常, イオン化部と質量分離部は各部の間に隔壁を設け, それぞれ異なる排気系で差動排気を行う.

制御部: 装置各部の制御, 質量スペクトル, クロマトグラムの採取, 記録, 処理, 表示などをおもに行う部分で, 中央演算ユニット (CPU), 記録媒体などから構成され, オペレーティングシステム, 各種ソフトウェアが組み込まれたコンピュータ本体, キーボード, ディスプレイなどからなる.

原理・特徴[1,2] 一様な扇形磁場の方向収束性を利用した単収束質量分析計でのイオンの動きは, まずイオン源で生成したイオンをアーススリットに向かって一定の電圧で加速し一様な扇形磁場内で磁場に垂直な平面を運動させると, イオンのもつポテンシャルエネルギーの減少がイオンのもつ運動エネルギーに等しいこと, および磁場内で運動するイオンの遠心力とローレンツ力がつり合うことから, 次の質量分離の基本式が導かれる.

$$m/z = B^2 r^2 e / 2V$$

ここで, m はイオンの質量, z はイオンの電荷数, B は磁場の強度 (磁束密度), r はイオンの軌道の曲率半径, e は電子の電荷 (電気素量), V はイオン加速電圧, である. V を一定とし, B をしだいに強くしていくと, m の小さいイオンから順次磁場を通過してコレクタースリットに到達して検出される. この場合, 入射角が異なっていても同じ m/z 値をもっていればイオンはコレクタースリット上の一点に収束する (方向収束が行われる). また, 扇形磁場は原理的にイオンの質量のみを分離するのではなく, 運動エネルギーに従ってもイオンを分離する. そのためイオン源から放出されるイオンのもつエネルギーがかなり幅をもっている場合, 同じ m/z 値をもつイオンでも一つの点に収束させることはできない.

一般に, この型の装置で得られる分解能はイオンにエネルギー幅があるため限界がある. 一方, 磁場の前または後に静電場を置くことにより高分解能が達せられる. すなわち静電場に入ってくるイオンは遠心力と電場が作用する力で半径 R の円軌道に沿って運動する. そのときの運動方程式は次のように表される.

$$mv^2/R = ezE$$

ここで, E は電場の強さ, v はイオンの速度で, 静電場内でのイオンの軌道の曲率半径 R はイオンの質量ではなく運動エネルギーに依存する. 電場と磁場を上手く組み合わせれば, 運動エネルギーに由来する分散 (収束点のずれ) を打ち消しあうことがで

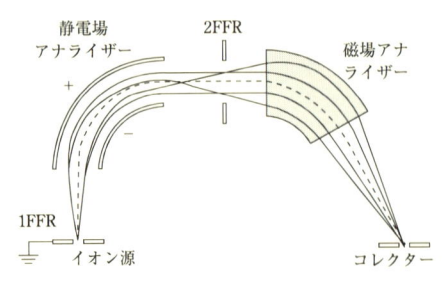

(a) Nier–Johnson型（正配置）二重収束型質量分析計

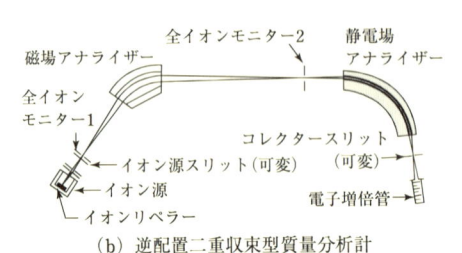

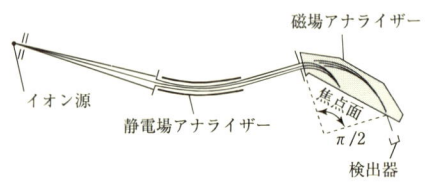

図2 Mattauch–Herzog型二重収束型質量分析計の概略図（焦点面の写真乾板をおいた測定も可能）

(b) 逆配置二重収束型質量分析計

図1 二重収束型質量分析計の概略図

きる．このエネルギー収束と磁場による入射角度の異なるイオンを一点に集める方向収束を同時に行うのが二重収束質量分析計である．

有機化合物を対象にした各種ソフトイオン化法が発達し，質量分析計により高性能のものが求められるようになるにつれ，単収束型の装置はほとんど用いられなくなっており，現在では電場と組み合わせた二重収束型質量分析計が主流になっている．二重収束型質量分析計は種々の型があるが，以下の二つが代表的である．

(1) Nier–Johnson型：静電場と磁場内での運動エネルギーによる分散（速度分散）の方向が反対で，かつ分散の幅が等しくなるようにそれぞれを配置したもので，一点に質量と運動エネルギーの両方が収束する．この収束点のコレクタースリットの直後に検出器がある．分解能は10万程度まで上げられる．通常は，電場 E-磁場 B の順のEB型（正配置型）であるが，磁場 B-電場 E の順のBE型（逆配置型）もある．

図1にこれらの模式図を示す．二重収束型質量分析計の大部分はこの型である．

(2) Mattauch–Herzog型：静電場と磁場を図2のように組み合わせ，一つの平面にすべての質量のイオンが二重収束する配置のもので，検出器として焦点面に写真乾板をおいて使用するのに適している．もちろん特定の質量のイオンのみを検出する方式も可能である．分解能は5万程度まで上げられる．おもにSSMSなどにおける元素分析で用いられる．

用途・測定例 二重収束型質量分析計の特徴は必要に応じ高分解能の測定ができることによるが，定性，定量の両面で幅広く応用されている．もっとも有名なのがGC/MSでの高分解能-SIMによるダイオキシン類の分析である．最近はGC/MSやLC/MSなどの分離分析と組み合わせた形で用いられることが多いが，バッチ方式で試料を導入するシステムでも無機・有機の分析の両者で用いられている．

二重収束型質量分析計で高分解能の質量スペクトルを測定すると生成イオンの精密質量まで判明するため，分子イオンからは分子式が，その他のイオンについてはその組成式が判明する．図3に3,5-キシレノール（$C_8H_{10}O$）のスペクトルといくつかのイオンの元素組成の計算結果を示した[3]．いずれも第1順位の組成は誤差が1mu以内であることが示されている．

GC/MSやLC/MSなどのクロマトグラフ分析と組み合わせた測定では，高分解能

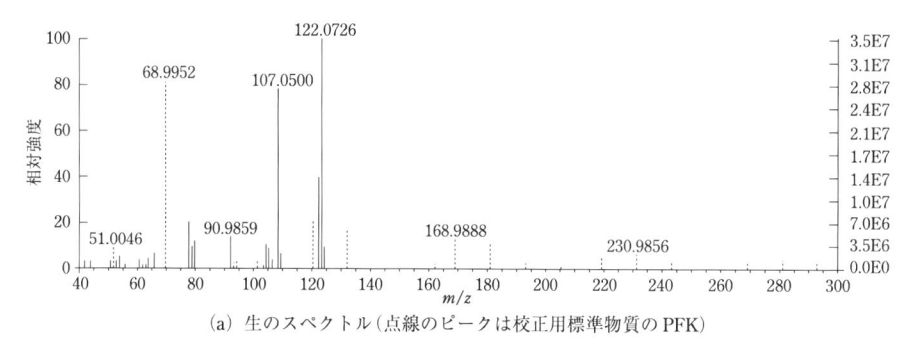

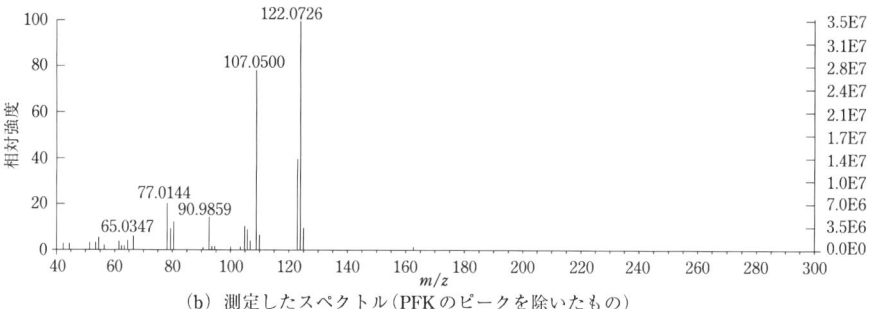

図3の上段（a）生のスペクトル（点線のピークは校正用標準物質のPFK）

主なピーク: 51.0046, 68.9952, 90.9859, 107.0500, 122.0726, 168.9888, 230.9856

(a) 生のスペクトル（点線のピークは校正用標準物質のPFK）

図3の下段（b）測定したスペクトル（PFKのピークを除いたもの）

主なピーク: 65.0347, 77.0144, 90.9859, 107.0500, 122.0726

(b) 測定したスペクトル（PFKのピークを除いたもの）

Hetetoatom Max: 20　　Ion: Both Even and Odd
Limits

Mass（測定値）	%RA	mDa	ppm	（計算値）	DBE	C	H	N	O
100.000	10.0				-0.5	0	0	0	0
143.998	100.0	10.0			20.0	50	100	1	5
122.072573	100.0	0.6	4.9	122.073165	4.0	8	10		1
		9.1	74.9	122.081718	-0.5	4	12	1	3
121.065232	39.3	0.1	0.9	121.065340	4.5	8	9		1
		8.7	71.5	121.073893	0.0	4	11	1	3
107.050012	77.7	-0.3	-3.0	107.049690	4.5	7	7		1
		8.2	76.9	107.058243	0.0	3	9	1	3
103.054643	10.5	0.1	1.3	103.054775	5.5	8	7		
		8.7	84.3	103.063329	1.0	4	9	1	2

図3　高分解質量スペクトル（EI）の測定例

で測定することにより試料中の共存成分やカラムから溶出する固定相由来のケミカルノイズを軽減できるため選択性が向上し絶対検出感度は減少するものの，検出時の対象成分ピークのS/N比を上げることが可能となる．図4に高分解能-SIMを適用した例を示した[4]．これはHPLCを用いて試料を精製後，11-デヒドロTXB$_2$をメチルエステル誘導体後，ジメチルイソプロピルシリルエーテル体に変換し，生成する特徴的なイオンである(M-43)$^+$相当のm/z 539.32と^{18}Oでラベルした内標準のm/z 543.22をモニターしたもので，分解能3000と12000では明らかに選択性やピークのS/

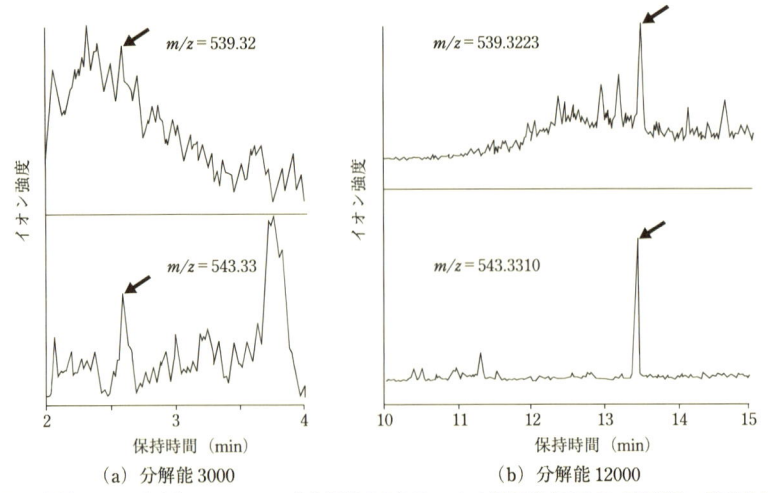

図4 尿中の 11-デヒドロ-TXB$_2$ の高分解能 GC/MS による測定例(HPLC で精製後,誘導体化し,SIM 測定;$m/z=539.32$ は 11-デヒドロ-TXB$_2$ の誘導体の$(M-43)^+$,$m/z=543.33$ は ^{18}O でラベルした内標準の誘導体の$(M-43)^+$

N 比が異なることがわかる.

無機分析に二重収束型質量分析計を用いた例として大気浮遊粉塵中のクロムについて ICPMS を用いて測定したものを図5に示した[5]. ICPMS では ^{52}Cr$^+$ の妨害イオンとして ^{40}Ar^{12}C$^+$ や ^{35}Cl^{16}OH$^+$ などがあるが,これらは高分解能測定により分離・検出可能となる. [滝埜昌彦]

参考文献
1) Chapman, J. R.: Practical Organic Mass Spectrometry, 2nd Ed., John Wiley, 1993.
2) White, F. A., Wood, G. M.: Mass Spectrometry, Applications in Science and Engineering, John Wiley, 1986.
3) 日本分析化学会(編):機器分析ガイドブック,p.187, 丸善, 1996.
4) Watanabe, K., et al.: J.Chromatogr., **468**, 383, 1989.
5) Wang, C., et al.: Anal. Chim. Acta, **389**, 257, 1999.

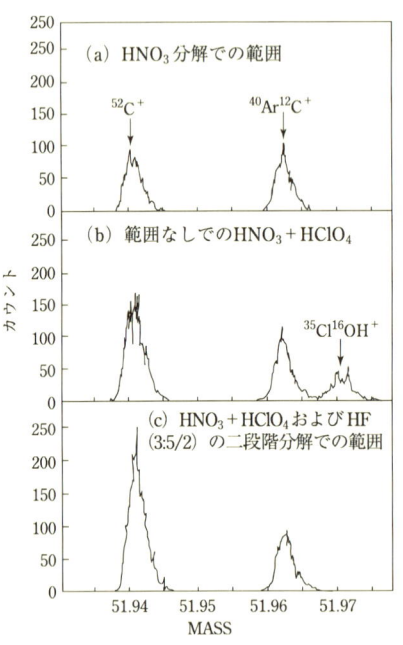

図5 高圧密閉容器法で分解した大気浮遊塵中のクロムの高分解能 ICPMS による測定例

21
飛行時間型質量分析計

time-of-flight mass spectrometer：
TOF-MS

定性情報 質量スペクトル．

注　解 他の質量分析計と同様に質量スペクトルを測定し化合物の同定を行う．さらに飛行時間型質量分析計の特徴である精密質量測定法を利用して，検出される分子量関連イオンの精密質量を測定することで化合物の分子式の推定が可能である．

定量情報 質量スペクトル上の特定イオンのピーク強度．

注　解 具体的には液体クロマトグラフやガスクロマトグラフと接続することにより得られる全イオンクロマトグラム（TIC）やマスクロマトグラム（MC）上に検出される成分のピークの面積が使われる．この質量分析装置は質量分解能が高いため，精密質量によるMCを利用した高選択的な定量分析が可能である．

一方，マトリックス支援レーザー脱離イオン化（MALDI）法を用いたMALDI-TOF-MSにおいては，最近ではタンパク質の分析がおもな用途であり一見すると内部標準を用いても難しそうに思われるが，安定同位体元素（たとえば ^{15}N）を用いて試料に含まれるすべてのタンパク質を標識化する方法（*in vivo* 標識化法）やタンパク質を酵素で消化後，重水素で標識化したビオチンをアルキル化剤として用いた還元アルキル化法でシステイン残基を含むペプチドのみ標識化，精製する方法（*in vitro* 標識化法）が用いられている．これらの方法を用いることでタンパク質の相対的定量が可能である．

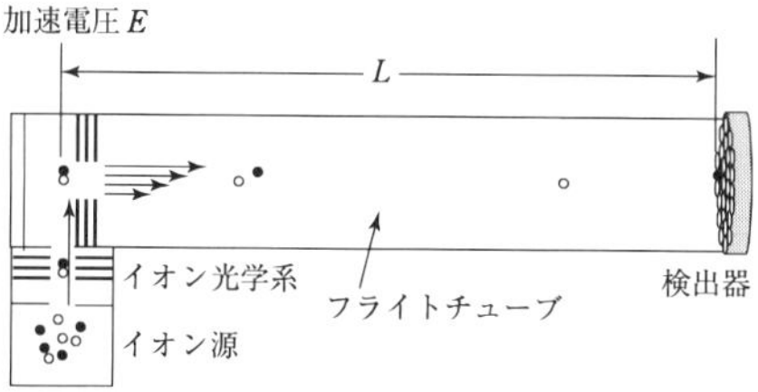

装置構成 飛行時間型質量分析計[1]は，TOF-MSともよばれ，最近広く使用されている．飛行時間質量分析計の構成を図1に示す．その他質量分析計と同様に，イオン源，質量分析部，検出器および排気系から構成されており，各構成部分の特徴は以下のとおり．

イオン源：現在市販されているイオン化法はすべて使用が可能であり，MALDI法はタンパク質の分析に飛行時間型質量分析計との組合せで広く普及している．またクロマトグラフとの接続により代表的なEI, CIやすべての大気圧イオン化法の使用が可能である．

加速部：イオンを質量分離部に導入するための加速部でイオンパルサーとよばれている．液体クロマトグラフと接続した場合，とくにイオン源からのイオンの導入に対して垂直に加速させる方法が広く採用されている．この垂直加速法によりエネルギー収束が可能であり質量分解能を向上させることができる．

質量分離部：フライトチューブとよばれ，イオンが飛行する空間で超高真空に保たれている．（10^{-6} Torr以下）．材質には熱膨張の少ない素材が使用される．

検出器：質量分離部において走査を行わずに，短時間でより多くのイオンを検出する必要があるため，応答速度の早いエレクトロンマルチプライアが束になったマルチチャネルプレート（MCP）が使用される．しかし1個のエレクトロンマルチプライアの増幅率は一般に使用されるエレクトロン

図1　飛行時間型質量分析装置の構成例

マルチプライアより小さく10^3程度である。したがって市販の装置ではMCPを2枚重ねて使用したり，MCPだけでなく電子を光に変換するシンチレーターや光を検出するフォトマルプライアーが併用されている装置もある。

原理・特徴 飛行時間型質量分析装置は質量の異なるイオンが空間的に離れた2点を飛行する時間を測定することでイオンの質量を測定する装置で，1946年にW.E. Stephensによって提案された[2]。

原理は単純で理解しやすい。イオンのフライトチューブ内で加速されたイオンの運動エネルギーEはイオンの質量（正確には質量と電荷の比）と速度vで以下のとおり表される。

$$E = (1/2) mv^2 \quad (1)$$

この式はmについて解くと

$$m = 2E/v^2 \quad (2)$$

となり，さらに，イオンの速度vは飛行距離dと飛行時間tで，以下のとおり表される。

$$v = d/t \quad (3)$$

この式(3)を式(2)に挿入すると

$$m = 2E/(d/t)^2 = (2E/d^2) t^2 \quad (4)$$

となる。これが飛行時間型質量分析装置の質量測定の基本式となり，イオンの加速電圧Eとフライトチューブの長さdは正確に固定できるため，飛行時間tを正確に測定することで精密なイオンの質量mの測定が可能である。しかし実測される飛行時間t_mはイオンのスタート時間のずれ，検出器の応答速度による遅れからt_0のずれを生じ，以下のようになる。

$$m = A(t_m - t_0)^2 \quad (5)$$

この式(5)のt_0とAの直接的な測定はできないので，通常，数種類の精密質量が知られている既知化合物の飛行時間を測定することでAおよびt_0を決定することが可能であり，この方法により質量誤差が5ppm程度での精密質量測定が可能である。しか

し質量校正後のイオン加速電圧のわずかな変動などが精密質量に大きく影響する。したがって最近では精密質量の測定中に，基準となる校正用標準試料を導入してリアルタイムに質量校正を行う方法も考案され，質量誤差を1〜3ppm程度に抑えた測定も可能である。

従来，飛行時間型質量分析装置は高速測定，高質量範囲測定，精密質量測定が可能であるが，分解能が劣るとされていた。しかし最近ではイオンシグナルの測定速度の

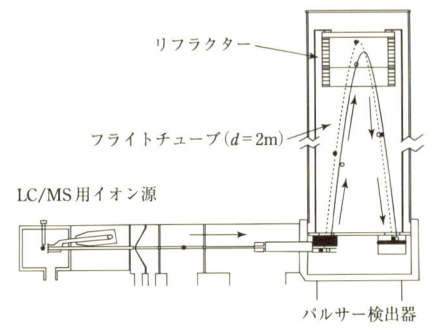

図2 飛行時間型質量分析装置の構造例
（Agilent Technologies社カタログ）

図3 飛行時間型質量分析装置の外観 LC-MS
（Agilent Technologies社カタログ）

高速化(現在では1GHzでの測定が可能),垂直加速法,リフレクトロンの採用,検出器応答速度の高速化によりかなり質量分解能の高い測定も可能となり,現在では質量数千以上のイオンで1万以上の質量分解能をもった装置が市販されている.最近市販されている装置の概要を図2に,装置の外観を図3に示す.

用途・測定例 飛行時間型質量分析装置はガスクロマトグラフィーや液体クロマトグラフィーなどの分離手法と結合させた方法と,単独で使用する方法とに大別できる.そこで各手法での代表的な応用例について述べる.

(1) MALDI-TOF-MS:MALDIとはマトリックス支援レーザー脱離イオン化法で,試料はレーザーのエネルギーを吸収するマトリックスに溶解されプレー上に塗布後,乾燥固化する.その試料にレーザー光を照射して試料をイオン化する方法で,真空中あるいは大気圧中でイオン化が可能である.イオン源の装着には従来から使用されているフライトチューブに対して平行した装置と,最近では図2のようなフライトチューブに対して垂直に装着した装置が考案されている.前者では空間によるイオンのエネルギー拡散が生じ,それを抑えるため,ディレイドエクストラクション(DE)法が用いられる.後者ではイオンを垂直に導入することで空間が節約されエネルギー拡散を抑えることが可能で,DE法を使用せずに分解能の高い分析が可能である.このイオン化法は非常にソフトなイオン化法でタンパク質などの高分子化合物の分子量関連イオンを生成することが可能である.したがって,このイオン化法を飛行時間型質量分析装置のイオン源に使用することで高分子化合物の分子量測定に非常に有効である.飛行時間型質量分析装置は質量測定範囲が10万以上,分解能が数千程度の装置が市販されており,分子量が10万以上のタンパク質において分子量関連イオンの測定が可能である.

応用例としては様々な疾患により変化した異常タンパク質の解析などに使用される.またタンパク質を酵素消化したペプチド混合物を分離せずに質量スペクトル中の各イオンの精密質量からペプチドのアミノ

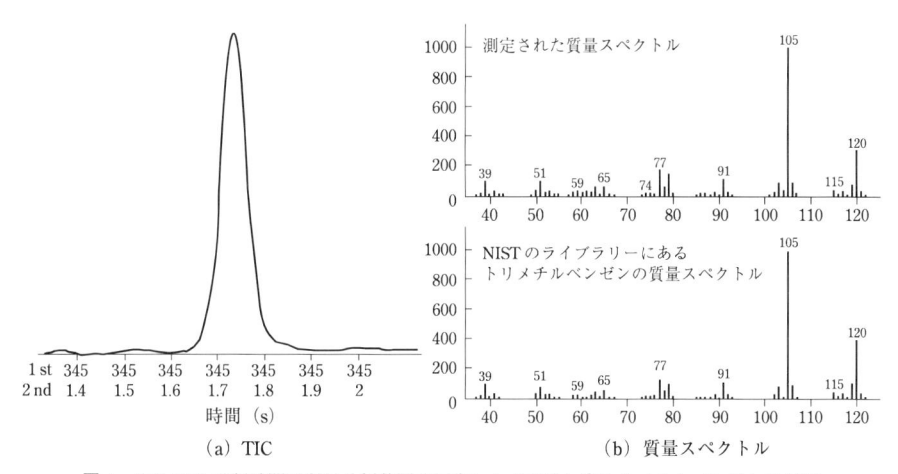

図4 GC×GC-飛行時間型質量分析装置で測定したガソリン中トリメチルベンゼンのTICおよび質量スペクトル(Leco社 Application note)

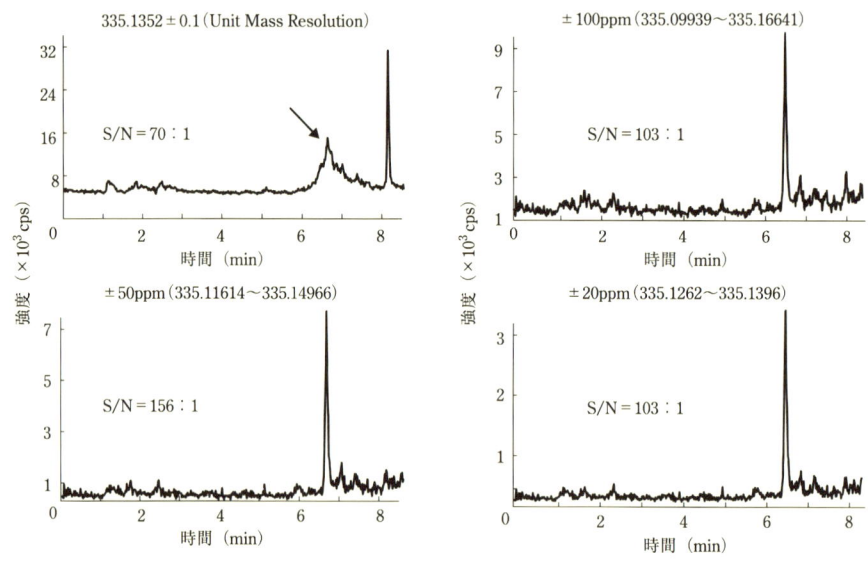

図5 2-NBA-AMOZ のマスクロマトグラム

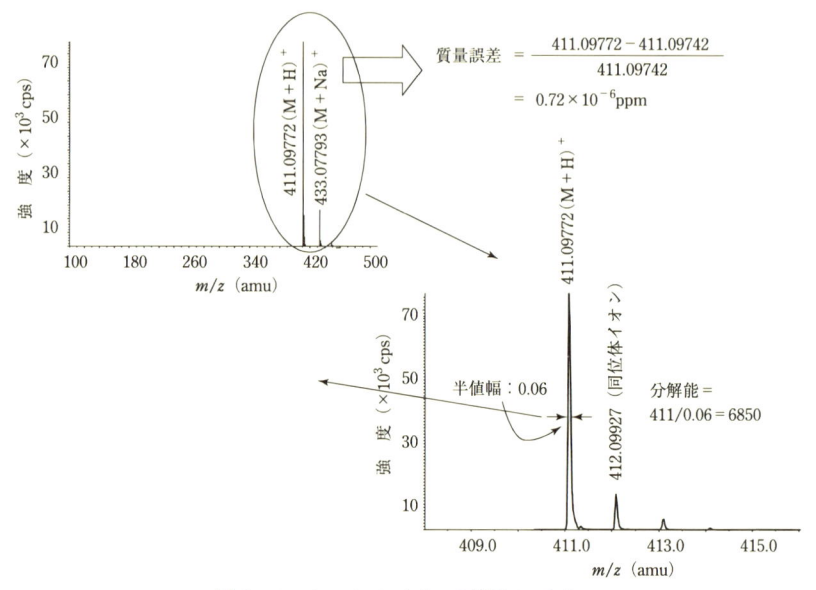

$$質量誤差 = \frac{411.09772 - 411.09742}{411.09742}$$
$$= 0.72 \times 10^{-6} \text{ppm}$$

半値幅：0.06

分解能 = 411/0.06 = 6850

図6 ベンスルフロンメチルの質量スペクトル

58　　　　　　　　　　I. 組 成 分 析

酸配列を推定し，最終的にタンパク質を同定する方法も開発されている．この方法はペプチドマッピングフィンガープリント(PMF)法とよばれ，莫大なタンパク質のデータベースを使用して既存タンパク質の同定が非常に簡単に行える．さらにケミカルアシストフィンガープリント(CAF)を用いたポストソース分解(PSD)や四重極と組み合わせたハイブリッド型の飛行時間型質量分析装置を使用してペプチドのMS/MSスペクトルからより詳細な分析が可能である．

(2) GC-TOF-MS：ガスクロマトグラフィーと組み合わせた飛行時間型質量分析装置の場合，イオン源にはEI，化学イオン化(CI)法が使用され，飛行時間型質量分析装置の特徴である高速取り込み速度を利用した高速分析に応用されている．現在市販されている装置の取込み速度は500 Hz程度で，高速GCとの組合せ以外にComprehensive GCと組み合わせた装置も市販されている．Comprehensive GCで分析した各成分のクロマトグラフ上に検出されるピーク幅は非常にシャープであり，ピーク幅が0.01秒程度の場合もある．図4にはComprehensive GC-TOF-MSで測定したガソリン中トリメチルベンゼンのクロマトグラムおよび質量スペクトルを示したが，観察された質量スペクトルはNIST中のトリメチルベンゼンとよく一致した．この際の取込み速度は150 Hzであった．

(3) LC-TOF-MS：液体クロマトグラフと組み合わせた場合，精密質量測定と高質量分解能を利用した応用例が多い．精密質量測定においては質量誤差3 ppm以下を実現した装置も市販されているが，必ず測定しながら質量校正を行うため質量校正用化合物を連続して質量分離部に導入する必要がある．ESI法の場合，質量校正用化合物は目的化合物測定の妨害になる．したがって，スプレーを2個装着したデュアルスプレーESIも考案されている．精密質量測定の目的は未知化合物の組成式の推定であり，化合物の質量にも依存するが，質量誤差1 ppm以下での測定が可能であれば分子式は1～2個に絞り込むことが可能である．一方，高分解能測定においては四重極やイオントラップではなしえない高選択性をもたらす．図5はモニターするm/zの範囲を変えて抽出したMCを示したが，m/zの範囲を狭めることでピーク強度は低下するが高選択的な分析が可能で，S/N比は向上した．

図6にはLC/TOF-MSで測定したベンスルフロンメチルの質量スペクトルを示す．擬分子イオン[M+H]$^+$の実測値の質量誤差は0.72 ppmで，この精度では分子式を1個に限定することが可能である．また質量分解能は6850と高く，m/z範囲の狭いMC（たとえば$m/z=411.09-411.10$）を用いることで，高マトリックス試料中の高選択的な微量分析が可能である．

［滝埜昌彦］

参考文献
1) Cotter, R. J.: Time-of-Flight Mass Spectrometry, A. C. S., 1994.
2) Stephens, W. E.: *Phys. Rev.*, **69**, 691, 1946.

22 タンデム質量分析計

tandem mass spectromenter : MS/MS

定性情報 MS/MS[1]の質量スペクトルはプリカーサーイオン(前駆イオン)の衝突誘導解離(collision-induced dissociation : CID)によって生成したイオンに関連した質量スペクトル.

注 解 構造情報をもったスペクトルでありプロダクトイオン走査法,プリカーサー走査法,ニュートラルロス走査法により異なった構造情報を得ることができ,未知化合物の定性分析を行う.

定量情報 質量スペクトル上特定 m/z イオン強度.

注 解 プロダクトイオン走査法を用い,プリカーサーイオンとプロダクトイオンを特定することで通常の選択イオンモニタリング(SIM)法でのSIMクロマトグラムと比較してさらに選択性の高い定量分析が可能であり,選択反応検出(SRM)法とよばれる.またプリカーサーイオン走査法を用いた場合,特定プロダクトイオンのみを生成するプリカーサーイオンのみを選択的に検出することが可能であり,複雑なクロマトグラムから類似化合物の確認が安易となる.したがってこの手法は医薬品などの親化合物を含めた代謝物の定量分析に有効である.

装置構成 MS/MS法が可能な質量分析計の例を図1に示す.MS/MS法が可能な質量分析計は通常の質量分析装置を2台直列に接続した質量分析計で図1のとおりイオン源,1段目MS(MS1),衝突室,2段目MS(MS2)および検出器で構成されている.ここでのMS1とMS2は二重収束型,四重極型,イオントラップ型,飛行時間型質量分析計が用いられ以下のような組合せの質量分析計が市販されている.

①二重収束型-二重収束型
②四重極型-二重収束型
③四重極型-四重極型
④イオントラップ型-飛行時間型
⑤四重極型-飛行時間型
⑥飛行時間型-飛行時間型

また,図2のような通常の二重収束型質量分析計でもイオン源と質量分離部の間の自由空間に衝突室を設けて磁場,電場を連動させて走査させる手法(linked scan法)でも同様の質量スペクトルを得ることが可能である.

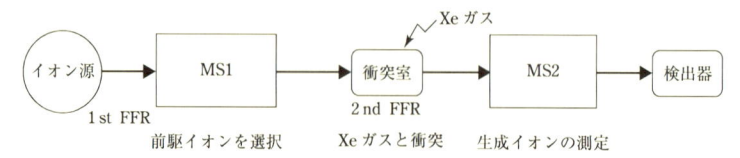

図1 MS/MSが可能な質量分析装置

図2 Linked scanの概念図

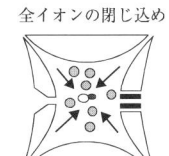

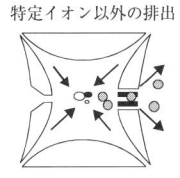

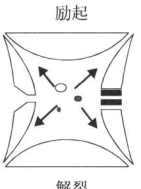

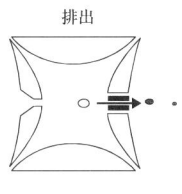

図3 イオントラップによるMS/MSの原理

原理・特徴 前述のとおりMS/MS法が可能なさまざまな装置が市販されているが，最近ではイオントラップ型および四重極型を三連結した装置(triple stage quadrupole mass spectrometer)が広く使用されていることからこの装置について原理を説明し，特徴についてはおもな市販されているMS/MS装置について述べる．

(1) イオントラップ型：イオントラップ型質量分析計は単独でMS/MSが可能な装置でイオントラップ型質量分析計の特徴を利用したMS/MSである．原理は図3に示す．

ステップ1：目的化合物のイオンをすべてイオントラップ内に閉じ込める．

ステップ2：MS/MSのためのプリカーサーイオン以外をイオントラップからすべて排除する．

ステップ3：イオントラップの電極に特定の電圧を印加しプリカーサーイオンを共鳴励起させ，トラップ内のヘリウムと衝突させる．

ステップ：ステップ3の過程でプリカーサーイオンから生成した全イオンをイオントラップの走査により順次排出し，これらプロダクトイオンのMS/MSスペクトルを採取する．

以上のステップでMS/MSスペクトルの測定が可能であるが，さらにステップ3で生成した特定のプロダクトイオンについてこの操作を繰り返すことで，プロダクトイオンのMS/MSスペクトル，つまりMS/MS/MSスペクトルを採取することが可能である．このイオントラップ型質量分析装置によるMS/MSの特徴は以下のとおりである．

① 純粋なMS/MSの採取が可能．共鳴励起は特定のm/zのイオンのみ励起させるので，プロダクトイオンがさらに開裂することがなく純粋なMS/MSスペクトルが得られる．

② MS/MSやMS/MS/MSなどの$(MS)^n$が可能である．

③ MS/MSのスペクトル感度が高い

(2) 三連四重極型：三連四重極型は図4に示すとおり，四重極型質量分析装置の質量分離部を3個直列並べた装置でありQ1, Q3は通常の四重極と同様に直流と交流の電圧を組み合わせて質量分離を行う．しかしQ2は交流電圧のみを印加し，Q1からのイオンをすべて通過できる条件である．そしてこのQ2をイオンが通過する際にアルゴンガスなどを照射することでイオンとアルゴンとの衝突により開裂が生じる

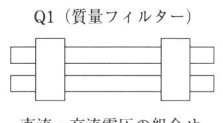

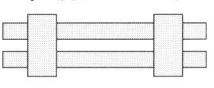

図4 三連四重極型質量分析装置

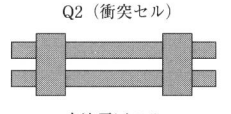

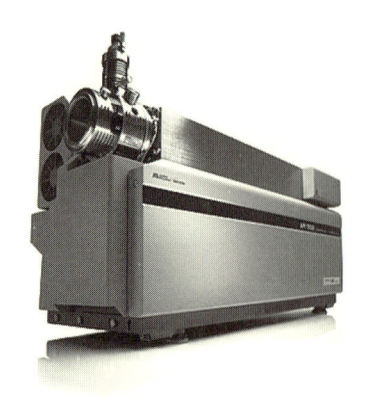

図5 三連四重極型LC-MS/MSシステム
（Applied Biosystems社カタログ）

(CID)．そしてQ2で開裂により生成したイオンをQ3で測定する．この方法でMS/MSスペクトルの測定が可能であるが，Q1とQ3の走査条件を以下に示す．

①プロダクトイオン走査
Q1：固定（特定m/zイオン；mのみ通過）
Q3：走査（Q2で生成したイオンの質量スペクトル測定）

②プリカーサーイオン走査
Q1：走査（Q2に全イオンを導入）
Q3：固定（特定m/zイオン；mのみ測定）

③ニュートラルロス走査
Q1：走査（Q2に全イオンを導入）
Q3：同期走査（Q2で特定中性粒子；mを生成するイオンを測定）

④MRM
Q1：固定（特定m/zイオン；$m1$のみ通過）
Q3：固定（Q2で生成した特定イオン；$m2$のみ測定）

プロダクトイオン走査ではQ1で選択した特定イオンがQ2中での衝突で生成する全フラグメントイオンをQ3を走査することでMS/MSスペクトルの測定が可能である．

プリカーサーイオン走査ではQ2中で生成した特定質量のフラグメントイオンをQ3で測定し，そのフラグメントイオンが検出されたときにQ1から導入されたイオンの質量を調べ，その質量数をプロットすることで，特定フラグメントイオンの元になるプリカーサーイオンのMS/MSスペクトルが構築できる．

ニュートラルロス走査はQ1とQ2をある特定質量差mで同期しながら走査することで，Q2で特定質量mの中性粒子を生成するプリカーサーイオンの質量スペクトル測定が可能である．

以上の方法はすべてMS/MSスペクトルを測定することで未知化合物の構造解析に有効な手法である．一方，MRM法はQ1，Q3ともに固定し特定m/zを測定することで選択性の高い測定が可能であり，高マトリックス中の微量分析に有効な手段である．

用途・測定例 MS/MS法はさまざまな用途に使用されているが，ここでは三連四重極型質量分析装置およびイオントラップ型質量分析装置について述べる．

(1)三連四重極型質量分析装置：LC/MSは天然物など複雑な試料の分析に広く使用されているが，MS/MSを使用することでより選択性の高い分析が可能である．その例を以下に示す．

植物中の発ガン性物質の選択的分析法[2]　インゲノールやデオキシホルボールを代表とするジテルペンエステルはトウダイグサ科中に含まれる，生理活性物質で発ガンプロモーター，抗HIV作用などが報告され注目されている．これら化合物は図6に示すとおり，類似のエステル類はすべて同じフラグメントイオン($m/z=313$，295など)を生成する．

そこでイオン源内で$m/z=313$を生成する条件でイオン化を行い，Q1とQ3を

I. 組成分析

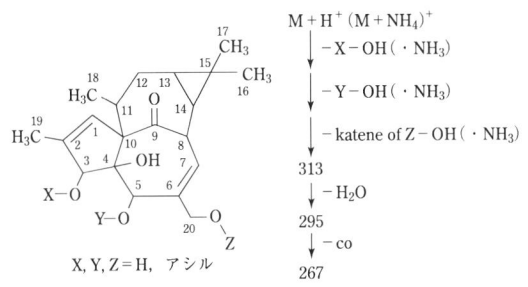

$$M + H^+ (M + NH_4)^+$$
$$\downarrow -X-OH(\cdot NH_3)$$
$$\downarrow -Y-OH(\cdot NH_3)$$
$$\downarrow -\text{katene of } Z-OH(\cdot NH_3)$$
$$313$$
$$\downarrow -H_2O$$
$$295$$
$$\downarrow -co$$
$$267$$

X, Y, Z = H, アシル

図6 インゲノール,デオキシホルボール類の構造およびフラグメンテーション (Bush et al., 1988)[1]

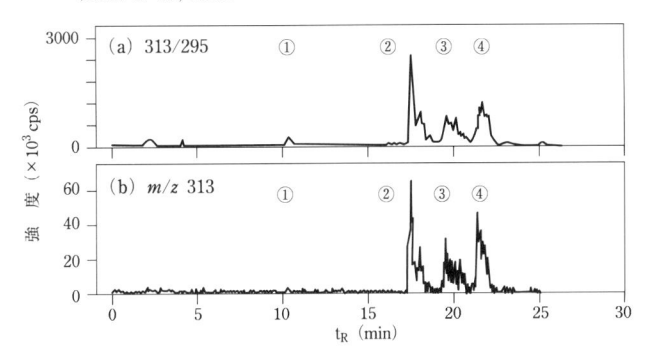

図7 *Euphorbia leueneura* 抽出液中の MRM クロマトグラム(a)および プリカーサーイオンクロマトグラム(b) (Bush et al., 1988)[1]

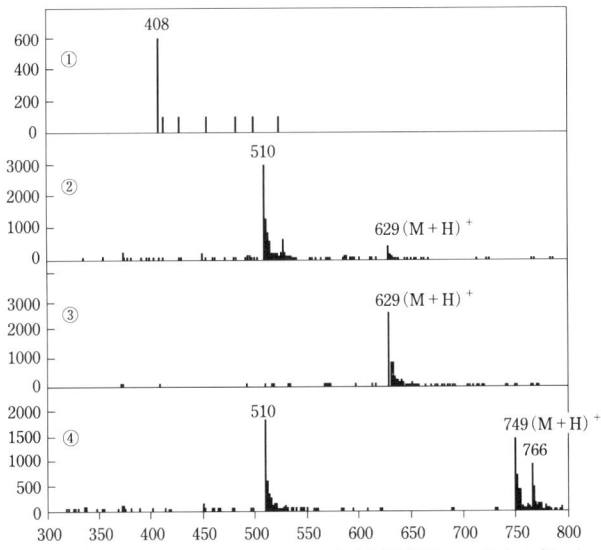

図8 ピーク1~4のプリカーサーイオンスキャンによる MS/MS スペクトル(Bush et al., 1988)[1]

22. タンデム質量分析計   63

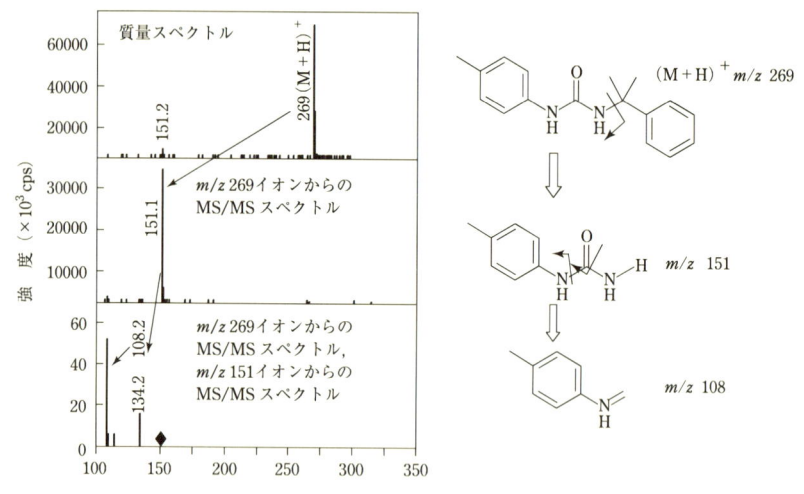

図9 ダイムロンの MS/MS，MS/MS スペクトルおよびフラグメンテーション

$m/z=313$ と 295 に設定した MRM クロマトグラムを図 7 に示した．さらに検出されたピーク 1～4 の分子量を確認するため，$m/z=313$ を生成するプリカーサーイオンスキャンによるクロマトグラムを図 7，MS/MS スペクトルを図 8 に示す．

図 7 中の MRM クロマトグラムからインゲノールおよびデオキシホルボール類縁化合物がピーク 1～4 であることが確認でき，さらに $m/z=313$ のプリカーサーイオンスキャンによるピーク 1～4 の MS/MS スペクトル中の各類縁化合物の分子量関連イオンからピーク 2～4 が分子量 628 および 728 であることが推定される．

(2) イオントラップ型質量分析装置：イオントラップ型質量分析装置での MS/MS の特徴は MS/MS を理論上何回でも行えることである．図 9 にはダイムロンの MS，MS/MS および MS/MS/MS スペクトルを示したが，これら MS/MS スペクトルからダイムロンのフラグメンテーション過程が推定できる． ［滝埜昌彦］

参考文献
1) Bush, K. L., Glish, G. L., McLuckey, S. A.: Mass spectrometry / Mass spectrometry: Techniques and applications of tandem Mass Spectrometry, VCH, 1988.
2) Vogg, G., Achatz, S., Kettrup, A., et al.: J. Chromatogr. A, **855**, 563-573, 1999.

23
安定同位体比質量分析計
stable isotopic ratio mass spectrometer

定性情報　質量スペクトル(ピークの位置および各同位体の相対存在度).

定量情報　各同位体のイオン強度.

装置構成　装置の概略を図1に示す．イオン源，質量分離部(扇型磁石)，検出部からなる．

イオン源：試料をイオン化し，質量分離部へと導入する．通常，試料はガスとしてイオン源内に導入される．イオン化の手法としては電子イオン化(electron ionization)法がとられる．導入されたガスは加速した電子を照射され，その衝撃により1価の正イオンとなる．

$$M + e^- \longrightarrow M_{\bullet}^+ + 2e^-$$

ここで，Mは原子あるいは分子，eは電子を表す．生成されたイオンに3〜10 kVのポテンシャルをかけることにより，イオンを加速して質量分離部へ引き出す．

質量分離部：発生したイオンを質量分離し，検出部へと導入する．質量分離のために扇型磁石(sector magnet)が用いられる．装置によっては扇型磁石の後方に静電場(electro-static field)装置を有するものも

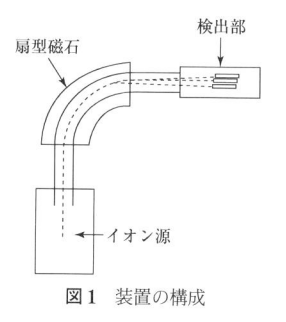

図1　装置の構成

ある．これは，存在度の極端に低い同位体を正確に検出する場合に有効である．存在度の高い同位体やあるいはそれに近隣する他元素の質量スペクトルのピークがテーリングを起こし，存在度の低い同位体のスペクトルに干渉を与え，正確な同位体比が測定できないことがある．その際，静電場を通してイオンのもつエネルギーの分散を除去することによりテーリング効果を抑えることができる．

たとえば，水素同位体比測定を行う場合に，試料ガスに不純物として混入していたHeのイオンピークからのテーリングによる影響でバックグラウンドレベルが高くなり，正確なDの存在度が求められない．これに対し，静電場を通すことによりHe^+イオンのエネルギー分散を低減させてスペクトル上でのテーリングを抑制し，D^+スペクトルへの影響をなくすことができる．

検出部：10^{-13}〜10^{-10} Aの過大イオン電流についてはファラデーカップ検出器(Faraday cup collector)が，10^{-13} A以下の微小のイオン電流については，二次電子増倍管(electron multiplier)やデイリー検出器(Daly detector)が用いられる．

ファラデーカップは金属製のカップにイオン電流を直接通し，その全帯電量を積算する単純かつ正確な検出器である．イオンがカップに入射した際の相互作用で発生する二次電子の影響で正確なイオン電流が計測できなくなることがあるので，発生した二次電子がカップから逃げ出しにくくするために電場をつくって追い返したり(electron suppressor)，カップ自身を深いものにしたり，二次電子を発生しにくくするためにカップ表面にカーボン蒸着を施すなどの工夫がなされている．

近年では，測定の高精度化および迅速化のために検出器を複数装備したマルチコレクターシステムが導入されている．検出器が一つの場合には，対象となる同位体を含

む質量領域について磁場掃引しながら測定する，あるいは対象となる同位体の質量スペクトルのピークトップの部分のみをとらえるように設定し，次々にピークトップのみを測定して行くピークジャンプ法がとられる．この場合，複数の同位体を測定する際に時間差が生じるため，イオン源の不安定性に伴ってデータの精度が低下することが考えられる．これに対し，複数の検出器を装備していれば，質量の異なる複数の同位体を同時に検出可能となるため，測定中のイオン源のゆらぎの影響をキャンセルして測定精度を向上させることができ，測定時間の短縮にもつながる．

二次電子増倍管を使用する利点は，その高感度性と応答時間の早さにある．感度はファラデーカップの10^4倍以上であり，積算してイオン電流を測るのと同様にイオンのカウンティングにも用いられる．通常は5×10^{-13} A以下のイオン電流の検出に用いられる．

デイリー検出器はマグネットを通過した正イオンに負のポテンシャルをかけてデイリーノブ(Daly knob)に集め，二次電子に変換する仕組みになっている．変換された二次電子は表面をAl蒸着されたシンチレーターへ導入され，光子に変換される．その後，光電子増倍管によって増幅されたシグナルを検出する．デイリー検出器の利点は二次電子増倍管より検出器としての寿命が長く，SN比が高いことである．

その他：発生したイオンが効率良く検出器まで到達できるように通常，装置内はロータリーポンプおよびターボ分子ポンプを併用して$10^{-7} \sim 10^{-9}$ mbarの高真空に保たれている．

試料の前処理：質量分析計のイオン源には試料をガス化して導入する必要がある．測定対象となる試料によってガス化するための前処理方法は異なる．ケイ酸塩鉱物や酸化物鉱物などの岩石鉱物試料の場合は，粉末にした数十mgの試料をガラスの真空ラインにセットし，ライン内で酸と反応させたり加熱したりすることによってH_2O, CO_2, SO_2などのガスを発生させる．発生したガスをライン内の低温とラップで捕集・精製し，イオン源へ導入する．さらに，ラインにレーザーを組み合わせることで岩石鉱物試料の数十μm領域における同位体比分析も可能である．

また，元素分析計，ガスクロマトグラフなどを組み合わせることでオンラインによる分析が可能となる．元素分析計を用いた場合，有機物を高温で燃焼させて生じるCO_2, N_2, SO_2や，無酸素雰囲気での熱分解により生成したH_2, CO, N_2をガスクロマトカラムで分離したのち，質量分析計に導入し，^{13}C, ^{15}N, ^{34}S, H/Dを検出する．ガスクロマトグラフを用いた場合，有機物を成分別に分離したうえで燃焼させ，生じたガスを質量分析計のイオン源へ導入する．

作動原理 質量mで電荷eをもったイオンにポテンシャルVをかけたときに，それがもつエネルギーEは
$$E = eV = (1/2)mv^2$$
ここで，vはイオンがもつ速度を示している．その後，イオンは一定のエネルギーをもって磁場内に引き出される．イオンは均一の磁場Bの中において，次式に基づいて半径rの円運動をする．
$$Bev = m(v^2/r)$$
上記二つの式から，$r = (1/B)\sqrt{2mV/e}$ あるいは $B = (1/r)\sqrt{2mV/e}$ あるいは $m/e = B^2 r^2 / 2V$と表される．

ちなみに安定同位体比質量分析計のイオン源でできるイオンはほとんどが1価の正イオン($e = 1$)である．

以上より，イオンにある一定のポテンシャルをかけ磁場内で運動させると，その軌道は磁場と質量の関数となることがわかる．したがって磁場を変化させることに

よって質量の異なるイオンを検出することができる．

用途 一般に安定同位体比質量分析計とよぶ場合には，気体試料もしくは試料から抽出した気体としての軽元素である水素，炭素，窒素，酸素，硫黄などの同位体比を測定する装置をさす．軽元素においてはその安定同位体どうしの相対的な質量差が重元素に比べて大きいために，たとえば地球表層における岩石・海洋・大気との間で起きる相互反応によって質量差に応じた同位体分別が生じる．したがって，これら軽元素の同位体比の変動を調べることは地球表層物質のグローバルな循環の機構を解明することにつながる．

いくつかの鉱物と水の間での酸素同位体交換反応の平衡定数には，温度依存性があることが実験的に確かめられているため，鉱物の酸素同位体比を測定して同位体分別係数を求めることにより，その鉱物が同位体平衡に達したときの温度を見積もることができる．このような同位体地質温度計は岩石の火成・変成作用や鉱物の鉱化作用などが起こった際の温度の推定に利用されており，地球科学の研究分野では有益である．

応用例 炭酸塩試料中の酸素と炭素同位体比測定

水，岩石，鉱物など試料の形態によって前処理の方法が異なるが，ここでは一つの例として，炭酸塩鉱物試料の酸素および炭素の同位体比測定法について記す．粉末の炭酸塩試料 $1\sim 20\,\mathrm{mg}$ を真空容器内でリン酸と十分に反応させ，試料を完全に分解させると，容器内に H_2O と CO_2 がガスとして発生する．これを真空ラインに接続し，H_2O を除去した後，さらにガスクロマトグラフィーによって CO_2 ガス成分を分離し，質量分析計に導入する．

上記前処理によって精製された CO_2 ガスは，電子線照射によって CO_2^+ イオンとなる．質量数 44，45，46 の CO_2^+ イオンを質量分析し，そのデータをもとに $^{18}O/^{16}O$ および $^{13}C/^{12}C$ を計算により求める．

同位体比の取扱いについては，酸素および炭素の同位体の標準試料として国際原子力機関(IAEA)によって指定されている国際標準物質である Vienna 矢石化石(VPDB)の同位体比を基準とし，各試料の同位体比の相対的なずれとして評価する．たとえば，炭酸塩試料の炭素同位体比の変動は $\delta^{13}C$ 値として以下のように表される．

$$\delta^{13}C = \left\{\frac{\left(\frac{^{13}C}{^{12}C}\right)_{\mathrm{Sample}} - \left(\frac{^{13}C}{^{12}C}\right)_{\mathrm{VPDB}}}{\left(\frac{^{13}C}{^{12}C}\right)_{\mathrm{VPDB}}}\right\} \times 1000$$

〔日高　洋〕

24

誘導結合プラズマ質量分析装置
inductively coupled plasma mass spectrometer : ICP-MS

定性情報　元素の質量スペクトル．
定量情報　元素の質量スペクトル強度．
装置構成　装置の構成を図1に示す．装置はICPをイオン化源として，イオン導入系，質量分析計，データ処理部から構成される．質量分析計には四重極型質量分析計がおもに用いられるが，高分解能測定には二重収束型質量分析計が用いられる．さらに，励起源部にはプラズマにエネルギーを供給するための高周波電源，Arガス供給系および試料導入系が付随する．

ICPは分光分析的にもっとも有力な励起源・イオン化源であり，ICP-AESの励起源，ICP-MSのイオン化源として広く用いられている．プラズマの維持およびネブライザーによる溶液試料の噴霧に関しては，誘導結合プラズマ発光分光分析法の装置構成を参照のこと．

ICP-MSでは，サンプリングコーンとスキマーコーンを介して，プラズマ自体を質量分析計に直接導入するように設計されている．イオン化源であるICPは大気圧下で維持されるのに対して，質量分析計は10^{-3}Pa(約10^{-6}Torr)程度の真空に保つ必要があるため，プラズマと質量分析計のインターフェイスの部分では2〜3段の差動排気を行う必要がある．

プラズマと直接接してプラズマを質量分析計内に取り込む孔はサンプリングオリフィスとよばれ，さらにその内側にプラズマを安定なイオンビームとするためのスキマーコーンが置かれている．その後部にあるイオンレンズ系は入射イオンビームを収束させ，効率よく質量分析計に導入する働きをする．質量分析計には小型，簡便，高速走査性に優れ，かつ安価な四重極型質量分析計が用いられることが多いが，高分解能測定を行う目的では二重収束型磁場質量分析装置が用いられる．イオンの検出には電子増倍管が用いられ，光電面に入射したイオンを電流に変換し，さらに増幅して電流として計測する．

特徴　ICP-MSには以下に示す優れた分析化学的な特徴がある．

①周期表の多くの元素について高感度分析が可能である．

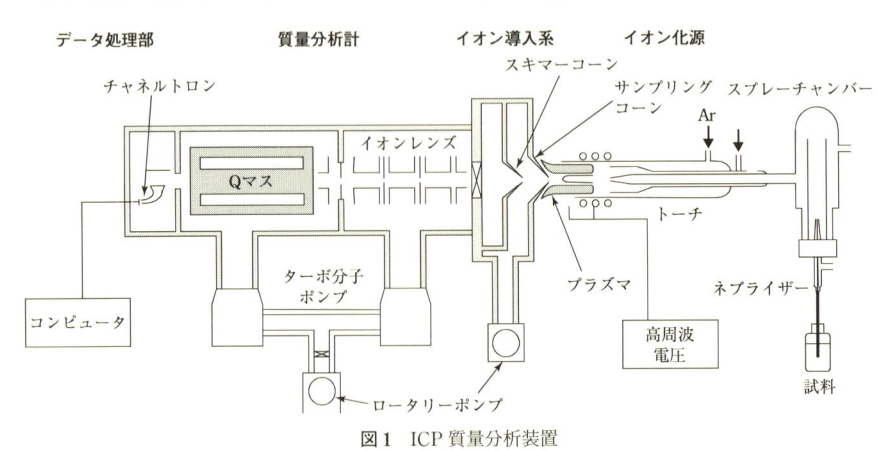

図1　ICP質量分析装置

②ダイナミックレンジ(検量線の直線領域)が 4～6桁と広い．
③多元素同時分析が可能である．
④共存元素による化学干渉やイオン化干渉が小さい．
⑤分析精度が高い．
⑥同位体比測定および同位体希釈分析法の適用が可能である．

これらの特徴は，同位体測定に関する特徴を除き，ICP-AESにも共通する特徴であるが，感度や精度，干渉の受け方などは両分析法で大きく異なるので注意が必要である．ICP-MSの検出限界は多くの元素でppt(10^{-12}g/mL)レベルであり，ICP-AESに比べて3～4桁高感度である．実際には，ICP-MSでは1ppt～100ppb，ICP-AESでは1ppb～100ppmの濃度範囲にある元素の定量に適しており，両分析法を複合的・補完的に用いることによって主成分元素から超微量成分元素まで定量することができる．

測　定　ICPを利用する分析において測定を妨害し，誤差の原因となる代表的な干渉は，①物理干渉，②化学干渉，③イオン干渉，④分光干渉に大別される．これらの干渉はICP発光分析と共通する部分が多く，その内容に関してはICP-AESのセクションを参照のこと．ただし，イオン化干渉に関してICP-AESではその影響をほとんど受けないのに対し，ICP-MSではプラズマを質量分析計に導入するサンプリング位置がICP-AESの測光位置よりも低く，元素のイオン化が十分でない場合もあり，イオン化干渉を受ける可能性が高い．

ICP-MSでもっと大きな問題となるのは同重体や多原子イオンの重なりによるスペクトル干渉である．同重体による干渉は，目的元素の同位体のスペクトルに対して同じ質量をもつ他の元素の同位体のスペクトルが重なる干渉である．これはあらかじめ予想できる干渉ではあるが，高分解能の質量分析計を用いてもその重なりを分離することは現実的には困難である．実際には同重体干渉のない同位体を測定するか，あるいは妨害元素の複数の同位体の測定と同位体存在度から干渉の程度を見積もることが一般的である．

一方，ICP-MSではプラズマ中で多原子イオンが生成し，それらが目的元素の質量スペクトルと重なることによる分光干渉が測定上の大きな問題となる．プラズマ中では，プラズマガス(Ar)，試料溶液構成元素(H, O)，酸(H, N, O)，マトリックス元素(M)などが相互に反応し，ArO$^+$，ArN$^+$，N$_2^+$，O$_2^+$，MO$^+$，MOH$^+$などの種々の多原子イオンが生成する．多原子イオン干渉は，一般的に，質量数60以上のスペクトル領域では少ないが，60以下では厳しい干渉を引き起こすことが多い．

これらの干渉を本質的に取り除くためには，高分解能の二重収束型質量分析計が必要となる．これに対して，四重極型ICP-MSでは，プラズマ出力条件を制御して多元素イオンの生成を抑制する方法や質量分析計の前に反応セルを置いてH$_2$やHe，NH$_3$などの反応ガスと多元素イオンを衝突させ，解離やエネルギー移動反応などによって多元素イオンを除去するcollision/reaction cell法が実用化されている．

ICP-MSでは質量分析法であることの特徴を生かして，同位体希釈法を適用することができる．元素の同位体存在度は元素により固有の値をとることが知られている．同位体希釈法とは，同位体存在度が天然の値とは異なる人工的に濃縮された"スパイク"を試料に添加し，測定される同位体比から試料中元素濃度を求める方法である．同位体比から濃度を求めるためには，あらかじめ試料量(g)，添加スパイク量(g)，天然同位体比，スパイクの同位体比を正確に求めることが重要である．スパイクを試料溶液に添加し，試料溶液中で新た

な同位体平衡が成立した後でその同位体比を測定し，後述の式(2)に従って試料溶液中の目的元素量を算出する．

同位体希釈法では，新たな同位体平衡が成立した後では分析操作における試料損失が問題とならないことから，試料の前処理における回収率を考慮する必要がなく，微量および超微量元素の分析のように試料の濃縮・分離が不可欠な場合にはきわめて有効な定量法となる．また，同位体希釈法は検量線を使わずに，試料量(g)，スパイク添加量(g)，同位体比から直接に元素濃度を求めることができるため，絶対分析法(definitive method)として位置付けられ，正確かつ高精度の基準分析法として評価されている．

同位体希釈法の原理を図2に示す．いま，目的元素に安定同位体AとBが存在する場合に，天然試料(natural)およびスパイク(spike)中の同位体Aの組成をA_N(%)，A_S(%)また同位体Bの組成をそれぞれB_N(%)，B_S(%)とする．天然の同位体組成は既知の値であり，特別な例外を除いて基本的には地球上で一定の値をとると考えることができる．また，スパイクは特定の同位体だけを濃縮した濃縮同位体試料を溶解して調整する．天然試料中の目的元素量をX(未知量, mol)，添加するスパイク量をS(既知量, mol)とすると，同位体平衡に達した溶液中の同位体AおよびBの同位体比Rは次式で表される．

$$R = A/B$$
$$= (A_N X + A_S S)/(B_N X + B_S S) \quad (1)$$

式(1)で未知数はXだけであるので，同位体平衡に達した後の溶液の同位体比Rを測定すれば目的元素量Xを求めることができる．

$$X = (A_S S - R B_S S)/(R B_N - A_N) \quad (2)$$

このように，同位体希釈法では，天然およびスパイク中の同位体比，試料とスパイクの正確な量がわかっていれば，同位体平衡に達した新たな同位体比を測定することにより試料中の目的元素量を測定することができる．

一方，同位体希釈法を適用するには以下の条件が満たされる必要がある．

①天然およびスパイクの同位体組成が正確に求められている．

②前処理等の化学的分離操作において同位体分別が生じない．

③測定においてスペクトル干渉を受けない．あるいは，十分に補正できる．

④質量差別効果を受けない．

⑤スパイク添加量が適当である．

とくに，スパイクの添加量は同位体希釈法の分析精度に大きく影響する．同位体希釈法の分析精度は原理的に同位体比測定精度よりも高くなることはなく，同位体比測定精度に適当なファクターを掛けた値になると考えられる．このファクターを誤差拡大係数(error multiplication factor : F)とよぶ．最適なスパイク添加量はこの誤差拡

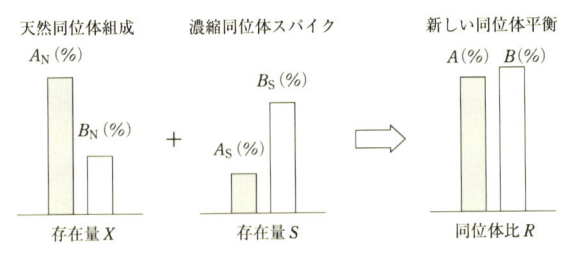

図2 同位体希釈分析法の原理

I. 組 成 分 析

大係数を最小にする条件として求められる．

原　理　ICP-MS はプラズマ中でイオン化されたイオンを質量分析計に導入して質量分析を行う．ICP-MS の特筆すべき点は，大気圧プラズマをイオン化源とすることに成功した点であり，これより質量分析法による溶液試料の高感度分析が可能になった．

用　途　環境科学分野，生物化学分野，食品科学分野，半導体・電子材料産業分野など，高感度元素分析が必要とされる分野において広く用いられている．

応用例　水道水中の Cr, Cd, Pb の定量
ICP-MS による微量分析を行う場合には試料の前処理，検量線作成用標準溶液の調整，測定操作などにおいて汚染を受けないようにすることがもっとも重要である．実験に使用する試薬などにも十分な注意を払い，高純度の物を用意する必要がある．

検量線作成用標準溶液の調製には Cr, Cd, Pb, Rh の原子吸光分析用標準溶液（1000 μg/g 相当）を用意し，重量法（質量比混合法）により各元素の標準溶液原液を混合・希釈して，検量線作成用標準溶液を調製する．このとき，市販の標準溶液は容量ベース濃度（1000 μg/mL）で調製されていることから，密度補正が必要である．

操作手順例は以下のとおりである．

① 1000 mg の標準溶液原液をそれぞれの脱金属処理済みポリプロピレン（PP）容器（容量 100 mL のもの）にひょう量する．

② 純水を約 20 g 加えたのち，超高純度硝酸を 1 mL（約 1.4 g）添加し，溶液総量が約 100 g となるよう純水を加えてひょう量し，1 μg/g の二次標準溶液を作成する．

③ 100～1000 mg の二次標準溶液を脱金属処理済み PP 容器（容量 100 mL のもの）にひょう量し，さらに，内部標準元素用標準溶液（Rh 1 μg/g 溶液）を約 1 g 添加し，添加量をひょう量する．

④ 純水を約 20 g 加えたのち，超高純度硝酸を 1 mL（約 1.4 g）添加して溶液総量が約 100 g となるよう純水を加えてひょう量する．

以上の操作の結果，0～10 ng/mL の範囲で 3～5 水準の検量線作成用標準溶液を調製する．なお，測定溶液は約 0.13 M 硝酸溶液となる．

また，同時に，純水に硝酸のみを添加したブランク溶液（同じく約 0.13 M 硝酸溶液）も調製する．

① 水道水試料は水道水を数分間流してから検水をビーカーに採る．

② PP 容器（100 mL）に内部標準元素用標準溶液（Rh 1 μg/g 溶液）を約 1 g 添加して添加量をひょう量する．

③ さらに，超高純度硝酸を 1 mL（約 1.4 g）添加して添加量をひょう量する．

④ 溶液総量が約 100 g となるよう検水を加えてひょう量する．

ICP 質量分析装置をあらかじめ 30 分から 1 時間ほど運転して装置を安定化させる．装置のマニュアルに従って測定条件を設定し，各元素の測定質量数をそれぞれ Cr(52, 53), Cd(111, 114), Pb(206, 207, 208), Rh(103) に設定する．

ICP-MS では，次のような操作に従って，信号強度の測定を行う．

① はじめに 0.1 M 硝酸溶液および純水を噴霧して，試料導入系（ネブライザー，スプレーチャンバー，トーチ）を十分に洗浄する．

② ブランク溶液を噴霧して，各測定元素の質量数におけるブランク値（カウント数）を測定し，再び 0.1 M 硝酸溶液および純水を噴霧する．

③ 次に，もっとも低濃度の標準溶液を噴霧して各元素のイオン（カウント数）を測定し，ブランク値を補正する．

④ 0.1 M 硝酸溶液および純水を噴霧して試料導入系を洗浄した後，同様の測定操

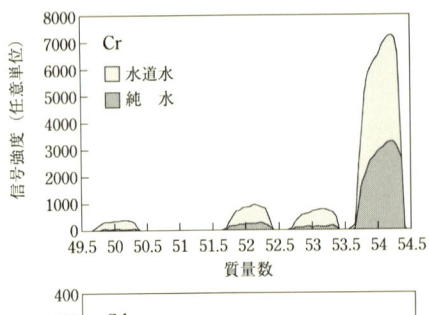

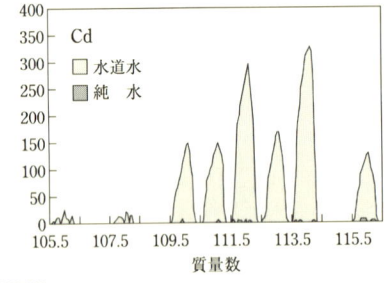

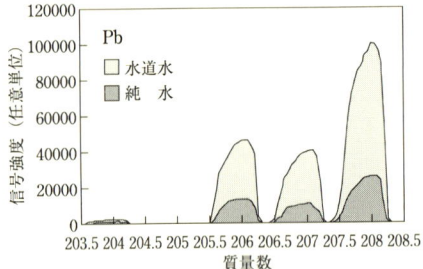

図3 Cr, Cd, Pb の質量スペクトル

作を繰り返して，順次高濃度の標準溶液を測定する．

⑤標準溶液中の各元素の信号強度を Rh の信号強度で割った値を縦軸に，濃度を横軸にプロットして，検量線を作成する．

検量線作成時と同じ操作条件にして，測定試料をプラズマ中に噴霧して各元素 (Cr, Cd, Pb, Rh)のイオン信号強度を読み取る．それぞれの元素のイオン信号強度を Rh の信号強度で割った値をすでに作成した検量線と照合して，各元素濃度を求める．Cr, Cd, Pb について，混合標準溶液から求めた各元素のイオン信号強度と Rh イオン信号強度の比を，元素濃度に対してプロットして検量線を作成する．これを用いて水道水中の，Cr, Cd, Pb 濃度を求める．

なお，参考のために，図3に ICP-MS で測定した水道水および純粋中の Cr, Cd, Pb の質量スペクトルを示す．各元素は同位体存在度に応じた強度のスペクトルとして測定され，多原子イオンなどによる分光干渉をほとんど受けることなく測定されていることがわかる．ただ，Cr の測定では ^{54}Cr が他の同位体に比べて相対的に高い強度で測定されており，多原子イオン ArN (質量 54)の影響を受けていることが示唆される．そのため，本応用例では，Cr 測定において Cr(52, 53)を用いて測定を行っている．　　　　　　　　　　　［千葉光一］

参考文献

1) 原口紘炁：ICP 発光分析の基礎と応用，講談社，1986．
2) 河口広司，中原武利(編)：プラズマイオン源質量分析，学会出版センター，1994．
3) 原口紘炁，寺前紀夫，古田直紀，猿渡英之(訳)：微量元素分析の実際，丸善，1995．
4) JIS K 0102 工場排水試験方法，1998．

25
pH 計

pH meter

定性情報 なし．
定量情報 ガラス電極(指示電極)の示す電位．
装置構成 ガラス電極と参照(比較)電極とのセンサー部と，センサー部で生じた起電力を増幅表示する表示部からなる．
pH 計を用いた測定系の例とガラス電極，参照(比較)電極の例を図1と図2に示す．
測定原理 pH は水素イオン活量指数として以下の式で定義される(a_{H+}：水素イオン活量)．

$$pH = -\log a_{H+}$$

ガラス電極および参照(比較)電極で生じた起電力と pH 値の関係は以下の式による．

$$E = E^0 - (RT \ln 10/nF) \times pH \quad (1)$$

ここで，E は生じた起電力，E^0 は参照電極の標準電極電位，R は気体定数，T は絶対温度，n は反応に関与する電子の数，F はファラデー定数である．

この式から，生じた起電力と pH とは，直線関係にあり，最低2種類の pH 標準液で pH 計を校正すれば pH 値が得られることがわかる．

pH 標準液

①シュウ酸塩 pH 標準液：二シュウ酸三水素カリウム二水和物(JIS K 8474) 12.71 g を水に溶解し1Lとする．

②フタル酸塩 pH 標準液：フタル酸水素カリウム(JIS K 8809) 10.21 g を水に溶解し1Lとする．

③中性リン酸塩 pH 標準液：リン酸二水素カリウム(JIS K 9007) 3.40 g とリン酸水素二ナトリウム(JIS K 9020) 3.55 g を水に溶解し1Lとする．

④ホウ酸塩 pH 標準液：四ホウ酸ナトリウム(JIS K 8866) 3.81 g を水に溶解し1Lとする．

⑤炭酸塩 pH 標準液：炭酸水素ナトリウム(JIS K 8622) 2.10 g と炭酸ナトリウム(JIS K 8625) 2.65 g を水に溶解し1Lとする．

⑥なお，これらの pH 標準液の代わりに JCSS(Japan Calibration Service System)に基づく pH 標準液(規格 pH 標準液：表1)を使用してもよい．

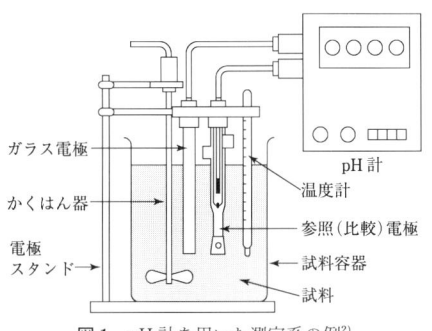

図1 pH 計を用いた測定系の例[2]

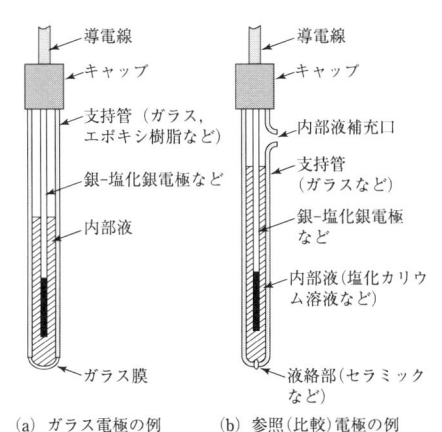

(a) ガラス電極の例　(b) 参照(比較)電極の例
図2 ガラス電極と参照(比較)電極の例[2]

表1 規格pH標準液の各温度におけるpH値

温度(℃)	シュウ酸塩 第1種	シュウ酸塩 第2種	フタル酸塩 第1種	フタル酸塩 第2種	中性リン酸塩 第1種	中性リン酸塩 第2種	リン酸塩 第1種	リン酸塩 第2種	ホウ酸塩 第1種	ホウ酸塩 第2種	炭酸塩 第2種
0	1.000	1.67	4.003	4.00	6.684	6.98	7.534	7.53	9.464	9.46	10.32
5	1.668	1.67	3.999	4.00	6.951	6.95	7.500	7.50	9.395	9.40	10.24
10	1.670	1.67	3.998	4.00	6.923	6.92	7.472	7.47	9.332	9.33	10.18
15	1.672	1.67	3.999	4.00	6.900	6.90	7.448	7.45	9.276	9.28	10.12
20	1.675	1.68	4.002	4.00	6.881	6.88	7.429	7.43	9.225	9.22	10.06
25*	1.679	1.68	4.008	4.01	6.865	6.86	7.413	7.41	9.180	9.18	10.01
30	1.683	1.68	4.015	4.02	6.853	6.85	7.400	7.40	9.139	9.14	9.97
35	1.688	1.69	4.024	4.02	6.844	6.84	7.389	7.39	9.102	9.10	9.92
38	1.691	1.69	4.030	4.03	6.840	6.84	7.384	7.38	9.081	9.08	—
40	1.694	1.69	4.035	4.04	6.838	6.84	7.380	7.38	9.068	9.07	9.89
45	1.700	1.70	4.047	4.05	6.834	6.83	7.373	7.37	9.038	9.04	9.86
50	1.707	1.71	4.060	4.06	6.833	6.83	7.367	7.367	7.37	9.011	9.83
55	1.715	1.72	4.075	4.08	6.834	6.83	—	—	8.985	8.98	—
60	1.723	1.72	4.091	4.09	6.836	6.84	—	—	8.962	8.96	—
70	1.743	1.74	4.126	4.13	6.845	6.84	—	—	8.921	8.92	—
80	1.766	1.77	4.164	4.16	6.859	6.86	—	—	8.885	8.88	—
90	1.792	1.79	4.205	4.20	6.877	6.88	—	—	8.850	8.85	—
95	1.806	1.81	4.227	4.23	6.886	6.89	—	—	8.833	8.83	—

*25℃におけるpH値については,各標準液ごとに日本工業規格として規定している.

pH計の校正

①センサー部を中性リン酸塩pH標準液に浸し,pH値が安定したところで,pH値を6.865(25℃)に合わせる(ゼロ校正).

②センサー部をイオン交換水でよく洗浄した後,フタル酸塩pH標準液に浸し,pH値が安定したところで,pH値を4.008(25℃)に合わせる(スパン校正).

③センサー部をイオン交換水でよく洗浄した後,再びセンサー部を中性リン酸塩pH標準液に浸し,pH値が安定したところで,pH値を6.865(25℃)に合わせる.

④センサー部をイオン交換水でよく洗浄した後,再びフタル酸塩pH標準液に浸し,pH値が安定したところで,pH値を4.008(25℃)に合わせる.

⑤操作③,④を何回か繰り返し,それぞれの標準液に浸しても,pH値が所定の値で安定していることを確認して校正を終了する.

⑥スパン校正では,測定する試料のpH値を挟むように校正する.つまり,測定試料のpH値が酸性を示す場合には,フタル酸塩pH標準液またはシュウ酸塩pH標準液を用いて,スパン校正を行う.測定試料のpH値が塩基(アルカリ)性を示す場合には,ホウ酸塩pH標準液または炭酸塩pH標準液を用いて,スパン校正を行う.

pH値の測定

①試料溶液中に校正を終了したセンサー部を浸し,pH値が安定した場合に,値を読み取り,その試料のpH値とする.

②通常3回測定し,平均値をその試料のpH値とする.

③なお,式(1)より,温度によりpH値は変化することがわかるので,一定の温度でpH計の校正,pH値の測定を行うことが望ましい.

応用例 水酸化ナトリウム標準水溶液による濃度未知の塩酸水溶液の標定

反応式は

$$NaOH + HCl = NaCl + H_2O$$

と表される.滴定操作は以下のとおり.

①濃度の正確にわかっている水酸化ナト

リウム標準水溶液を50mLビュレットに入れる．

②未知濃度の塩酸を25mL全量ピペットでビーカーに入れる．

③フェノールフタレインをpH指示薬として2～3滴加える．

④水を加えて100mLとし，スターラーチップを入れる．

⑤ビーカー中の水溶液にpH電極(ガラス電極)と参照(比較)電極を入れビュレットをセットする．

⑥pH計のpH値と水酸化ナトリウム水溶液の滴定(添加)量を求める．

⑦スターラーチップを回転させながら，水酸化ナトリウム標準水溶液をビュレットから数mL加える．

⑧再びpH計のpH値と水酸化ナトリウム水溶液の滴定量を求める．

⑨水酸化ナトリウム標準水溶液をビュレットから加えpH値と水酸化ナトリウム水溶液の滴定量を求めるという操作を水酸化ナトリウム標準水溶液量50mLまで行う．

⑩水酸化ナトリウム標準水溶液の滴定(添加)量が23～27mLの範囲でpH値は大きく変化するので，この範囲では水酸化ナトリウム標準水溶液を0.1mLずつ添加しpH値を求める．

⑪中和点付近ではpH値が安定するまで時間がかかるので注意が必要である．

⑫中和点を通過した後，フェノールフタレインが変色する(pH＝8.8付近)．

⑬横軸に水酸化ナトリウム標準水溶液の滴定量，縦軸にpH値とし，滴定量-pH値曲線(図)を求める．

⑭変曲点(二次微分＝0)を当量点とし，水酸化ナトリウム標準水溶液の滴定量を求める．

⑮次の式より，塩酸の濃度を求める．
$$M_{HCl} = M_{NaOH}(x/25.00)$$

ここで，M_{HCl}は求める塩酸のモル濃度(mol/L)，M_{NaOH}は水酸化ナトリウム標準水溶液のモル濃度(mol/L)，25.00は全量ピペットで採取した塩酸量，xは中和点までの水酸化ナトリウム標準水溶液の滴定量である．

［中村　進］

参考文献
1) JIS Z 8802 pH測定方法，1984．
2) JIS K 0112 イオン電極測定方法通則，1997．

26
酸化還元電位計

oxidation-reduction potentiometer：ORP

　酸化還元電位計(ORP計)とは，電気(シグナルを利用した)滴定装置の一種で，酸化還元反応を利用して試料溶液中の目的成分の濃度を求める装置である．メッキの廃液処理や各種漂白液の処理工程など溶液に酸化力あるいは還元力のある場合に使用する．

　定性情報　なし．
　定量情報　電位差．
　装置構成　白金(Pt)電極と参照(比較)電極とのセンサー部で生じた起電力を増幅表示する表示部からなる．酸化還元電位計を用いた測定系の例と，白金(Pt)電極，参照(比較)電極の例を図1，図2に示した．

　測定原理　定量する物質が酸化剤の場合には，既知濃度の還元剤を滴下し，当量点までに必要とする還元剤の量によって酸化剤の濃度が求められる．また，逆に還元剤の場合には，既知濃度の酸化剤を用いる．通常使用される酸化還元滴定用標準液の調製法などを光度滴定装置(項目36)の表2に示した(p.99参照)．ORP計で滴定の当量点を確認する(項目37電気滴定装置の測定原理の項参照)．

　応用例　工場排水中のヨウ素(ヨウ化物イオン)の定量

　ヨウ化物イオンをpH1.3～2.0とし，次亜塩素酸で酸化し，ヨウ素酸イオンとする．pH3～7とし，過剰の次亜塩素酸をギ酸ナトリウムで分解した後，ヨウ化カリウムを加える．遊離したヨウ素をチオ硫酸ナトリウム溶液で滴定し，ヨウ素(ヨウ化物イオン)として定量する．

　以下に分析操作を記述する．

①試料(ヨウ化物イオン0.1～5mg)を共栓三角フラスコ300mLに取る．

②メチルオレンジ溶液(1g/L)1，2滴加える．

③溶液の色が微赤になるまで塩酸(1+11)を滴下した後，50mLまでイオン交換水で希釈する．

④次亜塩素酸ナトリウム(有効塩素35g/L)1mLを加える．

⑤塩酸(1+11)を加えて(注)，pH1.3～2.0とし，沸騰水溶液中に5分間浸す．

⑥ギ酸ナトリウム溶液(400g/L)5mLを加え，過剰の次亜塩素酸を分解させるため

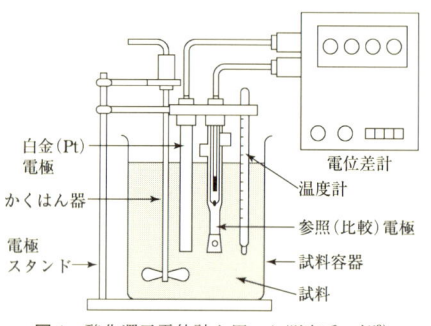

図1　酸化還元電位計を用いた測定系の例[2]

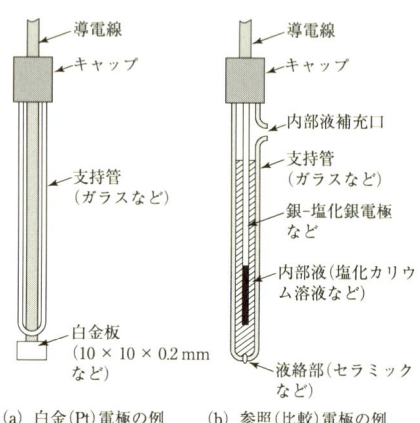

図2　白金電極と参照(比較)電極の例[2]

に再び沸騰水溶液中に5分間浸す．

⑦放冷後，ヨウ化カリウム1gと塩酸(1+1)6mLを加える．

⑧密栓して振り混ぜ，暗所に5分間放置する．

⑨遊離したヨウ素を10mmol/Lチオ硫酸ナトリウム溶液で滴定する．

⑩ORP計で終点を求める．

⑪別にブランク試験として，水10mLを取り，同じ操作を行い滴定値を補正する．

⑫以下の式によってヨウ化物イオンの濃度を算出する．

$$C = (a-b)f(1000/V) \times 0.2115$$

ここで，Cはヨウ化物イオン濃度(mg-I⁻/L)，aは滴定に要した10mmol L⁻¹チオ硫酸ナトリウム溶液(mL)，bはブランク試験に要した10mmol/Lチオ硫酸ナトリウム溶液(mL)，fは10mmol/Lチオ硫酸ナトリウム溶液のファクターであり，0.2115は10mmol/Lチオ硫酸ナトリウム溶液1mLのヨウ化物イオン相当量(mg)である．

この分析操作に用いる試薬類は以下の方法で作製する．

①塩酸(1+1)，塩酸(1+11)：塩酸(JIS K 8180)を用いて調製する．

②次亜塩素酸ナトリウム溶液(有効塩素35g/L)：次亜塩素酸ナトリウム溶液の有効塩素を定量し，有効塩素濃度が35g/Lとなるように水で薄める．使用時に調製する．

③ギ酸ナトリウム溶液(400g/L)：ギ酸ナトリウム(JIS K 8276)40gをイオン交換水に溶かし100mLとする．

④メチルオレンジ溶液：メチルオレンジ(JIS K 8893)0.1gを熱水100mLに溶かす．

⑤10mmol/Lチオ硫酸ナトリウム溶液：チオ硫酸ナトリウム五水和物(JIS K 8637)2.6gおよび炭酸ナトリウム(JIS K 8625)0.02gをイオン交換水に溶かし1Lとする．

次亜塩素酸ナトリウム溶液(有効塩素35g/L)は以下のように作製・標定する．

①次亜塩素酸ナトリウム溶液(有効塩素7〜12%)10mLを200mLにイオン交換水で希釈し，10mL分取する．

②50mmol/Lチオ硫酸ナトリウム溶液で滴定する．

③ORP計で終点を求める．

④別にブランク試験として，水10mLを取り，前記の試薬類作製操作②〜⑤を行い滴定値を補正する．

⑤以下の式によって有効塩素量(N)を算出する．

$$N = (a-b)f(200/10) \times (1000/V) \times 0.001773$$

ここで，Nは有効塩素量(g/L)，aは滴定に要した50mmol/Lチオ硫酸ナトリウム溶液(mL)，bはブランク試験に要した50mmol/Lチオ硫酸ナトリウム溶液(mL)，fは50mmol/Lチオ硫酸ナトリウム溶液のファクターであり，0.001773は50mmol/Lチオ硫酸ナトリウム溶液1mLの有効塩素相当量(g)，Vは次亜塩素酸ナトリウム溶液(有効塩素7〜12%)である．

(注)市販の塩酸(36%)1mLに対して，イオン交換水11mLを加えた水溶液を示す．　　［中村　進］

参考文献
1) JIS K 0102 工場排水試験方法，1998．
2) JIS K 0112 イオン電極測定方法通則，1997．

27 直流ポーラログラフ
direct current polarograph

定性情報 ポーラログラム上の半波電位.
定量情報 拡散電流(波高)の大きさ.
装置構成 概略を図1に示す.
作動原理(機構) 多量の支持電解質(通常 0.1 M 以上)を含む静止試料溶液中,滴下水銀電極(dropping mercury electrode : DME)の先端から滴下する水銀小滴と対極(水銀プールなど)間に直流加電圧を連続的に変化させて電解を行い,化学種の電解によって流れる電流を電圧に対して記録する.電極反応は電荷移動と物質移動の過程からなり,電流は拡散によってのみ支配されるので拡散電流 i_d とよばれ,化学種濃度 C に比例する(イルコビッチ式).

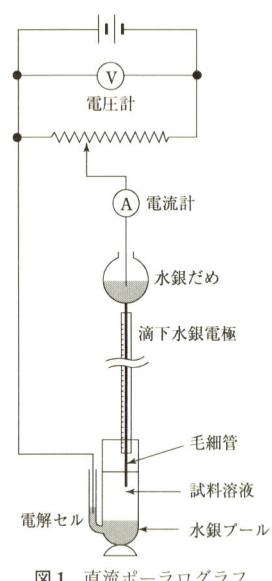

$$i_d = 607\, nm^{2/3} t^{1/6} D^{1/2} C = kC$$

ここで,n は電極反応に関与する電子数,m は水銀流出速度(mg/s),t は水銀滴の滴下間隔(s),D は拡散係数(cm^2/s)である.直流ポーラログラムの一例を図2に示す.

残余電流(おもに充電電流)の影響を小さくして SN 比(感度)を増すために,加電圧のかけ方や電流のサンプリング時間を工夫した種々のポーラグラフィーが考案されている.

用途・応用例 多くの金属イオン,陰イオンや有機化合物(窒素,酸素,硫黄,ハロゲンなどを含む化合物,不飽和化合物など)の定性,定量,電極反応機構の解析など.この方法の定量下限は 10^{-5} M 程度(精度 1~2%),分解能は 100~200 mV.比誘電率の高い有機溶媒中で行うこともできる(非水溶媒ポーラログラフィー).

工業材料,めっき液,環境水,工場排水,食品中などの微量金属イオンの定量.

[田中龍彦]

参考文献
1) 鈴木繁喬, 吉森孝良:電気分析法—電解分析・ボルタンメトリー, p.74, 共立出版, 1987.

図1 直流ポーラログラフ

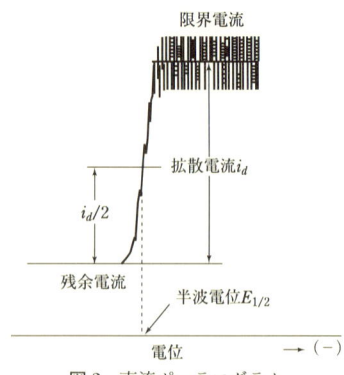

図2 直流ポーラログラム

28
電解分析装置
electrolytic analyzer

定性情報 定電位電解で流れる電流.
定量情報 定電位電解で流れる電流と $t^{1/2}$ の関係．また，電解後の電析物の質量．
装置構成 電解セルと測定機器の概略を図1に示す．

電解セル中に満たされている電解液に作用極および対極が浸漬されている．セルにはガス雰囲気調整用(たとえば，N_2ガスまたはArガスによる脱酸素)のバブラーおよび排気用のガラス管が取り付けられている．脱気用のバブラーはガスボンベに接続されている．排気用ガラス管にはチューブが付けられ，水またはグリセリンを満たした容器内に排気ガスを導いて，外気がセル内に逆流しないようにする．セルは塩橋を介して参照極につながれており(塩橋には寒天で固めたKClなどを含む電解液がつめられている)，ルギン管が作用極の正面に設置されている．ルギン管の先は作用極に近づける程溶液抵抗が小さくなるが，近づけすぎると溶液内の電流線分布を乱してしまう．そこでルギンキャピラリーと作用極の間隔は，ルギンキャピラリー先端部の外径の2〜3倍程度にするとよいとされている．

三つの電極は，ポテンショスタットと接続されており，電気化学的に制御される．ポテンショスタットの外部入力端子は関数発生器(function generator)に接続されている．関数発生器では，一定の速度で電位を走査したり，電位走査を繰り返したり，パルス，ステップなどを与えることができる．さらに，ポテンショスタットはX-tレコーダーに接続されている．X-tレコーダーでは，電位端子または電流端子をXとつなぎ，その経時変化を記録することができる．

ポテンショスタット：試料電極の電位を設定値に保ちながら，試料電極に電流を流す装置である．ここで，ポテンショスタットを購入する際の留意点を以下に述べる．

①最大出力電流が十分であるか．

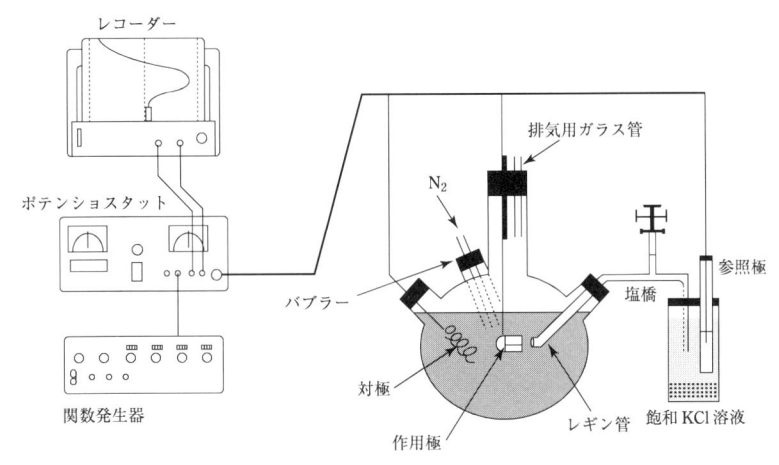

図1 電気化学測定装置の例

②制御電圧が十分であるか．

③電流検出レンジが適当であるか．通常は±10μA, ±100μA, ……, ±100mA のように複数の電流検出レンジがあるが，それが目的にあうかを確認する必要がある．

④応答時間が十分小さいか．定常測定では問題とならないが，短時間の非定常測定では反応の時定数より応答時間が十分に小さくなければいけない．

⑤参照極入力抵抗が十分に大きいか．通常 $10^{10}\Omega$ 程度以上あればよいが，精度の高い測定ではそれ以上の参照極入力抵抗が望まれる．

用　途　試料電極の電位を限界電流領域（拡散律速となる電位域）にステップした後の，電流応答は次式（コットレルの式）に従う．

$$i = nFAD^{1/2}c/\pi^{1/2}t^{1/2} \qquad (1)$$

ここで，n は電極反応の電子数，F はファラデー定数，A は電極面積，D は拡散係数，c は反応物の濃度である．また，式(1)の逆数をとると以下となる．

$$1/i = (\pi^{1/2}/nFAD^{1/2}c)\,t^{1/2} \qquad (2)$$

式(1)または式(2)のいずれかを満足する場合には，電極反応が拡散律速であることが確認され，溶液に含まれる分析対象物質の定量または拡散係数の決定が行える．

上述の原理に基づくプロットの例を図2に示す．$0.5\,\text{mol}/\text{cm}^3$ NaCl 溶液において，白金電極を溶存酸素の還元電位域である -0.3 V vs. SSE にステップした後の電流応答を記録し，$1/i$ と $t^{1/2}$ のプロットを

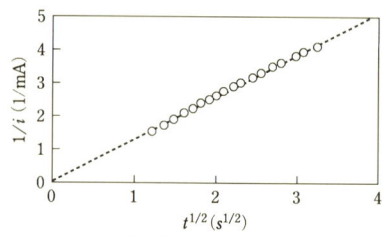

図2　$0.5\,\text{mol}/\text{dm}^3$ NaCl 溶液中で -0.3 V vs. SSE に分極された白金電極の $1/i$ と $t^{1/2}$ のプロット（白金電極の面積は $2\,\text{cm}^2$）

行った．$1/i$ と $t^{1/2}$ は直線関係にあり，式(2)を満足するので，溶存酸素の還元反応は拡散律速であることが確認された．さらに，溶存酸素濃度を $8\,\text{ppm}\,(2.5\times 10^{-7}\,\text{mol}/\text{cm}^3)$，$n=4$ と仮定すると，直線の傾きと式(2)から，拡散係数は $5\times 10^{-5}\,\text{cm}^2/\text{s}$ と計算された．

定電位電解のほかに，電流を直線的に走査して電位と電流の関係を調べる方法をボルタンメトリーとよぶ．また，ガルバノスタットにより定電流電解を行う場合もある．

電解後の電極質量変化により定量を行う方法を，電解重量分析法とよぶ．最近では電気化学水晶振動子秤量法(EQCM)を用いて精密な電解重量分析を簡便に行うことができる．　　　　　　　　　　　　　［板垣昌幸］

参考文献

1) 電気化学会(編)：電気化学便覧，丸善，2000．
2) 電気化学会(編)：電気化学測定マニュアル基礎編，丸善，2002．

29
電量分析装置
coulometric analyzer

定性情報 一般に定性情報を得る手段ではない．

定量情報 電解で消費された電気量．

注 解 電量分析は大きく分けて，電量滴定(coulometric titration；定電流クーロメトリー)と定電位クーロメトリー(controlled-potential coulometry)に分けられる．選択性に関していえば，電量滴定では選択性は低く，定電位クーロメトリーでは電位のコントロールによってある程度の選択性がある．

電気量は，電量滴定では定電流と電解時間の積から，定電位クーロメトリーでは電流-時間曲線の積分から得られる．

装置構成 前述のように電量分析は電量滴定と定電位クーロメトリーに分けられる．電量滴定の装置構成の例を図1に示す．電量滴定装置は，基本的には定電流電源，電解セル，検出器からなる．電解セルには，両極間の液の混合を防ぐための隔壁，不活性ガス導入系が含まれる．試料の対極側への拡散や電気泳動を防ぐために，中間室のある電解セルが用いられることもある．必要に応じて，タイマー，標準抵抗，電圧計が加わる．検出器は，検出する反応に応じて，pH，電流，電位差などを測定できるものが用いられる．

定電位クーロメトリーの場合には，電量滴定の場合の作用電極(発生極)，対極および定電流電源からなる回路が，作用電極，参照電極，対極およびポテンショスタット(定電位電解装置)の組合せに置き換えられ，指示電極などの検出系を取り除いた形が基本構成となる．なお，電解の進行に伴って，電解電流が指数関数的に減少するので，電流値を積算するためには電量計(クーロメーター)が必要である．定電位クーロメトリーでは，フロークーロメト

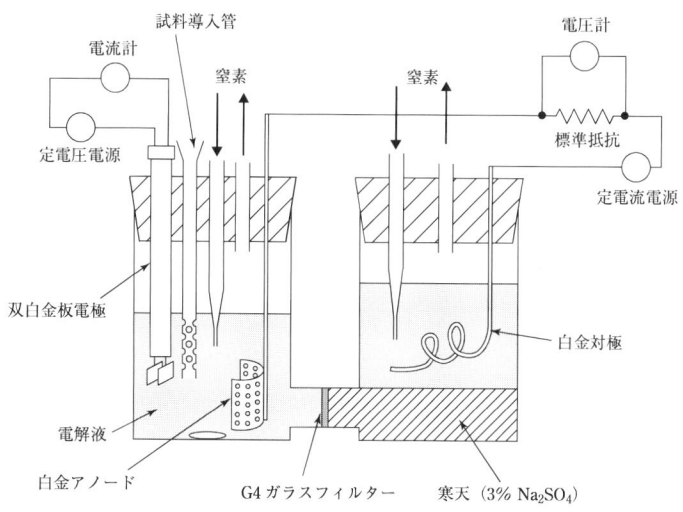

図1 滴定セルを中心とする電量滴定装置の構成例（応用例(2)に対応）

リーや迅速クーロメトリーなどの装置面の発展もある．

特　徴　ファラデーの法則に基づいており，電解で消費された電気量から目的の物質量を算出することができる．電量滴定の場合には，通常電解液に大過剰に加えておいた試薬から一定電流による電解反応によって滴定剤を生成させ，その滴定剤と試料を電解液内で化学反応させる．終点は試料あるいは滴定剤に応答する何らかの方法によって検出し，一定電流と電解時間の積から消費された電気量を求める．

電量滴定の終点検出は反応系に応じて適切な方法で行われなければならない．たとえば中和反応の終点は複合ガラス電極を用いたpH滴定曲線の変曲点から通常決定され，酸化還元反応であれば双白金電極を用いた定電圧電流法などが終点決定に用いられる．

電量分析の最大の特徴は，質量，電圧，電気抵抗などの物理標準は用いるものの標準物質を用いないで定量できる絶対法であるということである．また，高精度の定量が可能であること，密閉系の利用や自動化も容易であること，保存のできない不安定な滴定剤の利用も容易であることなども長所である．

作動原理　原理的には，通常の滴定で用いられる反応系はほとんど電量滴定に応用できる可能性があるが，実際には電流効率（あるいは滴定効率）などの問題もあり，精密な定量に用いられる反応系は限られている．多くの電量滴定で相対値0.01%以下の繰返し性を得ることは困難ではないが，精確さという観点からは電解系に応じて検討すべきいくつかの要因がある場合もある．十分な検討が行われた場合には相対値0.01%以下の精確さが得られることもある．

定電位クーロメトリーでは，ポテンショスタットを用いて作用電極の電位を参照電極に対して一定になるように制御して，作用電極で起こる電解反応の開始から終了までの間に作用電極を流れる電気量の合計を測定する．残余電流による誤差もあるし，反応の終了を実際にどのように決めるかも問題であり，精確さが相対値0.1%程度に制約される場合が多い．定電位クーロメトリーでは，分析種を電極で直接電解する場合のほか，電解液中で分析種から被電解物質を生成する先発反応あるいは電解で生成する物質と分析種の後続反応が利用される場合もある．

用　途　電量分析は，国際度量衡委員会の物質量諮問委員会において，一次標準測定法（primary method of measurement）の一つにあげられている方法であり，高純度物質の純度決定や標準物質の認証値決定のほかさまざまな分析に用いることができる．液体クロマトグラフ用のフロー検出器として用いられることもある．また，水分定量法として知られているカール・フィッシャー法や市販のハロゲン分析装置なども電量分析の原理に基づいているものがある．

操作法　電量滴定の一般的な操作は次のようになる．

①試料を加える前に予備電解によって，終点を決定するのに十分なところまで電解して電解時間と検出系の応答（pHや電流値）の関係を測定する．

②そこへ試料（通常は液体または固体）を加え，電解（本電解）を再開して電解時間と検出系の応答の関係を再び測定する．

③終点付近ではパルス電流を用いて少しずつ電解する．

④予備電解と本電解の両方の終点の間の電気量から分析種の量を計算する．

一方，定電位クーロメトリーの一般的な操作は次のようになる．

①試料の電解を行う電位において前電解を行って残余電流が一定の値になってから

試料を加え,初期に流れる大きい電流から一定の残余電流になるまでに流れる電気量を積算する.

② この電気量から分析種の量を計算する.

応用例

(1) 酸の中和滴定:たとえば,電解液が1 mol/L塩化カリウム溶液で電解電流50 mAを用い,pH計によって電解量に応じたpH変化を測定し,終点検出する.一般に水酸化物イオンを電解発生する方が正確であるので,pHの上昇方向の滴定が行われる[3].

(2) 酸化ヒ素(III)のヨウ素滴定:定電圧電流法による終点検出が正確な方法として知られている.たとえば,電解液が中性リン酸塩緩衝液中の0.1 mol/Lヨウ化カリウムで電解電流10 mAが用いられる[4].

(3) 定電位クーロメトリーの例:貴金属の分析に応用した例がある.アンモニア性電解液中で金電極を用いて,貴金属の混合物からPt, Ag, Auを前電解で取り除いた後にPdの定量を行うことができる[5].

[日置昭治]

参考文献

1) 内山俊一(編):高精度基準分析法—クーロメトリーの基礎と応用,学会出版センター,1998.
2) 鈴木繁喬,吉森孝良:電気分析法—電解分析・ボルタンメトリー,機器分析実技シリーズ,共立出版,1987.
3) Hioki, A., et al.: *Analyst*, **119**, 1879-1882, 1994.
4) Hioki, A., et al.: *Analyst*, **117**, 997-1001, 1992.
5) 高田芳矩ほか:分析化学,**14**, 259-264, 1965.

30 隔膜電極式酸素計

membrane-covered electrode oxygen meter

定性情報 なし(測定対象は酸素とあらかじめ決められている).

定量情報 酸素還元時の電流.

注 解 気体または溶液試料から隔膜を通して拡散してくる酸素が，隔膜における拡散律速状態で還元される時の，試料中の酸素濃度と直線関係にある電流値.

装置構成 酸素計を酸素センサーとよぶこともある．測定方式の異なるガルバニ電池式とポーラログラフ式の二方式がある．

図1にガルバニ電池式の装置構成を示す．試料と酸素計内部を隔てる酸素透過性の隔膜(ポリテトラフルオロエチレン膜など)，正極(Au)，負極(Pb)，および電解液(KOH, KCl, ゲル状電解質；なお，最近では炭酸ガスによる劣化を回避するために酸性電解質も採用されている)から構成されている．出力電流に比例した電圧出力を得るために，負荷抵抗と温度補償用サーミスターも内蔵する．電池式なので，外部電源を必要としない．図2に市販ガルバニ電池式酸素計を示す．

図3にポーラログラフ式の構成を示す．隔膜(ポリテトラフルオロエチレン膜など)，作用極(Au)，対極(銀-塩化銀電極)，電解液(KCl, ゲル状電解質)から構成されている．この方式では，隔膜を透過して来た酸素を作用極で還元するための外部定電圧電源($0.5 \sim 0.8$ V)と電流計も必要である．

気体試料用酸素計と水溶液試料用の溶存酸素(dissolved oxygen；DO)計があるが，基本構成に差違はない．

測 定 測定方式には，試料と検知部を

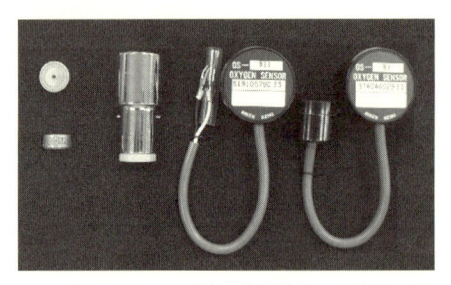

図2 市販ガルバニ電池式酸素計(左より超小型用(ボタン型)，携帯用，可搬用，定置用)(理研計器(株)提供)

図1 ガルバニ電池式酸素計の構成

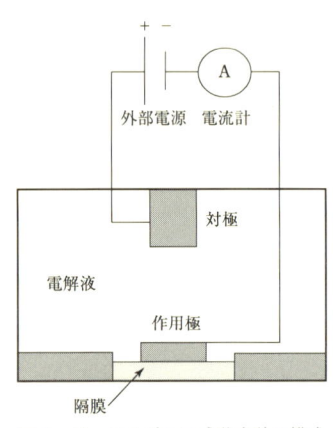

図3 ポーラログラフ式酸素計の構成

直接接触させる拡散式と，試料採取にポンプなどを利用する吸引または流通式がある．測定に先立ち，通常は大気(酸素濃度20.95%)中において出力値を測定して，この値により出力スパンを校正する．同様にして，溶存酸素計でも1気圧，20℃の飽和溶存酸素量8.84 mg/Lとして簡易的に校正する．正式には，大気を流通により飽和させた純水をヨウ素滴定法で定量した値を用いて校正する．低，高濃度領域については，既知濃度の標準ガスを用いて校正する．さらにゼロ点補正を要する場合は，気体試料用では純窒素ガス中，溶存酸素計では(1%亜硝酸ナトリウム＋1%コバルト(II)塩)溶液中で行う．校正後，出力電圧または電流値を測定する．市販酸素計は濃度を表示部で直読できる．なお，測定において測定系の酸素を消費することに留意が必要である．

原　理　酸素計中での全セル反応は隔膜における酸素拡散が律速状態となるように，隔膜厚，電極面積および印加電圧(ポーラログラフ方式のみ)などが決められている．したがって，測定時に流れる拡散限界電流 I_{lim} は次式で表され，試料中の酸素濃度に比例する．

$$I_{lim} \propto nFAD(O_2)C/L$$

ここで，F はファラデー定数，A は電極に接している隔膜面積，n は電極反応にあずかる反応電子数，L は隔膜厚，C は試料中の酸素濃度，$D(O_2)$ は酸素の膜中における拡散定数で，膜中の透過性係数と溶解係数の積で表される．この電流は負荷抵抗を介して，表示部あるいは記録計の情報となる電圧に変換され，試料中の酸素濃度が測定される仕組みとなっている．

用　途　隔膜電極式は妨害物質，着色，濁度などの影響を受け難く，簡便で精度の高い再現性のある測定ができる．とくに連続測定に適している．こうした特徴を生かして，気体試料用では，たとえば酸欠計(マンホール，ずい道など作業環境監視と警報)，酸素の貯蔵および製造装置からの漏洩監視用，食品関連用(製造，包装，輸送および保存)，および保育器や酸素吸入器など医療用モニターなどとして使われている．溶存酸素計としては，水質管理(漁業，ボイラー循環水，下水処理，海・河川水用，防食など)，生物化学的酸素要求量(BOD)の測定，発酵・培養など工業プロセス用，および生物化学や医学用として広く用いられている．とくに生物化学や医学分野において，クラーク型微少電極や酵素電極のトランスデューサーとして重要度を増しつつある．なお，装着，携帯，可搬および定置形などが市販されている(図2)．

応用例　純水中の各温度における溶存酸素量の測定

前述の校正した溶存酸素計，および各測定温度の大気を通気できる装置を付属した試料瓶に純水100 mLを採取して恒温槽に入れた．少なくとも15分間通気しながら液温を各測定温度に保った後，通気を止めてかくはんしながら純水中の溶存酸素量を測定した．以下はその結果(括弧内は理論値)である．

5℃： 12.21(12.37) (mg/L)
10℃： 10.80(10.92)
15℃： 9.72(9.76)
20℃： 8.84(8.84)
25℃： 8.08(8.11)
30℃： 7.48(7.53)
35℃： 6.96(7.04)

　　　　　　　　　　　　　　　〔桑野　潤〕

参考文献
1) Linek, V., Vacek, V., Sinkule, J., *et al.*: Measurement of Oxygen by Membrane-covered Probes, Ellis Horwood, 1988.
2) 磯部満夫：分析機器, **10**, 735-745, 1970.
3) JIS T 8201 酸素計, 1997；JIS K 0400-32-30 水質-溶存酸素の定量-電気化学プローブ法, 1990.

31
電気伝導率計(導電率計)
conductivity meter

定性情報 特になし．

定量情報 電気伝導率(または導電率)．

注 解 測定(conductometry)により，溶液中での，イオン性物質の存在や電解質の解離の様子，イオンの動きやすさについて知ることができる．また，電解質の濃度や，その変化を知ることができるので，電気伝導度滴定やクロマトグラフィーの検出手段として定量に利用される．Onsager 式で示されるようなモル電気伝導率(molar conductivity)と濃度との関係を用いることによって，弱電解質の解離定数など種々の平衡定数を求める際にも利用できる．

装置構成 イオン伝導を示す物質の電気伝導率(electric conductivity)を測定する場合，インピーダンス(交流抵抗)測定法と直流四端子法が利用される．ここでは，インピーダンス測定で用いられる電気伝導率測定装置(電気伝導度測定セルと交流ブリッジ)について説明する．装置の構成を図1に示す．

電気伝導度測定セルとセル定数：溶液の電気伝導率の測定には，一対の電極をもつ測定セルが用いられる．図2に示すような簡易型二電極セルは，高精度を必要としない測定や電気伝導度滴定に用いられる．電極-溶液界面の抵抗を小さくするために，電極としては通常，微粉末状の白金を電着した白金黒付き白金電極が用いられる．溶液の電気伝導がオームの法則に従うならば，電極間の溶液層の抵抗 R は，電極間の長さ L に比例し，極板面積 A に反比例する．電気伝導度(またはコンダクタンス，conductance) G(S)は抵抗の逆数であり，単位断面積，単位長さあたりの電気伝導率 κ(S/m)との間に，

$$G = 1/R = \kappa A/L = \kappa/\theta$$

が成り立つ．ここで，θ(m^{-1})はセル定数とよばれ，電気伝導度既知の標準溶液，通常は塩化カリウム水溶液を用いて決定される．

測定回路と原理 直流を使うこともあるが，電極反応による影響を低減するために，一般には交流が使われる．図1に示すように，一辺に二電極セルを挿入した交流ブリッジ(Kohlrausch bridge とよばれる)の両端に1kHz，数V程度の交流電圧を印加し，ブリッジが平衡になるように，各抵抗器を変化させる．交流を使用するときは，インピーダンスをつり合わせるために，適当な容量をもつコンデンサーを抵抗 Z_1 と並列に挿入し，セルのリアクタンス成分を補償する．このとき，セルのインピーダンス Z_{cell} は，$Z_1 \cdot Z_3/Z_2$ で表される．

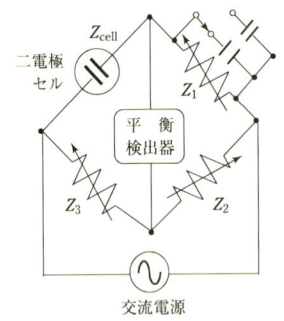

図1 溶液の電気伝導率測定装置
(鈴木・吉森[1]，一部改変)

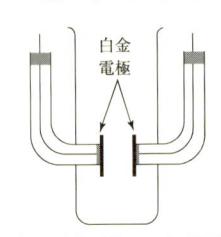

図2 電気伝導度測定セル(二電極簡易型)

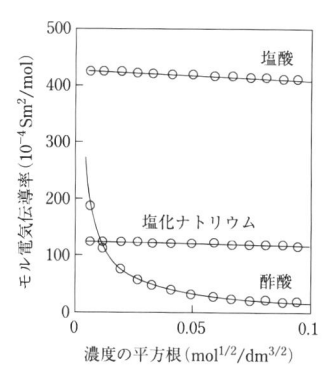

図3 モル電気伝導率と濃度の平方根との関係

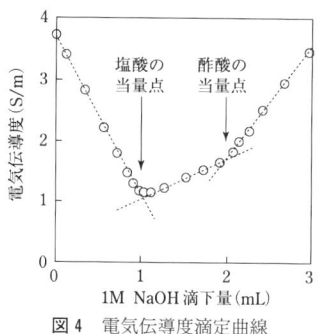

図4 電気伝導度滴定曲線

また、ブリッジの代わりに、LCRメーター（Lはインダクタンス、Cはキャパシタンス、Rはレジスタンスの略）を接続すると、セルのインピーダンスを直接求めることができる。なお、電気伝導度測定は温度の影響を受けやすいので、測定精度に応じてセルの温度制御が必要となる。

用途・応用例 溶液の電気伝導率は、溶液成分としての電解質に固有のモル電気伝導率 Λ (Sm^2/mol) とその濃度に依存するため、電気伝導率と濃度の関係を解析することによって弱電解質の解離定数や難溶性塩の溶解度積など、種々の平衡定数を求めることができる。水溶液に限らず、非水（有機）溶媒中でのイオン会合平衡の解析にも有効であり、その他、コロイド分散系や溶融塩にも適用される。

図3は、いくつかの電解質のモル電気伝導率を、濃度の平方根に対してプロットしたものである。塩酸のような強電解質は、Λ と濃度の平方根とが、傾きの小さい直線関係を示すのに対し、酢酸のような弱電解質は、濃度の増加に伴い、Λ が急激に低下する。なお、図3において、濃度を0に外挿したときの Λ の極限値を、無限希釈におけるモル電気伝導率（極限モル電気伝導率）という。無限希釈状態では、電解質は完全に解離し、陽イオンと陰イオンとは相互作用せずに独立して移動する。そのため、電解質の極限モル電気伝導率は、陽イオンと陰イオンのそれぞれの極限モル電気伝導率の和となる。

酸塩基滴定、錯滴定、沈殿滴定などの滴定においては、滴定の過程でイオンの種類やその濃度が変化し、それに伴い電気伝導度も変化するため、電気伝導度滴定曲線から滴定終点を決定することができる。例として、図4に塩酸と酢酸の1:1混合溶液を水酸化ナトリウム溶液で滴定した際に得られた滴定曲線を示す。

電気伝導率は含まれているイオンの種類や濃度の変化に迅速に対応して変化し、測定装置も簡単で故障が少なく保守が容易なので、連続測定に適しており、イオン交換水の純度のモニターや、大気中の二酸化硫黄自動測定器の検出手段（吸収液内反応：$SO_2 + H_2O_2 \rightarrow 2H^+ + SO_4^{2-}$）としても利用されている。また、電気伝導率検出はイオン種に対する選択性がないことから、イオンクロマトグラフィーでは汎用的な検出法としても利用されている。　　[中田隆二]

参考文献
1) 鈴木繁喬,吉森孝良：電気分析法—電解分析・ボルタンメトリー, p.123, 共立出版, 1987.
2) 日本化学会（編）：第4版実験化学講座9 電気・磁気, p.265, 丸善, 1991.
3) 岡崎敏,坂本一光：イオンと溶媒, p.95, 谷口印刷出版部, 1990.

32
バイオセンサー
biosensor

定性情報 センサーに用いられているバイオ素子の特異的認識反応.

定量情報 特異的認識反応の大きさ.

注解 バイオ素子を固定化した膜の界面で物質が認識されると，濃度変化，化学変化や熱的変化が引き起こされる．それをトランスデューサー(信号変換器)で検出し，電流値，電位差，光強度，温度などの物理量の変化として信号をとりだす．物理量の変化の大きさと目的物質の濃度の関係をプロットした検量線を用いる．

装置構成 一般にセンサーは認識部位と情報変換部位から構成される．バイオセンサーは各種の生体物質を活性を損なわずに膜としてあるいは膜中に固定化し，その機能を利用して物質を検出する(図1)．電気化学的トランスデューサーを用いると，センサーの信号は電位差，電流値，電気伝導率，電界効果の変化として引き出される．光ファイバーなどを用いる光学的トランスデューサーは，吸光，蛍光，ルミネッセンス，内部反射光，表面プラズモン，光散乱などの変化を信号として用いる．水晶振動子を用いるセンサーは質量の変化を測定する．電流応答型グルコースセンサーの構成例を図2に示す．

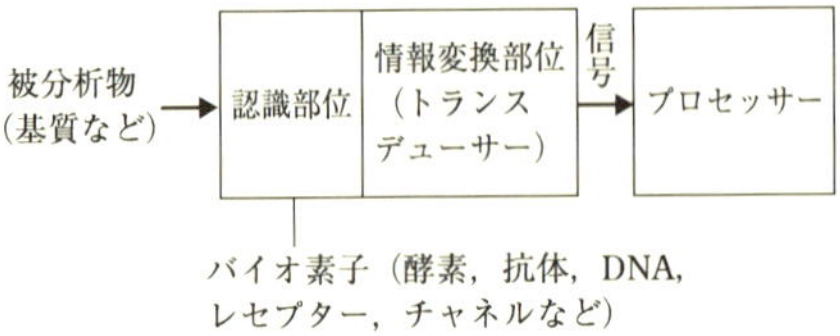

作動原理 センサーの認識部位に用いるバイオ素子(酵素，抗体など)の種類によって，酵素センサー，免疫センサー，微生物センサー，DNAセンサー，イオンチャネルセンサーなどがある．センサー表面にバイオ素子を固定化するためには，物理吸着や化学結合を利用するか，高分子マトリックス中へ包埋する．単分子膜の表面に共有結合でバイオ素子を固定化することもある．物質が認識されるとその濃度に依存して起こる他の物質の濃度変化，化学変化や熱的変化をトランスデューサーで検出し，電気信号(電流および電位差)，光信号，温度変化，質量変化などの信号として取り出す．

バイオセンサーに利用される生体物質の代表例は酵素である．グルコースセンサーではグルコースオキシダーゼ(GOD)をバイオ素子として用い，それを下地の電極上に固定化し，酵素反応によって消費される酸素濃度の減少あるいは生成する過酸化水素の濃度の増加を測定する(図2)．酸素の減少量あるいは生成する過酸化水素の量は基質(被分析物)濃度と化学量論的に1:1に対応する．酸素の酸化還元系を用いる上述のセンサーは第一世代の酵素電極とよばれる．酵素反応に関わる酸素のかわりに別の酸化還元系(メディエーター)を用いるバイオセンサーは第二世代の酵素電極(図3)とよばれ，メディエーターにはフェロセン，メチルビオロゲンなどの酸化還元性の小分子が用いられている．メディエーター

図1 バイオセンサーの構成

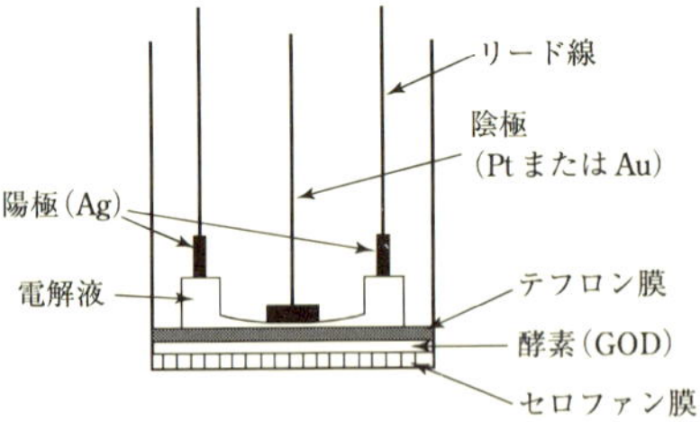

$$\text{グルコース} + O_2 \xrightarrow{\text{GOD}} \text{グルコン酸} + H_2O_2$$

図2 グルコースセンサー(第一世代の酵素電極)

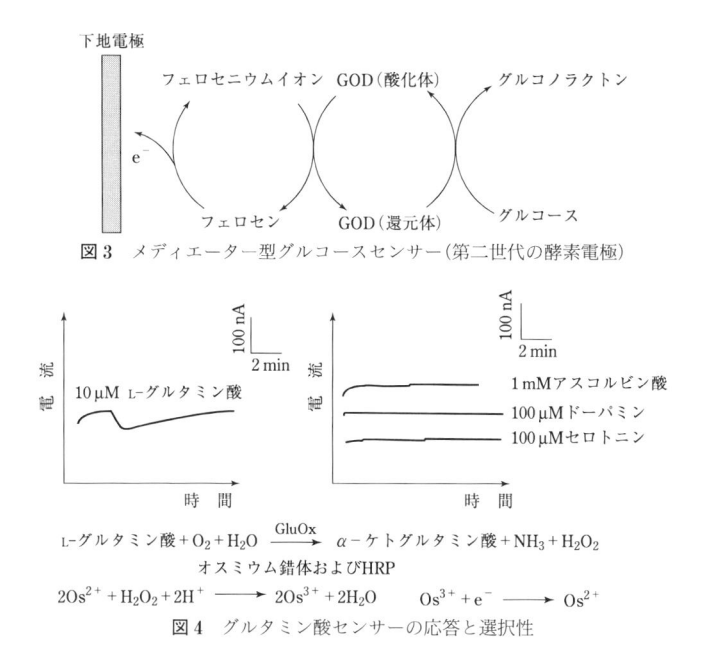

図3 メディエーター型グルコースセンサー(第二世代の酵素電極)

$$L\text{-グルタミン酸} + O_2 + H_2O \xrightarrow{GluOx} \alpha\text{-ケトグルタミン酸} + NH_3 + H_2O_2$$

オスミウム錯体およびHRP

$$2Os^{2+} + H_2O_2 + 2H^+ \longrightarrow 2Os^{3+} + 2H_2O \qquad Os^{3+} + e^- \longrightarrow Os^{2+}$$

図4 グルタミン酸センサーの応答と選択性

は，電子シャトルとして酵素の活性部位と下地電極との間の電子交換を容易にする．第三世代の酵素電極では，電子伝達能をもつポリピロールやテトラシアノキノジメタン(TCNQ)，テトラチオフラバレン(TTF)膜に酵素が埋め込まれ，下地電極と酵素との間で直接的な電子移動が行われる．

DNAセンサーでは，一本鎖DNA断片を電極や光ファイバー，水晶振動子上に固定化し，プローブ分子のオリゴペプチドと相補的塩基対を形成させるか，あるいはプローブ分子を固定化して，未知のDNAの塩基配列を検出する．塩基対が形成されたかどうかは二本鎖DNAの層間に挿入される蛍光性インターカレーターや，蛍光色素や電気活性マーカーを修飾したプローブペプチドを用いて検出する．

用途 グルコースセンサーは血液中のグルコース濃度の測定，尿素センサーは尿中の尿素の測定，アミノ酸センサーは食品中のアミノ酸のモニタリングなど，臨床化学検査や食品検査へ応用されている．微生物センサーはBOD(生物化学的酸素要求量)の測定に応用されている．DNAセンサーはDNAの一塩基多型(single nucleotide polymorphism, SNP)の検出ができ，医療診断に応用されている．イオン感応性電界効果トランジスター(ISFET)を用いた微小センサーもある．

応用例 酵素としてグルタミン酸オキシダーゼ(GluOx)と西洋わさびペルオキシダーゼ(HRP)，メディエーターとしてオスミウム錯体を用いるL-グルタミン酸センサーの応答例を図4に示す．センサーはL-グルタミン酸に選択的に応答する．これを用いてマウスの大脳(海馬)スライスで放出される神経伝達物質のL-グルタミン酸を測定できる．

[菅原正雄]

参考文献
1) 中野幸二：ぶんせき, 125, 2001.
2) 鈴木周一(編)：バイオセンサー, 講談社サイエンティフィク, 1984.

33 ガスセンサー

gas sensor

定性情報 応答の有無.
定量情報 作用極に発生する電位.
注 解 実用化されているガスセンサーは多種類あるが,その中でも酸素ガスセンサーは重要である.ここでは広く用いられているジルコニア式酸素センサーについて記す.検出素子に用いている隔膜(ジルコニア)は,酸素イオンのみを通すことから酸素ガスのみに選択的に応答する.検出素子の作用極は試料ガス中の酸素ガスの分圧に応じた電位を発生する.

装置構成 ジルコニア式酸素ガスセンサーの構造を図1に示す.

ジルコニアからなる検出素子は約850℃の一定温度に加熱されている.試料ガスはフィルターを通してダストを除去してから検出部に導かれ,測定される.比較ガスは一般に空気が用いられている.

ジルコニア 検出素子の素材に用いられるジルコニア(酸化ジルコニウム,ZrO_2)は熱にも強く(mp 2700℃),溶融した金属にも侵されないので,耐火物として優れた材質を持っている.しかしセラミックスの一種であるジルコニアは,陽イオン(Zr^{4+})と陰イオン(O^{2-})が静電引力で引き合うように空間がなく結合している.このことから,ジルコニアを低温(-20℃,単斜晶系)~高温(1100℃,正方晶系)の熱サイクルを繰り返していくと,熱膨張と収縮により亀裂を生じ,使用できなくなる欠陥がある.しかしジルコニアの結晶中にカルシア(CaO)やイットリア(Y_2O_3)を固溶させると結晶系が低温から高温まで安定な立方晶系となり,熱サイクルに対し大幅に改善された.現在自動車に装備されているジルコニア素子は約20万kmの寿命があるといわれている.

一方,カルシアとかイットリアのようにジルコニアよりも酸素イオンの少ない物質を固溶することにより,酸素イオンの位置に空席(これを酸素欠陥とよぶ)が形成されることになる.するとジルコニア固体中でこの酸素イオンの空席を媒介として酸素イオンが動けるようになる.

このようにして合成されたジルコニアは,電子による電気伝導がなく,酸素分子(ガス)の拡散もない100%酸素イオン伝導体(固体電解質)となる.酸素ガスセンサーに用いられているジルコニアはモル比でCaOでは15%,Y_2O_3では8%の割合で固溶させているが,非晶質温度が低く,イオン伝導度の高いY_2O_3固溶体の方が多用されている.これを安定化ジルコニア(yttria stabilized zirconia:YSZ)とよぶ.

ジルコニア式酸素センサーの応答機構

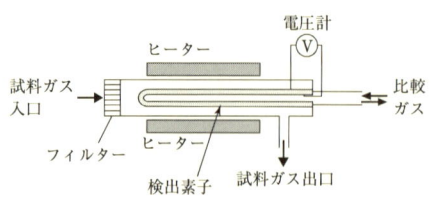

図1 ジルコニア式酸素ガスセンサーの構成

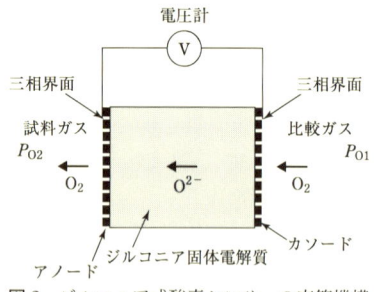

図2 ジルコニア式酸素センサーの応答機構($P_{O2} < P_{O1}$)

図2に示すようにジルコニア固体電解質からなる板(隔膜)の両面に電極を取り付けて400～1000℃位に保ち,両面にP_{01}, P_{02}の酸素分圧の比較ガスと試料ガスをさらすと,このジルコニアを隔壁として両電極部で次の反応が起こる.

P_{01}側(カソード) $O_2 + 4e \longrightarrow 2O^{2-}$
P_{02}側(アノード) $2O^{2-} \longrightarrow O_2 + 4e$
ただし,$P_{01} > P_{02}$の場合.

すなわち酸素分圧の高い側(P_{01})の極で電子を得,低い側(P_{02})の極で放電する.しかしこの反応は短時間のうちに平衡に達し両電極における電子の蓄積量が,P_{01}とP_{02}の値によって定まる.その電子の蓄積すなわち電極電位は外部回路に設置された電圧計により測定される.

電極電位が試料ガス中の酸素の濃度と迅速に平衡に達するためには,試料ガス,電極,固体電解質の三相が接する点(これを三相界面とよぶ)の単位面積あたりの数(または面積)を多くする必要がある.その目的のためにジルコニア素子の両面に取り付けられた電極の形状は多孔質で,材質は化学的に安定な白金が使われている.電極の形状は網目のように完全に結線されている必要はなく島状であってもよい.その島と島の間隔がμmレベル以下であれば電子は島の間を飛びかっているのであたかも島と島が結線されているかのように電子は動くことができる.

両電極間の電圧E(V)は,次に示すネルンスト(Nernst)の式によって示される.

$$E = (RT/4F)\ln(P_{02}/P_{01})$$
$$= 0.04958\, T \log(P_{02}/P_{01})$$

ここで,Rは気体定数(8.314 J/K mol),Tは絶対温度(℃+273.15),Fはファラデー定数(96485 C/mol),P_{01}は比較ガス(空気)中の酸素分圧,P_{02}は試料ガス中の酸素分圧である.

センサーの応答特性 センサーの作動温度範囲は400～1000℃であって,酸素に対する応答範囲は0.1ppm～100%で,概略Nernst式が成立している.つまり比較ガスを一定に保てば,電圧は試料ガス中の酸素分圧の対数を変数とした一次式が成立する.100 ppmの濃度の酸素ガスに対しての90%応答時間は5秒以内である.

0.98%O_2ガスから8.5%O_2ガスに変化させたときの応答曲線の一例を図3に示す.5秒間で濃度として90%(7.8%O_2)応答に達している.

比較ガスとしての空気中の水分の影響について説明する.乾燥空気の酸素濃度は20.95%であるが,通常水蒸気が含まれているため,湿度が大きくなるとその中の酸素濃度は減少する.表1に各相対湿度-温度における空気中の酸素濃度を示す.

表1 各相対湿度-温度における空気中の酸素濃度(%)

相対湿度(%)	10℃	20℃	30℃	40℃
0	20.95	20.95	20.95	20.95
20	20.90	20.84	20.76	20.62
50	20.82	20.70	20.50	20.17
80	20.74	20.56	20.25	19.72

市販のジルコニア式酸素センサーは空気中の酸素濃度を20.60%として設定している場合が多い.試料ガスの温度および圧力が変動していても,検出素子に接している時の温度と圧力を常に一定の状態に保って測定すれば試料ガスの温度,圧力の違いによる影響は無視できるくらい小さい.

干渉ガスと有害成分 一酸化炭素,水

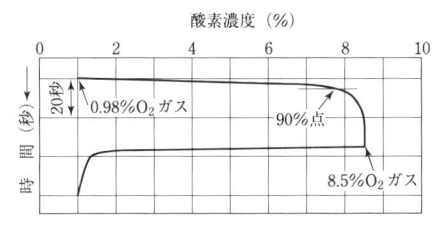

図3 ジルコニア式酸素センサーの応答曲線の例

素，メタンなど可燃性ガスを含む試料ガスを高温となっているジルコニア素子に導入すると，可燃性ガスが燃焼して酸素を消費することになる．このため測定値は試料ガス導入前よりも少ない酸素濃度を示すことになる．これら可燃性ガスの影響の大きさは，その濃度と酸化反応式からほぼ計算どおりである．その除去対策として，使い捨ての可燃性ガス捕集管を入口の前に置く方法がとられている．

一方，有害成分として硫黄酸化物(SO_x)がある．これ自体は測定誤差にならないが，ジルコニア素子の電極を侵すことがある．この影響の除去方法として試料ガスの前処理部で，水または活性炭を用いて除去するかまたは試料ガスの温度を SO_3 の露点(約200℃)以上に保ってこの影響を避けている．

応用例 ジルコニア式酸素センサーは，現在工場などの燃焼排ガスおよび自動車排ガス中の酸素測定用に用いられている．自動車用酸素センサーとして初めて用いられたのは，1977年自動車排ガス浄化の三成分系触媒付排気対策車が発売されたのをきっかけとしてであった．

自動車からの排気ガス中の酸素濃度を検出して，空気と燃料の供給の比(空気/燃料)を理論的な値になるように燃料噴射量の制御を行っている．両者が同当量に混合した時が最もエネルギー効率が高く，また触媒の作用ももっとも有効である．一般のガソリンを使用した場合の同当量は空気/燃料＝14.6±0.2である．空気/燃料の値と応答値(電圧)の関係を図4に示す．

図4の曲線は燃料に空気を加えていって

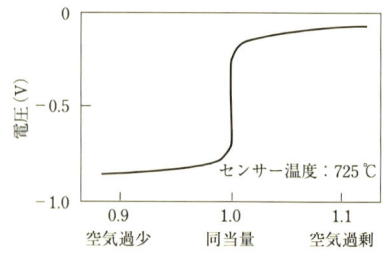

図4 エンジン排ガス中の空気/燃料の当量比と電圧の関係

理論値(同当量)に達したとき，電圧が最も大きく変化することを示している．この曲線は中和滴定の際の酸にアルカリ溶液を加えていくときのpHの変化に似ている．

2003年の政府統計によると，ガスセンサーの生産高は650億円/年であり，このうち43％は輸出と報告されている．ガスセンサーの大半は湿度・結露センサーであり，ついで本項で説明した自動車排ガス用酸素センサーである．家庭用ガス漏れセンサー(200万個/年の一酸化炭素が主である)を含めると，これら3種類で全体の98％程度を占めているのが現状である．今後はさらに選択性のすぐれた多種・多様なガスセンサーの実用化が期待されている．

[長島珍男]

参考文献

1) 清山哲郎，塩川二朗，鈴木周一，笛木和雄：化学センサー その基礎と応用，pp.123-158，講談社サイエンティフィク，1982.
2) 柳田博明：セラミックセンサー 五感を超える知能素子，pp.87-93，講談社ブルーバックス，1984.
3) 長島珍男：工学のための分析化学，220p.，サイエンス社，2004.

34 オプティカルセンサー

optical sensor

定性情報 測定対象物質の認識の時に起こる光学特性の変化．

定量情報 測定対象物質の濃度に対応した光学変化量．

注 解 オプティカルセンサーの歴史は古く，指示薬の目視試験から始まっているといっても過言ではない．目視の代わりに光検出装置を使えば，光情報を高い精度で測定できるようになる．さらには，1970年代半ばからのレーザー分光の発達により，高い時間分解能と空間分解能が得られるようになり，時間分解測定とそれに続く数学的処理で，感度や精度を向上させることや，イメージング情報を得ることが可能になっている．光学的化学センサーは，しばしばオプトード(optode)あるいはオプトロード(optrode)とよばれ，電気化学センサー(electrode)の対比語になっている．

装置構成 オプティカルセンサーは，通常，①光源，②センサー部位，③光検出器から構成される．装置によっては，多検体測定や高感度化，微小化，迅速化などを目的として④光導波路・光セルなどがさらに利用される場合がある．

光源：水素放電管やタングステンランプ，水銀灯，ハロゲンランプ，キセノンランプ，発光ダイオード，レーザーなどが用途に合わせて選択される．加えて，バンドパスフィルターや偏光フィルターなどの光学フィルターで励起光の光学特性を調整する場合もある．蛍光測定の場合は，共焦点レーザーを用いることで特定領域のみを光励起して空間分解能を上げ，それを走査することで三次元イメージング像を得ることができる．

センサー部位：周辺環境が変化したり観測対象分子を認識したりすると，吸光・発光・偏光・散乱光・屈折光など光学特性が変化する機能材料がセンシングのための物質として用いられる．光学特性が変化する物質として，無機材料が使われることもあるが，観測対象や構造体の素材に合わせて誘導化できる有機色素が用いられる場合が多い．センサープローブ構造体の素材は，観測対象物質の捕捉を阻害しないことや，観測光を低損失で伝播する光ファイバーなどが用いられる．センサー部位には，色素などを含浸させる沪紙のような古典的なものから，自己集合単分子膜(self-assembled monolayer: SAM)やラングミュア・ブロジット(Langmuir-Blodgett: LB)膜などまで，用途に合わせて選択される．また，それらの機能性センシング物質の構造体への固定化の手法としては，機械的・物理的固定化，静電気結合，共用結合を用いる方法などあり，後者ほど高感度で長期安定性が高い反面，作製コストや手間がかかるので，測定目的に合わせて，さまざまな方法や材料が選択される．

光検出器：フォトダイオードやフォトトランジスター，光電管，光電導素子，光電子増倍管などが用途に合わせて用いられる．発光検出の場合はバンドパスフィルターを用いて，励起光の迷光を防ぐ工夫などが必要である．

光導波路・光セル：フレキシブルな構造の光導波路である光ファイバーがよく用いられる．スラブ光導波路は，光導波路を平面的に作製したもので，センサー表面・界面の選択的な高感度測定に利用される．光セルは，溶液のサンプルを容易に測るための規格化された容器で，光路がずれないように取り付けられているセルホルダーなどとセットで用いることが多い．

用　途　プロトン(pH)，ガス(酸素・二酸化炭素など)，各種イオン，酸化還元物質，各種生体分子(糖・アミノ酸・核酸・タンパク質など)，周辺環境情報(湿度・温度・圧力・流速など)など測定対象は幅広い．また，電気的・磁気的ノイズの影響を受けず，光電子増倍管やフォトトランジスターのようなきわめて高感度な光検出素子が使用できるため，検出限界の優れたセンサーを作製することができる．さらに電気化学センサーと異なり，比較センサーを使用しないものも作製可能であり，加えて応答機構が考えやすいため，センサーの小型化・多機能化の設計が容易などの利点もあげられる．一方，吸光分子，蛍光分子などがセンシング分子として用いられる場合，光や熱，酸素・酸・塩基などの化学反応で変質しやすいものが多いので，電気化学センサーに比べて長期連続測定などへの課題が残る．色素もセンサープローブも遮光フィルムで不活性ガス中に封入して保存することが望ましい．

原　理　周辺環境の変化に応答する機能性色素としては，ソルバトクロミック(solvatochromic：溶媒極性)，サーモクロミック(thermochromic：温度)，ピエゾクロミック(piezochromic：圧力)，エレクトロクロミック(electrochromic：電子や酸化還元)色素などが知られている．測定対象分子をセンシングする場合は，これらの色素とホスト分子を膜に混入し，ゲストの取込みによる膜内の環境変化を色素で読み取る方法と，色素自身に認識部位を直結した分子をセンサー表面に担持してスペクトル変化を観測する方法がある．

定量性は，用いる光学特性の原理に準拠する．吸光では，ブーゲ-ベール(Bouguer-Beer)の法則を用いて定量することができる．シグナルの強度は，濃度と光路長の長さに比例するので，感度が足りない場合は，反射回数を増やすかセルの長さを長くして光路長を増やすなどの工夫をする．蛍光では，濃度が低い場合には，発光強度と濃度は比例関係にあるが，濃度が高い場合には，自己消光などで強度は低下するので注意が必要である．

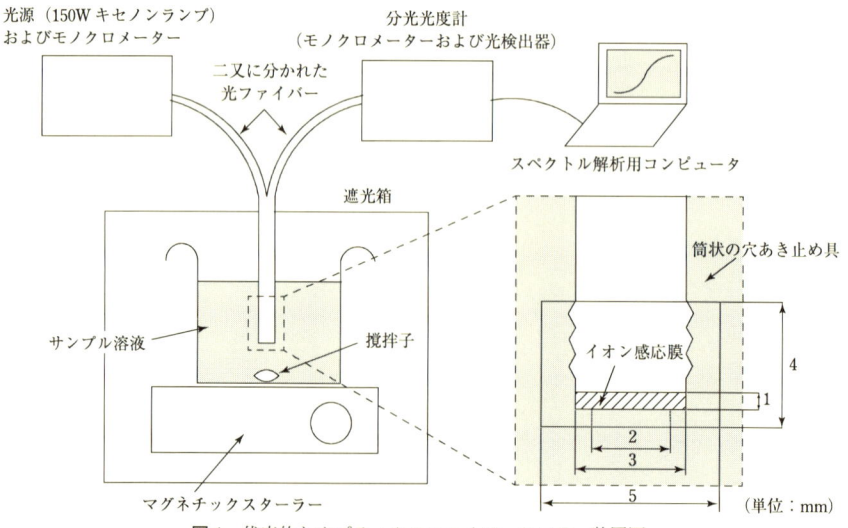

図1　代表的なオプティカルファイバーセンサー装置図

応用例 カリウムイオン選択性オプティカルファイバーセンサー(ion optode)の作製

代表的なオプティカルファイバーセンサー装置を図1に示す．ファイバーの先端に膜を固定する止め具が付いており，中身の膜を変えることでさまざまな観測対象に対応できるようになっている．カリウムイオンセンサー用の膜は，以下のように作製する．カリウムイオン捕捉分子としてバリノマイシン(valinomycin)を，光物性が変化する色素として脂溶性pH応答色素(たとえばFluka社製Chromoionophere I)を，可塑剤(plasticizer)としてセバシン酸ジブチル(dibutyl sebacate DBS)を，ポリマー素材として可塑剤と相溶性の優れた，たとえばポリ塩化ビニルコポリマーを，それぞれ質量比で3.3%，1.6%，70.0%，25.1%をTHFに混合してよくかくはんし，乾燥して約15 μm厚の膜を得る．この膜を金型で止め具の大きさにくり抜き，ファイバーの先端に固定して，観測対象のカリウム溶液に浸漬する．カリウムの濃度を変えた場合のもっとも大きく吸光度が変化する波長の吸光度から検量線を引き，センサーとして利用する．

表面プラズモン共鳴センサー 表面プラズモン共鳴(surface plasmon resonance：SPR)現象は，金属薄膜をコーティングしたプリズムに臨界角以上の角度(全反射条件)で光を入射して金属の誘電率と表面の屈折率変化があると，反射光の暗線の位置が変わる現象である．そこで，薄膜表面をセンサー表面として，溶液の組成変化やゲスト分子認識などを検知するのが，SPRセンサーである．屈折率変化を利用するため，観測対象を色素等でラベルする必要がなく，リアルタイム観測することができる．生体間相互作用の有力な解析ツールとして利用されており，さまざまな表面修飾が施されたセンシングチップやカップリング試薬が市販されている．DNA，ペプチド，タンパク質，細胞膜など観測対象に合わせて選択できる．最近では，光ファイバーを用いたSPRセンサーや表面のイメージングや多成分同時センシングができる二次元SPRセンサーも市販されている．

蛍光プローブ 蛍光顕微鏡を用いると，生体試料をリアルタイム観測できる．加えて共焦点レーザー顕微鏡では，高感度に三次元像が得られ，生体機能の解明のための重要なツールとして役立っている．この場合測定対象に蛍光特性の変化をもたらす物質として，通常は蛍光プローブ(fluorescent probe)を用いる．この蛍光プローブは大きく分けてタンパク由来のものと合成分子由来のものがある．タンパク由来の代表的な蛍光プローブは，カメレオン(cameleon)と名づけられたもので，遺伝子工学的手法を用いて2種類の蛍光タンパク(fluorescent protein)をCa^{2+}によって大きく構造の変化するカルモジュリンで連結した構造をしている．生体内で生成されるこのプローブは，Ca^{2+}の認識によって共鳴励起エネルギー移動(FRET)の効率が変わるので，2波長の蛍光強度比から濃度を算出することができる．一方，合成分子プローブはサイズが小さく，有機合成の多様性も生かせるため応答するゲストの種類も多い．代表的な分子プローブとしては，pHに応答するフルオロセイン(fluorescein)誘導体や一酸化窒素に応答するDAF-FM，Ca^{2+}に応答するfura-3，Mg^{2+}に応答するKMG-20 AMなどがある．最近は，これら色素分子をナノ粒子に固定したトレーサーも開発されている．

〔鈴木孝治・山田幸司〕

35
温度滴定装置

thermometric titrator

定性情報 なし．
定量情報 滴定値．
注　解 反応熱に基づく温度変化を滴定量の関数として求め，それから終点を決める滴定装置である．実際には滴定に伴う溶液の温度変化を測定する．

中和滴定，酸化還元滴定などほとんどすべての反応滴定に原理的には可能である．メタノール中のエチレンを定量する場合やフェノールを中和滴定で求める場合などは，熱量変化以外に顕著な変化がなく他の滴定方法では検出が難しい．このような場合にも使用可能である．

装置構成 滴定（反応）容器，ビュレット（シリンダー），サーミスター，ホイートストンブリッジ，増幅器，記録計などからなる．滴定装置(図1)，滴定容器(図2)の一例[1]を示す．

作動原理 化学反応によって生じる熱による温度変化から定量的知見を得る．

特　徴 この装置の利点としては以下のことがあげられる．

① 通常，物質（化学）変化には必ず熱の発生または吸収が伴うので，物質や反応の種類を問わずに普遍的に適応できる．
② 物質の熱量変化（エンタルピー変化）を検出している．
③ 溶媒の種類に関係ない．

反対に欠点としては次のことがある．

① 物理的，化学的変化が熱のみの情報でしか表せない．したがって，副反応が多数存在すると滴定曲線は複雑となり，解釈が難しい．
② 反応に無関係な実験室内の熱のために滴定曲線が乱される可能性がある．したがって，実験室内の熱管理を厳密に行うことが望ましい．
③ 市販製品を求めることは難しい．

応用例 中和滴定，EDTA滴定[2]
（1）塩酸(HCl)溶液またはホウ酸

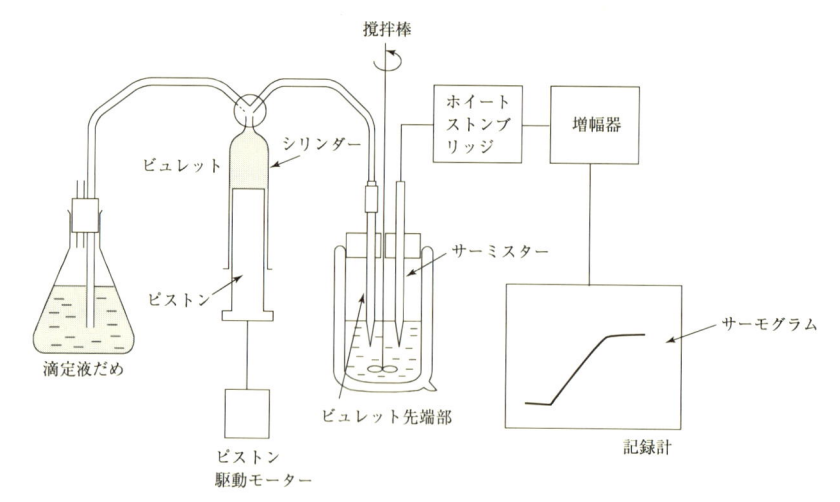

図1 温度滴定装置の例

図2 滴定容器の例

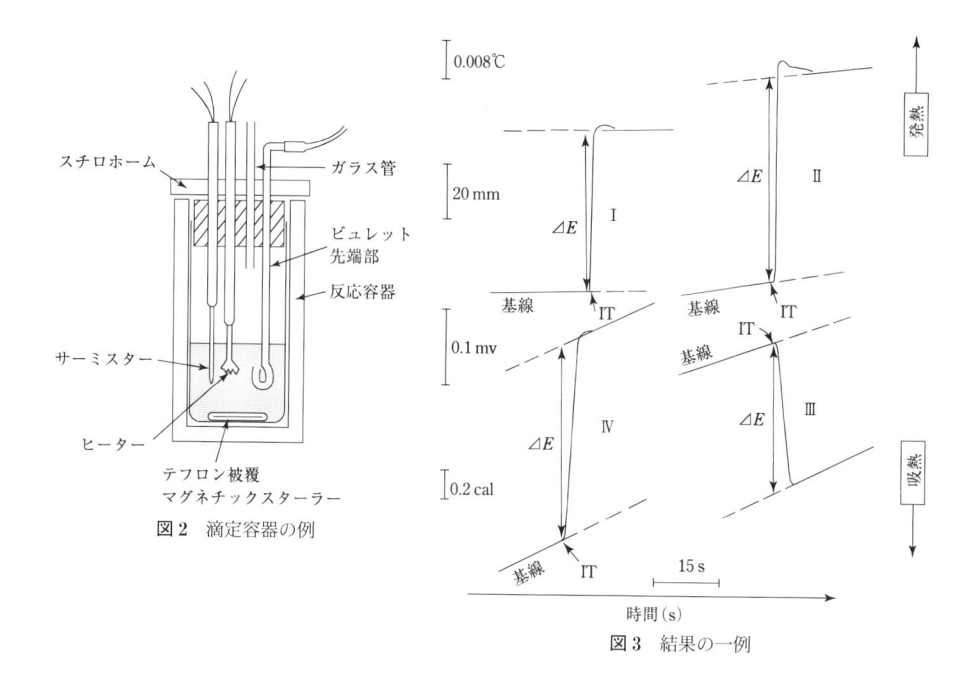

図3 結果の一例

(H_3BO_3)溶液に水酸化ナトリウムを添加した中和滴定実験

(2) 100 μmol 程度を含むマグネシウムイオンまたは鉛イオンに EDTA を添加したキレート滴定実験

分析操作

①滴定(反応)容器に 100 μmol 程度を含む塩酸(HCl)溶液(またはホウ酸(H_3BO_3)溶液,マグネシウムイオンまたは鉛イオン)を入れる.

②ビュレット(シリンダー)に濃度の確定した水酸化ナトリウム溶液(または EDTA 溶液)を入れる.

③一定速度でビュレット(シリンダー)から水酸化ナトリウム溶液(または EDTA 溶液)を添加する.

④横軸を水酸化ナトリウム溶液(または EDTA 溶液)添加量または時間,縦軸を温度とし,測定値を記入する.

結果の一例を図3に示す.この図のように明確な終点が得られ,温度滴定装置でも定量可能なことがわかる. 〔中村　進〕

参考文献
1) 新実験化学講座9 分析化学 II, p.524, 丸善, 1977.
2) Wasilewski, J. C., Pei, P. T.-S., Jorda, J.: *Anal. Chem.*, **36**, 2131, 1969.

36 光度滴定装置

photometric titrator

定性情報 なし.

注解 溶液の吸光度(色)変化を終点の検知に利用する滴定装置をいう.酸塩基反応(中和反応)(pH計),酸化還元反応(ORP計),沈殿生成反応,錯体生成反応などを利用して,滴定操作によるイオンなどの化学種の活量変化を適切な指示薬の吸光度(色)変化として検出,定量する装置である.表1にpH測定用指示薬,表2に酸化還元滴定用標準液の調製および評定法を示す.

定量情報 滴定値.

装置構成 この滴定装置は,滴定部,制御部,表示・記録部などで構成される.滴定部は滴定槽,検出器と滴定剤添加装置などで構成される.検出器は数mm離れた発光部と受光部で構成され,その間に入った溶液の吸光度(色)変化を測定する.

応用例 工場廃液中のアンモニアの定量[2]

中和滴定法による工場排水中のアンモニウムイオンの定量方法を記載する.前処理(蒸留)を行って抽出したアンモニアを一定量の硫酸(25 mmol/L)中に吸収させた溶液について,50 mmol/L水酸化ナトリウム溶液で,残った硫酸を滴定してアンモニウムイオンを定量する.このときメチルレッド-ブロモクレゾールグリーン混合溶液を指示薬として加え,変色点を光度滴定装置で検出する.

分析操作

①処理(蒸留)を行って抽出したアンモニアを一定量の硫酸(25 mmol/L)中に吸収させる.

②メチルレッド-ブロモクレゾールグリーン混合溶液を5滴加える.

③溶液の全量を用いて,50 mmol/L水酸化ナトリウム溶液で滴定する.

④溶液が灰紫色(pH 4.8)のときを終点とする.

表1 pH測定用指示薬の変色pH域とその色調変化[1]

指示薬	pK_1	変色pH域	色調	調製法*
m-クレゾールパープル	1.51	1.2〜2.8	赤―黄	0.04% aq
チモールブルー	1.65	1.2〜2.8	赤―黄	0.1% 20% alc
ジメチルイエロー	3.25	2.9〜4.0	赤―黄	0.1% 90% alc
メチルオレンジ	3.46	3.1〜4.4	赤―橙黄	0.1%aq
ブロモフェノールブルー	4.10	3.0〜4.0	黄―青紫	0.1% 20% alc
ブロモクレゾールグリーン	4.90	3.8〜5.4	黄―青	1% 20% alc
メチルレッド	5.00	4.2〜6.3	赤―黄	0.2% 90% alc
クロロフェノールレッド	6.25	5.0〜6.6	黄―赤	0.1% 20% alc
ブロモクレゾールパープル	6.40	5.2〜6.8	黄―青紫	0.05% 20% alc
ブロモチモールブルー	7.30	6.0〜7.6	黄―青	0.1% 20% alc
ニュートラルレッド	7.4	6.8〜8.0	赤―黄	0.1% 70% alc
フェノールレッド	8.00	6.8〜8.4	黄―赤	0.1% 20% alc
m-クレゾールパープル	8.32	7.4〜9.0	黄―紫	0.04% aq
クレゾールレッド	8.46	7.2〜8.8	黄―赤	0.1% 20% alc
チモールブルー	9.20	8.0〜9.6	黄―青	0.1% 20% alc
フェノールフタレイン	9.70	9.3〜10.5	無―青	0.1% 90% alc
チモールフタレイン	9.70	9.3〜10.5	無―青	0.1% 90% alc

*aqは水溶液,alcはエタノール溶液を示す.

表2 酸化還元滴定用標準溶液の調製および標定法[1]

標準溶液	調 製 法	標 定 法
0.1 N $KMnO_4$	$KMnO_4$ 約 0.3 g を水 1 L に溶解する．湯浴上で 1〜2 時間加熱，一夜放置する．ガラスフィルター(G-4) で沪過した液を褐色ビンに入れ冷暗所で保存する．	標準物質 $Na_2C_2O_4$ 0.15〜0.20 g を 1 mg の単位までてんびんで精ひょうする．水 50 mL，18 N H_2SO_4 10 mL を加え溶解する．70〜80 C に加熱して 0.1 N $KMnO_4$ で滴定する．薄いピンクが現れた点を終点とする．$Na_2C_2O_4$ 6.70 mg が 0.1 N $KMnO_4$ 1 mL に相当する．
0.1 N $Ce(SO_4)_2$	$Ce(SO_4)_2$ 33 g を水 500 mL，H_2SO_4 30 mL に加熱溶解，冷却後 1 L に希釈する．	標定済みの 0.1 N $FeSO_4$ 25 mL を取り，リン酸約 5 mL，フェロイン指示薬数滴を加えて，0.1 N $Ce(SO_4)_2$ で滴定する．終点の変色はピンクから無色（または淡青色）である．0.1 N $Ce(SO_4)_2$ 1 mL は Fe 5.585 mg に相当する．
0.1 N $K_2Cr_2O_7$	標準物質 $K_2Cr_2O_7$ を微粉して 100〜110 C で 4 時間加熱乾燥したのち，4.9035 g を精ひょうし水で 1 L とする．	標定する必要はない．
0.1 N I_2	I_2 12.7 g を 250 mL ビーカーに取り，KI 40 g と共に水 30 mL に溶解する．溶解後水で 1 L に希釈する．冷暗所に保存する．	標定済みの 0.1 N $Na_2S_2O_3$ で本溶液 25 mL を標定する．溶液が微黄色になったらデンプン指示薬を加え青色が消失するまで滴定する．I_2 12.69 mg が 0.1 N $Na_2S_2O_3$ 1 mL に相当する．
0.1 N $FeSO_4$	$FeSO_4 \cdot 7H_2O$ 28 g を水 300 mL と H_2SO_4 30 mL に溶解し，のち水で 1 L とする．	本溶液 25 mL をビーカーに取り，1 N H_2SO_4 25 mL と 85% リン酸 5 mL を加えたのち標定済みの $KMnO_4$ で滴定する．薄いピンクが現れた点を終点とする．Fe 5.585 mg が 0.1 N $KMnO_4$ 1 mL に相当する．
0.1 N KIO_3	標準物質 KIO_3 を 120〜140℃ で 2 時間加熱乾燥したのち，21.402 g を精ひょうし水で 1 L とする．	標定する必要はない．
0.1 N $Na_2S_2O_3$	新しく煮沸済みの水 1 L に，$Na_2S_2O_3 \cdot 5H_2O$ を溶解し，炭酸ナトリウム 0.1 g を加える．	標準溶液 0.1 N KIO_3 25 mL に KI 約 2 g と 6 N H_2SO_4 5 mL を加えるとヨウ素が発生する．これを本液で滴定する．溶液が微黄色になったらデンプン指示薬を加え青色が消失するまで滴定する．$Na_2S_2O_3$ 1 mL は KIO_3 3.567 mg に相当する．

⑤別に正確に 50 mL の硫酸 (25 mmol/L) を取り，50 mmol/L 水酸化ナトリウム溶液で同様に終点まで滴定する．

⑥下式によって試料中のアンモニウムイオンの濃度 ($mgNH_4^+$) を算出する．

$$A = (b-a)f(1000/V) \times 0.902$$

ここで，A はアンモニウムイオンの濃度 ($mgNH_4^+$)，b は硫酸 (25 mmol/L) 50 mL に相当する 50 mmol/L 水酸化ナトリウム溶液 (mL)，a は滴定に要した 50 mmol/L 水酸化ナトリウム溶液 (mL)，f は 50 mmol/L 水酸化ナトリウム溶液のファクター，V は試料 (mL) であり，0.902 は 50 mmol/L 水酸化ナトリウム溶液 1 mL のアンモニウムイオン相当量 (mg) である．

［中村　進］

参考文献

1) 新実験化学講座 9 分析化学 II, pp.181-186, 丸善, 1977
2) JIS K 0102 工場排水試験方法, 1998.

37
電気滴定装置
titrator based on electric signal

定性情報 なし．
定量情報 滴定値．

注 解 酸塩基反応(中和反応)(pH計)，酸化還元反応(ORP計)，沈殿生成反応，錯体生成反応などを利用して，滴定操作によるイオンなどの化学種の活量変化を電気シグナルの変化として測定し，当量点を決定する方法で試料の特定濃度を決定させる装置である．ここではpH計を用いた酸塩基反応(中和反応)について詳しく記述する．

また定量において中和反応，酸化還元反応などでは，数%〜100 ppm程度まで測定可能である．また，エタノールなどの有機物質中に含まれる10〜1 mgの水分が測定可能である．

装置構成 この滴定装置は，滴定部，制御部，表示・記録部などで構成される．滴定部は滴定槽，検出器(pH電極：ガラス電極と参照(比較)電極)と滴定剤添加装置などで構成される(図1)．

測定原理 指示電位差を当量点検出に用いる滴定法(電位差滴定法)と指示電流を当量点検出に用いる滴定法(電流滴定法)がある．ここでは，電位差滴定法について記述する．滴定剤添加装置(ビュレット，自動ビュレットなど)は滴定用溶液を滴定槽に定量的に添加し，検出部でそのときの電位差またはpH値の変化を読み取り，グラフなどで表示する．指示電位差またはpH値をY軸に，滴定用溶液の体積をX軸に取り，滴定曲線または示差滴定曲線を描く．変化率最大の所(変曲点)を当量点とし，試料溶液中の目的成分の濃度を求める．その一例を図2に示した．

応用例[2)] 中和滴定法による工場排水中のアンモニウムイオンの定量方法

前処理(蒸留)を行って抽出したアンモニアを一定量の硫酸(25 mmol/L)中に吸収させた溶液について，50 mmol/L水酸化ナトリウム溶液で，残った硫酸を滴定してアンモニウムイオンを定量する．このときの当量点をpH計で求める．

(1)使用する試薬類

①硫酸(25 mmol/L)：硫酸(JIS K 8951)1.4 mLをあらかじめ水100 mLを入れたビーカーに加えてよくかき混ぜ，水を加えて1 Lとする．

②水酸化ナトリウム溶液(50 mmol/L)：イオン交換水約30 mLをポリエチレン瓶に取り，冷却しながら水酸化ナトリウム(JIS K 8576)35 gを溶かし，密栓して4〜5日間放置する．上澄み液2.5 mLをポリエチレン製の気密容器に取り，炭酸を含まない水1 Lに溶かし，二酸化炭素を遮断して保存する．

(2)滴定に使用する水酸化ナトリウム溶液の標定

①アミド硫酸(JIS K 8005容量分析用標

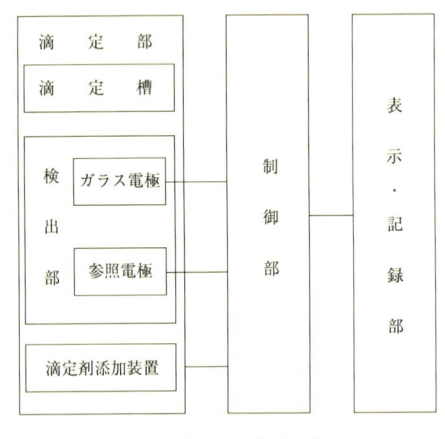

図1 電位差滴定装置の構成

準物質)を減圧乾燥後,約1gを0.1mgの桁まで量り取り200mLに溶解する.

② 20mL分取し,50mmol/L水酸化ナトリウム溶液で滴定する.

③ 以下の式で50mmol/L水酸化ナトリウム溶液のファクターfを算出する.

$$f = a \frac{b}{100} \frac{20}{200} \frac{1}{x \times 0.004855}$$

ここで,a:アミド硫酸の採取量(g),b:アミド硫酸の純度(%),x:滴定に要した50mmol/L水酸化ナトリウム溶液(mL)であり,0.004855は50mmol/L水酸化ナトリウム溶液1mLのアミド硫酸相当量(g)である.

(3) 滴定操作

① 処理(蒸留)を行って抽出したアンモニアを一定量の硫酸(25mmol/L)中に吸収させる.

② 溶液の全量を用いて,50mmol/L水酸化ナトリウム溶液で滴定する.

③ 水酸化ナトリウム溶液滴定量-pH値は図2のように変化する.

④ 当量点までの水酸化ナトリウム溶液滴定量を求める.図2の変曲点を当量点とする.

⑤ 変曲点を求める方法として,滴定曲線の最大傾斜点が決定可能ならば,その点の横軸の読みを当量点とする.通常は,図2に示したように滴定曲線に約45°の傾きの2接線を引き,これから等距離にある平行線と滴定曲線との交点に対応する横軸の読みを当量点とする

⑥ 別に正確に50mLの硫酸(25mmol/

図2 当量点決定方法

L)を取り,50mmol/L水酸化ナトリウム溶液で同様に当量点まで滴定する.

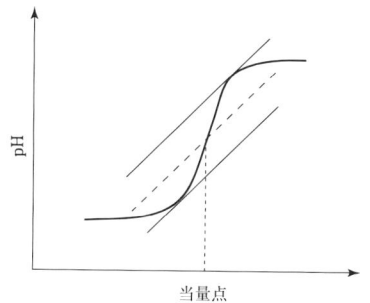

⑦ 次の式によって試料中のアンモニウムイオンの濃度($mgNH_4^+$)を算出する.

$$A = (b-a)f \frac{1000}{V} \times 0.902$$

ここで,A:アンモニウムイオンの濃度($mgNH_4^+$),b:硫酸(25mmol/L)50mLに相当する50mmol/L水酸化ナトリウム溶液(mL),a:滴定に要した50mmol/L水酸化ナトリウム溶液(mL),f:50mmol/L水酸化ナトリウム溶液のファクター,V:試料(mL)であり,0.902は50mmol/L水酸化ナトリウム溶液1mLのアンモニウムイオン相当量(mg)である.

[中村　進]

参考文献

1) JIS K 0113 電位差・電流・電量・カールフィッシャー滴定方法通則,1997.
2) JIS K 0102 工場排水試験方法通則,1997.

38
水分測定装置
(カールフィッシャー滴定法)
Karl Fischer titrator

定性情報 なし．
定量情報 滴定値．

注解 水分測定装置は水分の定量を目的としたものであり，容量滴定法タイプと電量滴定法タイプの2種類がある．容量滴定法は，滴定剤であるカールフィッシャー(Karl Fischer；KF)試薬で試料中の水分をKF反応を行わせながら滴定を行い，そのときに要したKF試薬の滴定量から水分を計算し定量する．また，電量滴定法はヨウ化物イオンをヨウ素に電解酸化してKF滴定を行うが，そのときに要した電気量から換算して試料中の水分を定量する．

装置構成 容量滴定法タイプの構成を図2に，電量滴定法タイプの構成を図3に示

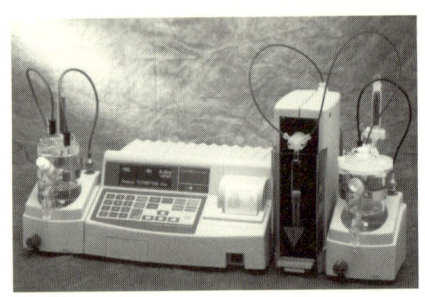

図1 水分測定装置の例

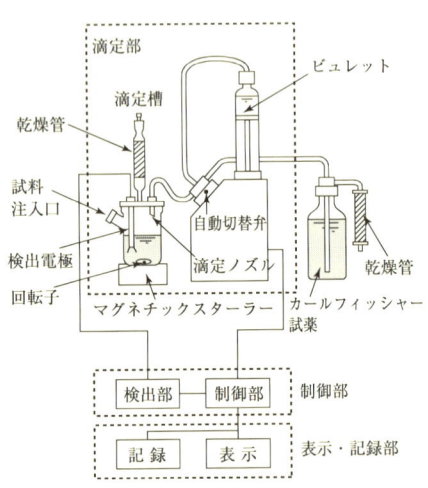

図2 容量滴定法水分測定装置の構成

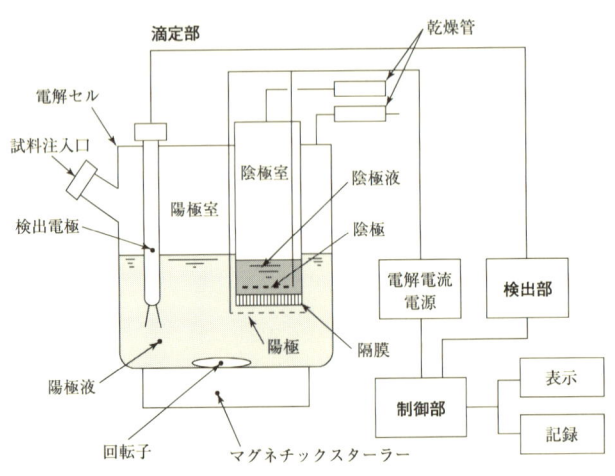

図3 電量滴定法水分測定装置の構成

I. 組 成 分 析

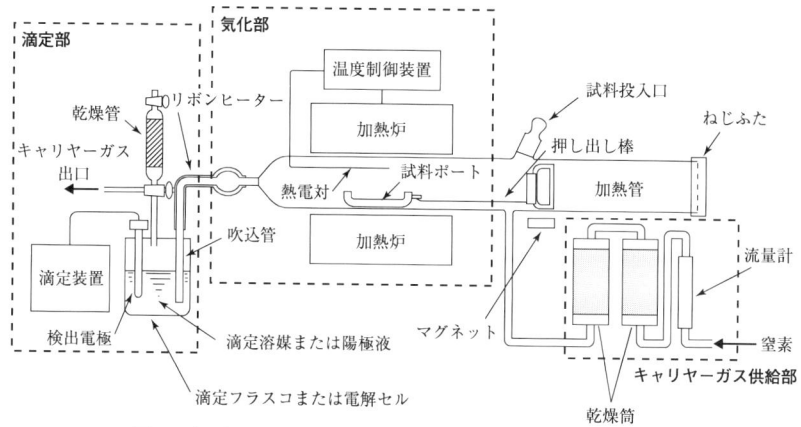

図4 水分気化-電量滴定法または容量滴定法水分測定装置の構成

す．また固体や粉体試料は，一般的には水分気化装置を各々のタイプの水分測定装置に接続し測定するが，そのときの構成を図4に示す．

(1) 容量滴定法水分測定装置の構成：滴定部，制御部および表示・記録部より構成される．滴定部は滴定フラスコ，検出電極，ビュレットなどからなる．滴定フラスコは滴定を行う容器であり，大気中の水分が浸入しない構造になっている．検出電極は一対の白金電極(双白金電極)からなる．ビュレットは滴定剤(KF試薬)を定量的に滴下できるものが使用される．制御部は検出した電圧を増幅し，表示・記録部やビュレットを作動させるための信号に変換する機能をもつものである．表示・記録部は，使用した滴定剤(KF試薬)の力価と滴定に要した体積から水分を計算し，得られた結果を表示または記録するものである．

(2) 電量滴定法水分測定装置の構成：構成は容量滴定法水分測定装置とほぼ同じである．異なる点はビュレットでヨウ素を含む滴定剤(KF試薬)を滴下するのではなく，電解酸化でヨウ素を生成させそれを滴定剤とする点である．したがって，滴定部は電解セルとよばれ，陽極室，陰極室，検出電極，乾燥管などからなる．

(3) 水分気化-電量滴定法または容量滴定法水分測定装置の構成：水分気化装置は，気化部およびキャリヤーガス供給部より構成される．

原理・特徴 KF法による水分測定装置はKF反応を利用している．KF反応は(1)および(2)によって表されている．

$$ROH + SO_2 + R'N \rightleftarrows [R'NH]SO_3R \quad (1)$$
$$H_2O + I_2 + [R'NH]SO_3R + 2R'N \longrightarrow$$
$$[R'NH]SO_4R + 2[R'NH]I \quad (2)$$

ROH：メタノールなどのアルコール
R'N：アミン

すなわち，二酸化硫黄とヨウ素が適切なアミンの存在下で水が加わると酸化還元反応が進むことを利用している．いいかえれば，非水溶媒系では水がなければ二酸化硫黄とヨウ素はおのおのが還元剤，酸化剤であるにもかかわらず反応せず共存している．

また，滴定の終点判定には最近では電流制御電圧検出法(分極滴定法の一種)が用いられている．すなわち，双白金電極を検出電極として一定の微小電流を印加しながらその白金電極間の電圧をモニタリングし，ある一定の電圧を示したときを滴定の終点

としている．ある一定の電圧というのはわずかにヨウ素が過剰の状態である．ただし，容量滴定法においては，滴下されたKF試薬の過剰状態が30秒以上継続したときを滴定の終点としている．

(1) 容量滴定法水分測定装置：容量滴定法には通常は二酸化硫黄，ヨウ素，適切なアミンを有機溶媒に溶解させたKF試薬とよばれるものを滴定剤として用い，滴定溶媒にはメタノールなどを含むものが用いられる．試料がメタノールだけでは溶解しない場合は，クロロホルムやホルムアミドなどとの混合溶媒を滴定溶媒にすることがある．化学量論的には式(2)のようにヨウ素1モルと水1モルと反応することが定量の根拠となっている．市販されているKF試薬の濃度はヨウ素の濃度ではなく水当量(力価)で表されている．たとえば，KF試薬1 mlが水約3 mgと反応するように調製されているKF試薬は"力価3 mgの滴定剤"とよんでいる．したがって，KF試薬の水当量がわかっていれば，その滴定量から水の含量を求めることができる．なお，KF試薬の力価は経時変化するため，基本的には測定の都度標定することが必要である．

以下に操作手順を示す．

① 容量滴定法水分測定装置に付属している滴定フラスコに，脱水されたメタノールまたはそれに類似した混合溶媒を入れる．

② KF試薬で滴定し(このときの滴定量は読む必要がない)，滴定フラスコ内を無水状態にする．そしてKF試薬の力価を水または水分既知の標準試料で標定する．

③ 力価を標定したあと，滴定フラスコ内の溶媒を廃液し，試料に適した脱水された溶媒または混合溶媒を入れる．(廃液せずにそのまま⑤以降に進んでもよい)．

④ KF試薬で滴定し(このときの滴定量は読む必要がない)，滴定フラスコ内を無水状態にする．

⑤ 試料を加える．

⑥ 力価を求めたKF試薬で終点まで滴定を行う．終点の検出は水分測定装置に組み込まれている検出回路より電気的に行う．

⑦ 水分はその滴定量から次のように算出する．

$$水分(\%) = \frac{滴定量(mL) \times 力価(mg\text{-}H_2O/mL)}{試料量(g) \times 1000} \times 100$$

(2) 電量滴定法水分測定装置：電量滴定法には二酸化硫黄，ヨウ化物イオン，適切なアミンを有機溶媒に溶解させたものを陽極液に，第四級アンモニウム塩またはアミン塩酸塩などをメタノールなどに溶解させたものを陰極液として用いる．試料を無水化された陽極液に加えて電解酸化する．そのとき，陽極で電解酸化により次式のようにヨウ素が発生し，ただちに陽極液中で試料中の水とKF反応が進む．

$$2I^- \longrightarrow I_2 + 2e \qquad (3)$$

終点は過剰になったヨウ素を電気的に検出して決める．なお，陰極液は陰極反応生成物が陽極液側で妨害しないような組成のものが用いられる．

ヨウ素はファラデーの法則に基づき電気量に比例して生成するので，電解に要したクーロン量からただちに水分量が求められる．すなわち，ヨウ素1モルは96485×2 C (C：クーロン＝電解電流(A)×時間(s))の電気量で発生し，同時にヨウ素1モルは水1モルと反応するので，水1 mgと反応するのに必要な電気量は次のとおりとなる．

$$96485 \times 2/18020 = 10.71 \text{ C}$$

したがって，107 mAの電流を1秒間流して電解すると10 μgの水が定量されることとなる．通常，市販の電量滴定法水分測定装置は最大300〜400 mAで電解が行われているので，約30 μg/sの速度で水の滴定ができるように設計されている．また，終点の近傍では電解速度は制御されている．

なお，電量滴定法は滴定剤の力価の標定

が不要であるが，陽極におけるヨウ化物イオンのヨウ素への酸化の電流効率が100%であることが前提である．市販の陽極液は電流効率が100%になるような組成になっているが，試料の添加により陽極液組成が変化し，電流効率が悪くなることもあるので注意が必要である．

以下にその操作手順を示す．

①電量滴定法水分測定装置に付属している電解セルの陽極室および陰極室におのおのの陽極液，陰極液を入れる．

②陽極室の陽極液をかき混ぜながら電解電流を流し，終点になるまでヨウ素を発生させ電解セル内を無水状態にする（このときの電気量は読む必要はない）．

③試料を加えて再び電解を行い終点になるまで電量滴定する．終点の検出は水分測定装置に組み込まれている検出回路により電気的に行う．

④市販の電量滴定法水分測定装置では電解に要した電気量から自動的に水分値として μg 単位で表示され水分が計算される．

水分(ppm)＝測定値(μg)/試料量(g)

(3) 水分気化-電量滴定法水分測定装置：水分気化装置を接続して水分測定を行う方法は水分気化法とよばれているが，陽極液や滴定溶媒に不溶な固体や粉体に対して適切な測定方法である．すなわち，乾燥した窒素ガス気流中で試料を加熱して試料から水分を気化させ，陽極液または滴定溶媒に捕集してKF滴定を行うものである．電量滴定法，容量滴定法いずれでも可能であるが，電量滴定法の方がより一般的である．ただ，加熱によって試料が分解し水を生成したり，他の妨害物質を生成する場合は加熱温度を適切に選択することが必要である．

応用例 容量滴定法と電量滴定法の使い分けは，水分が%オーダーなら容量滴定法，ppmオーダーなら電量滴定法が適している．ただ，油脂，塗料，汚い油などは電解セルの保守の面から水分のいかんにかかわらず容量滴定法の方が好ましい（表1）．

また，KF法は二酸化硫黄とヨウ素の酸化還元反応を利用しているため，それらと酸化還元反応を行う試料は基本的には水分測定ができない．また，KF試薬の滴定溶媒や陽極液にはメタノールがおもな溶媒として用いられているが，アセトンなどのケトン類とは式(4)のような反応を起こして水を生成するため，メタノールを含む滴定溶媒や陽極液中では水分測定ができない．

$$R_2C=O + 2\ CH_3OH \longrightarrow R_2C(OCH_3)_2 + H_2O \quad (4)$$

このような試料についてはメタノールを含まないケトン用と指定された滴定溶媒や陽極液を使用する必要がある．このように試料の測定を行う前に，妨害反応を起こすものが含まれるか否かを確認しておく必要がある．

表1 容量滴定法，電量滴定法および水分気化-電量滴定法の応用例

	応 用 例
容量滴定法	バター，マーガリン，キャンデーなどの食品類，シャンプーなどの化粧品，塗料
電量滴定法	トルエン，イソプロパノールなどの有機溶媒，電気絶縁油などの油類，液化ガス
水分気化-電量滴定法	PET，ナイロンなどのポリマー類，医薬品，無機物，粉体

［加藤弘眞］

参考文献

1) Smith D. M., Bryant, W. M. D., Mitchell, J.：*J. Am. Chem. Soc.*, **61**, 2407, 1939.
2) Verhoef, J. C., Barendrecht, E.：*Anal. Chim. Acta*, **94**, 395, 1977.
3) Cedergren, A.：*Talanta*, **25**, 229, 1978.
4) Scholz, E.：*Fresenius' Z. Anal. Chem.*, **303**, 203, 1980.

39
γ 線測定装置
gamma-ray spectrometer

定性情報 放射性核種(radionuclide)から放出する γ 線エネルギー。

定量情報 γ 線スペクトルの光電ピーク面積(photoelectric peak area)。

装置構成 γ 線スペクトロメーター(gamma-ray spectrometer)。装置の構成を図1に示す。γ 線測定装置は、おもに γ 線検出部、データ収集部とデータ解析部の三つのシステムから構成されている。

γ 線検出器システム：放射化した試料からの γ 線を検出するシステムで、γ 線検出器と遮へい体から構成されている。

遮へい体：実験室や測定室などには、部屋を構成している材料に含まれる微量な天然の放射性核種や人工の放射性核種から、あるいは宇宙線からさまざまな γ 線が降り注いでいる。これらはバックグラウンドを形成するので、これらの γ 線量を低減させるために、γ 線検出器の周囲を遮へい体(shield)で覆い使用する。γ 線は、密度が大きな物質に比例して減弱するため、一般的には原子番号が大きく、構造的に強く、安価な材料が遮へい体として使用される。簡易的には市販の鉛ブロックや鉄材を積み重ねて構成してもよいが、鉛材の中には微量な天然の放射性核種が含まれたり、鉄材には微量の ^{60}Co が含有されたり、また、鉛材では試料からの γ 線と相互作用した低エネルギーの特性 X 線が放出するため、極微弱な放射線を扱う場合には、鉛材の内側に古鉄(1945年以前の鉄)を置き、さらに内側にカドミウムあるいは銅を張り、使用する。各材料の厚さの目安は、鉛材では10～15 cm、鉄材では20～25 cm で、カドミウムおよび銅の厚さは1 mm である。

検出器：γ 線検出器は、一般には γ 線のエネルギー分解能がよいため Ge 半導体検出器(Ge 検出器ともいう)が使用される。多くの Ge 検出器(Ge detector)は液体窒素で冷却して使用するため、クライオスタット(真空冷却装置)とデュワー容器から構成されている。Ge の結晶構造によって、同軸型(coaxial)と平板型(planar)の2種類に大別することができ、これらは使用するエネルギー範囲が異なり、同軸型 Ge 検出器では約50 keV～10 MeV であるのに対し、平板型 Ge 検出器では約3～400 keV である。また、検出器の側面が床面に対し垂直なものと、水平なものに分類できる。γ 線の検出効率(detection efficiency)は、お

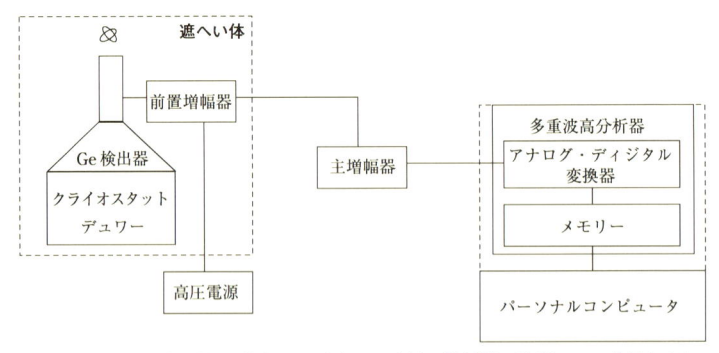

図1 γ 線測定装置の構成(試料は検出器の垂直上に試料の放射能の強弱により位置を変えて置く)

およそ100 keVからエネルギーが増加するにつれて指数関数的に減少する．同一エネルギーでは，Geの結晶の大きさが増せば，それだけ検出効率も増大する．特殊な形としてGeを井戸型（ウェル型：well）にして検出効率を上げたものもある．検出器から電気信号を取り出すため高圧電源(high voltage supply) (2000～3000 V)により電圧を検出器に印加して，前置増幅器（プリアンプ：preamplifier）より電圧パルスを得る．

データ収集システム：検出器からの信号によりγ線スペクトルを形成するシステムで，主に，主増幅器(amplifier)（リニアアンプあるいはスペクトロスコピアンプ）と波高分析器(pulse height analyser)とから構成されている．波高分析器の中心はアナログ・ディジタル変換器(analogue to digital conveter；ADC)で，γ線エネルギーに相当した電圧パルスをディジタル量に変換し，頻度別に振り分け，2048～8192チャネルのメモリー部分に蓄積する．

データ解析システム：波高分析器にはパーソナルコンピュータが接続される．γ線スペクトルの解析では，おもに光電ピークチャネル(photopeak channel)，ピーク面積(photopeak area)，ピーク半値幅(full width at half maximum；FWHM)を解析する．さらに，核ライブラリーの参照でピークの同定を行ない，中性子照射条件や試料重量等の入力で生成放射能を基準化し，標準試料のデータとの比較を行い，元素量あるいは濃度を算出する．

作動原理　p型（正孔が富）あるいはn型（電子が富）のGe半導体に異なった型の電極を接合し，その両端に印加電圧をかけると接合部は電荷キャリヤーのない空乏領域(depletion region)が生成する．一方，γ線がGe半導体に入力すると，光電効果(photoelectric effect)，コンプトン散乱(Compton scattering)，電子対生成(pair production)と3種類の相互作用により電子などの生成が起こる．光電効果ではγ線エネルギーに応じて一定のエネルギーの光電子が放出する．分析には光電ピークが用いられる．コンプトン散乱は，光電ピークよりはエネルギーが低いコンプトン端(Compton edge)を最大エネルギーとして連続エネルギーの電子を放出する．この影響はスペクトルのバックグラウンドにもなる．

電子対生成は，γ線エネルギーが1.022 MeV以上のとき起こり，消滅γ線(annihilation gamma rays) 0.511 MeVのγ線ピークを形成する．生成した電子の運動エネルギーは，前置増幅器・主増幅器で電圧パルスに変換され，さらにアナログ・ディジタル変換器により電圧の波高が相当するチャネル番号に振り分けられる．また，入力するγ線の数は電圧パルスの数に比例するので，該当するチャネル番号に振り分けられるパルスの数は，その頻度として現れる．以上によりγ線スペクトルを収集することができる．例として鉄を放射化したときのγ線スペクトルを図2に示す．

用　途　分析対象元素は，放射化によってγ線を放出する核種を含有する元素に限られるが，周期表において大部分の元素が該当する．放射化量は，標的核種(target nuclide)の同位体存在度(isotopic abundance)，放射化断面積(activation cross section)，半減期(half life)などの核物性や放射化条件等により変わる．本法は，おもに物質中のppm～pptまでの微量・超微量元素の定量に利用される．放射化量を生成放射能 A で示すと，

$$A = f\sigma(WN_A\theta/M)\{1-(1/2)^{t_1/T}\}$$

で示される．ここで，f は中性子束密度，σ は放射化断面積，W は試料質量，N_Aはアボガドロ数，θ は放射化される原子核の同位体存在度，M は分析元素の原子量，T は生成原子核の半減期，t_1は照射時間であ

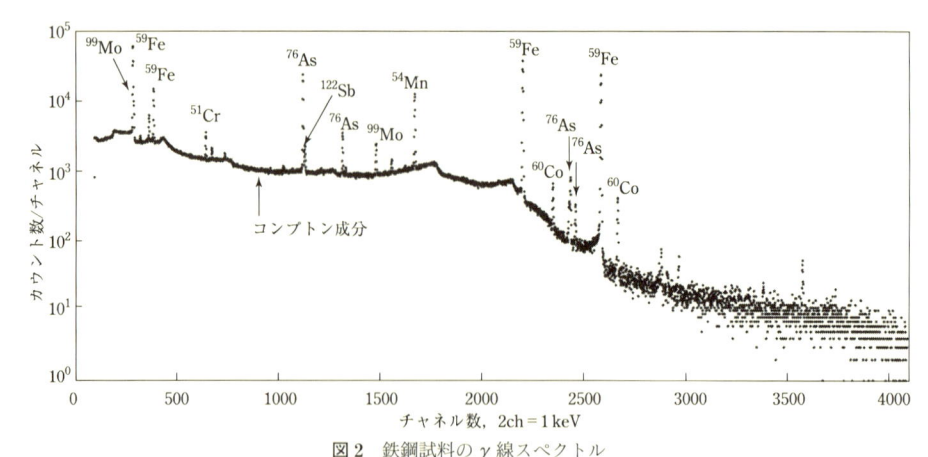

図2 鉄鋼試料のγ線スペクトル
6時間中性子照射し，5日後に測定．各ピークは核種からのγ線の光電ピーク，バックグラウンドは各核種からのコンプトン成分．

る．また，測定では放射化後冷却時間 t_c を経過して計測するので，そのときの放射能は $A\ (1/2)^{t_c/T}$ となる．

本法では多数のγ線を同時に収集・解析することができることから，試料を化学的処理を行わない直接分析を行うことができ，多くの分野の試料を分析している．対象試料の分野として地球化学，工学，生物学，環境科学，薬学，医学，考古学等あらゆる分野の微量元素を目的とする分析に適用できる．

さらに，高感度分析法であることから，試料量も数 mg から数百 mg で分析でき，放射能(radioactivity)が減衰すれば再度放射化して分析できる利点もある．とくに貴重な試料の分析には本法が適している．また，特定の微量元素をより高感度に定量する場合には，放射化した後に放射化学操作(radiochemical procedure)を行い，目的核種を選択的に分離し，定量することができる．放射化学操作には担体(carrier)を加えることで，操作中の汚染や揮散の可能性を低減できる．

応用例

A．高純度鉄中のコバルト，亜鉛，ヒ素，アンチモンの定量

(1) 中性子照射およびγ線測定

①鉄鋼試料約 50 mg をはかり取り，二重の洗浄したポリエチレン袋に封入する．比較標準試料として原子吸光分析用標準溶液(1000 ppm) 10 μL を洗浄した沪紙に染み込ませ，二重の洗浄したポリエチレン袋に封入する．これらを同一の照射カプセルに充填し，研究用原子炉の照射設備で放射化する．

②中性子束密度(neutron flux density) 3.8×10^{12} n cm^{-2} s^{-1} で6時間照射(irradiation)した後，約3〜7日後照射カプセルから試料を取り出し，二重のポリエチレン袋から試料を新しいポリエチレン袋に詰め替え，Ge 検出器上 2〜20 mm の距離に試料を置き，半減期数日以下の寿命の核種に注目するためγ線スペクトロメーターで2〜8時間の測定を行う．

③半減期数 10 日以上の寿命の核種に着目するため，さらに 4〜10 日間後にγ線スペクトロメーターで 8〜24 時間の測定を行う．

④比較標準試料は二重の外側のポリエチレン袋を新しいポリエチレン袋に替え，分

析試料を測定した距離と同一の距離で20～30分間の測定を行う．

⑤分析試料と比較標準試料を同一のカプセルに充填して中性子照射しない場合やカプセル内に数多くの試料を充填して中性子照射する場合は，数個の試料ごとに中性子束密度の補正のためフラックスモニター（鉄線あるいはアルミニウム線（アンチモン0.1%含有））約10mgを貼り付け，中性子照射後分析試料や比較標準試料を測定しないときに20分間の測定を行う．

⑥γ線スペクトロメーターでは，波高分析器に設備されている不感時間率（dead time rate）の表示に注意しながら，おおよそ20%を超えない状態で測定する．

(2) γ線スペクトルの解析

①定量する元素に相当する放射性核種からの光電ピークに着目して解析を行う．着目する元素と核種は，コバルトが^{60}Co（半減期：5.26 y，γ線：1173, 1333 keV），亜鉛が^{65}Zn（半減期：245 d，γ線：1115 keV），ヒ素が^{76}As（半減期：26.5 h，γ線：657, 559 keV），アンチモンが^{122}Sb（半減期：2.8 d，γ線：564 keV）と^{124}Sb（半減期：60 d，γ線：603, 646, 723, 1691 keV）である．

②各測定時刻における分析試料および比較標準試料の光電ピーク面積（カウント：counts）から計数率（counts per second；cps）を算出し，さらに各核種の半減期を利用して一定時刻における計数率（たとえば，照射終了時刻における計数率に規格化する）を計算し，分析試料と比較標準試料の規格化した計数率の比から元素含有量を求め，試料質量から元素濃度を求める．

③フラックスモニターを使用した場合では，それぞれのモニターからの光電ピークの規格化した計数率の比から元素含有量あるいは濃度の補正を行う．カプセル内の位置の違いで最大20%の差が出ることもある．

④定量下限値は，コバルトで10 ppb，亜鉛で1 ppm，ヒ素で100 ppb，アンチモンで1 ppb程度である．

B．文化財鉄釘のヒ素とアンチモン濃度比による産地推定

①寛永13年（1636年）に建立され，文化12年（1810年）に大修復された西本願寺御影堂の屋根瓦に使用されていた長さ約40 cm，質量300～500 gの角鉄釘の錆化していない箇所から約50 mgを切削し，分析試料とした．

②応用例Aの操作に従って，ヒ素とアンチモンを定量した．

③1本の釘で2カ所で，約10本の釘を分析したところ，ヒ素濃度は10～40 ppm，アンチモン濃度は1～4 ppmでいずれもヒ素とアンチモン濃度比は約10であった．

④明治末および昭和初期に奥出雲地方の砂鉄を原料に"たたら"製鉄をしたときの鉄素材を同様に分析しても，鉄釘と等しい結果となった．ヒ素とアンチモン以外にコバルト，ニッケル，銅，ガリウム，モリブデン，タングステンが定量できたが，すべてが類似した濃度であり，使用されていた鉄釘の鉄原料は奥出雲であることが判明した．

⑤ヒ素とアンチモン濃度比は，鉄製錬過程においてほぼ不変であることから，鉄器の鉄原料の産地推定が可能となる．

［平井昭司］

参考文献

1) Gilmore, G., Hemingway, J. D.（著），米沢仲四郎ほか（訳）：実用ガンマ線測定ハンドブック，日刊工業新聞社，2002．
2) 伊藤泰男，海老原充，松尾基之（監修・編）：放射化分析ハンドブック，日本アイソトープ協会，2004．
3) 岡田往子，平井昭司：鉄と鋼，**89**, 900-905, 2003．

II

状態分析

40
全反射蛍光顕微鏡

total internal reflection fluorescence microscopy

定性情報 蛍光.

定量情報 通常は定量情報を得るためには利用されない.

注解 全反射蛍光顕微鏡では,全反射照明により,エバネッセント波が到達可能なカバーガラスのごく近傍(カバーガラス表面から～約150 nm程度)に存在する蛍光分子のみを励起し,境界面近傍の試料の画像化や背景光の少ない高感度な蛍光分子の検出(一分子検出など)を行う.また,エバネッセント光強度はガラス界面からの距離(深さ)に依存する(後述)ので,定量的な情報を得るためには分析対象の深さ方向の分布に関する情報が必要である.

装置構成 通常の蛍光顕微鏡に全反射照明用の装置を付属させることによって構成する.全反射照明の方法は,①プリズム利用型と②対物レンズ利用型の二つに分類される.それぞれの装置構成を図1,2に示す(図はともに倒立型顕微鏡を利用した光学配置).プリズム型の利点は,比較的容易かつ安価に構築できること,および低倍率広視野での観測ができることである.一方,対物レンズ型の利点は,プリズムを配置する必要がないため透過観察や試料交換などが容易であること,また観察視野を動かしても照明が維持されることなどである.後者の欠点として,分解能を表す尺度である開口数(NA)が1.33より大きな高倍率の対物レンズしか使用できないことがあげられるが,近年,NA=1.45の対物レンズとそれに対応した光学系をもつ倒立型の顕微鏡が市販されており,後者が普及しつつある.

作動原理 屈折率の異なる二つの媒質が平面の境界面で仕切られている中の光の進み方を考える.一つの媒質の中では光は直進するが,境界面では光の一部は反射し,残りの光は屈折してもう一つの媒質中を進む.そのとき入射角 θ_1 と反射角 θ'_1 は等しく,また,入射角 θ_1 と屈折角 θ_2 は式(1)で与えられる.この式はスネルの法則として知られている.

$$\sin\theta_1/\sin\theta_2 = n_2/n_1 \qquad (1)$$

ここで, n_1 は媒質1の屈折率, n_2 は媒質2の屈折率である.屈折率の高い(密の)媒質1から低い(疎の)媒質2へ入射する光線を考える(図3).この場合,式(2)で与えられ

図1 プリズム利用型システムの光学配置[1]

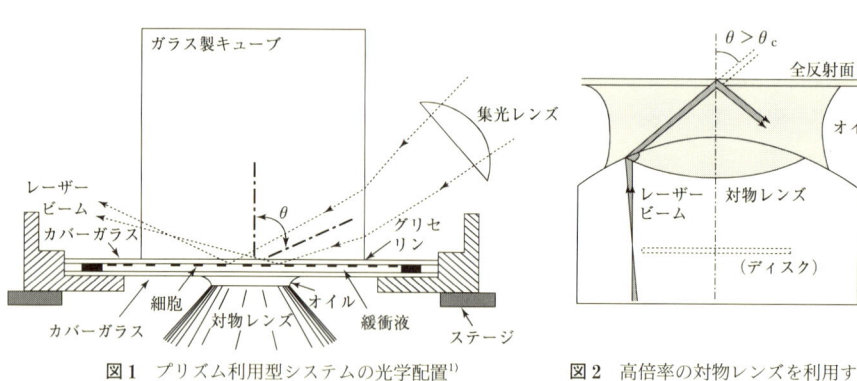

図2 高倍率の対物レンズを利用するシステムの光学配置[1]

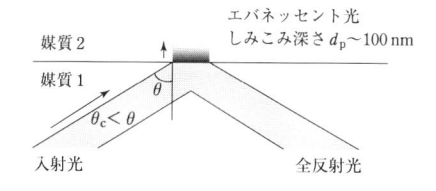

図3 全反射とエバネッセント波

る臨界角 θ_C より大きな角度 θ で入射する光に対しては，屈折光は観測されず，すべての光は反射される．この現象を全反射とよぶ．

$$\sin\theta_C = n_2/n_1 \quad (2)$$

全反射状態では光エネルギーはすべて反射される．しかし，光エネルギーは，すべて高屈折率媒質に閉じ込められるのではなく，二つの媒質の境界面(全反射面)から低屈折率媒質側へも指数関数的に減衰する電磁場(定在波)を生じる．この電磁場をエバネッセント光(場)とよぶ．全反射面からしみこむ場の深さ d_P は式(3)で与えられる．

$$d_P = \lambda / (4\pi\sqrt{n_1^2\sin^2\theta - n_2^2}) \quad (3)$$

ここで，d_P は光の強度が $1/e$ となる界面からの距離(深さ)，λ は入射光の波長，θ は入射角，n_1 は媒質1の屈折率，n_2 は媒質2の屈折率である

式(3)より d_P はこれらのパラメーターにより変化することがわかるが，とくに波長一定とすると，入射角により大きく変化する．すなわち，入射角が臨界角 θ_C に近づくと，d_P は急速に増加する．しかし，一般に全反射照明蛍光顕微鏡で用いられる条件では，使用される波長を400〜700 nmとすると d_P は50〜150 nm程度となり，エバネッセント光により照明される領域の深さは非常に小さい．このエバネッセント光を蛍光物質の励起に利用するのが本装置である．

用途 現在，生物科学の分野で活発に応用されている．本法では光全反射の起こるガラス面近傍のみを励起できるので，生きた細胞中のガラス反射面近くに局在する蛍光標識された組織(細胞膜など)やタンパク質および基質分子の間のダイナミクスの研究などに応用されている．また，タンパク質の一分子計測などにも有効な手法である．すなわち，溶媒中に溶解した蛍光標識したタンパク質を本法で観察すると，ブラウン運動のためにms以下の時間スケールで照明範囲からはずれてしまい観測できない．しかし，ガラス表面に固定された蛍光分子は光分解するまで蛍光を発するので観測できる．この性質を利用すると，タンパク質間の相互作用などを一分子レベルで観測できる．

応用例

A．蛍光ラベルした細胞の観察[1,2]

細胞を，膜脂質の蛍光アナログ，特異的な蛍光標識物質，あるいは細胞表面や細胞質の特定物質に対する蛍光標識抗体などで標識し，細胞/ガラス近傍での標識された組織の構造や動きを観察する研究が数多くなされている．

B．一分子の生物分子モーター(キネシン)のすべり運動の観察[3]

Valeらは，生物分子モーターであるキネシンを蛍光色素のCy 3で標識し，この標識キネシンとCy 5で標識したクラミドモナスの鞭毛軸糸とをATP存在下で混合し，全反射蛍光顕微鏡で観察した．キネシンが軸糸からはずれるとブラウン運動で拡散してしまい観察されない．その結果，軸糸上をすべり運動しているキネシンのみが観察された．キネシンは $0.3\,\mu m/s$ の速さで軸糸上を動き，またすべり運動距離の度数分布は，平均600 nmの指数分布となった．

[角田欣一]

参考文献

1) Axelrod, D.: *Methods in Cell Biology*, **30**, 245-270, 1989.
2) 船津高志(編)：生命科学を拓く新しい光技術，共立出版，1999.
3) Vale, R. D., *et al.*: *Nature*, **380**, 451-453, 1996.

41
分散型赤外分光光度計

dispersive infra-red spectrophotometer

定性情報 赤外吸収スペクトル.

定量情報 スペクトルバンドの吸収強度.

注 解 スペクトルとは物質に光を照射し,その結果,物質から放射される透過光,反射光,散乱光などを波長,周波数,波数の横軸変数に対して展開したときに得られる光強度の描くパターンである.

赤外分光法は試料による赤外光の吸収,反射,発光などをスペクトルとして測定するものである(これらの中では,赤外吸収スペクトルが圧倒的に多いのはいうまでもない).原理的には赤外スペクトルは分子の振動スペクトルの一種である.これらのスペクトルは分子振動に起因しているのであるから,分子の構造と直接結びついている.したがって,スペクトルから得られる定性情報は第一義的に分子構造の詳細に関する情報である.

一般に,あるスペクトルバンドはその吸収波数,吸収強度,バンドの形状のようなパラメーターにより特徴づけられるが,赤外吸収スペクトルの有用性はそれらのうち吸収波数に起因するものが圧倒的に多い.しかしながら,スペクトルの有用性はスペクトル全体のパターンの物質の"指紋的性格",官能基の特性吸収波数に基づくばかりでなく,ある特性バンドを詳細に検討して得られる分子構造の詳細や分子のおかれている状態などの化学情報によるところも大きい.最近の高度な機能性材料のキャラクタリゼーションに必要なのは,むしろ後者の高度な定性情報による部分が多くなってきている.

定量は検量線を描くことにより行われる.すなわち,ブーゲ-ベール(Bouguer-Beer)の法則

$$\log(I_0/I)_\nu = \varepsilon(\nu)Cl$$

に従い,縦軸変数の吸光度 $\log(I_0/I)_\nu$ を試料の濃度 C に対してプロットして検量線をあらかじめ描いておく.ここで,$\log(I_0/I)_\nu$(I_0 は入射光強度,I は透過光強度),$\varepsilon(\nu)$,C,l は,それぞれ波数 ν における吸光度,波数 ν における吸収係数,試料濃度,光路長である.

装置構成 装置の例を図1に示す.

連続的に広い波長範囲の光を放射する光源を白色光源というが,測定は,まずこのような光源からの光を試料側を透過する光と参照側を通る光に光源部のミラーで分け

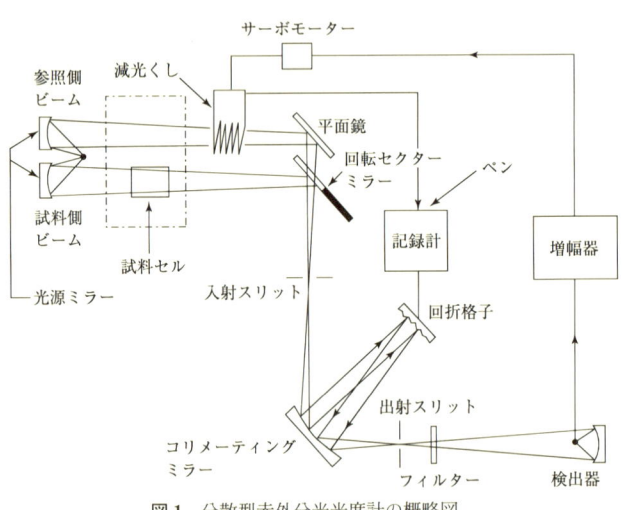

図1 分散型赤外分光光度計の概略図

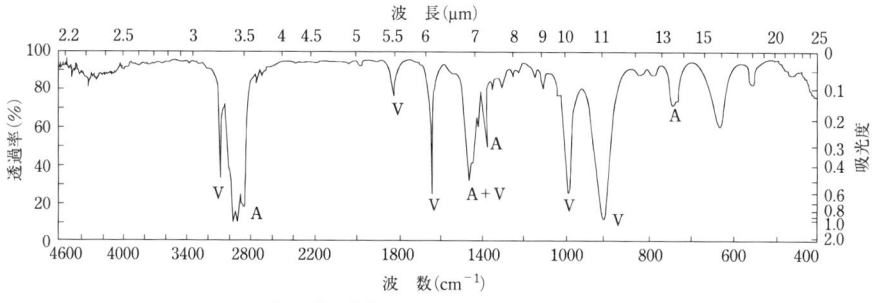

V：ビニル基の特性吸収，A：脂肪族の部分の特性吸収
図2　$CH_3-(CH_2)_3-CH=CH_2$ の赤外吸収スペクトル

る．これら二つの光束はそれぞれ回折格子で各波長に分解されるのであるが，試料側，参照側の光束は一定の回転周期で回転している回転セクターミラーに交互に入射し，検出器に到達する．検出器はこれらの光のエネルギーを電気信号に変換するトランスデューサーであり，試料に光吸収がある場合には二つの光束によって生じる電位に周期的な差が生じ，電気信号は交流信号になる．これを増幅して検出器に誘起される試料側と参照側からの光による電位が等しくなるように減光櫛を動かす．この減光櫛の動きと同期させて記録計のペンを動かしスペクトルを記録する．

このように二つの光束を用いる方式をダブルビーム方式というが，一般には，光学的ゼロ位法とよばれ，広く使われている方法である．この方法を用いる分散型赤外分光法は，大気中の水分や炭酸ガス，あまり強くない溶媒の吸収などによるバックグラウンドが記録されたスペクトルに現れないという利点をもつ巧妙な方法である．

応　用　赤外分光法の有用性，とくに有機化合物の構造解析における有用性については，多くの文献に詳しく書かれているので，ここでは簡単に触れる．赤外分光法の特徴は以下のとおりである．

①試料分子中に特定の発色団がなくても数多くの吸収信号を与え，また，それらが全体として対象分子固有のパターンを形成し，物質の指紋的性格を示す．

②官能基に特有な特性振動波数を示す．

③分子構造のわずかな違い，たとえば各種異性体などを容易に識別できる．すなわち高度の選択性をもつ化学計測法である．

④気体，液体，溶液，固体試料などいずれについても適用できる．

一例として，$CH_3-(CH_2)_3-CH=CH_2$ の赤外吸収スペクトルを図2に示す．このスペクトルにおいて，$3100\,cm^{-1}$ 付近の吸収はアルケンの C－H 伸縮振動(stretching)，$1600\,cm^{-1}$ 付近の吸収は C＝C 伸縮，$1000\,cm^{-1}$ および $900\,cm^{-1}$ のきわめて強いバンドはビニル基の CH 面外変角振動(out-of-plane CH bending)で，これにより，この場合のアルケン官能基がビニル基であることがわかる．さらに，$1800\,cm^{-1}$ 付近はビニル基の $900\,cm^{-1}$ バンドの倍音である．脂肪族の部分構造は，2800〜3000 cm^{-1} に脂肪族炭化水素の C－H 伸縮，$1380\,cm^{-1}$ に CH_3 基変角，$740\,cm^{-1}$ に CH_2 基の横ゆれ(rocking)振動の信号である．以上からこの分子はメチル，メチレン(直鎖状)，ビニル基を含む $CH_3(CH_2)_nCH=CH_2$ なる分子であることがわかり，n は分子量などから決定される．　　［樋口精一郎］

42 非分散型赤外分光光度計

non-dispersive infra-red spectrophotometer

定性情報 赤外吸収スペクトル．

定量情報 スペクトルバンドの吸収強度．

注 解 非分散型の装置とは，プリズムや回折格子といった分散素子を使用しないものをいう．分光法が光強度の周波数(波長)依存性を測定するものである以上，非分散とはいっても，何らかの方法により回折格子と同様な作用を含まなければならない．それが，フーリエ変換(Fourier transformation)という数学的演算処理である．

赤外分光法の分野では，光の干渉現象を利用して干渉図形を測定し，その図形をフーリエ変換して周波数領域の図形(すなわち，スペクトル)に変換する，いわゆる"干渉分光法"が汎用的な非分散型赤外分光光度計として使用されている．この種の装置を，フーリエ変換赤外分光光度計 (Fourier transform infrared spectrophotometer : FTIR)とよぶ．

この干渉分光法の歴史はそれほど新しいものではなく，すでに19世紀末にはRayleighがその原理を見出している．実際にこの方式が実用段階に入ったのはコンピュータが実用化されるようになった1949年，フランスの天文学者 Fellgett によるものとされている．当時，FTIRの研究を進めていたのはおもに天文学者であり，分光学者ではなかった．これは驚くにあたらない．天文学においては，宇宙からの著しく微弱な光のスペクトルを測定する必要があり，少しでも"明るい"装置の必要性を痛感していたことは容易に推測される．FTIRの装置の神髄は，まさにこの

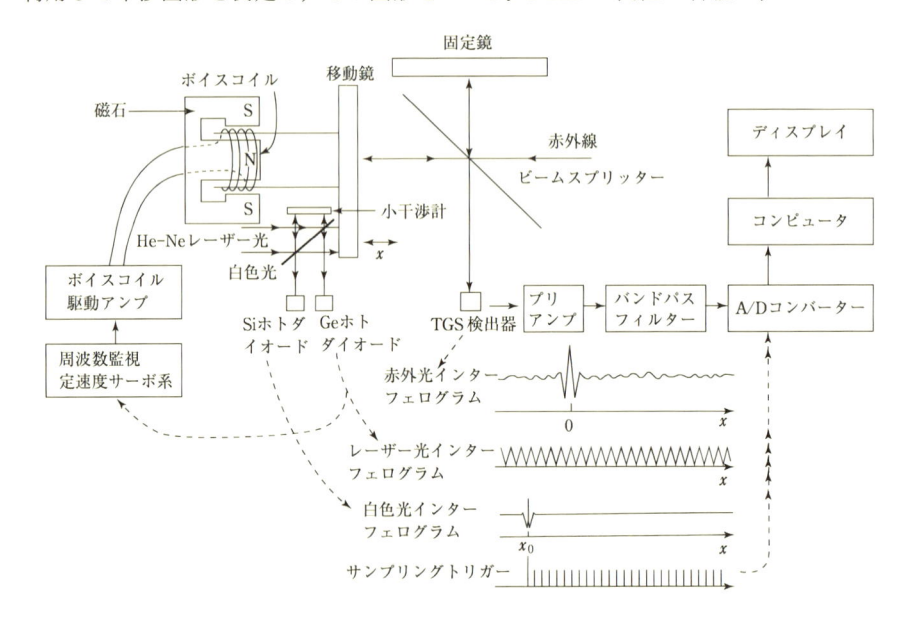

図1 フーリエ変換赤外分光光度計の概略図

(a) ブランク　　　(b) ポリスチレン
図2　インターフェログラムの例

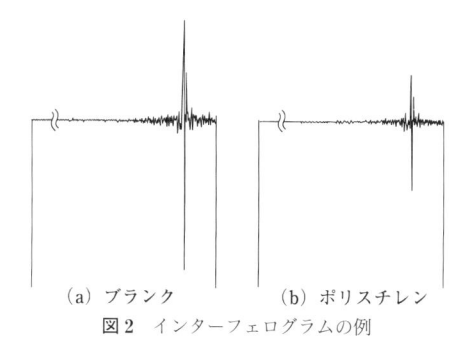

"明るい"分光器であることにある．

装置構成　図1にフーリエ変換赤外分光光度計の概略図を示す．これはFTIR装置の一例であり，最近は，より高性能化された各種の装置が市販されているが，基本的な部分はおおむね似たようなものである．

干渉図形測定部：FTIRの光学系の心臓部ともいうべき部分は干渉計である．図1ではもっとも一般的に使われているマイケルソン干渉計を使用した装置を示してある．光源からの赤外光は白色光のまま試料を透過(あるいは，反射や発光)した後，ビームスプリッターによって二つの光束に分けられる．

その一方は固定鏡により反射され，他方は移動鏡により反射され，それぞれ反射光としてビームスプリッターに戻ってくる．この二つは，移動鏡の移動距離によりそれぞれの位相が異なるので，ここで干渉という現象が起こる．図2に干渉図形(インターフェログラムとよばれることも多い)の例を示す．干渉図形はビームスプリッターで分けられた二つの光束の光路長の差(光路差)の関数になり，この光路差をいかに精密に測定できるかということが，この干渉図形をフーリエ変換して得られる赤外スペクトルの"質"を決定することになる．この干渉図形 $I(\delta)$ から赤外スペクトル $B(\nu)$ を得るため，以下の数学的演算をコンピュータにより行う．

$$B(\nu) = \int_0^\infty \{I(\delta) - I(0)\}\cos(2\pi\nu\delta)\,d\delta$$
$$= \int_0^\infty F(\delta)\cos(2\pi\nu\delta)\,d\delta$$

ここで，$B(\nu)$ はここで求めたい赤外スペクトル，δ は移動鏡と固定鏡で反射される光の光路差，$I(\delta)$ は干渉図形，ν はスペクトルの周波数または波数である．上式は測定された干渉図形のフーリエ変換という数学的処理により，検出器に到達する光の周波数密度，すなわち赤外スペクトルが得られることを示している．いいかえれば，FTIRでは，分散型の装置で回折格子が行っている役割をフーリエ変換という数学的操作が行っているといえる．

小干渉計部：図1において主干渉計の移動鏡の背面に小干渉計が装着されている．He-Neレーザー光の632.8 nmのインターフェログラムは光路差測定の物差しとして用いる．また，白色光のインターフェログラムを同時に得て光路差ゼロの点を決め，この位置から主干渉計の光強度データのサンプリングを開始する．

分光学的特徴　分散型赤外分光光度計(項目41)の場合，回折格子による分光操作であるため，出射スリットを通過して検出器に到達する光はある特定の波長の光のみであり，その光を測定している時点においては，その波長以外の波長の光成分はすべて捨てている．これに対して，図1のFTIRの装置においては，このような光の"無駄使い"はなく，検出器に入射する光はつねに白色光である．すなわち，多波長光同時測定であり，光学的にきわめて"明るい"装置である．また，回折格子やプリズムを用いる場合，どうしてもスリットが必要になり，これが，また光エネルギーの利用効率を低下させている．これに対して，FTIRの場合には，分散操作はコンピュータが数学的に行うので，このようなスリットを用いる必要がない．以上から，FTIR

(a) ブランク

(b) ポリスチレン

(c) (b)/(a)のスペクトル

図3 FTIR スペクトルの例

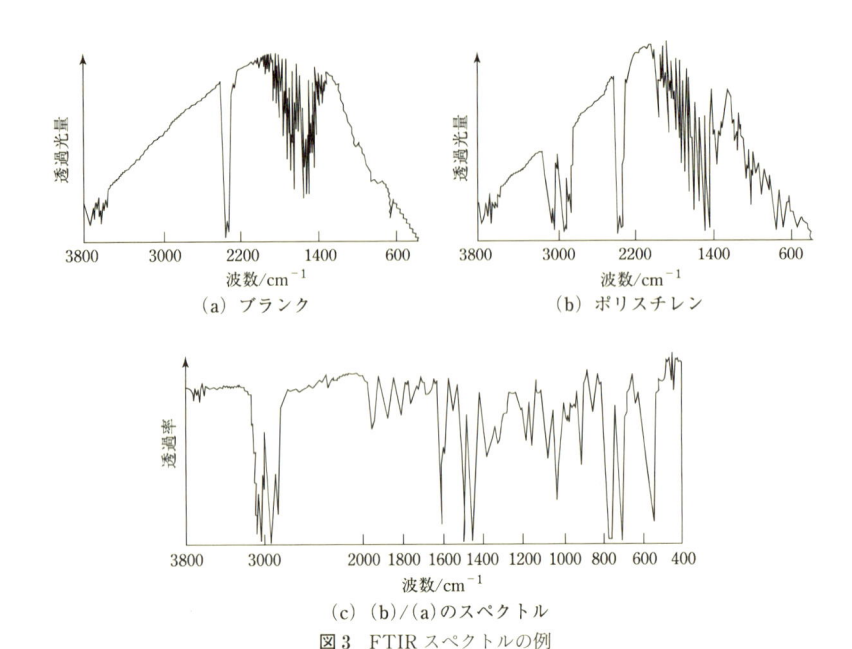

はきわめて微弱な光の分光測光にきわめて強い装置であることがわかる．

FTIR の応用

(1) 吸収分光法

一般に，FTIR を用いてスペクトルを測定する場合に注意しなければならないのは，この測定法が原理的にシングルビーム方式であるということである．図3にポリスチレン薄膜試料について(a)ブランク，(b)ポリスチレン，(c) (b)/(a)のスペクトルを示す．(b)のスペクトルにおいては，試料であるポリスチレンの吸収信号の多くがブランクに隠されて見えなくなってしまっているのがわかる．

FTIR 法は"感度が高い"ということをよく聞くが，それは弱い吸収信号を検出する能力が原理的に高いということではないことに注意する必要がある．すでに述べたように，FTIR は微弱な光を検出する能力がきわめて高い，著しく"明るい"分光光度計である．

(2) 反射分光法

前述したように，非分散型の装置であるため，FTIR は"暗い光の分光測光"，すなわち検出器に到達する光が微弱な場合に威力を発揮する．この特性は通常の吸収分光の場合よりも，従来の分光装置ではむしろ特殊測定とされていた各種赤外反射分光法や赤外発光分光法への応用分野で力を発揮してきた．

FTIR-ATR 法(赤外全反射吸収法)：反射スペクトルの測定は，吸収分光法に比べると試料から出射してくるスペクトル信号を含む光は著しく微弱である．赤外反射法の中で ATR 法はすでに分散型赤外分光光度計と結びつけられてその有用性が確立されているものであるが，FTIR と結びつけた最近の FTIR-ATR 法は，その応用性が著しく拡大している．たとえば，従来の方式ではほとんど不可能であった含水試料についても水のバックグラウンド信号を差し引くことにより，水の存在下における吸着

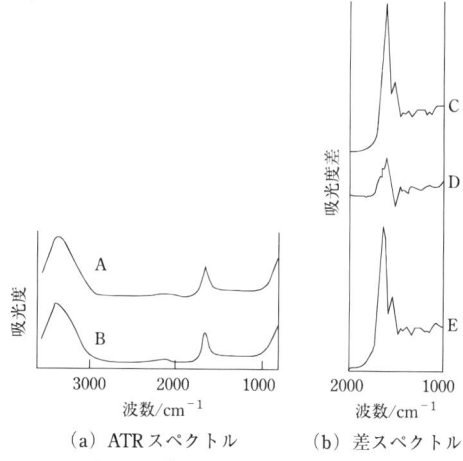

図4 吸着血漿のATRスペクトル(a)および差スペクトル(b)

A：血漿除去新鮮食塩水導入後40分
B：血漿除去新鮮食塩水導入後85分
C：A−(H_2O スペクトル)
D：C−E
E：B−(H_2O スペクトル)

(a) ATRスペクトル　(b) 差スペクトル

分子の挙動を検討することについても可能性が出てくる.

図4は水の存在下における血液凝固の研究の一環において測定されたFTIR-ATRスペクトルの一例である. これはATR法の高屈折媒質(この場合はゲルマニウム)上への血漿の吸着を見ようとしたもので, 単にATRスペクトルのみでは食塩水による洗浄時間を変えてもスペクトルバンドは図(a)のAおよびBのように, ほとんど水のもので変化がないように見える. しかしながら, これらから水のスペクトルを差し引くと(b)のC, Eのようにアミド I バンドと II バンドがはっきり現れる. さらに, C, Eの差スペクトルDから洗浄時間とともにアミド I バンドの強度が低下し, アミド II バンドの強さが増すことが明確になる. この種の情報はタンパク質のコンホメーションの挙動を解明していく上で有用である. すなわち, このような方法論的発展により, たとえば人工血管材料表面における吸着タンパク質の挙動に関する検討も可能になると思われる.

以上の例が示すように, FTIR-ATR法は理学, 工学, 薬学, 医学など種々の分野でその応用性が大きく広まりつつある測定法であり, 魅力ある振動スペクトル測定法である. その原理, 実験などの基礎的要因についてよく心得ておくことがその正しい応用のために必要であろう.

FTIR-DRS法(赤外拡散反射分光法)：FTIRと結合させることにより著しい応用性の発展を実現させた赤外反射分光法に赤外拡散反射法の分野がある. これは, FTIR-DRS(Fourier transform infrared diffuse reflectance spectroscopy)またはDRIFTS(diffuse reflectance infrared Fourier transform spectroscopy)と略称される.

ATR法は本質的に平滑な試料表面でなければ正しい測定結果を与えないが, 拡散反射法は粉体試料の赤外反射スペクトル測定法として発展してきたものである.

図5に拡散反射の機構を模式図で示す. 粉体試料に赤外光を入射させると試料表面から広い立体角にわたって反射光が放出される. その一部分は粒子表面から正反射する. 粉体粒子はあらゆる方向に配置しているので, 正反射光もいろいろな方向に反射する. 残りの光は粒子内部に侵入し, 試料

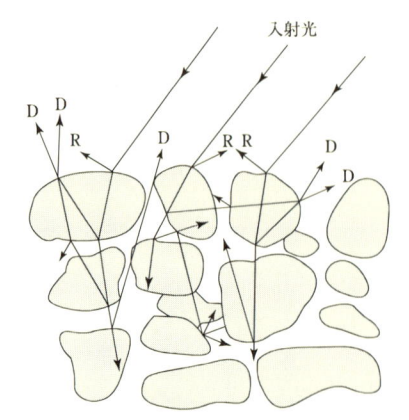

R：正反射光，D：拡散反射光，後方散乱光は省略
図5　粉体層での光拡散の模式図

内部で屈折・透過，光散乱，表面反射を繰り返し，拡散していく。このようなプロセスを経た拡散光の一部（その割合は粉体試料の状態による）が再び試料面から放射されるので，この光を分光測光すると拡散反射光のスペクトルが得られる。このように拡散反射光のスペクトルには正反射成分の混入，粒度の影響，波長や吸収強度による赤外光の侵入深さの違いなど複雑な因子の影響が関係してくるため，その物理的詳細はきわめて複雑である。しかしながら，光学系をいろいろ工夫して正反射光成分の混入を減らし，吸収のない，μm オーダーの粒径の微粉末（通常，KClまたはKBr）の上に試料を一様に吸着させた良好な条件の下では吸収スペクトルによく似たスペクトルが得られる。

上記のように細心の注意を施して測定しても，正反射成分は拡散反射成分に比して圧倒的に強いので測定結果にはその影響が強く現れる。この正反射の影響を補正するため，通常以下のようなクベルカ-ムンク（Kubelka-Munk）関数により補正する。

$$f(R_\infty) = K/S = (1-R_\infty)^2/2R_\infty$$
$$R_\infty = R_\infty(試料)/R_\infty(参照物質)$$

ここで，R_∞は粉体試料の反射率，Sは散乱光成分である。$f(R_\infty)$で表示すると吸収分光法における吸光度に対応する量が得られる。通常のFTIR装置にはこのKubelka-Munk変換（KM変換）のソフトが組み込まれており，R_∞の測定結果から$f(R_\infty)$が容易に計算できる。

この方法の利点は，KBr錠剤法で通常の吸収スペクトルを測定するのが困難な試料に対応するスペクトルが得られることである。図6にそのようなケースの一例を示す。これは，電子コピー用のトナーバインダーのFTIR-DRS（またはDRIFTS）スペクトルである。トナーは炭素粉末を含む黒色の試料であり，通常の方法では測定困難である。図6は250メッシュ以下のKCl微粉末に十数%のトナー粉を混合して測定した結果である。このスペクトルからこのトナーバインダーはポリスチレン，メチルメタクリレートであることが明らかになった。

FTIR-RAS法：次に，一般的に利用される反射法としてRAS法（reflection-absorption spectroscopy）をあげておく。これは高感度反射法または金属反射法といわれることもあるが，最近は反射-吸収法と広くいわれるようになった。入射面の面内で振動する波を平行偏光（またはP偏光），入射面に垂直な方向に振動する波を垂直偏光（またはS偏光）とする。金属面に入射した光は，金属内の自由電子との相互

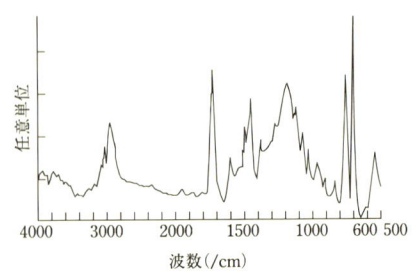

図6　FTIR-DRSによるトナーバインダー（ポリスチレン，MMA）の分析

作用により位相が180°変化した電磁波として反射する．それゆえ，P偏光の場合には入射光の電気ベクトルと反射光の電気ベクトルが金属面内で強めあい，金属面に垂直な定常振動電場をつくる．この定常波は金属面への光の入射角が大きくなればなるほど大きくなり，90°に近いとき最大になる．S偏光の場合には入射光と反射光の電気ベクトルが相殺しあい，金属表面の定常波はほとんどなくなる．

試料薄膜が吸着している金属表面にP偏光を入射させると，薄膜の成分分子に金属表面上の定常波が作用し，光は吸収を受ける．この場合，スペクトルを形成する吸収波長領域での反射率の変化は近似的に次式のようになる．

$$\left(\frac{\Delta R}{R_0}\right)_0 = -\frac{4\,n_1^3\sin^2\theta}{n_2^3\cos\theta}\alpha d$$

ここで，ΔR は薄膜の存在による反射率の変化量，R_0 は薄膜が存在しないときの反射率，n_1，n_2 はそれぞれ大気および薄膜の屈折率，θ は光の入射角，α は薄膜の吸収係数，d は薄膜の厚みである．

この式を吸収法によるスペクトルの$\Delta I/I_0 \simeq -\alpha d$（$I_0$ は入射光強度，ΔI は透過強度の変化量，そして$\alpha d \ll 1$ である）なる式と比較すると，RAS法においては吸収法の場合の$(4\,n_1^3\sin^2\theta/n_2^3\cos\theta)$倍になっているのがわかる．上式の$4\sin^2\theta$の項は金属表面上に形成される定常波の入射角依存性を示しており，$1/\cos\theta$の項は光が照射する試料面積に起因するものである．この理論式によると反射スペクトルの強度は入射角の増大に伴って大きくなり，$\theta=90°$で無限大になることになるが，これはこの式が近似式であるためで80°を超えるような大きな入射角ではスペクトル強度はこの式のとおりにはならない．最大感度を与える入射角を最適入射角というが，これは金属の種類や入射光の波長により変化する．最適入射角は基盤となる金属の反射率がかなり小さい場合を除いて85°～89°の範囲にあり，高反射率の場合ほど反射スペクトル強度は大きくなる．

(3) 赤外発光分光法

物質からの放射赤外光はその物質固有のものであり，そのスペクトルには吸収スペクトルと同様，その構造に関する情報が含まれているはずである．赤外発光法はこのような事情から，物質に関する化学情報を得る重要な方法論として位置づけられる．したがって，発光法は試料物質の赤外放射光を分光測光して分子振動に対応するスペクトル信号を得てそれを解析し，その物質に関する情報を得る方法である．

また，物質の定量情報を得る目的のためには，発光法の場合にもスペクトル信号の強度と物質量の関係を求めることによって行うが，発光スペクトルの場合には定量分析はあまり得意ではない．この目的にはほかの方法が可能ならばそれを使ったほうがよい．

赤外発光分光法の歴史は決して新しいものではなく，古くは太陽の光，星の光などを分光測光し，その星の温度や構成物質を研究する手段として用いられてきた．しかしながら，通常の化学計測の場合の試料の温度はだいたい1000℃以下であるから，試料から放射される光は非常に弱い．とくに，赤外光の測定においては感度の高い検出器は少なく，そのため試料からの放射赤外光を分光測光して分光分析に利用する試みはごく限られた分野で行われていたにすぎなかった．FTIRは天体からの微弱光を計測するのに適しており，初期には天文学者がFTIRに注目し，研究に用いていた．コンピュータなどの発達によりFTIRが化学計測の分野における有力な方法として利用できるようになってから，室温から100℃くらいの温度での赤外発光スペクトルの測定法として有用視されるようになったのは必然的である．なぜならば，これは

FTIR の利点を直接応用した研究であるからである．

発光法の分光学的特徴：赤外発光法は問題によっては，吸収法や反射法よりも有用な場合がある．最近，あらゆる分野で，界面あるいは表面とよばれる物質領域での加熱状態における分子の挙動を知ることがその物質の機能に関する情報を得る上で重要な測定法になってきている．赤外発光分光法はそのような要求に応える測定法といえる．

ここで，赤外発光法の方法論的特徴をまとめておく．まず第1に加熱による試料の状態の変化，すなわち"物性"がリアルタイムで測定できる．第2には試料が発光源であるため遠隔測定に適用できる．天文学的応用などはその典型である．第3に粉末試料を測定する場合でも，ハロゲン化アルカリのようなマトリックス物質を必要としない．第4に固体，液体の測定に同じセルなどのアタッチメントが使用できる(試料形態の許容性が大きい)．第5に，この測定法は金属表面上10 nm 程度の厚さの薄膜の測定ができる．第6に，光化学反応の研究などの場合，紫外・可視光を照射したまま赤外スペクトルを測定できる．第7には生体系の発光の研究もこの範疇に入れられる．これには，たとえば皮膚表面の疾患の医学的診断，培養による分泌物の識別の可能性などが考えられる．

赤外発光スペクトルの測定 FTIR を用いて赤外発光スペクトルを測定する付属装置の一例を図1に示す．測定は FTIR の光源にこのようなアタッチメントを置き，加熱により試料表面から放射される赤外光を FTIR のアパーチャー内に送り込むだけである．そうはいっても，赤外発光スペクトルの測定はただ加熱して得られるスペクトルパターンを記録しただけでは真のスペクトルは得られない．真のスペクトルは次式により計算される．

$$\varepsilon(\nu) = \frac{I_S(\nu) - I_R(\nu)}{I_{BB}(\nu) - I_R(\nu)}$$

ここで，$I_S(\nu)$ は測定されたままのスペクトル，$I_R(\nu)$ はバックグラウンドのスペクトル，$I_{BB}(\nu)$ は測定温度における黒体放射のスペクトルである．このようなデータ処理を行って初めて，真の試料のスペクトル $\varepsilon(\nu)$ が得られることになる．このためにも FTIR がコンピュータを内蔵しており，$\varepsilon(\nu)$ を自動的に出力できることは FTIR と赤外発光分光法を結びつけることの測定法上の大きな利点である．

測定例 吸収法や反射法では明瞭なスペ

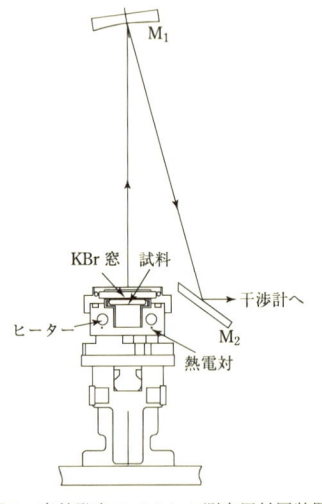

図1 赤外発光スペクトル測定用付属装置

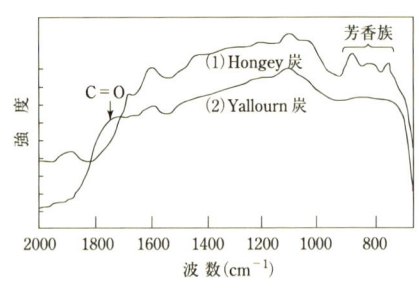

図2 産地の異なる2種の石炭の赤外発光スペクトル

クトルが得にくい試料に発光法を適用した例を示す．図2は赤外発光法を重質油や石炭などのいわゆる"黒物"といわれる物質のキャラクタリゼーションへ適用した一例である．この種の試料として産地の異なる2種の石炭の赤外発光スペクトルを示す[1]．これもあまり明瞭なスペクトルとはいえないが，これはバックグラウンドが著しく大きいことによるのであろう．しかしながら，これらのスペクトルからおのおのの石炭のスペクトルパターンの差異は十分識別できる．すなわち，(1)は芳香族成分が多く，石炭として良質であるが，(2)は脂肪族系でカルボニル基 C＝O が多く，質の低い石炭である．その他，石炭の液化のような今日的な課題においても，高温状態のスペクトルが要求されるので，そのような点からもこの測定は有利であろう．

[樋口精一郎]

参考文献
1) 田隅三生：FTIR の基礎と応用，p.147，東京化学同人，1986．

43
顕微測定用フーリエ変換赤外分光光度計
microscopic Fourier transform infra-red spectrometer

　振動分光法の応用は，原則として，均一系の試料に対する適用を考えたものであった．しかしながら，化学の分野のみならず，各種工業，薬学，医学，考古学，歴史学，犯罪捜査などの分野における試料の識別・診断の必要性および"物をミクロな原子・分子レベルで見る"という最近の学問の傾向により分光分析の適用範囲は著しく広がった．これに伴って，貴重な試料，医学的な試料などで均一系にする試料調製操作が望ましくない，または不可能なものが増大しつつあるのも事実である．すなわち，要求されるのは各種分光法と顕微鏡の能力を組み合わせた新しい化学計測法であり，振動分光法の分野でこの要求に応える方法論は，顕微測定用フーリエ変換赤外分光法 (顕微 FTIR) と顕微ラマン分光法である．ここでは，顕微 FTIR に限って説明する．

　定性情報　赤外吸収スペクトル．

　定量情報　スペクトルバンドの吸収強度．

　注　解　顕微 FTIR から得られる情報は通常の赤外スペクトルと同じである．その違いは，ただ試料の微小領域についての情報であるということである．試料表面の空間的走査により試料成分の空間的分布が決定できる点が通常の FTIR スペクトル法と大きく違う点である．

　なお，顕微 FTIR スペクトルから定量情報を得る場合もスペクトル強度を用いることになるが，これは実際には困難な場合が多い．それは，濃度既知の試料が得にくいので検量線が描けないからである．した

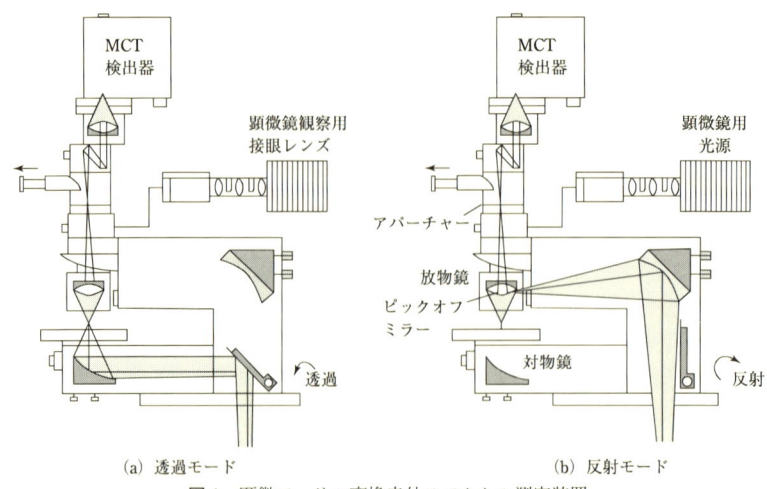

図1 顕微フーリエ変換赤外スペクトル測定装置

(a) 透過モード　　(b) 反射モード

がって，せいぜいスペクトル強度を用いて同種の試料間のある成分の相対的存在量を"あらっぽく"議論するにすぎないであろう．

装置構成　顕微FTIRの装置は通常のFTIRと赤外顕微鏡を組み合わせたものである．実際は図1のようにミラーや赤外光を透過するプリズムにより光源からの光を絞り，試料面の測定したい微小部に照射する[1]．この顕微鏡の部分は各装置メーカーからアタッチメントとして市販されている．

顕微測定は，それぞれのアタッチメントをFTIRに装着することにより微小試料部の透過光，ATR光，拡散反射光(DRS光)，高感度反射光(RAS光)などの測定ができる．

応　用　顕微赤外分光法の与える情報は，試料の"局所・微小領域"の分析的情報の追究である点を除けば，通常の赤外分光法と情報の種類は同じである．

ただし，この方法は試料の前処理がほとんどの場合に不要であるため企業の現場などで"便利な方法"とされているようで，このような点も無視できない．

[樋口精一郎]

参考文献
1) 尾崎幸洋：分光学への招待―光が拓く新しい計測技術，pp.61-79，産業図書，1997．

44
近赤外分光光度計

near infra-red spectrophotometer

定性情報 なし．強いていうと赤外吸収スペクトル．

定量情報 なし．強いていうとスペクトルバンドの吸収強度．

注　解 フーリエ変換赤外分光光度計(FTIR)の発展とともに見直され，実際的応用に使われるようになってきたのが，近赤外分光法である．近赤外部とは波長が800〜2500 nm の範囲をいう．可視光と赤外光の中間になる，この波長領域の分光学は決して新しいものではない．しかしながら，この波長域に現れるスペクトル信号はCH，OH，NH などの結合の伸縮振動の倍音，結合音のバンドで，それらの吸収強度はきわめて弱い(近赤外分光法は XH(X＝C, O, N, S など)とよんでよい[1])．したがって，この領域における吸収スペクトルは，振動の非調和性などの理学的研究の場合を除き，得られる情報は定性，定量分析のいずれにおいても貧弱で，とても実用的な試料の分析には適応できなかった．

応　用 最近の FTIR の普及はこの領域の測定にも革命的な発展をもたらした．その第1は，近赤外レーザー励起 FT-ラマン分光法の実用化である．第2には，近赤外吸収分光法のさまざまな分野における *in situ* な化学計測技術的応用である[1]．この後者の分光分析は，いわば近赤外部に強い吸収がないという，これまでいわれてきたネガティブな特性を逆手にとって，塊状の試料を前処理することなく，"そのまま"分析の有力な手法として確立させたものである．この吸収法の基礎になっているのは，近赤外領域には強い振動吸収を与える振動遷移がなく，多くの試料に関してきわめて透過性のよい光を扱っていることによる．この種の吸収分光法については尾崎[2]により著書を参照されたい．

ここでは，内容を第1の近赤外励起 FT-ラマン法に限る．　　　　［樋口精一郎］

参考文献
1) 石田英之：高純度化技術体系 第1巻 分析技術，保母敏行(監修)，pp.240-243，フジ・テクノシステム，1996.
2) 尾崎幸洋：分光学への招待—光が拓く新しい計測技術，pp.61-79，1997.

45
FT-ラマン分光光度計

Fourier transform
Raman spectrophotometer

定性情報 ラマンスペクトル．
定量情報 スペクトル強度．

注 解 通常のレーザーラマン分光法については，ラマン分光法の一番の欠点は蛍光バックグラウンドの問題である．すなわち，可視レーザーで照射すると試料から蛍光が放射される場合が多々あり，ラマン信号がこの蛍光によるバックグラウンドに埋没してしまい観測されないことがしばしばある．かろうじて観測されても，大きなバックグラウンドにのっているため質の低いスペクトルになってしまう．この問題を解決するためハードウェア，ソフトウェアの両面から種々の研究がなされてきたが，汎用的な解決法は近年までなかった．しかしながら，FTIRの発展により近赤外部でラマンスペクトルを測定するFT-ラマン法が，この蛍光バックグラウンドの問題にもっとも一般性のある解決策を与え，ラマン分光法の適用性を飛躍的に増大させている．

装置構成 FT-ラマン測定装置の構成は，①近赤外レーザー，②ラマン散乱発生部(レーザー光を試料に照射し，発生するラマン散乱光を分光光度計(FTIR)に送り込む部分)，③散乱光を分光測光するFTIR分光光度計の3要素から構成される．この装置の構成の一例を図1に示す．近赤外レーザーは通常Nd-YAGレーザーの1064 nm (9398 cm^{-1})の発振線を用いる．この場合，ラマン散乱光は前方散乱を用いており，散乱光は凹面鏡で反射されFTIRのアパーチャー内に送り込まれる．

よく知られているように，ラマン散乱光の強度は励起光強度のおよそ10^{-7}程度の微弱光である．その上，散乱強度は周波数の4乗に比例する．したがって，通常のラマン分光の場合のように可視レーザー光ではなく近赤外レーザー光を使用するとラマン散乱光は著しく微弱な(暗い)光になる(たとえば，通常よく使用されるArイオンレーザーの488 nmの励起光とNd-YAGレーザーの1.06 μmの励起光の場合と比較すると，周波数の効果だけで1/20程度になる)．そこで，暗い光の測定に威力を発揮するFTIRを用いることが必要条件になる．FT-ラマン分光は，ある意味でFT-赤外発光法と類似の装置構成になる．事実，FT-ラマン分光が発展してきたのは，安価で高性能の近赤外レーザーとFTIR装置が入手できるようになったことによると考えて良い．

FT-ラマン分光法の特徴 すでに述べたように，"蛍光フリー"の測定が実現したことがこの測定法の最大の特徴である．すな

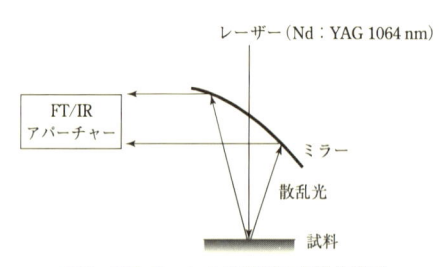

図1 FT-ラマン分光装置の光学的構成

図2 DGEBA，MNAおよびEMIの分子構造

表1 FT-ラマンスペクトルに見られる主要バンドの帰属

	ラマンバンド	バンド波数(/cm)	特性ラマンバンドの帰属
硬化反応によりスペクトル強度が減少	DGEBA*1（主剤） MNA*2（硬化剤） EMI*3（硬化促進剤）	1345 1855 1515	DGEBAのエポキシ基三員環の伸縮振動 MNA酸無水物にC＝O対称伸縮振動 EMIのNの関与する振動
硬化反応によりスペクトル強度が増大	エポキシ樹脂硬化反応の生成物	1750 1505 1510	生成したエステルのC＝O伸縮振動 生成したアミン付加物のNの関与する伸縮振動 生成したアミン付加物のNの関与する伸縮振動

*1：グリシジルエーテルビスフェノール，*2：メチルナジック酸無水物，
*3：2-エチル-4-イミダゾール．

わち，波長の長い(光子のエネルギーの小さい)近赤外領域でラマン効果の測定を行うことにより蛍光発生に関与する電子エネルギー遷移が抑制され，蛍光バックグラウンドの影響は劇的に減少するのである．

しかしながら，FT-ラマン分光法の場合には，応用的にも重要なラマン分光法の特性，すなわち，共鳴ラマン効果による高感度振動スペクトルの測定がほとんど期待できなくなることは強調しておきたい"負の"特性である．このため，ラマン散乱光強度の著しい増大をもたらすもう一つの特異的な現象，すなわち，表面増強ラマン散乱(surface enhanced Raman scattering：SERS)が近赤外部でも起こるかどうかという問題が基礎科学的観点からのみならず実用的観点からも重要になる．これについては後に述べる．

応 用

A．FT-ラマン分光法によるエポキシ樹脂の硬化反応の研究[1]

機能性材料の研究は，その化学反応や分子構造に関する詳細な情報が要求される．以下の応用例は最近，機能性材料，構造材料として広く使用されている酸無水系の硬化剤を用いたエポキシ樹脂の硬化反応をFT-ラマン分光法により追跡したものである．

主剤としてグリシジルエーテルビスフェノール(DGEBA)，硬化剤として酸無水系のメチルナジック酸無水物(MNA)，硬化促進剤として2-エチル-4-イミダゾール(EMI)を使用した．それぞれの分子構造を図2に示す．このような反応系はかなり複雑であり，赤外分光法ではバンドの重なりなどのため定量的検討は困難である．また，通常のラマン分光法では非常に強い蛍光が生じるためやはり測定が困難である．

この種の試料のAr$^+$レーザーの514.5nmの発振線で励起した通常のラマンスペクトルおよびNd-YAGレーザーの1064nmの発振線で励起したFT-ラマンスペクトルを図3に示す．この図は可視部での測定に比べ，近赤外部のラマンスペクトルの有用性はあきらかで，FT-ラマンスペクトルの場合，クリアな振動バンドが得られている．表1にFT-ラマンスペクトルに見られる主要なバンドの帰属を示す．この応用例ではこれらの各成分に固有のラマン信号に基づき硬化促進剤EMIの作用について定量的な検討を行った．

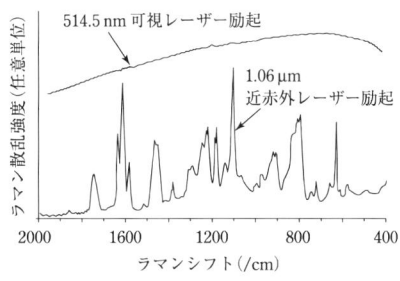

図3 エポキシ樹脂のラマンスペクトル

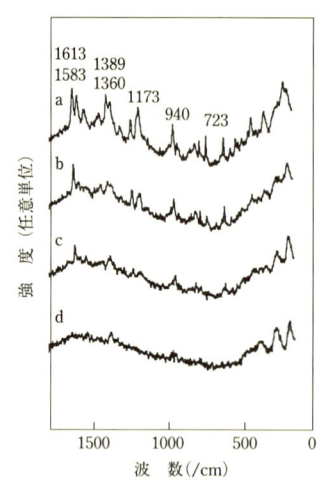

図4 金コロイド溶液を用いた FT-SERS スペクトル(クリスタルバイオレット濃度；a：5.0×10^{-7}M, b：2.5×10^{-7}M, c：1.0×10^{-7}M, d：金コロイド溶液のみ)

B. FT-SERS 分光法の基礎的研究[2,3]

近赤外レーザー励起の FT-ラマン分光法においては高感度の振動分光法を可能にする共鳴ラマン効果は期待できない。したがって、ラマン分光法のもう一つの特異的な現象、すなわち SERS 効果が近赤外部でも実現するかどうかという問題は基礎的観点のみならず実用的観点からも重要である。

このような観点からクリスタルバイオレット(CV)を試料として金コロイド溶液に溶解して FT-ラマンスペクトルを測定したものが図4である。金コロイド溶液はあらかじめ HCl または KCl など Cl^- イオンの添加によりコロイドの凝集を図った(pre-condensation)。結果は 10^{-7}M の濃度まで試料である CV のラマンスペクトルが観測された。この濃度は通常の振動分光法では考えられない低濃度であり、この場合、Cl^- イオンの介在による金コロイド粒子の SERS あるいは SERS 類似の効果によってラマン強度の劇的な増強現象が起

こっているのがわかった[2]。通常、振動分光法の感度は低く、検出限界は 10^{-2}M 程度、全波数領域にわたってクリアなスペクトルが得られるのは 10^{-1}M 程度であるから、図4の結果は分光感度の劇的な増大の結果といえる。

Au, Ag, Cu といった金属コロイド溶液を調製して、試料をこの溶液に溶解させて SERS スペクトルを得るのはかなり緻密な前処理を必要とする。もっと簡便な操作により SERS 効果が実現するならば、この化学計測法の実用的観点からは望ましい。もっとも簡単に市販の銀粉(粒径：30 μm 程度)を SERS 活性基盤として用いた場合のピリジン環を含む化合物の FT-ラマンスペクトル[3]を図5に示す。このスペクトルを得る試料調製法は磁製るつぼの中に銀粉を入れ、その上に試料溶液を一定量滴下してよく混合し、ただちに FT-ラマンスペクトルを測定したものである。この簡単な測定方法によりニコチンアミド、イソニコチンアミド、ニコチン酸およびイソニコチン酸について 10^{-4}M 以下の水溶液試料について明瞭な振動スペクトルが得られた。この場合も、また、ラマン散乱光強度の著しい増強が見られた[3]。

これらの場合のラマン散乱強度の増大が

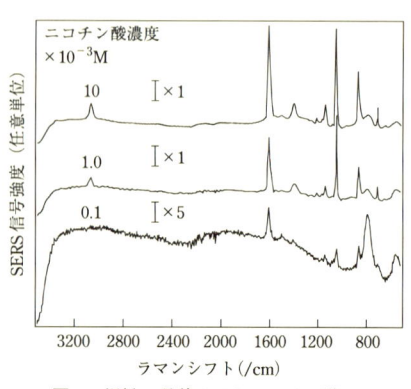

図5 銀粉に吸着させたニコチン酸の FT-SERS スペクトル

Fleischmann らにより初めて発見された意味での SERS に一致する現象であるかどうかという問題はなお詳細な検討を待たねばならない．上記の現象については，その機構自体，まだはっきりしないからである．しかしながら，これらの実験的現象は Au コロイド-ハロゲンイオン-試料分子，銀粉-試料分子間の何らかの相互作用によりラマン散乱光電場の著しい増幅が生起していることを示しており，高感度振動分光法を実現させることは FT-ラマン分光法の実用面できわめて興味深い．

［樋口精一郎］

参考文献

1) 佐藤久男, 伴めぐみ, 京藤倫久, 野口直平, 樋口精一郎：分析化学, **46**, pp.25-30, 1997.
2) 大西哲雄, 樋口精一郎, 合志陽一：分析化学, **47**, 1005-1011, 1998.
3) 内田太郎, 樋口精一郎：分析化学, **52**, 79-84, 2003.

46
レーザーラマン分光光度計
laser Raman spectrophotometer

定性情報 ラマンスペクトル．
定量情報 なし．
装置構成 分散型ラマン分光計の構成の例を図1に示す．

光源：通常単色光を連続発振するレーザーを光源として用いる．使用されるレーザーにはアルゴンイオンレーザー(515, 488, 458 nm など)，クリプトンイオンレーザー(647, 413, 407 nm など)をはじめとするガスレーザーなどがあるが，最近はより安価で長寿命の固体レーザー(532, 635 nm など)が使用される場合が多い(表1)．また，ピコ秒からナノ秒程度の短い寿命をもつ分子種の測定を目的とし，パルスレーザーを使用する場合もある．さらには，発振波長を任意に変えられる色素レーザーも市販されている．

試料室：試料は通常セルに入れ，試料室に置かれる．セルとしてガラスキャピラリーを用いるのが簡便であるが，レーザー光により試料が損傷しやすい場合はセルを冷却したり，セルを回転させるなどの工夫が必要である(回転セル)．試料の形態として，固体，液体，気体を問わず測定できるのがラマン散乱の特徴の一つである．レーザーが照射されている部分からラマン散乱光が発せられるため，試料体積はレーザーのビーム幅だけあれば十分であり，液体の場合は数 μL の試料で測定が可能である．試料室にてレーザー光を照射し，散乱光は励起光に対して通例 90° あるいは 180° 方向にてレンズにより集光され，スリットを通して分光部に導入される．

最近，ガラスファイバーを用いて励起レーザー光とラマン散乱の集光部を引き回し，遠隔試料を測定できるプローブも開発され，製造プロセスのモニタリングにも使われている．ただし，この場合には光が減弱するため，感度特性に優れた後述のシングルモノクロメーターを使用するのが通例である．

分光部：分光部として，分散型あるいは干渉型の分光器を用いたものが市販されている．一般的には分散型を用いる場合が多

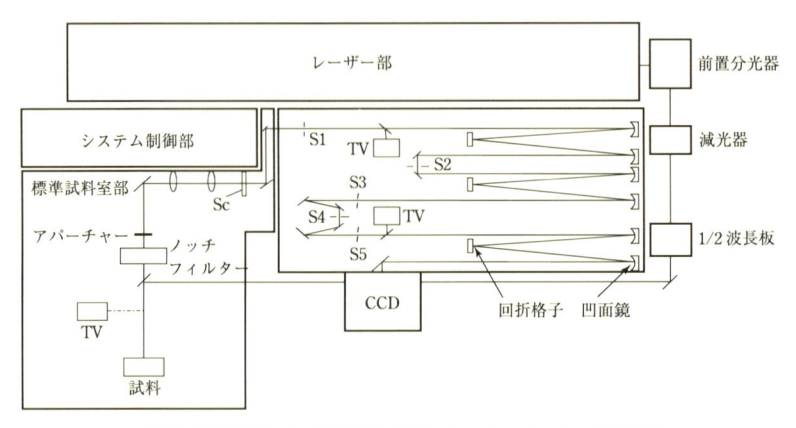

図1 分散型ラマン分光計(トリプルモノクロメーター)の構成

表1 レーザーの発振波長

レーザー	発振波長(nm)	レーザー	発振波長(nm)
Ar^+	514.5	Kr^+	476.2
	501.8		468.0
	496.5		461.9
	488.0		413.1
	476.5		406.7
	472.7		356.4
	465.8		350.7
	457.9	He-Ne	632.8
	363.7	He-Cd	441.6
	351.0		325.0
Kr^+	676.4	Nd:YAG	
	647.1	基本波	1064
	568.2	2倍波	533
	530.9	3倍波	355
	520.8	4倍波	266
	482.5	5倍波	213

く，通例回折格子を用いてラマン散乱光を分光する(図1)．回折格子には表面に1800本/mm程度の細い溝を切ったものがよく用いられる．ラマン散乱は微弱な光であり，もとのレーザー光と同じ波長のレイリー散乱が$0cm^{-1}$に観測され妨害を受ける．レイリー散乱の迷光を除去する目的で，分光器を2段(ダブルモノクロメーター)あるいは3段(トリプルモノクロメーター)に連結した分光計が市販されている．最近高性能の干渉フィルター(ノッチフィルター)が開発されレイリー光を効率よく除去できるようになったので，1段の小型分光器(シングルモノクロメーター)と組み合わせた高感度・安価なラマン分光計が市販されている．しかしながら，高分解能のスペクトルを得る場合には光路長の長い(1m程度)分光器を用いる必要がある．

ラマン分光計の絶対波数の校正には，ネオンの原子発光スペクトルが用いられる．ただし，ラマンスペクトルの波数に換算するには励起レーザー光の波数を正確に知っておく必要がある．ラマンスペクトルの波数を知るための標準物質としてはインデンが用いられる．適切に波数校正をした場合，$\pm 1 cm^{-1}$程度の波数精度が得られる．

一方，干渉型分光器は赤外分光法で用いられるフーリエ変換型(FT)分光計と同様の装置であり，近赤外レーザーを用いた蛍光性物質のラマンスペクトルを測定するのに有利である．ラマン散乱光はきわめて微弱なため，蛍光性の不純物が混入していると測定が著しく困難になる．とくに生体試料では，蛍光性不純物を完全に除去できない場合が多く，測定上の大きな問題となる場合がある．蛍光が出るのは，発色団がレーザー光により励起されるためである．したがって，発色団の電子遷移エネルギーより小さいエネルギーをもつ近赤外光を用いれば，蛍光の妨害を受けることなくスペクトルの測定が可能となる．FT-ラマン分光計ではYAGレーザーの1064nmなどの近赤外光を励起光として用いている．この分光計は，FT-IRとほぼ同様の光学系をもち，スリットがないために分光器を掃引する必要がない．波数精度が高く，容易に差スペクトルも測定することができる．

検出部：分光された光を検出する部分で，ラマン散乱の光信号を電気信号に変換する．検出器として従来光電子増倍管が使用されてきたが，最近CCD検出器が普及してきた．さまざまな光学特性をもつものがあるので，測定する波長や感度に合わせて検出器を選ぶ必要がある．1インチ幅に1000個程度のCCD素子が並んでいる検出器が使用される場合が多い．紫外領域で測定するときには，後方照射型CCDや増感剤を塗布したCCDを用いる必要がある．また，暗電流によるノイズを低減させるため，空冷タイプ，水冷タイプ，電子冷却タイプ，液体窒素冷却タイプなどのCCD検出器がある．宇宙線によるショットノイズがスペクトルに入る場合があるが，通常コンピュータのソフトを利用して除去する．

作動原理 室温近くでは分子は通常振動基底状態にて振動している．ここに励起光

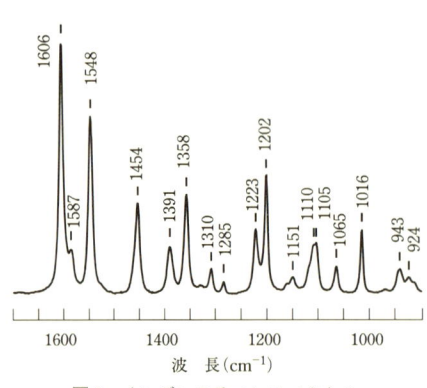

図2 インデンのラマンスペクトル

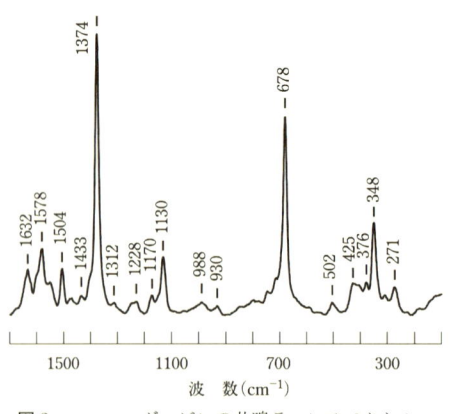

図3 ニューログロビンの共鳴ラマンスペクトル（励起波長：406.7 nm）

（振動数 ν_0）を照射すると分子の固有振動数 ν_1 により変調された光（$\nu_0 \pm \nu_1$）が散乱される．これがラマン散乱光であるが，通常励起光より低エネルギー側（ストークス線）の $\nu_0 - \nu_1$ を観測する．これは，ボルツマン分布則により高エネルギー側（アンチストークス線）の $\nu_0 + \nu_1$ は相対的に弱いピークを与えるからである．ストークス線と励起光の振動数の差 ν_1（すなわち分子の固有振動数）を波数単位（cm^{-1}）で横軸に，散乱強度を縦軸にとり，ラマンスペクトルを描く（図2）．分子の固有振動に伴い分極率が変化する場合にラマン効果は許容となるが，一般に全対称伸縮振動は強く観測される一方，変角振動は弱い．したがって，水を溶媒として測定した場合，1600 cm^{-1} 付近に出現する水の変角振動は溶質ピークの観測上障害とならないことが多い．このことは，水系溶媒を用いることが多い生体試料の測定に対し，ラマン分光法がきわめて有力であることを示している．ラマン効果は励起波長に依存し，分子の電子遷移エネルギーに相当する波長領域で励起するとラマン効果が著しく増強される（数万倍以上）．この現象を共鳴ラマン効果といい，

μM オーダーの希薄試料で測定可能となるだけでなく，複雑な分子中に含まれる発色団の振動情報を選択的に得るのにきわめて好都合である．図3はニューログロビンの共鳴ラマンスペクトルである．このタンパク質には補欠分子団としてヘムが含まれているが，ヘムが吸収する 400 nm 付近の励起波長を用いることにより，ヘム由来の振動スペクトルのみが得られている．

用途 振動スペクトルは分子の構造変化を敏感に表す．したがって，分子のわずかなコンホメーションの違いを明らかにすることが可能であり，既知のスペクトルと比較することにより分子の同定を行うことができる．また，赤外分光法と同様官能基に特徴的なピークが観測されるので，分子の構造解析を行うことが可能である．測定対象となる物質は，無機・有機化合物から生体試料まできわめて幅広い．また，試料の形態を問わず測定可能である．最近では反応プロセスの追跡や半導体などの表面分析にまでその適用範囲が広がっている（顕微ラマン分光光度計の項目 47 参照）．

［宇野公之・西村善文］

47
顕微ラマン分光光度計

Raman microscope spectrophotometer

定性情報 ラマンスペクトルの各ピーク波数,固定波数のラマン強度(目的化合物の分布).

定量情報 なし.

装置構成 顕微ラマン分光光度計の構成を図1に示す.

光源:通常単色光を連続発振するレーザーを光源として用いる.各種レーザーを用いることができるが,詳細はレーザーラマン分光光度計(項目46)を参照されたい.なお,後述のように固体試料を測定対象とする場合が多いので,レーザーの自然放出線が測定上の障害となる場合がある.そこで,レーザーの直後に前置分光器やバンドパスフィルターを置き,自然放出線を除去する.

試料室:試料は通常顕微鏡ステージの上に直接置かれる.固体試料を測定対象とする場合が一般的であるが,液体試料を測定することもできる.温度可変型の顕微鏡ステージを備え付けることが可能な装置も市販されている.顕微鏡を介して試料を直接観察し,レーザーの照射位置を決定する.対物レンズを通してレーザー光を照射し,ラマン散乱光を180°方向にて同じ対物レンズを通して集光する.顕微鏡下,通常1 μm程度の微小部分の情報を得ることができるため(図2),生のままの生体組織断片を試料とし,その局所における物質分布を調べられる.また,共焦点顕微鏡を用いることにより,試料の深さ方向の情報を得ることも可能である.顕微ラマン分光装置では光が著しく減弱するため,感度特性に優れたシングルモノクロメーター(レーザー

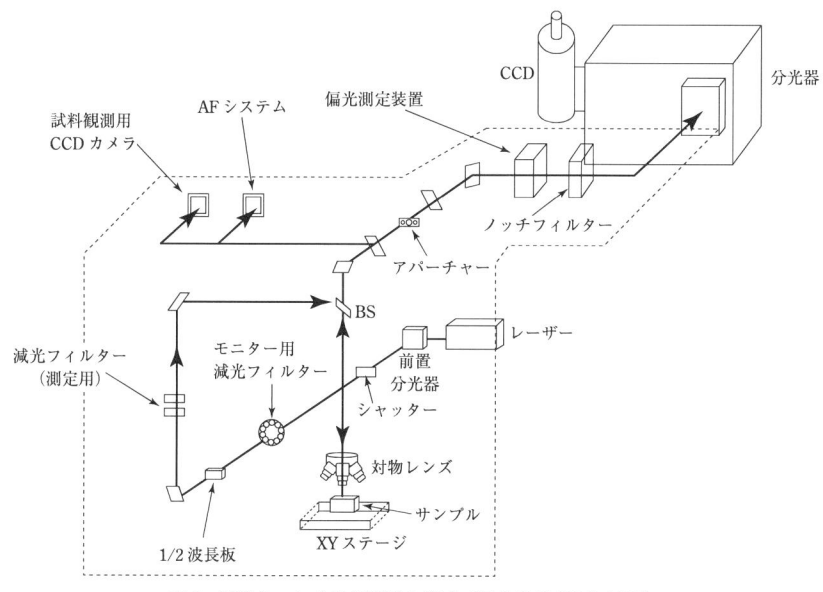

図1 顕微ラマン分光光度計の構成(日本分光 NRS-1000)

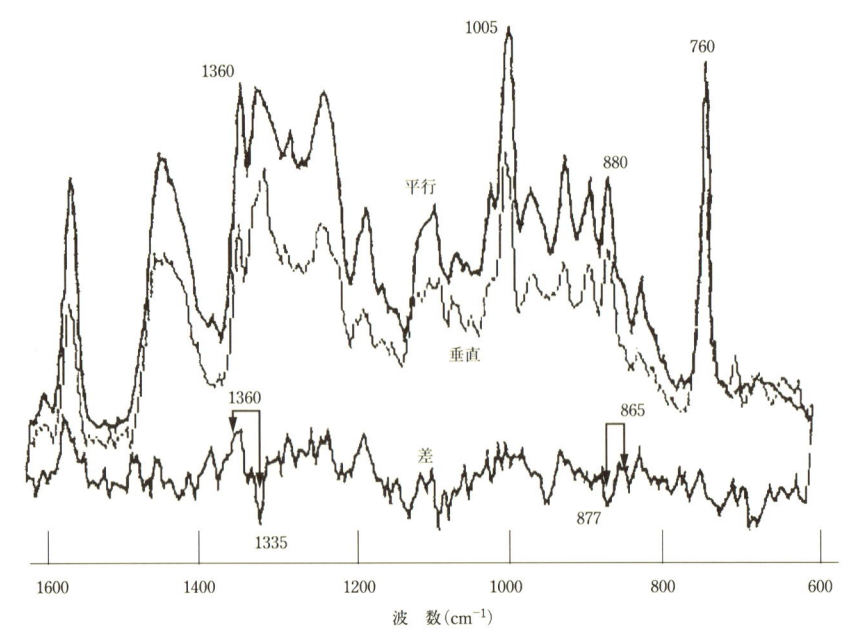

図2 リゾチーム結晶の顕微偏光ラマンスペクトル

リゾチーム結晶の c 軸に平行あるいは垂直な偏光レーザーを照射して差スペクトルを測定した．6個のTrpのうち，c 軸に平行なTrp 28が特異的に測定できた．

ラマン分光光度計の項を参照)を使用するのが通例である．最近，近接場ラマン光を測定することで励起レーザー光の回折限界（1 μm程度）を下回る空間分解能をもつ分光計が開発されたが，感度の点でその適用対象は今のところ限られている．

　分光部：基本的にはレーザーラマン分光光度計と同じであるが，ノッチフィルターとシングルモノクロメーターとを組み合わせた分光計が一般的になっている．測定波数範囲に合わせて回折格子を切り替えることが可能な分光計が数多く市販されている．固体試料からの反射が強く，ラマン散乱に比べてレイリー散乱や巨視的な弾性散乱などが著しく強いため 100 cm^{-1} 程度以下の低波数領域の測定は一般に困難である．

　検出部：一般的にはCCD検出器が利用され，1インチ幅に並んだ1000個程度のCCD素子上にラマン光が結像される．試料ステージを移動させて測定することにより，試料の面分析が可能である．

　作動原理　ラマン分光法の原理は，レーザーラマン分光光度計の項を参照されたい．共鳴ラマン効果を測定することも可能であるが，顕微ラマン分光光度計では固体試料を扱う場合が多く，レーザー光の吸収による試料の発熱が問題となるため，あまり一般的ではない．

　用　途　ラマン分光法は振動分光法の一種であり，分子のわずかな構造変化を敏感に反映する．したがって，顕微ラマン分光法を用いることにより，固体試料中の結晶多型や配向性，わずかな不純物の存在などを調べることができる．測定対象となる物質は，無機・有機化合物から生体試料まできわめて幅広い．半導体などの表面分析や薬剤中の結晶多型の検出に利用することができる．

〔宇野公之・西村善文〕

48
旋光計

polarimeter

定性情報 なし．

定量情報 旋光度，比旋光度，濃度，糖度，光学純度など．

装置構成 旋光計の構成を図1に示す．

光源部：旋光計の規律(原理参照)に従い，光源にはナトリウムランプの輝線(589 nm)，あるいは水銀ランプの輝線を用いる．光源部にスリットを設置し，余分な光を排除する．

偏光変調部：光源から誘導された光は放射状に拡散するので，あらかじめレンズを用いて平行に進行する光(平行光束)とする．余分な光をフィルターで除いた後に，光軸上に置かれた偏光子を用いて平面偏光を生成する．その後変調器によって変調され，光軸を中心とする回転方向に周波数 f の微小振動が生じる．変調器にはファラデーセルを用いる．この変調は試料の旋光度の原理とは本来無関係であるが，旋光度を機械的に求める場合には必要となる．

試料室部：試料を入れた石英セルを光軸上に設置する．セル内の試料が光学活性物質であれば，偏光面が回転する．セルは試料の濃度や容量，温調に応じて，その長さ(光路長)や大きさ，および形状が異なる．

検光子部：試料室から出射する平面偏光は，検光子を用いてもっとも暗くなる位置(クロスニコルの状態)に回転する．検光子には高精度のサーボモーターが接続されており，変調器で変調した交流成分(周波数 f)がゼロとなるようにサーボモーターを制御し，検光子を正しく駆動させる．

検出器部：クロスニコルの状態近傍では光の強度が非常に小さいため，検出器には光電子増倍管を用いる．光電子増倍管では，入射する光信号の強度に応じて電圧を印加し，検出感度を調節する．得られた信号は電気信号となり，パーソナルコンピュータに送られる．

作動原理 クロスニコルの状態とする手法について説明する．変調部で $\delta \sin 2\pi ft$ の周期的な変調を課した電場成分を $\boldsymbol{E}$ とする平面偏光を，旋光度 α の試料に照射する(図2)．このとき，試料の旋光度に応じて検光子が θ だけ回転したとすると，検出器で検出される光の強度 I は次式で表される：

$$I = (|\boldsymbol{E}|^2/2)\{1 - J_0(2\delta)\cos 2(\alpha - \theta)\} + \varepsilon(\theta).$$

ここで，ε は変調によって生じる微小量であり，

$$\varepsilon(\theta) \sim J_1(2\delta)\sin 2\pi ft \sin 2(\alpha - \theta) - 2J_2(2\delta)\cos 4\pi ft \cos 2(\alpha - \theta).$$

$J_n(2\delta)$ は変数を 2δ とするベッセル関数であるが，δ はほぼ一定なので $J_n(2\delta)$ は定数とみなせる．明らかに，$\theta = \alpha$ であれば，

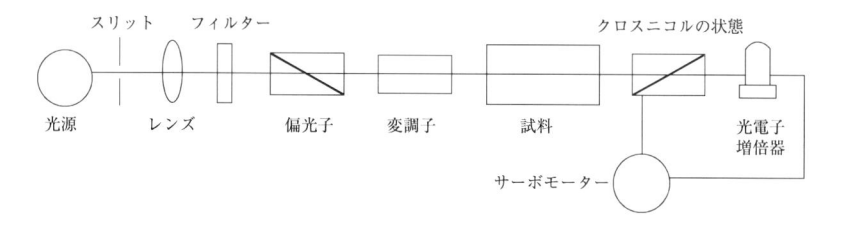

図1 旋光計の光学配置

$\varepsilon(\theta)$の第2項$-2J_2(2\delta)\cos 4\pi ft$の微少量だけが残り，$I$は最小となる．このとき検光子は，もっとも暗くなる位置を中心として，周波数$2f$の単振動を繰り返し，時間平均をとることでクロスニコルの状態となる．一方，$\theta \neq \alpha$であれば，$\varepsilon(\theta)$の式の第1項が強度Iに含まれるので，検光子の位置はクロスニコルの状態からのずれが生じる．そこで，$\varepsilon(\theta)$の第1項$\to 0$を課し，$\theta = \alpha$とする．実際には$\varepsilon(\theta)$の式の第1項に記されている周波数fを電気的に取り出し，この成分がゼロとなるように，検光子の駆動系を制御する．この手法はファラデー変調器法とよばれ，旋光度の絶対評価を具現化する．

原理 試料に入射する平面偏光と出射光の様子を図2に示す．試料に入射する直線偏光の電場ベクトルをE，大きさをEとし，振幅方向をY軸，光の進行方向をZ軸にとる．空気中では屈折率nが均一なので，屈折率のX, Y成分は，ともにnとおける．このとき，入射光E_pは円偏光成分を用いて次式で表される：

$$E_p = \begin{pmatrix} E \\ 0 \end{pmatrix} \exp i\tau$$
$$= \frac{1}{2}\begin{pmatrix} E \\ iE \end{pmatrix}\exp i\tau + \frac{1}{2}\begin{pmatrix} E \\ -iE \end{pmatrix}\exp i\tau,$$
$$\tau = \omega t - \frac{2\pi n z}{\lambda}.$$

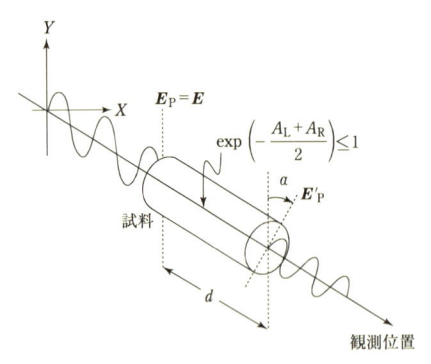

図2 偏光面の回転と旋光度

最後の式の第1項と第2項は，それぞれ右回りと左回りの円偏光を表す．

一方，セル内では入射した直線偏光面が回転するか，あるいは光吸収が生じる．偏光面の回転は，右と左の円偏光に対する実部の屈折率の違いで生じ，光吸収はその虚部にかかわる．そこで，これらの円偏光に対して，上の式のnを複素屈折率$\bar{n}_R = n_R - i\chi_R$と$\bar{n}_L = n_L - i\chi_L$にそれぞれ置き換え，対応する吸収係数を$a_R = (4\pi/\lambda)\chi_R$, $a_L = (4\pi/\lambda)\chi_L$とすると，セル内での偏光の電場$E_p'$は次式となる：

$$E_p' = \frac{e^{-(a_L/2)z}}{2}\begin{pmatrix} E \\ iE \end{pmatrix}\exp i\tau_R$$
$$+ \frac{e^{-(a_L/2)z}}{2}\begin{pmatrix} E \\ -iE \end{pmatrix}\exp i\tau_L$$
$$= \begin{pmatrix} \cos\frac{\pi}{\lambda}(n_L-n_R)z & \sin\frac{\pi}{\lambda}(n_L-n_R)z \\ -\sin\frac{\pi}{\lambda}(n_L-n_R)z & \cos\frac{\pi}{\lambda}(n_L-n_R)z \end{pmatrix}$$
$$\times \begin{pmatrix} E\cosh\frac{a_L-a_R}{4} \\ iE\sinh\frac{a_L-a_R}{4} \end{pmatrix}\exp i\tau',$$

$$\tau_\xi = \omega t - \frac{2\pi n_\xi z}{\lambda} \quad (\xi = R, L),$$

$$\tau' = \omega t - \frac{\pi}{2\lambda}(\bar{n}_R + \bar{n}_L).$$

E_p'の実数部分を図3に示す．光吸収がない場合，上式の行ベクトル以降の項は直線偏光を表し，上式右辺の行列は，セル長zでの偏光面の回転を表す．回転方向は，出射側から偏光面を見たときの右回りの向きを正とする．したがって，E_p'は試料セルの単位長さ$z=1$あたり，

$$\alpha = \frac{\pi}{\lambda}(n_L - n_R)$$

だけ回転する．この現象を旋光という．一方，右と左の円偏光に対する屈折率が均一ならば，回転行列は単位行列となるので，E_p'は平面偏光を長軸とする楕円偏光を表す．この楕円には，$\exp \pi(\bar{\chi}_R + \bar{\chi}_L)/2\lambda$

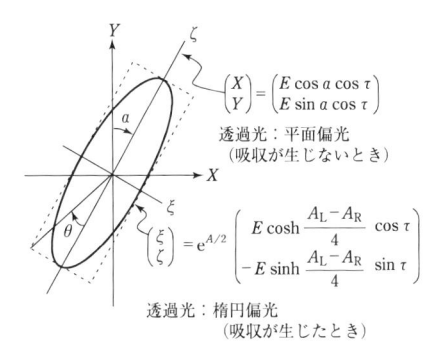

$$\begin{pmatrix} X \\ Y \end{pmatrix} = \begin{pmatrix} E\cos a \cos\tau \\ E\sin a \cos\tau \end{pmatrix}$$

透過光：平面偏光
（吸収が生じないとき）

$$\begin{pmatrix} \xi \\ \zeta \end{pmatrix} = e^{A/2} \begin{pmatrix} E\cosh\dfrac{A_L - A_R}{4}\cos\tau \\ -E\sinh\dfrac{A_L - A_R}{4}\sin\tau \end{pmatrix}$$

透過光：楕円偏光
（吸収が生じたとき）

図3　透過後の偏光

$=\exp(a_R + a_L)/8$ の係数がついているので，楕円 E_p' は光吸収に応じて減少する．楕円の程度は，長軸に対する短軸の割合

$$\tan\theta = \tanh(a_L - a_R)/4$$

で評価される．通常 θ は小さく，近似 $\theta \fallingdotseq \tan\theta$ がなりたつ．θ は楕円率とよばれる．楕円率は，右と左の円偏光に対する吸収の差，すなわち円二色性が大きくなるにつれて，楕円の程度が増してくる．円二色性もまた角度の単位(mdeg)を用いる(項目51の円二色性分光計を参照)．偏光面の回転と光吸収が生じる場合は，図3に示すように，長軸が α だけ傾いた楕円となる．ただし，通常 θ は小さいので，この場合ほとんど直線とみなせる．旋光や円二色性は，一般に光学活性といわれる(詳細は文献[1]を参照)．

偏光面の回転角 α は分子の濃度とセル長に比例し，これは吸光度に対応する．比例定数を $[\alpha]$ (deg cm^2/decagram) とすれば，旋光度は次式で表される：

$$\alpha = 100[\alpha]Cd \text{ (mdeg)}.$$

ここで，C (g/mL)と d (cm)は，それぞれ試料の濃度とセル長を表す．$[\alpha]$ は比旋光度とよばれ，これは吸光係数に対応する．

旋光度は照射する光の波長に依存するので，試料の旋光度を比較するときには，照射する光の波長を統一しなくてはならない．実際には，ナトリウムランプ，あるいは水銀ランプの輝線での旋光度を用いる．これらは日本薬局方などに記されている．

測　定　旋光度測定は，溶液を対象とし，溶媒は試料をよく溶かし光学活性のないものを選ぶ．溶液の濁りがはなはだしい場合は旋光度が正しく得られないおそれがある．濁りの程度は，検出器に印加される電圧によってあらかじめ知ることができる．現在市販されている旋光計では，上記の作動原理が具現化され，自動制御による絶対評価が精度よく行われるようになっている(日本分光製旋光計では測定精度が±$0.002°(0.2\%)$以内とされる)．装置の性能評価は，一般に JIS K 0063 に従う．このような装置性能を極限まで利用する場合は，旋光度に誤差を与える要因を知る必要がある．おもな要因として，ひょう量誤差，メスフラスコの体積誤差，試料の純度，および測定温度などがあげられる．

ひょう量時には空気浮力による誤差が生じる．空気密度は 1.2×10^{-3} g/cm 程度であり，試料質量に対する誤差が〜0.1%程度ではあるが，装置性能が±0.2%であることから注意を要する．空気の浮力補正を行ったときの真の試料質量 W_0 は次式で見積もることができる：

$$W_0 = W\{1 + d_A/d_S - d_A/d_B\}.$$

ここで，W は空気中の試料質量で，d_A，d_S，および d_B は，それぞれ空気，試料，および分銅の密度である．

メスフラスコ体積の校正方法は JIS K 0050 に記載されており，有効数字7桁までの校正が行えるが，旋光度測定で必要となる4〜5桁の精度は，以下の方法で達成される．まず乾燥した清潔な空のメスフラスコをひょう量する．次にこのメスフラスコに蒸留水を入れて恒温槽で恒温し，蒸留水の温度が均一となったところでメスアップする．その後，メスフラスコの側面をきれいにふき取りひょう量する．メスフラスコの体積は空気の浮力を考慮して，次式を用

いて算出する.
$$V_0 = V\{1 + d_A/d_W - d_A/d_B\}$$
ここで, d_W は蒸留水の密度を表す.

試料の純度では, 含水率も誤差の要因となる. 必要に応じて, 脱水や精製を行った後に測定に供する.

一般に, 旋光度は温度に依存する. 旋光計の性能評価に用いられるサッカロースは, 温度による旋光度の補正値(相対温度係数)が$-0.04\%/°C$と例外的に小さいが, 多くの有機物では$0.2 \sim 0.3\%/°C$とされ, 試料溶液が1°C変化することで, 装置誤差を上回る. この場合, ウォータージャケット付セルなどを用いて恒温する. ここで, 温度計や温度センサーは基準温度計で校正する必要がある. もちろん, 溶液の体積も温度に依存するので, 試料調整時の試料溶液の温度と旋光度測定時のそれとはできるだけ同一とする.

一方, 濃度の高い溶液では, 溶媒との混合が干満となり, セル内で屈折率にムラが生じることがある. 屈折率が異なると, 境界面で屈折が生じるため, 直線偏光が検光子に垂直に入射するのが困難となる. 程度がはなはだしい場合は, 旋光度のばらつきも大きく, 薬局方などが定める条件を満たさないこともある. 屈折率の不均一性を回避するには, 循環式恒温セルやペルチェ式恒温セルを用いて溶液の温度を一定に保つことが必要である. $20 \sim 30$分程度放置し, 旋光度がおちつくことを確かめた後に測定に供するとよい.

用　途　作成した物質の偏光面の回転方向や光学活性か否かの判断を行う. 通常, 20°Cでの比旋光度が文献などに記載されている. たとえば, 5%サッカロース水溶液の旋光度は, 10 cmの光路長に対して, $\alpha_D^{20} = 3.325 \pm 0.007$ deg とされる. ここで, 上付きの20は試料の温度(°C)を表し, 下付きのDはナトリウムD線を表す. また, 0.06% d-しょうのう-10-スルホン酸アンモニウム水溶液では, 比旋光度が$[\alpha]_D^{25} = 20.92 \sim 20.84$とされる. サッカロースは旋光計や旋光分散計の性能を確認する試薬として用いられる. 一方, しょうのうは円二色性のゲインを調整する標準試薬として用いられている. 各製薬メーカーのみならず, 分光器の製造メーカーもまた, 試薬の純度に注意が払われる.

濃度調節を正しく行った試料の旋光度を求め, 既知の値と比較することで, 作成した試料の光学純度を知ることができる. また, 濃度が未知であっても, 旋光度を求め, 既知の値と比較することで, 試料濃度を正しく知ることができる. 旋光計は元来糖度計ともよばれ, 今もなお糖度を求める装置としても用いられている.　　　[渡辺正行]

参考文献
1) 工藤恵栄, 上原富美哉：基礎工学, pp.275-302, 現代工学社, 1995.
2) Takakuwa, T.: *JASCO Report.*, **32**, 20-23, 1992.

49

旋光分散計

spectropolarimeter

定性情報 旋光分散(ORD)スペクトル.
定量情報 なし.

装置構成 旋光分散計の構成を図1に示す．今日では，光源から試料部までが円二色性(CD)分光計と同一とされる(項目50を参照)．旋光分散計では，試料を透過した光を鏡 M_6 ではね返し，検光子に入射させる．この検光子から出る光の強度が最も暗くなる位置(クロスニコルの状態)になるように検光子を回転させる．検出器では，鏡 M_6 ではね返された光を感知し，検光子を回転させる電気信号が，検光子に連結したサーボモーターに送信される．

作動原理 光弾性変調器に入射する光と出射光の模式図を図2に示す．光弾性変調器(PEM)から出射する偏光は，PEMとこれに入射する直線偏光との成す角 θ と，検出する周波数 f に依存する(項目50の円二色性分光計の作動原理を参照)．とくに，$\theta=45°$，$\Delta=\pm\pi$ とすれば，E は E_X あるいは E_Y の直線偏光となる．つまり，これらの直線偏光を生成するには，光弾性変調器は入射する直線偏光と 45° の位置に設置し，円偏光の倍の周波数 $2f$ 信号を検出する．このとき，E_X か E_Y の一方が検出される．ただし，Δ は λ に依存するので，波長ごとに更正する．周波数 f の変調を印加した光弾性変調器から生じる偏光 E (円二色性分光計の作動原理を参照)の強度 I は，f の成分を省略すると，次式で近似される：

$$I = \frac{A^2+B^2}{2} - \frac{A^2+B^2}{2}\left[J_0(4\pi\delta)\cos 4\pi\alpha + 2J_2(4\pi\delta)\cos 4\pi ft \cos 4\pi\alpha\right]$$

ここで，J_n はベッセル関数で，α と δ は，それぞれ光弾性変調器の残差ひずみと印加する変調の最大振幅を表す．A, B はそれぞれ E_X，E_Y の大きさを表す．右辺第1項と第2項は定数項であり，第3項が周波数 $2f$ の成分にあたる．したがって，$2f$ の信号を検出し，第三項が最大となるように検光子に連結したサーボモーターを駆動することで I を最小とし，クロスニコルの状態を達成する．このように，光弾性変調器を用いて検光子を回転させ，クロスニコルの状態を得る方法を円偏光変調器法(または光学遅延変調法)という．偏光の詳細は，文献[1]を参照のこと．

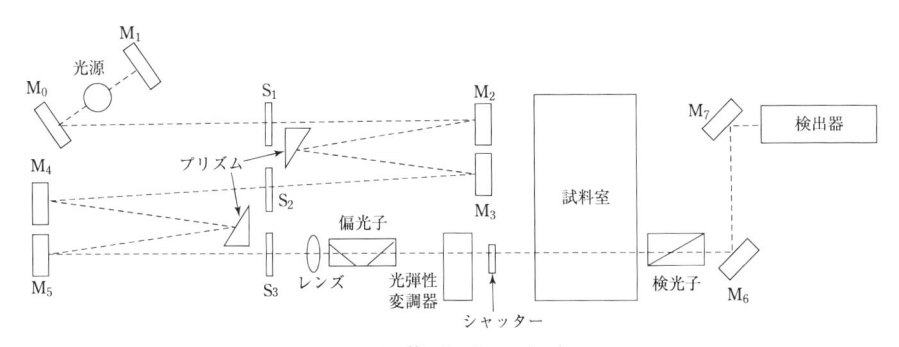

$M_0 \sim M_7$：鏡，$S_1 \sim S_3$：スリット

図1 旋光分散計の光学配置

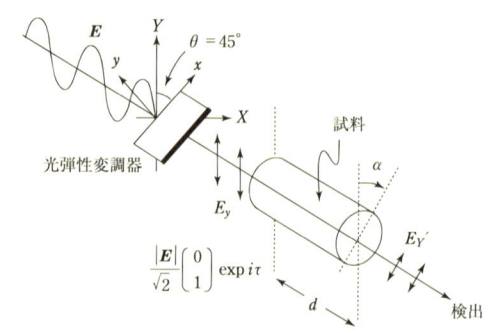

図2 光弾性変調器から出射する直線偏光と旋光度

原 理 試料に照射した光と透過後の光を図2に示す。周波数 $2f$ に応じて信号を入手するので偏光面は断続的となるが、任意波長、任意時間での旋光度 α, すなわち平面偏光 E_Y の回転角は、すでに旋光計の原理で述べたとおりである。吸収が生じる場合の旋光度、楕円率、単位、および楕円率と円二色性との関係も同様である。旋光計(項目48)の原理を参照のこと。

測 定 旋光計では単色光に限りなく近い輝線を用い、ローレンツ型の裾を排除するため、限りなく原理に近い旋高度が得られる。一方、旋光分散計では連続光を分光した光を用いて旋光度を測定するため、ローレンツ型の裾が隣接する他の波長でのORDに影響を与えてしまう。したがって、旋光計のような定量情報を求める装置ではなく、むしろCD分光計のように、スペクトルの形状を調べるのに適した装置といえる。したがって測定手法としては、CD測定の場合とほぼ同様に行えばよい。ただし、ORDスペクトルのベースが十分安定してから測定するのが望ましい。

用 途 ORDとCDはクラマー-クロニー(Kramers-Kronig : KK)変換によって互いに関係づけられる。したがって

(a) ORDスペクトル　　(b) CDスペクトル

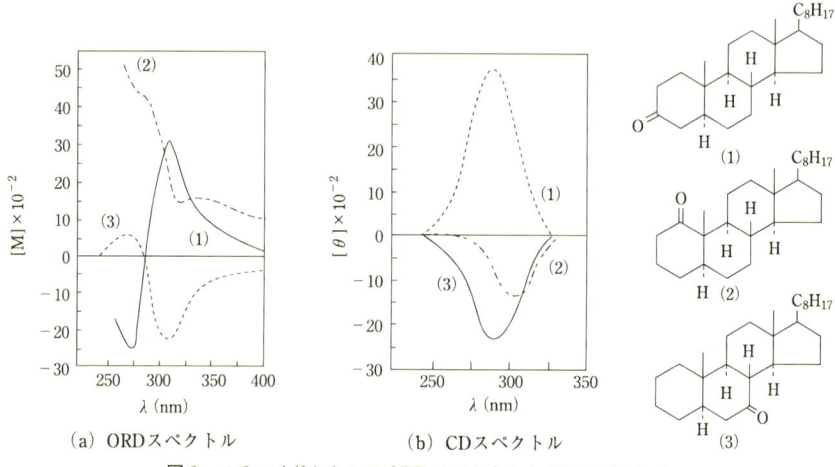

図3 ステロイドケトンのORDスペクトルとCDスペクトル

140　　II. 状 態 分 析

ORDスペクトルは，CDスペクトルと同様に，励起子の位置，励起子と不斉原子との距離関係，立体配座，および絶対配置を調べる手段として用いられる．ここでは，よく知られているORDスペクトルのいくつかを紹介する．また比較のため，CDスペクトルも示す．

ステロイドケトンのORDスペクトルとCDスペクトルを図3に示す[3]．これらの構造異性体では，それぞれ励起子であるカルボニル基の位置が異なる．カルボニル基の $n \rightarrow \pi^*$ に相当する光吸収は350〜240 nmの領域に生じる．図3のCDスペクトルでは，この領域にコットン効果(CDあるいはORDが生じる現象)が見られ，(1)は正のコットン効果を示し，(2)と(3)は負のコットン効果を示す．これらの正負の向きは，オクタント則(円二色性分光計参照)から類推される結果と一致するので，(1)と(2)，あるいは(1)と(3)の構造が区別される．(2)と(3)の区別は，CDスペクトルと経験則だけでは困難であるが，吸収スペクトルの最大ピーク位置のずれが構造異性体である事実を実験で示すことができる．一方ORDスペクトルは，CDが最大となる位置で変曲点を与え，その両端で正負のコットン効果となるような形状となる．ORDもCDと同様に実験結果だけでは(2)と(3)の構造を区別することは困難であるが，CDスペクトルに比べて，スペクトルの違いが明瞭であり，分子構造との同定を行う上で，有力な実験事実となる．

ORDの利用は，基礎的な分子の構造解析にとどまらず，金属錯体や生体高分子などの構造決定にも利用されている．詳細は文献[2]を参照のこと．　　　［渡辺正行］

参考文献
1) 工藤恵栄，上原富美哉：基礎工学，pp.275-302，現代工学社，1995．
2) Snatzke, G.: Optical Rotational Dispersion and Circular Dichroism in Organic Chemistry, Heyden, 1965.
3) 田中誠之，飯田芳男：機器分析，pp.145-149，1981．

50
円二色性分光計
circular dichroism spectrometer

定性情報　円二色性(CD)スペクトルの形状．
定量情報　なし．
装置構成　分散型 CD 分光計の構成を図1 に示す．

光源：有機化合物の多くは紫外域(380 nm よりも短波長側)で電子の励起(電子遷移)に伴う光の吸収が生じるのに対し，金属錯体や共役の長い色素などでは可視域(380～750 nm)あるいは近赤外域(750 nm よりも長波長側)で光の吸収が生じ得る．通常は，160～1400 nm の領域で連続光を発するキセノンランプを使用することで，可視-紫外-近赤外での広範囲測定を可能とする．光源から発する光は，鏡 M_1，M_2 を用いて有効に利用する．光の強度はスリット S_1 で調節し，この位置で集光させる．

分光部：プリズムと鏡 M_2～M_5 を用いて，光源から生じる連続光から単色光を取り出す．素子には通常石英プリズムを用い，屈折率の違いにより分光する．材質を石英とすることで単色光以外の光(迷光)を低減する．分光部には石英プリズムが二つ設置されているが，目的とする単色光をスリット位置 S_2，S_3 で集光し，迷光をこの位置で効率よく排除する．分光部から出た単色光は，レンズを用いて平行に進行する光(平行光束)とする．

偏光変調部：入射する平行光束を，まず偏光子を用いて地平面に平行な直線偏光とし，次に光弾性変調器(PEM)を用いて，出射側から見て右回りに回転する光(右回りの円偏光)と左回りの円偏光を一定周期で交互に生成する．光弾性変調器には，素子から生じる他の偏光を低減するため，PEM の材質には屈折率の偏りが非常に少ない石英を用いる．

試料室部：試料を入れた石英セルを光軸上に設置する．セル内の試料が光学活性物質であれば，照射する右回りの円偏光と左回りの円偏光に対する吸収の差 ΔA が生じる．セルは試料の状態や目的に応じて，その長さ(光路長)や形状が異なる．また，シャッターを調節することで，試料の早期劣化を抑制する．

検出部：試料から生じた光は，PEM の変調と同期した右と左の円偏光それぞれの強度に関する信号とこれらの強度の和に関する信号を，それぞれ交流成分と直流成分で検出する．右回りと左回りの円偏光の強度差は非常に小さいので，CD 分光計の検出器には光電子増倍管が用いられる．光電

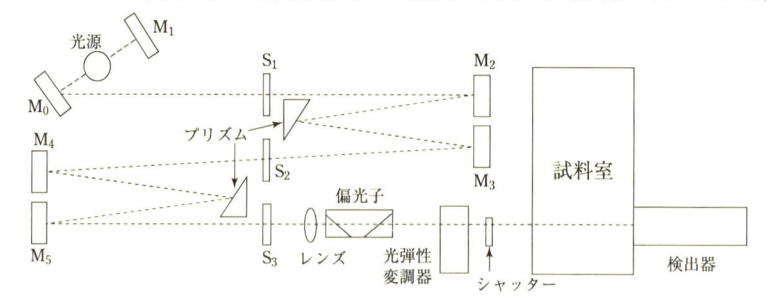

M_0～M_5：鏡，S～S：スリット
図1　円二色性分光計の光学配置

子増倍管では，入射する光信号の強度に応じて印加電圧を調節し，検出感度を高めることができる．

PEM での作動原理と CD 信号の所得
円偏光は以下に記す原理に基づき生成する．図2に PEM に入射する光と出射する円偏光の模式図を示す．y 軸上に厚さ l の PEM を置き，y 軸と θ を成す位置に波長 λ の直線偏光 $\boldsymbol{E}$ を入射させる．$\boldsymbol{E}$ の成分を E_x, E_y とし，$|\boldsymbol{E}|$ の成分をそれぞれ A，B とする．また，x 軸，y 軸方向の屈折率を，それぞれ n_x，n_y とすれば，PEM から出射する偏光 $\boldsymbol{E}$ は次式で表される：

$$\boldsymbol{E} = \begin{pmatrix} E_x \\ E_y \end{pmatrix} = \begin{pmatrix} A e^{i\tau} \\ B e^{i(\Delta+\tau)} \end{pmatrix},$$

$$\left(\frac{E_x}{A}\right)^2 + \left(\frac{E_y}{B}\right)^2 - 2\frac{E_x E_y}{AB}\cos\Delta = \sin^2\Delta,$$

$$\Delta = \delta_y - \delta_x = 2\pi(n_y - n_x)l/\lambda,$$

$$A = |\boldsymbol{E}|\sin\theta, \quad B = |\boldsymbol{E}|\cos\theta,$$

$$\tau = \tau' - \delta_y, \quad \tau' = 2\pi\nu t, \quad \delta_y = 2\pi n_y l/\lambda$$

ここで，$\boldsymbol{E}$ の初期位相は無視した．PEM に周波数 f の変調 $\delta\sin 2\pi ft$ を印加すると，n_x と n_y は，この周期に応じて速やかに変化し，x 軸方向と y 軸方向とで屈折率による位相差 $\Delta = 2\pi(n_y-n_x)l/\lambda \sim 2(\delta\sin 2\pi ft + \alpha)$ が生じる．α は光弾性変調器の残差ひずみを表す．したがって，$\theta=45°$，$\Delta=\pm\pi/2$ とすれば，$\boldsymbol{E}$ は円偏光となる．つまり円偏光は，PEM を入射偏光と 45° をなす位置に設置することで，周波数 f の信号により生じる．図2の $\boldsymbol{E}_R$ と $\boldsymbol{E}_L$ は，それぞれ右回りと左回りの円偏光を表す．ただし，Δ は λ に依存するので，波長ごとに印加電圧を更正する．

ΔA が非常に小さい条件下でランベルト-ベールの法則を用いると，次の近似式を得る：

$$\Delta A = -(1/\ln 10)G(\Delta I/I).$$

ここで，$\Delta I = I_L - I_R$，$I = (I_L + I_R)/2$ であり，I_R と I_L は，それぞれ検出器に到達した右回りと左回りの円偏光の強度を表す．I_R

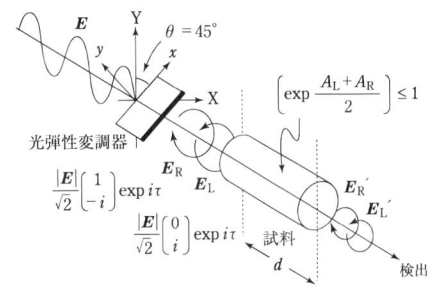

図2 PEM から出射する円偏光と光学活性物質から出射する円偏光

と I_L は，PEM の変調に応じて周期的に変化するので，ΔI は，PEM の変調と同期した，交流成分として得られる．一方，I は I_R と I_L の和で表される．I は時間に無関係に一定値となり，直流成分として得られる．なお，定数 G（ゲイン）は 0.06% d-しょうのう-10-スルホン酸アンモニウム水溶液を用いて最適化する．

原理 一定周期で試料に入射する円偏光と出射光の模式図を図2に示す．試料に入射する円偏光の電場の大きさと振動数を，それぞれ E，ω とし，振幅方向を Y 軸，光の進行方向を Z 軸にとる．波長 λ の右と左の円偏光の吸収量（吸光度）を，それぞれ A_R，A_L とすれば，光路長 d のセルを透過した右回りと左回りの円偏光 $\boldsymbol{E}_R'$，$\boldsymbol{E}_L'$ は次式のように表される：

$$\boldsymbol{E}_R' = \frac{e^{A_R/2}}{2}\begin{pmatrix} E \\ iE \end{pmatrix}\exp i\tau_R,$$

$$\boldsymbol{E}_L' = \frac{e^{A_L/2}}{2}\begin{pmatrix} E \\ -iE \end{pmatrix}\exp i\tau_L$$

ここで，$\tau_L = \omega t - 2\pi n_L d/\lambda$，$\tau_R = \omega t - 2\pi n_R d/\lambda$ である．吸収が生じることで，透過後の円偏光が小さくなる．したがって試料から生じる光量もまた，指数関数的に減少する（図2参照）．吸収の差 $\Delta A = A_L - A_R$ を CD といい，一般に，試料が光学活性物質であれば ΔA は値をもつ．

CD の単位は慣用として楕円率が用いら

れる．単位は mdeg（ミリ度）で表す．ΔA は楕円率 θ と対応し，$\Delta A \ll A$ ならば，$\Delta A = \theta/32.980$ で与えられる．一方，吸光係数の差を $\Delta \varepsilon$，試料の濃度を C (mol/L)，セル長を d (cm) とすると，ランベルト-ベールの法則より，$\Delta A = \Delta \varepsilon C d$ となる．$\Delta \varepsilon$ に相当する楕円率を分子楕円率という．分子楕円率 θ_M は $\theta_M = \theta/(Cd)$ (deg cm²/mol) で与えられ，対応する $\Delta \varepsilon$ は，θ を用いて $\Delta \varepsilon = \theta/(32.980\, Cd)$ となる．タンパク質などの高分子では，残基単位の分子楕円率を用いる．残基数を n とし試料の濃度を C_P (mol/L) とすれば，分子楕円率は $\theta_M = \theta/(nC_P d)$ で与えられ，対応する $\Delta \varepsilon$ は，θ を用いて $\Delta \varepsilon = \theta/(32.980\, nC_P d)$ となる．

測 定 CD 測定は，一般に光学活性物質を溶液に溶かした状態か気体の状態で行われる．溶液の場合は，目的とする吸収位置で，吸収が比較的少ない溶媒を選ぶ．とくに紫外部では注意を要する．溶媒による吸収をさらに小さくするには，試料濃度を高くし，光路長の短いセルを用いる．ただし，検出器に印加する電圧が 700 V を超えるようであれば，正しい CD スペクトルを得るのが困難となる．良質の CD 特性を得るには，目的とする吸収位置で吸光度を〜1 程度とするのが無難である（吸光度の目安には，検出器に印加する電圧を吸光度に換算したスペクトルを用いるとよい）．また，溶媒やラセミ体を用いて行うブランク測定には，溶液の測定に用いたセルと同一のものを用いる．これは値の小さい CD スペクトルを得る場合にはとくに重要である．溶媒の吸収が生じる短波長域での CD 測定を避ける手法の一つとして，着目する官能基に π 共役系の長い色素を導入し，吸収位置を長波数側にシフトさせる試みもよく行われる．

用 途 ΔA は，円偏光を吸収した瞬間に生じる．照射する円偏光の波長よりも分子が十分小さいとすると，波長 λ の円偏光を照射したときの ΔA は，エネルギー的にもっとも安定な分子の状態（基底状態）Ψ_0 と光で励起された状態（励起状態）Ψ_m を用いて表される旋光強度と関係する．

$$\Delta A(\lambda) \sim \mathrm{Im} \langle \Psi_0 | \mu \Psi_m \rangle \langle \Psi_0 | m \Psi_m \rangle$$

$\langle \Psi_0 | \mu \Psi_m \rangle$ と $\langle \Psi_0 | m \Psi_m \rangle$ は，それぞれ遷移双極子能率，遷移磁気能率とよばれる．前者は光の吸収に関係し，値をもてば波長 λ で光の吸収が生じる．後者は CD 特有の項であり，光の吸収が生じた波長 λ で値をもてば，ΔA は値をもち CD が生じる（コットン効果）．逆に，吸光度がどんなに大きくても，遷移磁気能率が小さい場合は，ΔA は小さくなる．Ψ_0 と Ψ_m は分子の立体構造に依存する．また，励起する置換基（励起子）の位置や数，および種類に応じて，遷移双極子能率と遷移磁気能率の値，および吸収位置 λ が変化し，その結果 CD スペクトルの形状に違いが生じる．旋光強度は，分子軌道法や密度汎関数法などの第一原理に基づく手法を用いて求めることができる．

CD と分子構造に関する直感的な手法もいくつか知られている．オクタント則は，コットン効果の符号と分子の絶対配置を関係づけるための経験的な規則である．図 3 に例を示す．図のように分子を配置し，八つ（オクタント）の領域に空間を分割する．このときシクロヘキサンの骨格は四つの領域に位置し，シクロヘキサンの置換基もまた図 3 のいずれかの領域に属する．オクタ

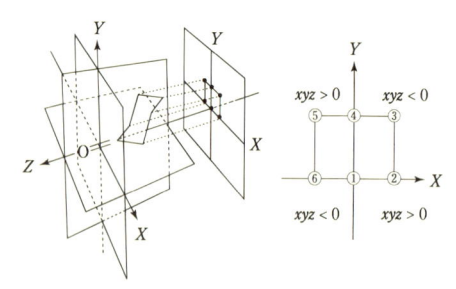

図 3 オクタント則説明図（田中・飯田，1981）[2]

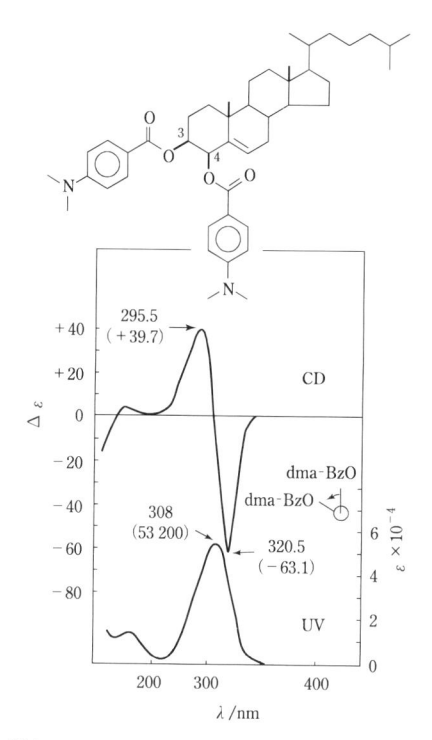

図4 ステロイド系ビス p-ジメチルアミノ安息香酸エステルの CD スペクトル（日本化学会編，1989）[3]

ント側では，カルボニル基の CD コットン効果は，置換基が位置する領域の xyz の符号で決まる．各領域での符号は，シクロヘキサンの炭素原子の座標を (x, y, z) としたときの xyz の符号であり，$xyz=0$ であれば，コットン効果には寄与しない．

励起子が二つ存在する分子では，符号の相反する二つのコットン効果が生じる．このコットン効果と置換基の配座を関連づける手法として，励起子キラリティ法が知られている．このコットン効果は，置換基の長軸に平行な遷移双極子能率の位置関係で支配される．図4に例を示す．置換基であるジメチルアミノ安息香酸エステル（dma-BzO）の配座が図のように反時計回りであれば，CD スペクトルの形状は長波長側で負の，短波長側で正のコットン効果となる．dma-BzO が時計回りの配座であれば，長波長側で正の，短波長側で負のコットン効果となる．

CD 分光計は，励起子の位置，励起子と不斉原子との距離関係，立体配座，および絶対配置を調べる手段とされている．近年ではとくに，系の温度や pH，あるいは溶媒との混合比を変化させることで，反応前後での分子構造の違いを評価する手段としてよく用いられている．また，静的な変化だけではなく，固定波長での CD の時間変化といった動的な挙動を調べる試みもよく行われている．このような試みは，基礎的な分子のみならず，生体高分子や液晶，医薬品といった材料にも用いられる．とくに生体高分子であるタンパク質では，溶液中での構成要素（二次構造）の重みを評価する手法が確立されている．

ここでは吸収 CD に限定し言及したが，CD 測定は，基底状態分子の吸収 CD に限らない．今日では，試料の状態に応じた CD 測定の手法が具現化されている．CPL 法による励起状態の構造解析，粉体試料に対する CD 測定法，試料濃度が吸収 CD 測定の 1/100 程度の濃度でも試料測定を可能とする蛍光 CD 測定法などである．さらに近年では，赤外 CD 測定も実用化されており，分子骨格や置換基の配座に関する情報を数多く得られるようになっている．最近の CD の応用例についての詳細は，文献[1]を参照のこと．

［渡辺正行］

参考文献
1) Berova, N., Nakanishi, K., Woody, R. W.: Circular Dichroism Principles and Applications, Wiley-VHC, 2000.
2) 田中誠之，飯田芳男：機器分析，pp.146-147，（図9.7，図9.8），裳華房，1981.
3) 日本化学会（編）：化学便覧 基礎編II，pp.559-567，丸善，1989.

51
光音響分光装置
photoacoustic spectrometer

定性情報 光吸収スペクトル．
定量情報 光音響信号強度．
装置構成 市販品ではフーリエ変換赤外吸収分析装置のアタッチメント(FT/IR/PAS)として入手することができるが，その他のものは自製して用いる．光音響分光法は試料の状態を選ばずに高感度測定が可能である．しかし再現性よく高感度に光音響信号を得るためには光音響セルおよびその周辺のノイズ対策が決め手となる．一般にその感度は信号の S/N 比により決定されるため，大きな光源強度でノイズを減少させるために密閉型の光音響セルをアイソレーションして用いる．すなわち，光源には単色で強度の大きなレーザー，キセノンランプを分光器で分光して用いる．分光器のスリット幅は光源強度を大きくする方が有利なことから 10～20 nm 以上の大きめにとることが多い．これらの光は光チョッパーにより断続光に変調される．断続光は光音響セル中の試料に照射され，試料から発生した光音響信号を高感度マイクロホンで検出する．

検出信号はロックインアンプにより同期検波され，ローパスフィルターを通して直流に変換された後レコーダーに記録される．代表的な装置の構成を図1に示す．このように光源からの光ビームは試料に照射されればよく，吸光光度法のように試料に照射されたあと検出にかかわることがないので比較的容易に装置作製が可能である．また，決め手となるのは周囲ノイズの影響をできるだけ小さくする工夫で，とくに光音響セルは種々のものが報告されている．セルは周囲の振動とのアイソレーションのためスポンジやゴム板などのインシュレーター上に置かれる．

試料の交換などのため蓋をつける場合は O-リングなどによって気密性を保つようにする．また，試料の出し入れの際の急激な圧力変動からマイクロホンの振動膜を保護するためリークバルブを備える．マイクロホンは通例高感度なコンデンサーマイクロホンを用いるが，安価なエレクトレットコンデンサーマイクロホンでも多少の感度低下を覚悟すれば使用可能である．

動作原理 光音響法はかつて測音吸光分析法といわれていた．これらの名称が物語るように，本法では試料の光吸収とそれに続く無輻射失活の過程を熱あるいは音波(場合によっては温度や屈折率変化)として捉える方法である．したがって，光音響信号強度を大きくするためには無輻射失活の機会を多くすればよいので，試料の極大吸収波長に近い，強力な光源を用い，できるだけ静かな環境で測定するのがよい．これらは気体，固体，液体試料について同様である．

光音響法を用いるうえでとくに有用と思われる固体試料について述べる．光音響信

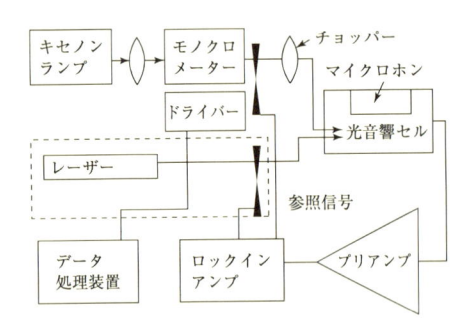

図1 ガスマイクロホン型光音響分光計の装置図
光源としてキセノンランプとモノクロメーターを用いたスペクトル測定装置およびレーザーを用いた単色測定装置の二つを1枚の図に描いた．

号は光源の強度，試料の光学的性質 β，熱的性質，試料の厚さ l，光源の変調周波数などに依存して変化する．Rosencwaig[1] は試料が光学的に透明($l_\beta = 1/\beta < l$)な場合と，光学的に不透明($l_\beta = 1/\beta > l$)な場合をそれぞれ次式で表される熱拡散長の大きさによって三つずつに分類して理論的な考察を行った．

$$\mu_s = \sqrt{\kappa/\rho C_p \pi f} = \sqrt{2\kappa/\rho C_p \omega}$$

ここで，κ は熱伝導率，f は光源の変調周波数，ρ は密度，C_p は定圧比熱である．

光音響信号は試料が光学的に透明な場合はすべて試料の吸光度に比例した信号が得られる．しかし熱拡散長の大きさにより周波数依存性などが異なる．試料が光学的に不透明な場合，試料が熱的に熱く熱拡散長が光到達長 $l_\beta = 1/\beta$ よりも大きな場合はもはや光音響信号は試料の吸光度に比例しない．信号強度は試料やその固定台などの熱的性質に依存する．しかし光学的に不透明な場合でも熱拡散長が光到達長よりも小さい場合は光音響信号は試料の吸光度に比例する．熱拡散長は光源の断続周波数の1/2乗に反比例するので，光学的に不透明な試料でも断続周波数を上昇させればよいことになる．

用途・応用例 気体・固体・液体試料の高感度計測に使用．とくに試料の表面状態に大きな影響を受けずにスペクトル情報や定量情報が得られるため，固体試料をごく簡単な前処理で測定するのに適している．また，深さ方向に対する情報が得られることから薄膜試料の膜厚または熱的性質の測定にも使用できる．一般的に通常の吸光光度法では吸収が小さすぎて感度が不足する場合，試料が吸光光度法の測定に適さない場合(固体，粉体，ゲルなど)などは本法が有用である． ［内山一美］

参考文献
1) Rosencwaig, A.: Photoacoustics and Photoacoustic Spectroscopy, John Wiley, 1980.

52

光音響顕微鏡

photoacoustic microscope

定性情報 おもに固体試料の深さ方向のイメージングを行う．物質の吸収に基づくイメージや表面あるいは表面下に生じた傷などの形状の不規則部分，物性の不均一性などをイメージングする．

定量情報 光吸収，光強度，試料の熱的性質に依存した光音響信号強度・位相．

装置構成 光音響顕微鏡には種々の装置が考案されている．すなわち，密閉容器中に試料を移動ステージ上に置いて光走査により発生する信号をマイクロホンで捉えるガスマイクロホン法，同様の構成を試料に取り付けた圧電素子で行う方法，試料表面に照射した光により表面近傍に生じる空気の屈折率分布あるいは試料の変位を別のプローブ光の偏向で捉える方法，光照射後の無輻射遷移で生じた熱を赤外線として捉える方法，光照射による試料表面の温度分布や熱ひずみを光干渉によって捉える方法など種々の装置が考案されている．一例としてガスマイクロホン型の光音響顕微鏡の構成を図1に示す．

現在市販装置はなく自製して用いる．試料は密閉した容器中に固定される．試料セルには検出器として高感度マイクロホンが取り付けられ，試料で発生した光音響信号を検出する．試料表面に対物レンズにより集光されたレーザー光を走査するため，試料セルは x, y ステージ上に置かれる．光ビームを走査し，発生した光音響信号は，チョッパーまたは変調器の参照信号に同期した信号をロックインアンプにより抽出・増幅する．表面あるいは表面下層のイメージは，光ビームを x, y 走査したときの信号の強度または位相をコンピュータなどにより画像再構成して得る．

動作原理 原理的には光音響法と同じである．光音響顕微鏡では通常の顕微鏡と異なり，分解能は試料表面の励起ビームのスポット径 S ばかりでなく，試料の熱拡散長 μ_S にも依存する．すなわち分解能 R は

$$R = \sqrt{(S/2)^2 + \mu_S^2}$$

で決定される．実際に励起光が細く絞られ，ビームスポット直径が熱拡散長よりも十分小さければ空間分解能は熱拡散長 μ_S により決定される．逆に熱拡散長のほうがビーム直径よりも小さければ分解能は，ビーム直径により決定される．熱拡散長 μ_S は

$$\mu_S = \sqrt{\kappa/\rho C_p \pi f} = \sqrt{2\kappa/\rho C_p \omega}$$

と表される．ここで κ は熱伝導率，f は光源の変調周波数，ρ は密度，C_p は定圧比熱である．また，$\kappa/\rho C_p$ は温度拡散係数ともよばれる．この式からもわかるように，空間分解能が試料の熱的性質で決定される場合，光源の変調数端数を十分大きくすることにより熱拡散長を小さくすることができる．

用途・応用例 光音響顕微鏡の用途は光学顕微鏡ではイメージできない表面あるいは表面下層の不均一性，クラックなどを非破壊で測定することである．たとえば半導体デバイスや高度に集積化された電子回路基板などのパターン欠陥や異物付着などの

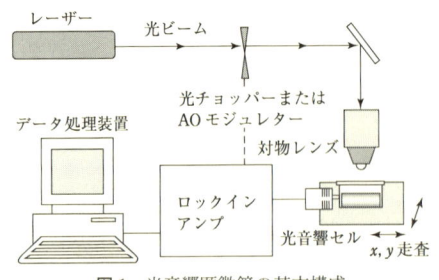

図1 光音響顕微鏡の基本構成

外観不良およびデバイス内部に生じた結晶欠陥や配線層の不具合，多層基板などの場合の相関の接続状態の把握などの内部の情報の検査・計測などに利用される．

内部の情報の計測では，たとえば熱拡散長 μ_s の範囲内にクラックなどの内部欠陥があると，周囲に比べて熱伝導率が低下する．結果的にこの部分での光音響信号の振幅も減少するとともに位相も大きく遅れ，欠陥の存在を振幅画像，位相画像から容易に認識することができる． ［内山一美］

参考文献

1) 澤田嗣郎(編)：光熱変換分光法とその応用，日本分光学会測定法シリーズ，学会出版センター，1997.

53

核磁気共鳴装置

nuclear magnetic resonance
spectrometer : NMR

定性情報 ケミカルシフト，スピン-スピン結合．

定量情報 積分強度．

静止磁場中に置かれた原子核の核磁気モーメントの挙動を検出する装置であり，分子を構成する一つ一つの原子の置かれている環境を解析できる．この方法は単純な有機分子の構造を決めるだけでなく，測定機器やデータ処理用のコンピュータの進歩に伴って，タンパク質や高分子の構造解析，さらに医学の分野でも応用されている．しかし，もっとも一般的な使用目的は有機化合物の構造解析である．

装置構成 NMR の測定装置は磁石・プローブ，観測用周波数発信部・NMR シグナル受信部，AD コンバーター・コンピュータ部から構成されている．磁石は，旧型の装置では永久磁石が使われているが，最近ではほとんど超伝導磁石を用いている（図1，図2）．

測定 NMR 測定用サンプルは，通常均一な溶液に調製し，ガラス製の精密な試料管（一般には直径5または10mmのガラス管）に4cm程度の高さになるように入れる．低分子量の化合物で数mg，高分子量ならば十数mg必要である．有機化合物の測定溶媒としては，試料の溶解性や回収しやすさ，価格などを考慮すると，重水素化されたクロロホルム（$CDCl_3$）が一般的だが，測定条件や試料の溶解度によりCD_3OD，$(CD_3)_2SO$，D_2O，$(CD_3)_2CO$ などもよく用いられる．その他，種々の重水素化された溶媒が市販されている．試料は均一にするためにプローブの中で高速で回転させる．

原理 原子番号または質量数が奇数である磁性核のみが測定対象となる．もっとも一般的な核種はプロトン（^1H）核であり，^{12}C は磁気的に不活性であるが ^{13}C については測定できる．ただし，見える核，見えない核とは別に見えやすさの問題もある．天然存在比と磁気回転比は感度に影響し，スピン量子数と四極子モーメントはシグナルの形に影響する．スピン量子数が1/2よ

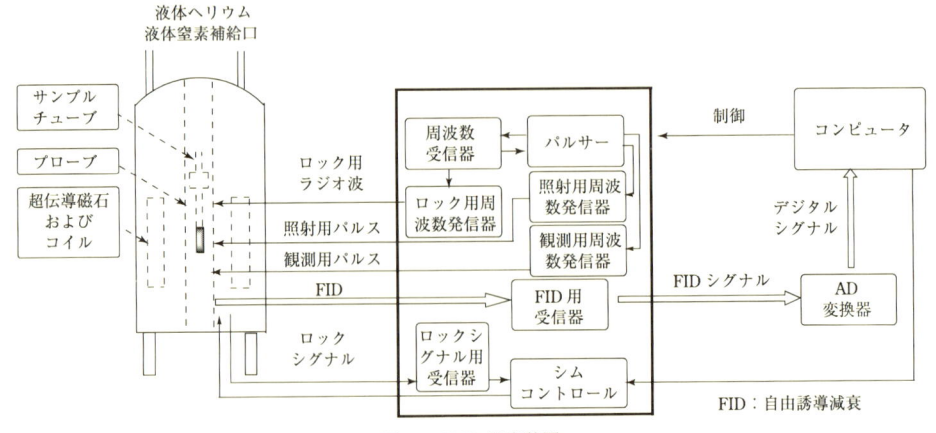

図1 NMR 測定装置

図2 装置の外観図(バリアン・テクノロジーズ・ジャパン・リミテッド提供)

り大きい核は四極子核とよばれ、シグナルが幅広くなり、複雑に分裂して観測される場合もある。

原子核は陽子と中性子から構成され、自転しているので、それ自体を小さな磁石とみなすことができる。すなわち、磁気モーメント(スピン)をもっている。この小さな磁石の磁気モーメントは外部磁場のないときは無秩序な配列をしているが、強い磁場中に置かれると、大きな磁場の影響を受けて磁場に沿って配向する。この配向の仕方は核のスピン量子数 I により決定し、($2I+1$)通りある。最も簡単なプロトン(^{1}H)や炭素原子(^{13}C)は、スピン量子数が1/2なので、配向の仕方は2通りあり、スピンの方向が外部磁場方向に沿ったもの(αスピン状態:低エネルギー状態)と、それに逆方向(βスピン状態:高エネルギー状態)の二つに分裂する(ゼーマン分裂)。それらのスピンの数は同じではなく、ボルツマン分布により、低エネルギー状態をもつ核スピンの数がわずかに多くなる。この状態で二つのスピン状態間のエネルギー差(ΔE)に相当するエネルギーを与える(ラジオ波領域の電磁波を照射する)とスピンは共鳴状態になり、αスピンの核がβスピンに反転するようなエネルギーの吸収が起こる。βスピンに遷移した核は、徐々にエネルギーを放出して(緩和)元のα状態に戻る。共鳴状態では遷移と緩和が連続的に起きており、NMR分光法は、このエネルギーの吸収と放出(緩和)を観測している。

NMR装置で共鳴条件を得るためには、磁場を一定にしてプロトンの周波数範囲にわたって発振器の周波数を掃引する方法と、または発振器の周波数を一定に保ち外部磁場を掃引する方法がある。これらの場合には、異なる電子的環境にあるスピンが一つずつラジオ波を吸収してシグナルが観測される。これはCW法(continuous wave method)とよばれ、初期の装置に用いられていた。

最近では、FT法(pulse-Fourier transform method)がほとんどの機種で採用されている。FT法では、強力なパルス状のラジオ波を照射することにより、測定対象となるすべての核を同時に共鳴状態にする。スピンがもとの状態に戻る過程(緩和過程)で試料から放出される弱い電磁波を検出する。この電磁波は時間とともにだんだん弱くなり、通常は数秒で消失し、自由誘導減衰(FID)信号とよばれている。これにはすべての核の情報が含まれており、それぞれの核の情報を一度に得ることができる。時間軸をもったFIDシグナルのままでは情報を読みとりにくいため、周波数の関数にフーリエ変換すると周波数軸をもつ通常のスペクトルを得ることができる。この測定を繰り返すことでFIDシグナルをコンピュータに記憶して重ね合わせること(積算)が可能であり、感度の低い核種や低濃度のサンプルを測定するときに威力を発揮する。

用途・応用例 測定したスペクトルからは、分子中の磁気スピンを有する核につい

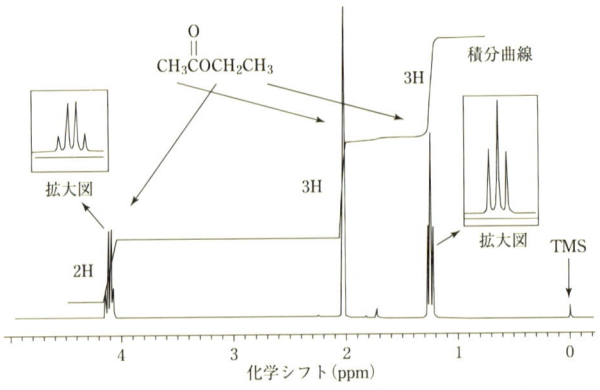

図3 重クロロホルム中の酢酸エチルの ^{1}H NMR スペクトル
①化学シフト，②積分強度，③カップリングに関する情報が得られる．

て次の三つの重要な情報を得ることができる．

①化学シフト：分子中の異なる環境にある原子が別々のピークとして現れ，その原子がおかれている電子状態を知ることができる．

②積分強度：水素原子の数がピークの相対強度として解析できる．

③スピン-スピン結合：ピークの分裂様式から分子を構成する原子のつながりの情報が得られる．

(1) 遮蔽と化学シフト：NMR 吸収の位置は化学シフトとよばれ，NMR スペクトルは横軸がエネルギーに対応しており，外部磁場の大きさの 100 万分の 1 ppm を単位としている．一般に用いられる δ 値は，基準物質としてテトラメチルシラン $(CH_3)_4Si$，(TMS)を用い，この化学シフトを 0 ppm とし，これからのずれを示している．大部分の有機化合物の ^{1}H NMR のシフト値は 0～10 ppm に観測される．

図3のように，酢酸エチルの ^{1}H NMR スペクトルは3種類の水素がそれぞれ別々のピークとして観測される．このような効果は，核外電子に囲まれている水素核の電子的環境の違いにより生じる．水素の電子密度が結合の混成や結合している原子団の電気的性質により変化する．そのために原子核に実際にかかる磁場の強さは，核のまわりを回る電子が発生する磁場の影響により変化する．

水素核の化学シフトは，隣接する原子または原子団の電子的な性質により，ある程度は決定される．ところが，カルボニル基，アルケン，アセチレン，芳香環など π 電子の大きな電子雲をもつ官能基は，外部磁場に対する方向や角度により二次的な磁場を誘起する．近傍の核に外部磁場を弱める方向に働く遮蔽領域と，逆に外部磁場を強める方向に働く反遮蔽領域が形成される．その結果，化学シフトが予想された位置とは異なる位置に現れる．これを磁気異方性効果という．

(2) 積分強度：NMR の二つ目の特徴はシグナルの相対的強度を測定できることである．測定したシグナルの面積はそのシグナルが関与しているプロトンの相対的な数に比例している．酢酸エチルのスペクトルではアセチルメチルとエチル基の積分強度比が 3：2：3 であり，それぞれのプロトンの数に対応している．

(3) スピン-スピン結合（カップリング）：

酢酸エチルのエチル基のCH_2は，4本のピーク(四重線, quartet)に，そしてメチル基は3本(三重線, triplet)に分裂している．それぞれの分裂したシグナルの高さは異なるが対照的な形をしている．分裂した1本1本は，相互作用した核スピンによりつくられる新しいエネルギー準位への遷移により観測され，スピン-スピン結合(カップリング)とよばれる．

スピン-スピン結合により分裂したシグナルの数は最も簡単な場合，その核とカップリングしている核の数とスピン量子数で決まる．同じ炭素に直接結合しているプロトンどうしや隣り合う炭素に結合したプロトンで一般に観測され，より離れたプロトンどうしでも構造によってはみられる．また，スピン量子数が1/2のプロトンの場合は，N個の等価な核とスピン結合しているとすると，シグナルは$(N+1)$に分裂する．一般的には，「スピン量子数をIとすると，等価なN個のスピン量子数Iの核によって$(2NI+1)$本の多重線に分裂する．

(4) NOE (核オーバーハウザー効果)：分子の立体構造を決定するのに便利な手法で，ある核が吸収するラジオ波を照射し続けながら測定すると，その核と空間的に近い位置にある核のシグナルの強度が増大または減少する現象である．そこで，空間距離を推測し，化合物の立体構造を決定することができる場合もある．

(5) デカップリング(二重共鳴法)：スピン-スピン結合法からは分子構造に関して多くの情報が得られるが，分子構造が複雑になるとスペクトルの解析は難しい．スペクトルをより単純化する手法にデカップリング(二重共鳴法)がある．カップリングしている一方の核だけにラジオ波を照射しながら測定すると，この核は共鳴状態になるためカップリングしている相手核はスピン状態を認識できなくなりカップリングが消滅する．スペクトル上で変化したシグナルを探すことでカップリングしている相手核をみつけることができる．

(6) ^{13}C NMRスペクトル解析：^{12}Cはスピン量子数が0で磁気的に不活性であるが，^{13}Cには^1Hと同様に1/2のスピン量子数がありNMRに活性である．ところが，^{13}Cの存在比は^{12}Cの1.1%にすぎず，感度も低いため，全体としては^1Hの1.59×10^{-2}倍の感度しかない．したがって，^{13}Cのスペクトル測定にはFT法が威力を発揮し，実際の測定には，^1H測定に比べて試料の濃度を高くし，さらに数百回の積算が必要になる．化学シフトは^1H NMRと同様に定義され，通常はTMSの炭素の吸収位置を標準として相対的に決定する．炭素の化学シフトの範囲はプロトンに比べて広く，約250 ppmの範囲にまで広がっている．

^{13}Cは別の^{13}Cとの間でスピン-スピン分裂を起こす可能性があるが，^{13}Cの存在比が低いため，この^{13}C-^{13}C間の分裂は無視できる．^{13}C-H間の分裂は，一般に複雑で解析が難しい．そこで，スペクトルを単純化するために完全プロトン照射法や不完全プロトン照射法が用いられている．完全照射法によるエチルベンゼンの^{13}Cスペク

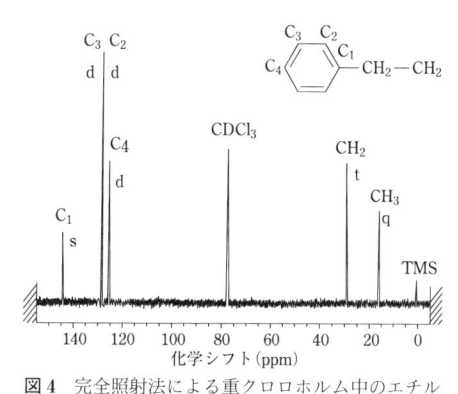

図4 完全照射法による重クロロホルム中のエチルベンゼンの^{13}C NMRスペクトル
それぞれのピークには不完全照射法により測定した場合の多重度．

トルを図4に示す．化学的に非等価な6本のピークが観測される．それぞれのピークには不完全照射法により測定した場合の多重度が記してある．(直接結合した水素原子の数)+1に分裂する．

(7) 完全プロトン照射法(プロトンノイズデカップリング)：この手法は，$^{13}C-^{1}H$間のスピン-スピン結合を完全に消去してしまう．すべてのプロトンの共鳴状態にするような強力で広範囲のラジオ波を照射すると，プロトンの核スピンは速くαとβの間で速い平衡になる．この状態で^{13}Cスペクトルを測定すると，炭素原子はプロトンを別々のスピンとは認識できなくなり，各炭素のシグナルはすべて一重線として観測される．この手法により，すべての$^{13}C-^{1}H$間のスピン-スピン分裂を消去することができ，すべてのピークは一重線になる．

(8) 不完全プロトン照射法(オフレゾナンスデカップリング)：炭素原子に直接結合している水素原子とのスピン-スピン結合だけを残す方法としてオフレゾナンスデカップリング法がある．この手法により炭素原子に直接結合している水素原子の数を判別することができる．多重線の分裂数は直接結合している水素原子の数をNとすると，$(N+1)$則にあてはまる．すなわち，第四級炭素は一重線(s)，第三級炭素は二重線(d)，第二級炭素は三重線(t)，第一級のメチル基は四重線(q)として観測される．

(9) DEPT法：不完全プロトン照射法は，ピークが接近していると判別が難しい．そこで，炭素の結合している水素原子の数により，緩和の速度が変化することを利用した測定法にこのDEPT法がある．プロトンへの照射時間を変えることにより，第一級から第四級炭素までを容易に識別できる．すなわち45°パルスを用いた場合は第四級炭素(C)が消失し，90°パルスでは第三級炭素(CH)のみが観測され，135°パルスでは，Cが消失し，CH，CH_3が正，CH_2が負のピークとして観測される．

NMR分光法は有機化合物の構造決定には不可欠の存在である．本項では基礎的な事項ともっとも一般的な測定法についてだけ説明したが，二次元NMRをはじめとする種々の手法(たとえばHH COSY, CH COSY, NOESY, COLOC, HMBCなど)を用いてより複雑な分子の正確な構造を導き出すことが可能である．

設置上の注意 NMR装置は高磁場を発生させ原子核の磁気的性質を使用して分析検出する．その高い磁場強度のため周辺への影響を配慮する必要がある．最近のマグネットはほとんどが磁気シールドされていて外部への漏洩が抑えられているが，マグネットに接近すると磁気カードや機械式時計などが損傷するおそれがあり，また，室内への鉄製の物品の持ち込みは避けなければならない．ペースメーカーの使用者は立ち入りが禁止されている．とくに強い磁場が発生する場合や高精度の測定をする場合には，外部からの不要な磁場を遮断したり，内部で発生する磁場を外部に漏らさないために磁気シールドルームが必要になる．

［坂本昌巳］

54

固体核磁気共鳴装置

solid state nuclear magnetic resonance apparatus

定性情報 核磁気共鳴スペクトル(核スピンごとの共鳴位置：化学シフト；緩和時間など).

定量情報 共鳴吸収線の面積.

装置構成 核磁気共鳴(NMR)装置は磁石，分光計，プローブの三つの部分に分けることができる．以下，とくに固体試料の測定に対して重要な装置部分を説明する．

磁石：NMR に利用する超伝導マグネットの条件には，強度，均一性，安定度に加え，ボアサイズ(利用可能な静磁場領域の大きさ)があり，固体 NMR では磁石のボアサイズ(溶液は 54 mm，固体では 89 mm)が大きい場合が多い．

分光計：分光計のおもな機能は，試料に印加する RF パルスを制御し，プローブで発生する NMR 信号を検出することで，高度な RF 制御技術とソフトウエア技術が利用されている．分光計は図 1 のように，以下の七つの部位に分けることができる．固体 NMR に特有な部分にとくに説明を記す．

通信制御系，タイミング制御系は溶液系とまったく同じである．

RF パルス発生部は，印加する RF パルスを発生する部分で，とくに固体試料では，周波数，位相，強度を高精度かつ高速に制御する必要がある．

RF パルス増幅部は RF パルス発生部でつくられた RF パルスを増幅する部分で，固体材料中に存在する強い相互作用を扱うために，大出力(1 kW 以上)の増幅器が必要となる．

検出部は，プローブで発生する微弱な電気信号を検出する部分である．信号電送線の熱雑音による S/N(信号対雑音比)の悪化を防ぐために，NMR プローブの RF ポートの近くにプリアンプを置き，目的に応じて狭帯域の高感度プリアンプと広帯域プリアンプを切り替える構造となっている場合が多い．また NMR プローブの RF ポートには，励起用の強い RF パルスを印加した直後に微弱な NMR 信号を検出しなくてはならない．同一ポートに対して，大電力の入力と微弱電流の出力を切り替える仕組みが必要で，これを Duplexer(デュプレクサー)とよんでいる．固体試料では目的に応じて複数の Duplexer を使い分ける必要がある．

データ積算部は検出部で取り出したア

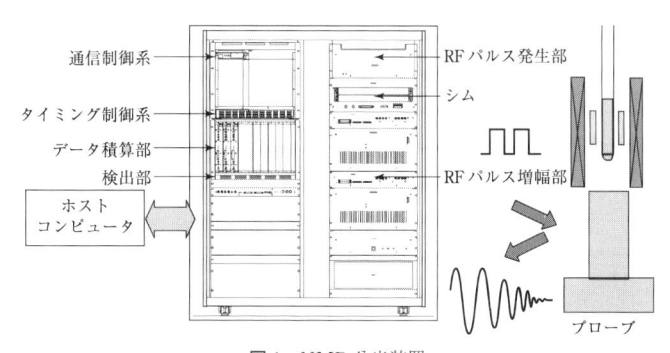

図 1 NMR 分光装置

ナログ信号をデジタル化し，メモリー上で積算する部位で，固体ではAD変換器のダイナミックレンジと変換速度のバランスが重要である．

シムは，超伝導マグネットに残存する静磁場の不完全性を取り除くシステムである．固体NMRでは溶液NMRでの溶媒のD信号にロックして静磁場を安定させる方法(NMRロック)が使えないため，静磁場強度のドリフトを自動で追尾する仕組が必要である．

プローブは，試料環境の制御，RFパルスの印加とNMR信号の検出，さらに高速試料回転のような外部摂動を加える部位である．固体NMRの外観と試料管を図2に，また以下に固体NMRプローブを構成する主要技術を説明する．

MAS(magic angle sample spinning)技術は，高分解能固体NMR法の根幹をなす要素技術で，数mm径の試料管を静磁場中で数kHz～数十kHz程度で回転させている．MASの実現は，円筒形の試料管をエアベアリングで浮かせエアジェットで回転させる方式で実施されている．最近では直径4mmの試料管を汎用的に約20kHzで回転させることができる．

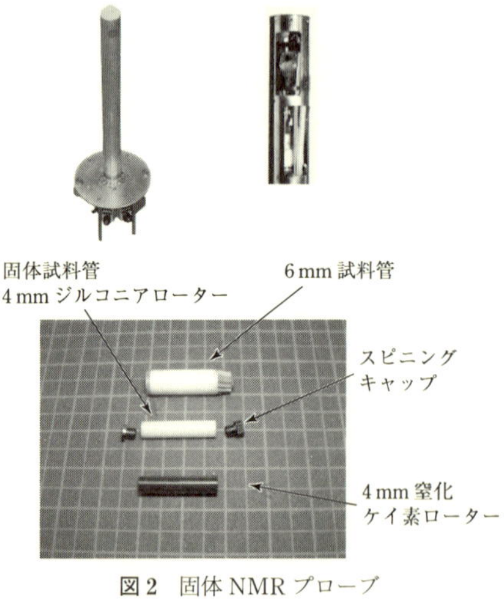

検出コイル技術は，固体NMRプローブにおいて重要な部分で，静磁場強度の向上に伴い，コイル形状の設計の最適化には電磁界解析，コイル設計技術，加工技術が駆使されている．

RF回路設計技術は，検出コイル部にいかに効率的に電力を届けるかにある．とくに固体NMRでは強いRF磁場が必要なため，高電力を検出コイル部に伝える設計となっている．

熱設計技術は，おもに分析対象である試料の温度コントロールに利用され，とくに固体試料では相転移や加熱過程での構造変化など，応用範囲が広い．しかし熱性能とRF性能などはトレードオフの関係になりやすいので，加熱に関してはいろいろな限界が多い．

固体高分解能NMRの基本的な原理　固体試料にはさまざまな相互作用があり，固体NMRに関与する相互作用は以下のとおりである．

$$H = H_Z + H_\sigma + H_{CSA} + H_J + H_D + H_Q$$

ここで，H_Zはゼーマン相互作用，H_σは化学シフトの等方項，H_{CSA}は化学シフトの異方項，H_Jはスピン-スピン相互作用，H_Dは双極子相互作用，H_Qは四極子相互作用である．

ゼーマン相互作用と化学シフトの等方項とスピン-スピン相互作用については，溶液NMRと同様である．以下固体NMRに特徴的な事柄を説明する．

化学シフトの異方項とは，他の原子との化学結合のために電子雲の状態が方向によって異なると，分子の静磁場中の向きによって，観測される化学シフトの値が異なる現象である．溶液NMRでは，溶液中の分子は分子運動により平均化されるため化学シフトの異方項は消去され，化学シフトの等方項のみが残る．しかし，固体状態で

図2　固体NMRプローブ

は分子運動が束縛されているため平均化されずに静磁場との向きによる化学シフトの違いが現れる．

双極子相互作用とは，核スピンの磁気モーメントによる直接相互作用で，核間距離に依存している．また，固体 NMR では ^{1}H の双極子相互作用が非常に大きいため，溶液 NMR に比べより強いデカップリングが必要となる．

四極子相互作用とは，核四極モーメントによって生じる相互作用である．核スピンが 1/2 より大きな核は核四極モーメントをもっているため，核周辺の電場勾配と相互作用を生じる．核スピンが 1/2 の核には存在しない．核四極相互作用は MHz のオーダーから GHz のオーダーの大きさをもっているため，MQMAS(multi quantum-magic angle spinning)法や DAS(double angle spinning)法といった特殊な手法が必要となる．

測定法 基本となる測定法は MAS 法である．測定対象が H を含まない場合にはシングルパルス法を用い，H を含む場合には ^{1}H 核との双極子相互作用による線幅の増大項を消去すべく ^{1}H 核のデカップリングを行う．また ^{1}H 核との相互作用を選択的に取り出す場合には，CP 法といわれる交差分極法を併用する．さらに，^{27}Al などの四極子核が対象の場合には，必要に応じて MQMAS 法を利用すると，四極子相互作用による線幅の増大項を消去でき，先鋭な吸収を得ることができる．得られた共鳴吸収の位置(化学シフト)やその面積から化学構造やその存在量を帰属する．以下，基礎的な固体高分解能 NMR で測定する際に必要な技術を簡単に説明する．

(1) マジックアングルスピニング法(図 3)：固体高分解能 NMR が溶液 NMR ともっとも異なる点はサンプルを高速回転する点である．固体高分解能 NMR では，サンプルをマジックアングルとよばれる角度

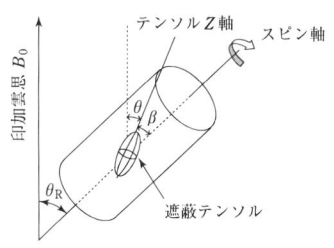

図3 マジックアングルの概念図

(54.74°)で高速回転を行っている．

マジックアングルスピニングは異方的な相互作用(双極子相互作用 H_D，化学シフト異方項 H_σ，一次の四極子相互作用 H_Q)を消し去ることができる．マジックアングルスピニングで化学シフトの異方項を消去できる理由は以下のとおりである．

他の原子との化学結合のために電子雲の状態が方向によって異なると，分子が静磁場中に置かれたときの向きによって化学シフトの磁場方向依存性(化学シフトの異方性)を示す．通常の材料は粉末や多結晶のように分子の向きが一定していないので，すべての方向の化学シフトを同時に観測することとなる．結果として，化学シフトの異方性が線幅の広い信号として現れる．ここでマジックアングルスピニングを行うと化学シフトが平均化される．化学シフトは，テンソル量で表現され，主値を σ_{11}，σ_{22}，σ_{33} とすると，化学シフトの平均値
$$\sigma_{AV} = (\sigma_{11} + \sigma_{22} + \sigma_{33})/3$$
が得られる．化学シフトの異方性が平均化されると，化学シフトの異方項が消去され，等方項のみが残ることとなる．そのため，スペクトルは溶液 NMR と同じ化学シフト値に信号が現れる．

しかし，回転速度が化学シフトの異方性より小さい場合は，メイン信号から回転速度の整数倍離れた位置に信号が現れる．つまり，この信号はスピニングサイドバンド信号とよばれている高速回転による変調成分である．固体高分解能 NMR では，この

スピニングサイドバンド信号が他のピークと重なりあうことがあるために解析が困難になる場合がある．実際の解析では，スピニングサイドバンド信号が他のピークと重ならない回転速度まで回転させることができれば，化学シフトの異方性の影響は無視することが可能である．通常の有機化合物で高磁場側に現れるメチル基は，運動性が高いために化学シフトの異方性が小さく，通常は問題にならない．逆に低磁場側に現れるベンゼン環やカルボニル基などは化学シフトの異方性が大きいために広い範囲でスピニングサイドバンド信号が現れる．そのため，実際の測定では低磁場の信号から生じるスピニングサイドバンド信号のみに注意すればよい．

(2) ハイパワーデカップリング法：双極子相互作用の平均化を完全に行うためには双極子相互作用よりも十分速い回転速度が必要になる．通常の有機化合物では数十kHz 以上の双極子相互作用が存在するため，マジックアングルスピニングだけでは消去できない．そこで ^{1}H 核からの双極子相互作用を完全に消去するには，通常は ^{1}H 核に強い RF パルスを照射するハイパワーデカップリングを行う．有機化合物の場合，^{1}H-^{1}H 間の強い双極子相互作用が働くため，溶液のデカップリングシーケンスを用いるとサイクリングサイドバンドとして強いアーチファクト信号が出る．そのため溶液 NMR で使われているような広帯域デカップリングの手法は使うことができない．この固体でのハイパワーデカップリングは，溶液 NMR で用いられる弱いパワーによるスピン結合のデカップリングと区別する意味で，双極子デカップリング (dipolar-decoupling) とよばれている．

(3) 交差分極 (cross polarizadon) 法 (図4)：固体高分解能 NMR にて有機化合物を測定する際には，CP (cross polarization) / MAS (magic-angle sample-spin-ning) 法を用いることが多い．よって，CP/MAS 法は，感度・積算効率を上昇させて測定する非常に汎用的な手法である．CP/MAS 法は，まず，^{1}H 核に 90°パルスを加えて磁化をつくった後，長いスピンロックパルスを ^{1}H 核と X 核に加えて交差分極を起こす．この移動した磁化をハイパワーデカップリングしながら測定する．^{13}C 核の CP/MAS 法では，^{1}H 核の大きな磁化を ^{13}C 核に移しているため，^{13}C の感度が最大 4 倍 (γ_H/γ_C) まで向上する．また一般的に，^{1}H 核の緩和時間は ^{13}C 核に比較すると短いため，積算時のパルス繰り返し時間を短縮でき，積算効率が向上する．CP/MAS 法では磁化移動の時間 (コンタクト時間) の設定によって得られるスペクトルが変化する．最適なコンタクト時間は材料系に依存しているので，条件検討には注意が必要である．

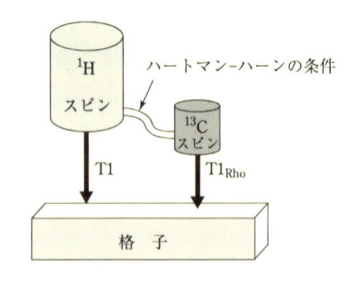

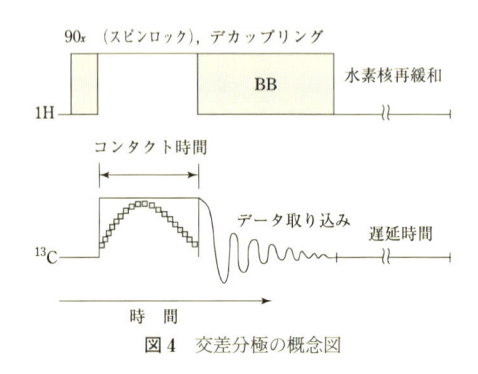

試　料　固体材料の場合，通常試料は粉

図4　交差分極の概念図

末か塊である．塊の場合，試料管に詰めにくく，また高速での回転を容易にかつ安定させる意味でも，砕いて粉末にした方がよい．どうしても粉末にできない場合，小さな塊状の試料を試料管に詰めて，隙間を測定対象核種を含まない他の粉末などで埋め て，回転を安定させるなどの工夫をするとよい．この過程でのコンタミネーションには十分注意を払う必要があり，粉砕の方法や使用する治具などの材質や洗浄に留意した方がよい．とにかくNMR法は感度が低いので，試料管に可能な限り多くの試料を詰めた方がよい．そういった観点では試料管の内径が大きく内容積が大きい方が有利であるが，ただしそういった試料管での最高回転速度は遅くなる傾向があるので，対象核種や材料に応じて，試料管径を選定する必要がある．また試料管の材質自身によるバックグラウンドなどが観測される場合があるので，試料を詰めない状態での測定を実施しておくと便利である．

化学シフトの基準　NMRの重要な情報に化学シフトがあり，たとえば^{1}H核に対してはテトラメチルシランなどの基準物質が決まっており，それらを溶媒に溶かし込んで（内部基準），化学シフトの基準を得ることができる．対して，固体材料の場合混ぜることは困難な場合が多いので，基準物質を測定してから目的試料の測定を行う外部基準方式が多い．内部基準は溶液での実験と可能な限り同じ試料がよいが，ルーチン測定にはその取り扱いの問題から不適な物質もある．そのような場合には，化学シフトの値が既知であり，比較的入手が容易で取り扱いもしやすく，かつ吸収が先鋭で感度もよい二次基準物質を利用する．表1に，固体材料を測定するのに必須な核種で，よく利用される0 ppmである化学シフトの基準物質とともに，代表的な二次基準物質とその化学シフトなどを示す．

用途　分析の対象となる物質は固体であり，核スピンをもっていれば基本的に測定対象となる．^{1}Hや^{13}Cおよび^{15}N核を利用した高分子材料や有機物への応用は非常に多い．近年では，有機系材料以外に^{29}Siや^{27}Alなどでの触媒やスラグ，セラミックスなど，資源として利用されている石炭や鉄鉱石などの無機系材料の重要な応用分野となっている．

このような材料系の構造解析には，従来はX線回折や電子顕微鏡などが利用されてきたが，得られる情報量には限りがあっ

表1　固体材料の測定のための核種とその二次標準物質

核種	基準　　　（0 ppm）	二次標準物質	シフト[*1] (ppm)	線幅[*2] (ppm)
^{1}H	テトラメチルシラン (TMS)	シリコンゴム（回転数≧2.5 KHz）	0.119 (0.003)	0.047
^{7}Li	1.0 M LiCl 水溶液	LiCl	−1.19 (0.03)	2.6
^{11}B	$(C_2H_5)_2O \cdot BF_3$	H_3BO_3飽和水溶液	19.49 (0.02)	0.8 ST[*3]
^{17}O	H_2O	H_2O	0	0.05
^{23}Na	1.0 M NaCl 水溶液	NaCl	7.21 (0.03)	1.9
^{27}Al	1.0 M Al$(NO_3)_3$水溶液	1.0 M AlCl$_3$水溶液	−0.10 (0.01)	1.16
^{29}Si	テトラメチルシラン (TMS)	シリコンゴム（回転数≧2.0 KHz）	−22.333 (0.008)	0.031
^{31}P	85%H_3PO_4水溶液	$(NH_4)_2HPO_4$	1.33 (0.02)	0.80
^{35}Cl	KCl（固体）	1.0 M NaCl 水溶液	−3.90 (0.02)	0.7 ST[*3]
^{39}K	1.0 M KCl 水溶液	KCl	47.8 (0.1)	8.4 ST[*3]
^{79}Br	KBr（固体）	1.0 M KBr 水溶液	−42.7 (0.1)	6.1 ST[*3]
^{87}Rb	1.0 M RbCl 水溶液	RbCl	123.43 (0.06)	1.8

* 1　^{1}Hの周波数400 MHzの装置で測定したピークの位置を表す．二次の核四極相互作用に伴うシフトの補正はしていない．括弧内の数値は誤差範囲を表す．
* 2　線幅はMASスペクトルにおける値．
* 3　STのついている値はMASしていない値．液体でもSTの表示がなければMASしている．

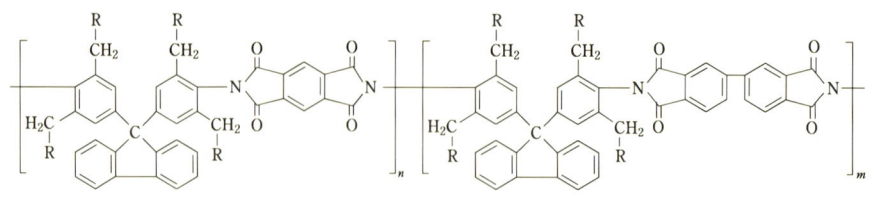

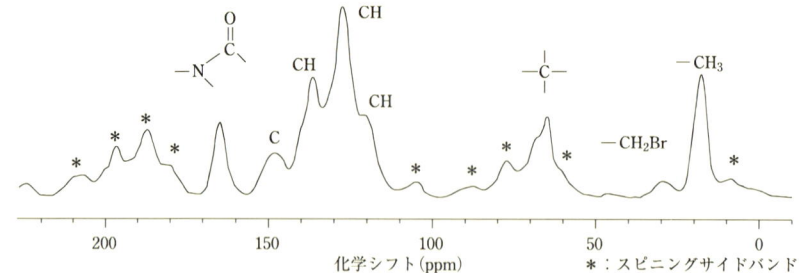

図5 カルド型ポリイミドのCP/MASスペクトルと帰属の結果（積算回数4000回）

た．固体NMR法の特徴は非破壊計測であることはもちろん，X線回折が長周期構造をもつ材料系の解析に有効なのに対して，周期構造がないアモルファス系材料や短周期構造材料の解析に有効である．よって，X線回折と相補的に利用することで，材料解析の有用な手法となっている．また測定対象となる核種は拡大しつつある．

応用例 カルド型ポリイミドの構造解析
(1) 測　定

①測定したいフィルム状のカルド型ポリイミドをハサミなどで25 mm×12 mmくらいの適当な大きさに切断し，直径6.5 mmの固体NMRジルコニア製試料管に均一かつ可能な限り多く試料管に詰めた方がS/N比がよい．固体NMR用プローブにセットし，6 kHzで回転させる．

②RFの効率を上げるために，丹念にチューニングとマッチング操作の最適化を，観測側の^{13}C核および照射側の^{1}H核について実施する．

③コンタクト時間やパルスの繰り返し時間，RF 90°パルスの値などの最適化を行い，コンタクトタイム2 ms，パルス繰り返し時間10 s，90°パルス5 μs，回転速度6 kHzなどを決定し，得たいS/N比になるように積算回数を設定し，測定を開始する．

(2) 解　析

①事前にヘキサメチルベンゼンなどで定めた化学シフト基準値を利用し，得られたFIDをフーリエ変換し，スペクトルを得る．

②参考文献[1～3]などを利用して，得られたスペクトルの帰属を行い，図5のような結果を求める．必要に応じて，積分などや緩和時間などを求めることで，材料の物性情報を得る　　　　　　　　　［齋藤公児］

参考文献

1) 齋藤　肇，森島　績（編），高分解能NMR基礎と新しい展開，東京化学同人，1987.
2) 林　繁信，中田真一（編），チャートでみる材料の固体NMR，講談社サイエンティフィク，1993.
3) Ando, I., Asakura, T.(eds.)：Solid State NMR of Polymer, Elsevier, 1997.

55
電子スピン共鳴装置

electron spin resonance apparatus:
ESR

定性情報 不対電子の存在の有無.
定量情報 スピン濃度とその相互作用.
注　解 不対電子(電子スピン)の存在の有無,すなわち常磁性物質かどうかがわかる(ただし,電子スピンの寿命や緩和時間のために測定条件によっては検出されない場合があるので注意が必要).市販の装置のスピン検出感度の限界はほぼ 1.9×10^{10} spin/mT ($1\,\mathrm{mT} = 10\,\mathrm{G}$) である.ESR信号パターンから電子スピンの存在する場に関する定性的な情報(周囲の電場の対称性,相互作用している核スピンの存在の有無,核スピンの種類,および相互作用の強さ,電子スピンが存在する分子の運動性など)が得られる.

一方,スペクトルの2回積分値 $Area$ が,試料中のスピン濃度に比例する.ただし,スペクトルの線形・線幅が同じ場合には,スペクトルの最大振幅を比較するだけで相対的なスピン濃度変化が得られる.スピン濃度の絶対値を得るためには,スピン濃度 $[SpinN]_s$ 既知の標準試料の2回積分値 $Area_s$ と試料スペクトルの2回積分値 $Area_x$ とを比較して求める.このとき,測定条件による強度の校正が必要である.

信号強度は,測定条件と観測しているスピンの特性とに依存する.マイクロ波強度の平方根 $\sqrt{P}$, 変調磁場の強さ M, 増幅率 G に比例するので,異なる測定条件で得たスペクトルを比較するときは,これらのパラメーターで規格化する.また,横軸単位長あたりの磁場の大きさ $scan$(T/cm)に対しては2乗で効いてくる.スピン量子数 S の異なる試料間の比較の場合も補正が必要である.試料の絶対スピン濃度 $[SpinN]_x$ は,次の式で求められる.

$$[SpinN]_x = \frac{Area_x (scan)_x^2}{G_x M_x \sqrt{P_x} g_x^2 [S(S+1)]_x} \times \frac{G_s M_s \sqrt{P_s} g_s^2 [S(S+1)]_s}{Area_s (scan)_s^2} [SpinN]_s$$

有効スピンハミルトニアンのパラメーター値の g 因子,超微細構造(hyperfine structure : hfs)定数,微細構造(fine structure : fs)定数などはスペクトルから直読するか,線形シミュレーションにより決める.g 因子は,通常 g 値とよばれるテンソル量で,その主軸方向の値(等方性なら g_0, 軸対称なら $(g_{//}, g_{\perp})$, 三方向異方性なら (g_{xx}, g_{yy}, g_{zz}), または (g_1, g_2, g_3) など)で表す.電子スピンの存在する軌道や電子配置が推定できる.hfs 定数は,通常 A テンソル(スピンラベルでは T テンソル)で示し,異方性の表現は g と同様である.微細構造は2個以上の不対電子が,互いに磁気的に相互作用しているときに現れ,D テンソルで示される.D テンソルはゼロ磁場分裂定数ともよばれる.2個の不対電子間の電気的な相互作用の結果,いわゆる三重項状態が観測される.

これらの ESR パラメーターは,原理で述べるように,不対電子が存在する系の軌道角運動量に関する情報を含んでいるので,物質中の電子状態に関する手がかりを与える.電子スピンの分布,不対電子を含む原子の結合状態(sp 特性)や分子内のスピン密度分布,軌道エネルギー間のエネルギー差,結合軌道の共有結合性,電子スピン間および電子スピン-核スピン間距離など,定量的な物質情報が導きだされる.イメージングの場合は位置情報を含んだ電子スピンの濃度分布がわかる.

装置構成 もっとも汎用されている X バンド(9.4 GHz, 0.33 T)装置の例を図1に示す.磁石のほか,単向性マイクロ波発

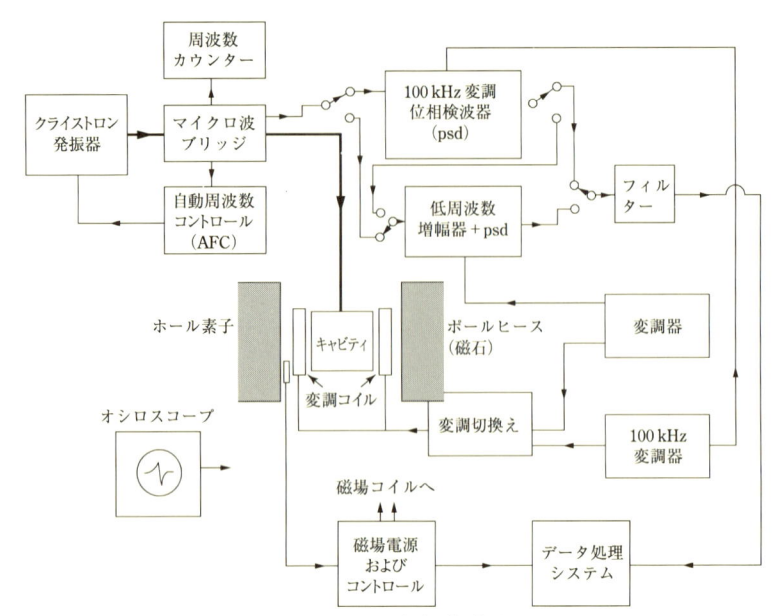

図1 ESR分光計の概略図

信部(クライストロン)，マイクロ波ブリッジ(サーキュレーター)，空洞共振器(キャビティ)，100 kHz変調されたマイクロ波の検出器(100 kHzダイオード)および増幅部，データ処理および記録部分からなる．発振器，マイクロ波ブリッジ，キャビティの間はマイクロ波の波長サイズの導波管(図1の太線部分)によりマイクロ波が誘導される．試料は外部磁場中に設置されたキャビティ中央部に固定される．

外部磁場に垂直な方向からマイクロ波を照射しながら磁場掃引すれば，共鳴条件を満たす磁場で信号が検出される．実際には，検出感度向上と線形の微小変化を見やすくするなどのため，掃引磁場とともに100 kHzの変調磁場(modulation field)を同時に作用しながら計測するので，スペクトルは吸収曲線の一次微分曲線として記録される(このためスピン数の定量にはスペクトルの2回積分が必要となる)．多数の hfsを含む有機ラジカルの場合，100 kHz変調された信号を80 Hz(市販装置)でさらに変調して二次微分曲線とすれば，吸収曲線に似た線幅の狭いスペクトルが得られる．スピンラベルまたはプローブ法で遅い分子運動を検出する飽和移動(saturation transfer：ST)ESRでは，50 kHzの磁場変調をかけて100 kHzで90°out of phase信号を検出するために，市販の装置には50 kHzの磁場変調も備わっている．

周波数カウンターと磁場測定器により ν(MHz)と B(mT)を直読できるので，$g = 0.07144775\,\nu/B$ から試料の g 値を計算できる．標準物質の g 値(g_{std})と共鳴磁場(B_{std})を用いて，$g_x - g_{std} = -\{(B_x - B_{std})/B_{std}\}g_{std}$ からも試料の g 値(g_x)が得られる．g_{std} として，2.0036(DPPH粉末)，2.00354(DPPHベンゼン溶液)，2.336051(Wurster's blue cation)などが便利である．磁場掃引幅の標準としては，

MnO/MgO の Mn(II) hfs の中心2本の間隔(8.69 mT)や Wurster's blue perchloride の A 値が用いられる．

X バンドや Q バンド(35 GHz)装置に加えて目的に応じて多様な分光法が開発されている．水分子を含む生体系試料では水分子による誘電損失を避けるため L バンド(1 GHz)，S バンド(3 GHz)のような低周波数・低磁場装置を用い，逆に，高分解能・高感度をめざして超伝導磁石を用いた 95 GHz から 250 GHz の高磁場・高周波装置も開発され，遠赤外線領域の電磁波も用いられている．これらの場合，キャビティではなく，特別の共振システムで測定する．半導体素子を用いた発振器では 160 MHz まで，電子管や遠赤外レーザーなどにより 3000 GHz 以上の電磁波を得ることができる．280 GHz 装置では 10 T の超伝導磁石を用いるが，より高周波数装置ではパルス磁場を印加している．

ESR イメージング法は，電子スピン系の緩和時間が短いため，線形磁場勾配下の CW-ESR スペクトルから投影再構成法により画像を得る．空間分解能は X バンドで 10 μm (脱酸素された 0.1 mM の ^{15}N 化ニトロキシド水溶液(線幅 0.0175 mT)，磁場勾配 0.78 T/m で測定)の報告がある．ダイヤモンドやゼオライト中の ^{15}N ラジカルなどの固体試料でも線幅が狭ければ分解能よく画像化できる．生体中のラジカルは短寿命で検出限界以下の存在量のことが多く，in vivo 生体系の場合，より安定なニトロキシドラジカルやスピントラップ剤を投与して画像化する．^{1}H NMR 画像と重ねることで生体内の位置情報が確定される(PEDRI 法)．

原理・特徴 1個の孤立不対電子はスピン角運動量 S に由来する磁気モーメント $\boldsymbol{\mu}_s$ をもち，外部磁場($\boldsymbol{B}\,/\!/\,z$)中ではエネルギーの低い状態($\boldsymbol{B}\,/\!/\,\boldsymbol{\mu}_s$, $m_s=-1/2$)と高い状態($\boldsymbol{B}\,/\!/-\boldsymbol{\mu}_s$, $m_s=1/2$)にゼーマン分裂する．この分裂の大きさに相当する電磁波(通常,マイクロ波領域)を照射し，そのエネルギーの吸収を検出する．共鳴周波数を ν，共鳴吸収が生じる磁場の強さを B とすれば，$h\nu=g\beta_e B$ の関係が成立する．ここで，h(プランク定数)$=6.626755\times10^{-34}$ J s)，β_e(ボーア磁子)$=9.2740154\times10^{-24}$ J/T である．

g 値は，観測している電子スピン固有の値であり，周囲の場の性質を反映する．完全に自由な電子の場合，$g=g_e=2.0023193$．原子または分子中の不対電子では，軌道角運動量 $\boldsymbol{L}$ 由来の磁気モーメント $\boldsymbol{\mu}_L$ の影響が加わるので，g 値は g_e からシフトする．スピン軌道相互作用($\lambda\boldsymbol{L}\cdot\boldsymbol{S}$)の大きい原子に属する電子スピンほど g シフト($\Delta g=g-g_e$)は大きい．多くの場合，閉殻状態における全電子数に対して実在する電子数が，半分以上の場合(ホールの存在，たとえば Cu^{2+}，Ni^{2+}, Co^{2+})は $\Delta g>0$，半分以下の場合(電子の存在，たとえば Ti^{3+}，VO^{4+}, Cr^{3+})は $\Delta g<0$，半分の場合(半閉殻，たとえば Mn^{2+})は $\Delta g\approx 0$ となる．

不対電子の磁気モーメントが，近隣の核磁気モーメントと磁気的に相互作用する($\boldsymbol{I}\cdot\boldsymbol{A}\cdot\boldsymbol{S}$)と，スペクトルに hfs が現れる．hf 結合定数 A は，電子雲の重なり(through bond)を介して生じるフェルミ接触相互作用に起因する等方的成分と空間的な双極子間相互作用(through space)に起因する異方的成分の和であり，共有結合の s 性と(p, d)性を反映する．スピン間相互作用の ESR は，多重項状態を扱うことになる．

用途・応用例

(1) ESR スペクトルの g 値の読み方

もっとも典型的かつ基本的なスペクトルの例を図2(a)に示す．g 値，A 値はスペクトル上の特異点から読み取れる．結晶の場合は回転に伴う g 値および A 値の変化からそれぞれの主値が求まる．

(2) 動的情報

緩和時間，電子交換速度，化学反応による構造変化などダイナミックスに関する情報が得られる．緩和機構の解明が重要になる．スピンプローブやラベル剤として使われるニトロキシドラジカル（・NO）の回転運動の速さや回転軸の向き，濃度の変化は線形に鋭敏に反映されるので，回転拡散の

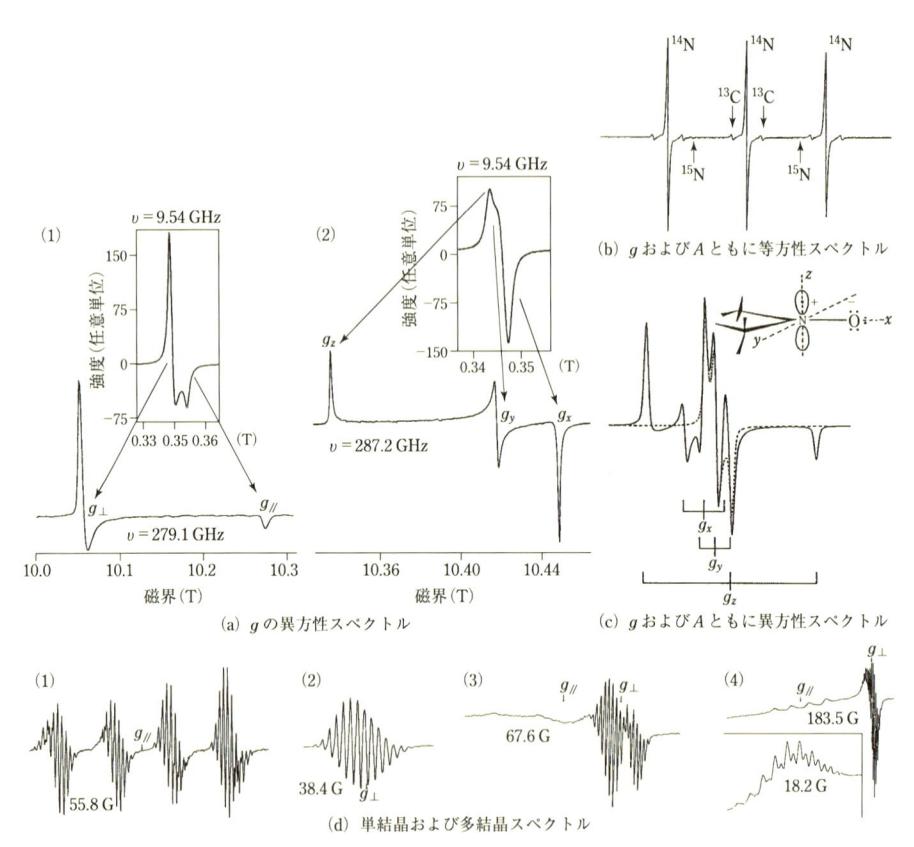

図2 典型的な ESR スペクトル

(a) g の異方性スペクトル：(1) 軸対称性スペクトル（反磁性 K_3NbO_8 にドープされた K_3CrO_8，粉末試料），(2) 3 方異方性スペクトル（反磁性 K_3NbO_8 にドープされた K_2NaCrO_8，粉末試料）．X バンドでは不完全な g の分離が高磁場 ESR により典型的なパターンに分離された．

(b) g および A ともに等方性スペクトル：ニトロキシドラジカル希釈水溶液，室温．

(c) g および A ともに異方性スペクトル：ニトロキシドラジカル，77 K．（破線は g の異方性のみの場合のシミュレーションスペクトル）

(d) 単結晶および多結晶スペクトル：H_2-TPP 単結晶中にドープされた Cu(II)-TPP，室温．(1) $B /\!/ z$ のとき，(2) $B /\!/ (x-y$ 軸の二分角）で xy 平面内にあるとき．(3) 多結晶スペクトル，(4) (3) の Q バンドスペクトル，囲み内は低磁場側の $A /\!/$ hfs の拡大で，Cu に配位した 2 個の ^{14}N 核による 5 本の hfs が 2 組，分離されている．高磁場により g の異方性の分離は明確になるが，hfs の分裂は外部磁場強度に依存しないのでそのままに保たれる．

II. 状態分析

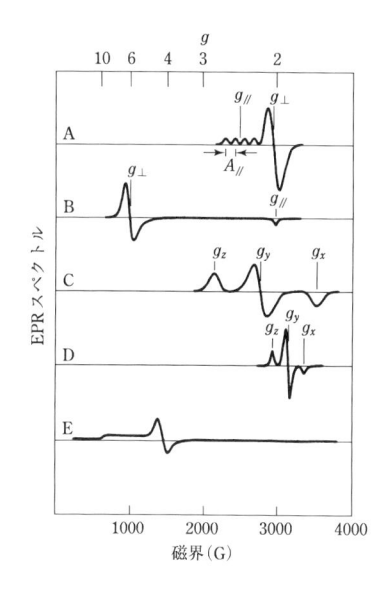

図3 Cu(II)およびFe(III)錯体の模式的なESRスペクトル

A：Cu(II)(d^9, $S=1/2$, 伸びた軸対称場), B：高スピンヘム(Fe(III), d^5, $S=5/2$), C：低スピンヘム(Fe(III), d^5, $S=1/2$), D：非ヘム鉄イオン(フェロドキシン), E：非ヘムFe(III)(d^5, $S=1/2$, 斜方晶系場).

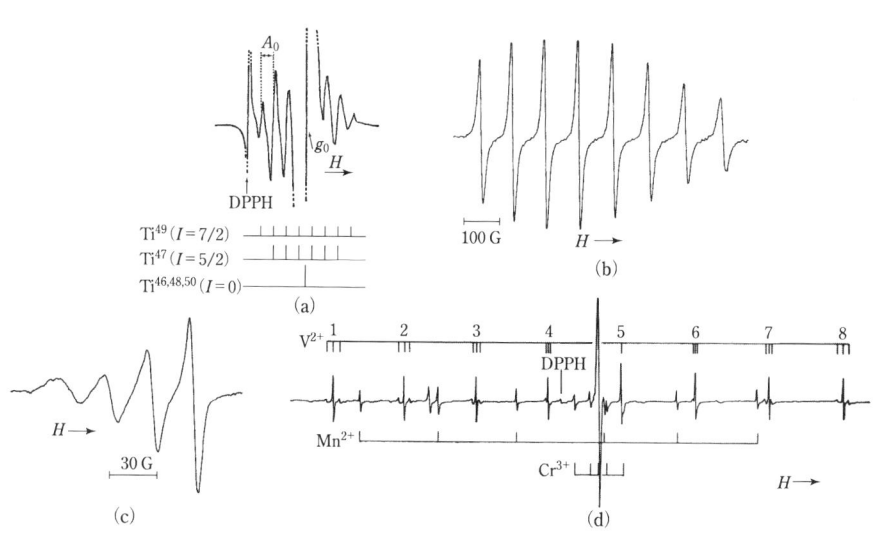

図4 遷移金属イオンのESRスペクトル例
(a) Ti(III)-EDTA錯体(水溶液, RT, d^1, $I=0$, $I=5/2$, $I=7/2$),
(b) V(IV)O-ビス-アセチルアセトン-エチレンジイミン錯体 (溶媒：THF, 20°C, d^1, $I=7/2$),
(c) Cu(II)-ビス-エチルアセチルアセトネート錯体(溶媒：トルエン, RT, d^9, $I=3/2$),
(d) MgO単結晶中のV^{2+}(d^3, $I=7/2$), Mn^{2+}(d^5, $I=5/2$)およびCr^{3+}(d^3, $I=0$, $I=3/2$) (RT).

相関時間 τ_R や併進拡散係数 R_D, 交換反応速度 ν_{ex} などの動的情報を通して媒体物質に関する情報が得られる. ラジカル部分の運動が遅いとき ($\tau_R > 10^{-7}$s) は異方的な線形(図2(c))を示すが, 溶液中のように十分早い ($\tau_R < 10^{-10}$s) 回転運動をしているときは等方的な3本のhfsスペクトル(図2(b))になる. 3本のhfsの線強度と線幅は τ_R に依存する.

(3) 有機ラジカルのスペクトルとそこから得られる電子状態

溶液中のラジカルは, 図2(b)に示したように高い運動性のため等方的なスペクトルを示す. 核における不対電子密度がゼロでない場合にはhfsが現れる. NOラジカルの場合, N-O結合に存在する不対電子が ^{14}N ($I=1$) による3本線hfsと ^{15}N ($I=1/2$) による2本線hfsを示す. また ^{13}C ($I=1/2$) によるhfsが ^{14}N によるhfsのサテライトとして観測される. hfs値は溶媒の極性に依存し, N-Oπ結合上のスピン密度の偏りが説明される. 一般に, 有機ラジカルのhfsの解析から不対電子スピンの分布状態を知ることができる.

(4) 遷移金属イオンのESR

配位子場の強さと対称性によってd軌道の分裂の仕方とエネルギー間隔が異なり, その荷数によって電子配置が変わり, また原子によってhfsを示す同位体の数と強度比が異なる. 一見複雑そうであるが, 各金属イオンごとに特徴的なパターンとなるので, 慣れてくると金属イオンの同定が可能である. たとえばCu(II), Fe(II) またはFe(III)の場合, リガンドによる配位子場の強さと対称性により電子状態が異なり図3のような典型的なパターンを示す. その他の金属イオンの代表的な例を図4に示す.

［渡部徳子］

56 パルス電子スピン共鳴装置（フーリエ変換 ESR 法）
pulse electron spin resonance apparatus (Fourier transform electron spin resonance method)

 FT-NMR と同様，1950 年に Hahn が行ったスピンエコー法を基調にしているが，核スピンと電子スピンの物理化学的特性の違いにより FT-ESR の開発は遅れた．この10数年間で短く強いマイクロ波を与える技術が飛躍的に進み，多様なパルス ESR が可能になった．CW-ESR 法では不可能な独自の展開が図られているが，装置の値段が高いことおよび高周波になるほど，高度な測定技術と解析が要求されるので，ルーチン的な普及には時間がかかると思われる．

定性情報　不対電子の存在の有無．
定量情報　スピン間相互作用．
注　解　パルス ESR は，パルス印加後の FID (自由誘導減衰) をフーリエ変換して CW-ESR と同様な ESR スペクトルを得る FT-ESR と複数のパルスを組み合わせた種々の電子スピンエコー法 (ESE) とに分類できる．FT-ESR スペクトルからは，CW-ESR スペクトルと同じ情報が得られる．また ESE 法からは，緩和時間の測定，近傍の核スピンとの双極子-双極子相互作用，CW 法では線幅に隠れて検出不能な小さな hfs 結合定数の決定，スピン間の磁化の移動，緩和機構の解明などの情報が得られる．高度なスピンマニピュレーション，二次元相関スペクトル，時間分解能の向上，情報の分離などパルス NMR の手法を追いかける形で，種々のパルスシーケンスが実行されている．

装置構成　従来の ESR 装置に加えてパルス発振回路や精度よくコントロールされた時間分解検出システムなどが必要となる．詳細は装置メーカーに問い合わせる．

原理・特徴
 (1) FT-ESR：出力の強い ($>300\,\mathrm{W}$) きわめて短い ($<20\,\mathrm{ns}$) マイクロ波パルスを試料に照射し，プローブヘッド内の電子スピンの応答を時間軸で検出し，これをフーリエ変換して周波数ドメインの FT-ESR スペクトルを得る．スペクトル幅が $100\,\mathrm{MHz}(3.5\,\mathrm{mT})$ 以下，線幅が $3\,\mathrm{MHz}(0.1\,\mathrm{mT})$ 以下の場合には FT-ESR 測定が可能である (たとえば，溶液中の有機ラジカル，強い交換相互作用のある系 (狭幅化した吸収線)，伝導電子，$^1\mathrm{H}$ を含まない単結晶試料，局所対称性が高く，hfs がない多結晶試料，など)．時間領域でスピンからの信号のみを検出し積算できるので，時間あたりの感度の向上が図れる．しかし，スペクトルの一部分のみしか励起されない場合やパルスの後の FID (自由誘導減衰) が装置のデッドタイム以内に減衰してしまう場合に

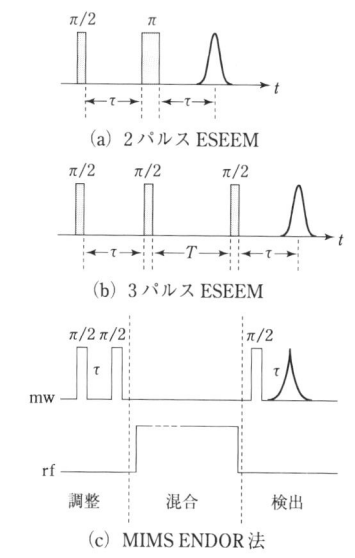

図1　スピンエコー法の基本的なパルスシーケンスの例
(a) 2 パルス ESEEM
(b) 3 パルス ESEEM
(c) MIMS ENDOR 法

は，FT-ESRは役に立たないのでESEを検出する．

(2)電子スピンエコー(electron spin echo；ESE)：パルス印加後のエコーの時間変化を観測する．目的に応じて種々の組合せのパルスシーケンスが用いられるが，最も基本的なパルスシーケンスを図1に示す．パルスの組合せによる二次元相関スペクトルへの展開や約10 nsの時間分解能(応答時間)での検出も可能であり，3パルス-2D ESEEMやHYSCORE(hyperfine sublevel correlation spectroscopy)など高度なシーケンスの開発も進んでいる．

ESEEM(electron spin echo envelope modulation；電子スピン包絡線変調)はパルスESRの中でも基本的できわめて有用な技法で，異方性相互作用を含む固体試料が対象となる．ESEEM検出には，2パルスSE(primary echo sequence)または3パルスSE(stimulated echo sequence)が使われる．2パルス法ではパルス間隔τを増加するにつれエコー信号が指数関数的に減衰する．減衰の速さはT_1，T_2，またはそれらの両方によって決まる．常磁性中心のまわりに存在する核スピンとの間に弱い相互作用があると減衰が変調される．エコーの包絡線が変調スペクトルである．ESR禁制遷移確率がゼロでないとき(具体的には，hf相互作用が異方的であるか，四極子結合がゼロでないとき)のみ，核変調が現れる．変調スペクトルをフーリエ変換すれば，hfsや四極子相互作用に関連する周波数，およびそれらの和や差の周波数にもピークが現れる．3パルス法の場合は第2と第3のパルスの間隔Tを増やすにつれて，エコー信号強度の変調スペクトルが検出される．周波数の分解能はT_1によって決まる．和や差の周波数は現れない．

ENDOR(electron-nuclear double resonance：電子-核二重共鳴)では電子スピ

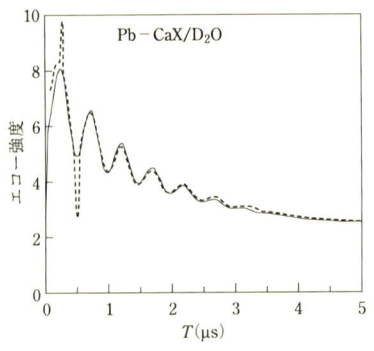

図2 ESEEMスペクトル

のエコー強度をNMRの周波数で観測する．スペクトルの線幅に隠れて検出できない弱い超微細相互作用の解析や常磁性種の電子構造や分子構造の詳細が得られる．MimsやDaviesによってパルスシーケンスが考案され，現在でも使われている．パルスENDORは計測時間が短いので，緩和の影響が除かれる点，CW法に比べ有利である．ENDOR法およびESEEM法によって得られる物理量は同じである．

用途・応用例 Ca-Xゼオライト中にトラップされた常磁性Pd(III)($g_{iso}=2.23$)のESEEMスペクトルを図2(破線)に示した．Pdと相互作用しているD_2Oの数とPd-O間の距離をパラメーターとして，D核と電子スピンの間のきわめて弱い双極子-双極子hfs相互作用によって生じる電子スピン磁化の変調を理論計算した結果(実線)は実測スペクトルとよく一致しており，Pdイオンが4個のD_2O分子を吸着していることが明らかにされた．このように，常磁性中心の近傍に核スピンをもった分子が存在する場合，その分子と金属イオンとの結合状態を立体的に知ることができる．通常のESRではこのような情報は得られない．

［渡部徳子］

57
熱重量測定装置

thermogravimetric analyzer : TG

定性情報 温度変化に伴う質量変化量．
定量情報 質量変化量．
装置構成 装置の構成を図1に示す(示差熱分析装置(項目58)にも使用できる)．

てんびん部：てんびんの方式には，てんびんと試料容器の位置関係から，水平型，垂直型ならびにつり下げ型がある．水平型(図1)は加熱による対流の影響が少なく，試料の吹きこぼれによっててんびん部を汚染しないなどの理由で多く用いられている．垂直型は多量の試料を測定できるなどの特徴がある．てんびんは μg の精度が求められるので，てんびん専用台あるいは除振台に設置した方がよい．多量試料用の装置を除いて，ほとんどの市販装置は検出感度を向上させる目的で，基準側と試料側の二本のてんびんビームで構成されており，両者の差を検出する差動型が一般的である．

試料部：てんびんビームの先端に基準物質と試料を置くホルダーがある．ホルダーは温度測定用の熱電対で支えられているので，衝撃や化学的な汚染は避ける．試料は専用の容器に入れ熱分解などによって試料が吹きこぼれてホルダーやビームを汚染しないようにする．

試料容器：容器は材質や形状の異なるものがメーカーから提供されているので，測定温度範囲や試料によって選択する．一般には白金あるいはアルミナ製の容器を用いるが，白金と合金形成する物質や白金が反応の触媒となる物質はアルミナ製を用いる．高分子の熱分解のように最高温度が500℃までである場合はアルミニウム製容器でもよい．白金容器で高分子や有機物の熱分解を測定すると容器が汚れるが，ガスバーナーで容器を焼くと再生できる．白金容器を使って1200℃以上の測定を行う場合，容器がホルダーと離れなくなる場合があるので，アルミナシートを容器とホルダーの間に入れるとよい．

雰囲気：熱分解を測定する場合には，雰囲気ガスの影響が大きい．不活性雰囲気で測定する場合には乾燥窒素ガスがもっとも多く用いられているが，必要に応じてアルゴンやヘリウムも使用される．酸化雰囲気での測定には空気を用いる．還元雰囲気での測定では水素と窒素の混合ガスを用いて，石英ガラスの保護管を利用し水素がヒーターに接触しないようにする．雰囲気ガスはてんびん部から試料部へ導入されるので，置換する容量は大きい．不活性雰囲気の測定では試料を設置した後に時間をかけて雰囲気ガスで置換する．測定途中で雰囲気ガスを切り替えることも可能である．

測　定　温度変化の制御方式には，等温測定と等速昇温測定のほかに，質量減少速度が一定になるように温度を制御する方式があり，速度制御法(CRTG)あるいは試料制御法とよばれている．等速昇温法では解析が困難な複数の反応過程を速度制御法では分離して観測できる場合がある[1,2]．

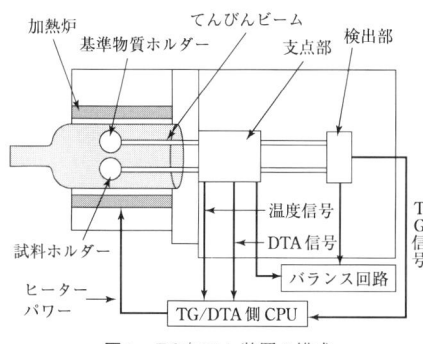

図1 TG/DTA 装置の構成

質量減少によって発生する気体を分析する手法(発生気体分析)をTGと接続して測定することで,より詳細な解析ができる[3]．発生気体分析には質量分析(MS),ガスクロマトグラフィー(GC),赤外吸収スペクトル(IR)分析が用いられる．

用　途　質量が温度あるいは時間の関数として変化する現象が測定対象となる．熱分解のように温度変化に伴って質量変化が起こる現象のみならず,吸着のように質量が時間変化する現象も測定できる．

応用例　硫酸銅五水和物の脱水過程の測定

(1) 等速昇温測定:

①アルミニウム製試料容器を基準と試料ホルダーに置き,てんびんのゼロバランスを取る．

②試料容器に約10 mgの試料を取り試料ホルダーに置く．基準側は空の試料容器である．試料質量が多くなる場合には試料と同量のアルミナを基準側容器に入れて測定する．雰囲気ガス(乾燥窒素ガス)を毎分200 mLで流し,質量シグナルが安定するまで待ち,試料質量の正確な値を入力する．

③室温から300℃まで毎分5℃で昇温する．

(2) 速度制御測定:

①(1)の①,②と同じ操作．

②質量変化制御速度を毎分2.0×10^{-3} mgで室温から300℃まで昇温する．

(3) データ解析: 等速昇温測定と速度制御測定で得られた硫酸銅五水和物の脱水過程を図2に示す．硫酸銅五水和物は一水和物を経て無水硫酸銅へ変化する．100～150℃の温度領域での一定の質量減少率

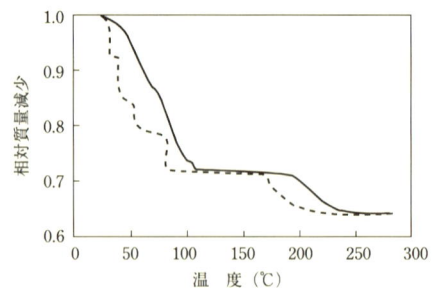

図2　等速昇温測定(実線)と速度制御測定(破線)による硫酸銅五水和物の脱水過程

(0.699)は硫酸銅一水和物である．この温度領域で一水和物が安定に存在していることが両測定方法で確認できる．実線で示した等速昇温測定では100℃までに測定される4分子の水の脱水過程は連続的に観測されているのに対し,速度制御測定では各水分子が結晶から脱離する過程が分離して観測されている．速度制御測定で観測される脱水過程は等速昇温測定で観察されるよりも低い温度で起こっている．これは速度制御測定では水分子の拡散過程の影響をほとんど受けずに結晶水の脱離過程を観察しているためである．拡散過程を伴う質量減少を測定する場合,等速昇温測定では試料の形状による影響を受けるので注意しなくてはならない．　　　　　　　　　　　［吉田博久］

参考文献
1) 古賀信吉:熱量測定・熱分析ハンドブック,日本熱測定学会(編),p.75,丸善,1998．
2) 古賀信吉:最新熱分析,小澤丈夫・吉田博久(編),p.51,講談社サイエンティフィク,2005．
3) 吉田博久:ぶんせき,336,2000．

58
示差熱分析装置

differential thermal analyzer：DTA

定性情報 温度変化に伴う基準物質と試料の温度差変化．

定量情報 なし．

装置構成 装置の構成は熱重量測定(項目60)を参照．

DTAは，ある狭い温度範囲で急激な熱の出入りを観測して物質の状態変化を検出し，変化が起こる温度を決定する方法である．試料と基準物質を炉の中央に配置し，温度は試料と基準物質の中心に近い位置で測定する．市販装置では試料容器表面で温度を検出するようになっている．基準物質には測定温度範囲で状態変化が起こらないものを選び，通常はアルミナを用いる．加熱炉の温度を制御して，炉からの熱輻射あるいは放射によって基準物質と試料を温度変化させる．

原 理 試料と基準物質を炉の中心に置き一定の速度で加熱すると，図1のように試料の中心部の温度は時間とともにほぼ一定の速さで上昇する(a)．融点に達して試料の一部が液相に転移し始めると，試料の温度上昇は停止しすべての結晶が液体になるまでその温度が保たれる．その間基準試料の温度は炉の温度とともに上昇し続け，試料と基準物質間に温度差が生じる(b)．実際の測定では基準物質の温度 T と試料との温度差 ΔT を時間に対して測定する[1]．

用 途 示差走査熱量計(DSC)との違いは熱量が定量できない点である．そのため市販装置ではDTA専用装置は少ない．しかし800°Cを超える高温測定では輻射や放射による熱リークが起こるため示差走査熱量計(DSC)よりもDTAが有利になる．DTAでは熱の出入りが測定できるので，熱重量測定(TG)と一緒になったTG-DTA装置がもっとも多く，質量と熱の出入りの変化から種々の現象を特定することができる(図2)．TG-DTA装置では温度校正を純金属の融点を利用するので，広い温度領域で校正を行うことができる．

応用例 陽極酸化アルミナ脱二酸化硫黄

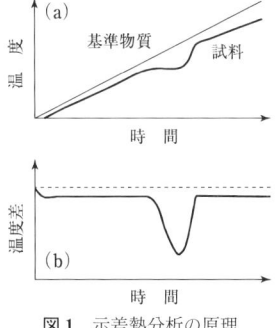

図1 示差熱分析の原理

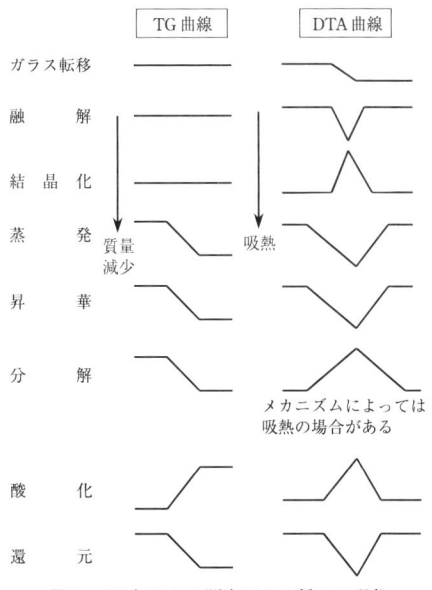

図2 TG/DTAで測定できる種々の現象

の測定

　純アルミニウムを陽極にして酸性浴中(たとえば15mass%硫酸)で電解すると,アルミニウム電極上では酸素が発生せずに,表面に絶縁性の酸化アルミニウム膜(Al_2O_3)が生成する.酸性の電解浴を用いた場合には,アルミニウム表面に薄いアルミナ膜(バリアー膜)が生成した後に,バリアー膜が電解液の溶解作用を受けて一部溶解し,膜が多孔質化(ポーラスアルミナ)する.ポーラスアルミナは厚く成長するので以前は防食や装飾の目的で利用されていたが(アルマイト),最近は孔径や孔周期を制御したポーラスアルミナがナノ材料として着目されている.

　(1)測定法:生成したポーラスアルミナは非晶質で電解液の硫酸イオンを表面に取り込んでいる.ポーラスアルミナを1000℃以上の温度で熱処理すると結晶化してγ-アルミナを経てα-アルミナになる.結晶化の初期に酸化アルミニウム膜中に取り込んでいた硫酸イオンが離脱する.

　①約5mgのポーラスアルミナを白金製試料容器に入れる.基準物質には空の白金容器を用いた.

　②室温から1100℃まで毎分10℃で昇温する.雰囲気ガスは乾燥窒素を毎分200mL流す.

　(2)データ解析:ポーラスアルミナの

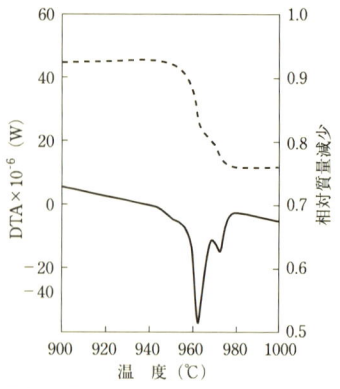

図3　陽極酸化アルミナのTG(破線)-DTA(実線)による脱二酸化硫黄過程

TG-DTA測定結果を図3に示す.950～970℃で観察される質量減少は硫酸イオンが脱離する過程で,発生気体分析では二酸化硫黄が検出されている.硫酸イオンの脱離はTGならびにDTA曲線から三段階で起こることが示唆され,異なる吸着サイトからの脱離と考えられている.

[吉田博久]

参考文献
1) 斉藤一弥:最新熱分析,小澤丈夫・吉田博久(編),p.15,講談社サイエンティフィク,2005.
2) Ozao, R., Yoshida, H., Ichimura, Y., Inaba, T. Ochiai, M.: *J. Thermal Analysis Calorimetry*, **64**, 915-922, 2001.

59
示差走査熱量計

differential scanning calorimeter : DSC

定性情報 転移温度．
定量情報 転移熱量，エンタルピー．
注 解 一定の温度プログラムに従って物質の温度を変化させ，温度変化に伴う基準物質と試料の温度差から，相転移や化学反応などの現象を観察する．標準物質を比較に用いて相転移や化学反応の温度と熱量(転移熱量や反応熱)を定量する．

装置構成 熱流束型DSC装置の構成を図1に示す．

試料セル：試料と基準物質を置くホルダーが試料セル内に対称に設置されている．検出感度を高くし外乱因子を減少させるために，試料セルはベルジャーなどによって外部と熱的に遮断されている．試料と基準物質はホルダーを汚染しないように専用の容器に入れてホルダーに設置して示差型で測定する．温度と熱量はホルダーの底部で検出しているので，試料容器はホルダー底部とよく接触するように設置する．試料セルは複数の断熱カバーによって外部と熱的に遮断されている．測定中は試料セル内に乾燥窒素ガスを流して，試料の酸化を防ぐとともに試料から発生する気体を試料セル外に放出して試料セル内部を汚染しないようにする．

試料容器：試料の種類と形状によって試料容器を使い分ける．一般的な固体試料(気体が発生しない場合)はアルミニウム製のオープン容器を用いる．測定途中に気体が発生する可能性のある試料は，アルミニウム製あるいは銀製の簡易密封容器(耐圧3気圧程度)を用いる．液体試料はアルミニウム製あるいは銀製の密封容器(耐圧10気圧程度)を使用する．アルミニウムは試料中の水分と反応するので，多量の水分を含む試料や水溶液試料は銀製の試料容器を用いる．

ヒートシンク：加熱炉と一体化して大きな吸熱を伴う転移や変化が試料に起こっても，プログラムされた温度変化を一定に保つに十分な熱容量をもつ．冷却ガスを循環させることで，冷却測定や室温よりも低い温度領域での測定が可能である．

測 定 最近の装置では，等速昇温，等温，温度変調など多彩な温度プログラムを設定することができる．一般的な測定(等速昇降温測定，等温測定)では，ある時刻tでの試料温度$T(t)$は走査速度dT/dtを用いて式(1)で表される．

$$T(t) = T(0) + (dT/dt)t \quad (1)$$

ここで，$T(0)$は測定開始時の試料温度である．

温度変調測定では，ある時刻tでの試料温度$T(t)$は温度変調周期ωと変調温度振幅Aを用いて式(2)で示される．右辺の第3項が温度変調による温度変化である．実

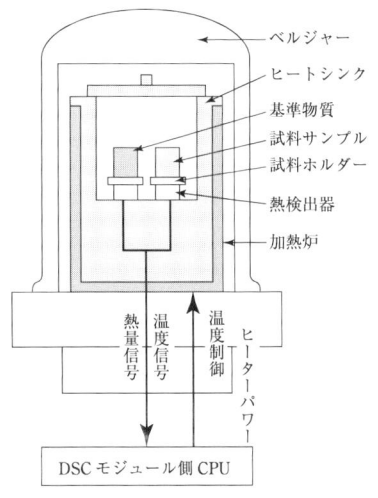

図1 熱流束型DSC装置の構成

際の測定では，$T(t)$ がつねに増加するように走査速度と温度変調条件を決めなくてはならない．

$$T(t) = T(0) + (dT/dt)t + A\sin(\omega t) \quad (2)$$

原理 示差走査熱量計(DSC)は示差熱分析(DTA)ではできない熱量を定量できることが特徴である．そのため試料量を少なくし，熱源から試料への熱の伝達経路を限定して熱の出入りを定量化する．熱量の定量化方式によって，DSCは熱補償型と熱流束型に分類される．

熱補償型DSCでは，試料と基準物質の両ホルダーが独立した補償ヒーターをもっていて，試料と基準物質間の温度差を常にゼロになるように補償ヒーターからエネルギーが供給される．単位時間あたりのエネルギーをDSCシグナルとして検出する．熱補償型DSCではヒートシンクの容量が小さいので急速な温度変化が可能であるが，ベースラインの安定性や熱量を定量するための装置定数が走査速度や測定温度領域によって変化するので注意が必要である．

熱流束型DSCでは，ヒートシンクからホルダーへ熱伝導のよい金属を通じて熱を伝達し，ホルダーの底部で単位時間あたりの熱流束を検出する．さらに，試料内部での温度分布を小さくするために試料量を少なくすることで，温度検出している試料表面と基準物質表面の温度差が，単位時間あたりに試料に流れた熱量と基準物質に流れた熱量の差に比例するようになり，熱量を定量化できる．熱流束型ではヒートシンクの容量を大きくすることでベースラインのノイズレベルを低減できるので高感度化が可能であるが，走査速度は遅くしなくてはならない．

用途 測定の対象になるのは，物理的あるいは化学的変化によって熱の出入りが起こる現象である．単位時間あたりの熱量を検出するので，進行が遅い現象のように単位時間あたりの熱量変化が少ない場合は測定が困難になる．融解のような相転移では熱量変化が大きいので試料量はmg程度で十分である．ガラス転移のような緩和現象でも熱容量の変化が起こるので測定可能である．

応用例

A．ポリエチレンテレフタレート(PET)のガラス転移と相転移

①厚さ約100μmのPETフィルムを切り出し，アルミニウム製オープン容器に入れる．試料質量3.34 mg．基準試料は空のアルミニウム製オープン容器を使用．乾燥窒素ガスを毎分30 mL流す．

②試料の熱履歴を調整するために，毎分10℃で290℃まで昇温し，290℃でDSC試料セルから取り出して室温まで急冷する(急冷試料A)．

③試料Aを毎分10℃で290℃まで昇温測定し，その後毎分10℃で20℃まで冷却する(徐冷試料B)．

④試料Bを毎分10℃で290℃まで昇温測定する．

測定結果の一例を図2に示す．急冷試料Aは，83℃にガラス転移，126℃に冷結晶化による発熱ピーク，236℃に融解による吸熱ピークが観察される．PETは急冷によってほぼガラス化するので，昇温過程で

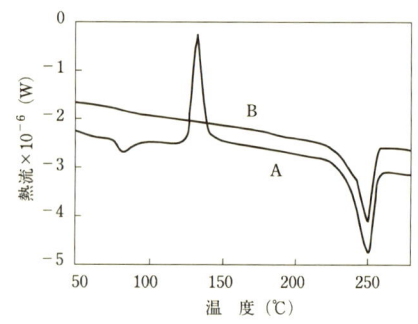

図2 急冷(A)と徐冷(B)によって得られたポリエチレンテレフタレートのDSC測定

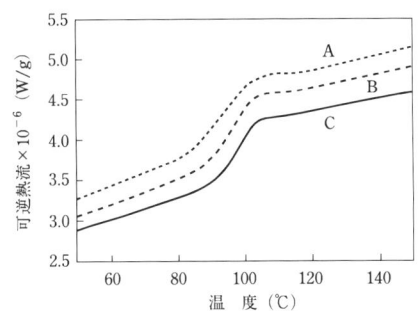

図3 温度変調法によるアタクチックポリスチレンのガラス転移の測定
昇温速度 10°C/min,変調条件:振幅(周期) A 2.4°C(90s), B 1.6°C(60s), C 0.8°C(30s).

結晶化(冷結晶化)が観察される．冷結晶化の発熱量と融解の吸熱量がほぼ等しいことから，急冷試料はほとんど結晶化していないことがわかる．毎分10°Cで冷却された徐冷試料Bは冷却途中で結晶化するので，昇温過程では冷結晶化は観察されない．徐冷試料でも結晶化していない領域がガラス化するので，76°Cにガラス転移が観察される．

B．ポリスチレンのガラス転移(温度変調周期依存性)

①厚さ100μmのアタクチックポリスチレンフィルムを切り出し，アルミニウム製オープン試料容器に入れる．試料重量3.2mg．基準試料は空のアルミニウム製オープン容器を使用．乾燥窒素ガスを毎分30mL流す．

②試料の熱履歴は190°Cから毎分10°Cで20°Cまで冷却する．

③走査速度を毎分10°C，変調温度周期を30，60，90秒とし，変調振幅は0.8°C(30秒)，1.6°C(60秒)，2.4°C(90秒)として温度変調法で昇温測定した．

測定結果の一例を図3に示す．ガラス転移は緩和現象なので測定条件によって変化する．一般には昇温速度が速くなるとガラス転移温度は高くなる．走査速度が一定であっても温度変調条件(変調周期)が異なるとガラス転移は影響を受ける．変調周期が長くなると(測定周波数が遅くなると)ガラス転移温度は低くなり，ガラス転移温度領域が広がることがわかる． [吉田博久]

参考文献
1) 児玉美智子:熱量測定・熱分析ハンドブック，日本熱測定学会(編)，p.79，丸善，1998．
2) 斉藤一弥:最新熱分析，小澤丈夫・吉田博久(編)，p.15，講談社サイエンティフィク，2005．
3) 小澤丈夫:熱量測定・熱分析ハンドブック，日本熱測定学会(編)，p.83，丸善，1998．
4) 森川淳子:最新熱分析，小澤丈夫・吉田博久(編)，p.42，講談社サイエンティフィク，2005．

60
熱機械分析装置

thermomechanical analyzer : TMA

定性情報 軟化温度，転移温度．
定量情報 熱膨張係数．
注 解 温度変化に伴う試料の変形から，ガラス転移温度や軟化温度を観察する．また試料の寸法の温度変化から，熱膨張係数を定量するものである．

装置構成 装置の構成を図1に示す．
試料部：試料は石英製の試料ホルダーとプローブの間に設置する．プローブの形状によって膨張・圧縮，針入（ペネトレーション），曲げ，引張りなどの測定モードがある（図2）．膨張・圧縮プローブを用いると試料形状の温度変化が測定できるので，熱膨張係数を求めることができる．フィルムや繊維では膨張・圧縮プローブを利用できないので引張りプローブを利用して熱膨張係数を測定する．針入や曲げプローブは試料の変形温度を検出するのに用いられる．温度測定は熱電対を試料近傍に設置し，非接触で測定される[1]．

検出部：検出部は，試料の寸法変化を検出する変位検出器と，試料に加える力を検出する力発生器で構成される．どちらの検出器も応答の線形領域が限られているので，正確な値を得るためには，試料寸法や断面積を調整する必要がある．

雰囲気：試料プローブと炉の間に外管を入れることで試料雰囲気を制御することができる．通常の測定では乾燥窒素ガスを流した不活性雰囲気で行う．特殊な雰囲気として，相対湿度制御（温度範囲は室温から100℃）や各種溶媒中での形状変化を測定することも可能である．

測 定 一般的な測定は，静荷重を試料に加えた状態で温度変化による試料寸法の変化を測定する（静的熱機械分析）．測定方法には静的熱機械分析と，時間変化する荷重に対する試料寸法の応答を測定する動的熱機械分析とがある．一般的な市販装置では静的測定と動的測定の両方が可能である．

高分子などの粘弾性体では，等温で静荷重を加えた場合の試料のひずみ（変形量/初期長）の時間変化を測定することでクリープ測定を行う．制御方式によっては試料に一定ひずみを加えて等温で応力の時間変化を測定する応力緩和測定や，試料に加える

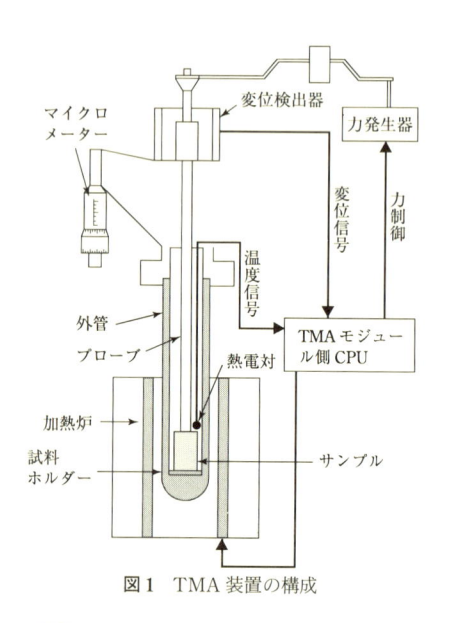

図1 TMA装置の構成

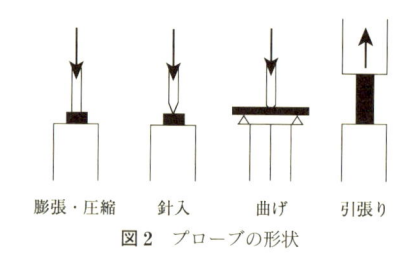

図2 プローブの形状
膨張・圧縮　針入　曲げ　引張り

荷重(あるいはひずみ)を周期的に変化させ試料の応答であるひずみ(あるいは応力)を測定する動的粘弾性測定が可能である．静的測定では，種々の温度でクリープあるいは応力緩和を測定し，各温度で得られたひずみ(あるいは応力)の時間変化であるクリープ曲線(あるいは応力緩和曲線)を時間軸に対して水平移動し(時間-温度重ね合わせ)，粘弾性スペクトルを得る．

動的測定では，応力-ひずみ曲線の温度変化を測定できる．熱機械分析では測定可能な試料断面積がわずかですむので，単繊維や薄いフィルムの応力-ひずみ曲線の測定ができる．ひずみの時間変化を三角関数にすることで，試料からの応答である応力の時間変化から動的弾性率 E' と損失弾性率 E'' が求まり，その比である損失正接 ($\tan\delta$) が得られるので，試料の動的粘弾性測定を行うことができる[2]．

用 途 固体試料のほとんどが測定可能である．試料やプローブが動くと測定できないので，プローブやホルダーと試料の接触面を平らにしてプローブが滑らないようにする．セラミックスのように熱膨張係数が小さい試料を測定する場合にはとくに注意する必要がある．

応用例 ガラス繊維強化エポキシ基盤の熱膨張

電子回路の基板に用いられているエポキシ基盤にはガラス繊維で強化されたものが多い．ガラス繊維のように形状異方性のあるものを含む強化樹脂は成型の際に繊維の配向が異方性を示し，繊維強化樹脂の物性に異方性を与えることになる．

(1)測定法：図3に示すように，基盤の3軸方向の熱膨張を静的熱機械分析で測定する．

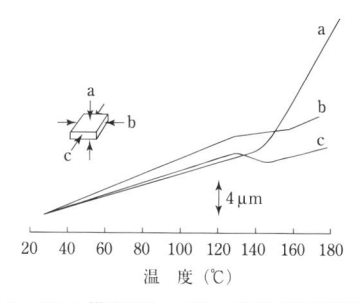

図3 ガラス繊維強化エポキシ基盤の熱膨張測定

① ガラス基盤 10 mm 角程度に切り出し，表面を紙やすりで平らにする．
② 膨張・圧縮プローブを用いる．
③ 乾燥窒素ガスを流す．
④ 静荷重 5 g を加え，毎分 5℃の昇温速度で測定する．
⑤ 異なる 3 方向の測定を行う．

(2)熱膨張の異方性：図3にガラス繊維強化エポキシ基盤の3方向の寸法変化を示す．基盤の b, c 方向の寸法変化はほぼ同様の変化を示すのに対し，厚さ方向である a の寸法変化は 140℃以上では b, c と比較して大きい．これはガラス繊維の配向が b, c 方向であることを反映している．ガラス繊維の配向方向へのエポキシ樹脂の熱膨張はガラス繊維によって阻害されるが，厚さ方向はエポキシの熱膨張が自由に起こる．a 方向の寸法変化からエポキシ樹脂のガラス転移温度が 140℃であることがわかる．

［吉田博久］

参考文献
1) 西本右子：熱量測定・熱分析ハンドブック，日本熱測定学会(編)，p.134，丸善，1998．
2) 矢野章一郎：熱量測定・熱分析ハンドブック，日本熱測定学会(編)，p.89，丸善，1998．
3) 吉田博久：最新熱分析，小澤丈夫・吉田博久(編)，p.22，講談社サイエンティフィク，2005．

61
熱量計
calorimeter

定性情報 なし．

定量情報 転移熱量，吸着熱量，溶解熱量，熱容量．

注　解 明確に定義される現象の始まりから終わりまでの熱量変化を測定するものである．

装置構成 熱量計のほとんどは測定目的に応じた設計で製作されてきたので，市販装置は限られる．熱量の測定方法によって，静的測定と動的測定に分類される．静的測定とは試料が常に熱的平衡に保たれた状態で，熱量を測定する方法である．動的測定法とは，既知のエネルギーをパルス的に試料の加え（一般的にはジュール熱の形で与える），試料の温度変化を精密に測定し，その温度上昇と加えた熱量から熱容量を求める方法である．

試料とまわりの環境との熱的接触の状況に応じて，大きく断熱型熱量計と伝導型熱量計に分類される．断熱型とは文字どおり試料と外部環境とが熱的に遮断されている．伝導型とは試料から発生した熱を一定温度に保たれた熱溜めにサーモパイル（熱電対列）を通じて散逸させる．伝導型熱量計の一種であるカルベ型熱量計の構成を図1に示す．

試料セル：試料セルは双子型になっていて，恒温槽の中心に対称に試料と基準物質を入れる円筒状のホルダーが設置されている．図1には吸着熱測定用試料容器を拡大して示してあるが，他に溶解熱，混合熱など測定目的に対応した試料容器がある．試料と基準物質に発生した熱はサーモパイルなどの熱伝達素子で一定温度に保たれた恒温槽に流れる．恒温槽は外部と熱的に遮断されていて，測定中は一定温度に保持されている．

周辺設備：図1には吸着熱測定のための周辺設備を示す．

原　理 試料容器と恒温槽内壁の間には，両者の温度差を検出するための熱電対が放射状に数十から数百程度取り付けられ，それらが直列に接続されてサーモパイ

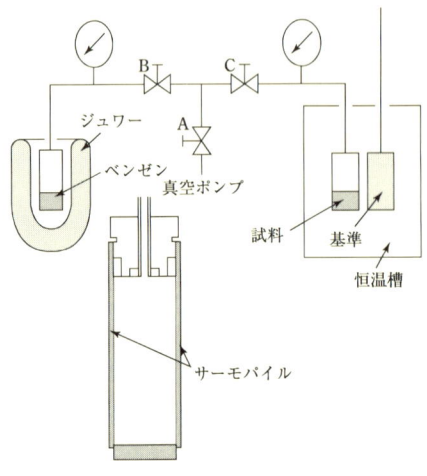

図1 伝導型熱量計(カルベ型)の構成(吸着熱測定)　拡大部分は吸着熱測定用の高圧型真空容器．

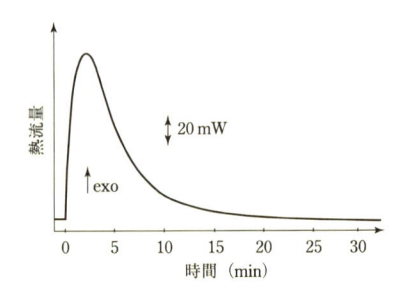

図2 伝導型熱量計のサーモパイル出力の時間変化

ルを形成する．熱電対1本に流れる単位時間当たりの微小熱量に比例して熱起電力が発生し，直列に接続された熱電対の総熱起電力がサーモパイルに流れる熱量に対応する．図2に示すような発熱量に応じた熱起電力が測定される．現象が終了するまで十分な時間測定を行い，面積から熱量を求める．

用　途　伝導型熱量計は吸着，溶解，混合のように現象に伴う熱量変化を定量するのに用いられる．

応用例

A．ゼオライトへのベンゼンの吸着熱測定

①吸着熱測定用容器（高圧型真空容器）に307 mgのゼオライトを入れ，真空下480℃で12時間保持し，活性化処理を行う．活性化処理後の質量は241.5 mgであった．

②図1の装置を使用し，熱量計に試料容器をセットし，恒温槽を170℃にする．

③ベンゼンを液体窒素で凍結し，バルブAとBを開けて脱気する．数回この操作を繰り返した後，バルブAを閉める．

④ベンゼンを0℃に保つ．ベンゼンの蒸気圧は24.5 mm Hg．

⑤バルブCを開けてゼオライトにベンゼン蒸気を吸着させる．吸着発熱量は45.4 J（図2）．

⑥バルブCを閉じベンゼンの蒸気圧を高くする（42.5 mm Hg）．

⑦再度，バルブCを開けてゼオライトにベンゼン蒸気を吸着させる．吸着発熱量は2.0 J．

⑧吸着熱量は47.4 Jとなる．試料の質量変化から吸着量を求め，吸着熱量を計算する．

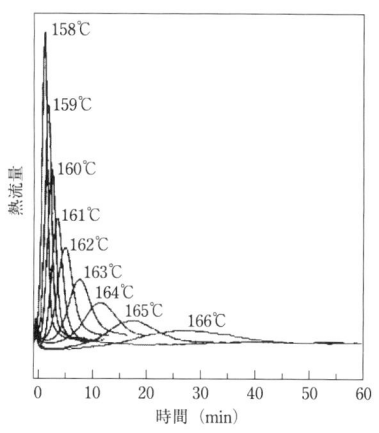

図3　ポリフッ化ビニリデンの等温結晶化発熱曲線

B．ポリフッ化ビニリデンの等温結晶化測定

①試料容器に約5 mgのポリフッ化ビニリデンを入れ，装置内部を窒素ガスで置換する．

②融点よりも10℃高い190℃で10分保持して，完全に融解させる．

③所定の温度（158～166℃）に急冷（毎分10℃）し，結晶化に伴う発熱量の時間変化を測定する．

④曲線で囲まれた面積が結晶化発熱量になり，各温度での結晶化量が求められる（図3）．

⑤発熱曲線の時間積分は，結晶化量の時間変化に相当するので，各温度での結晶化速度を求めることができる．　　［吉田博久］

参考文献
1) 赤萩正樹：熱量測定・熱分析ハンドブック，日本熱測定学会（編），p.52，丸善，1998．
2) 吉田博久：最新熱分析，小澤丈夫・吉田博久（編），p.183，講談社サイエンティフィク，2005．

62 比熱測定装置

heat capacity analyzer

定性情報 なし．

定量情報 熱容量．

原理 試料に加えられた熱量とそれによって起こる試料の温度変化を精密に測定することで，試料の熱容量を測定することができる．

装置構成 熱量計で述べた静的測定の断熱型熱量計や伝導型熱量計はどちらも物質の熱容量の絶対値を測定することができる．市販されている装置では静的測定法よりも動的測定法が用いられている．動的測定法では試料温度は時間変化するが，熱量計内部の熱伝導を最適化することで物質に温度分布を無視できる状況を実現させ熱量をできるだけよい近似で測定する．市販されている動的測定装置には以下がある．

(1) 示差走査熱量計(DSC)：試料と参照物質を同じ条件で加熱するとき，同じ速度で昇温するのに必要な熱量はそれぞれの熱容量に比例するという原理を用いる．

(2) 断熱走査双子型熱量計：DSC の伝熱素子をサーモパイルにして温度差検出感度を向上させ，微小な熱容量変化を測定できる．おもに溶液中の生体分子の相転移に伴う熱容量変化の測定に用いられている．

(3) 交流熱量計(AC カロリメーター)：試料に光やジュール加熱によって正弦的にエネルギーを加え，その熱刺激に同期する試料の温度変化を測定する．温度振幅の逆数は試料の熱容量に比例する．

(4) 緩和法：試料をパルス的に加熱し，その熱が周囲に拡散する過程を試料の温度変化として測定する．その時定数から試料の熱容量を決定する．

熱容量の絶対値を求めるには特別な装置や熟練を要するが，DSC 法を用いると簡単に 2%程度の誤差で熱容量を広い温度範囲で求めることが可能である．

測定 DSC を用いた熱容量測定[1,2]（図1）

① 質量がほぼ等しい試料容器を 1 組用意する．

② 熱容量を測定したい温度範囲よりも 10°C 低い温度から測定を開始し，10°C 高い温度で測定を終了する．開始温度 T_i と終了温度 T_f ではベースラインが安定するまで 10〜20 分程度等温で保持する(直線 I, II)．走査速度は毎分 10°C．

③ DSC の試料と基準ホルダーに空の試料容器を置き，容器の測定を行う(曲線 III)．

④ 試料容器に熱容量の標準物質であるサファイアを入れ，測定を行う(曲線 IV)．

⑤ 試料容器のサファイアを取り出して，目的試料を入れ測定を行う(曲線 V)．

⑥ 空の試料容器，サファイア，目的試料の三本の DSC 曲線が，開始温度と終了温度での等温測定で重なり合うことを確認する．試料容器を置く位置や向きによってDSC 曲線が重ならない場合がある．

⑦ 図1に示すように，試料容器の DSC 曲線からサファイアならびに目的試料の DSC 曲線との差 (H, h) を各温度で読み取る．

⑧ 標準物質のサファイアの熱容量

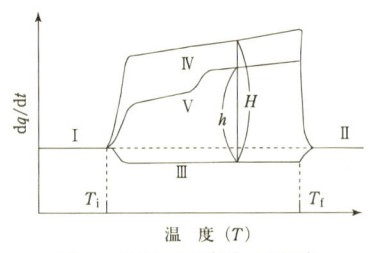

図1 DSC による熱容量の測定

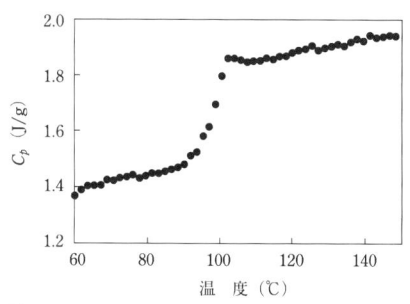

図2 シンジオタクチックポリスチレンのガラス転移温度付近での熱容量変化

($C_{p\text{sapphire}}$)は既知なので，目的試料の熱容量($C_{p\text{sample}}$)は次式で求まる．

$$C_{p\text{sample}} = (h/H) C_{p\text{sapphire}}$$

応用例 A．シンジオタクチックポリスチレンの熱容量測定

ラジカル重合で得られる汎用のポリスチレンは立体規則性をもたないアタクチックポリスチレン(aPS)であるが，アニオン重合で得られるポリスチレンはイソタクチックあるいはシンジオタクチックの立体規則性をもつ．aPS が非晶性であるのに対して，イソタクチックポリスチレン(iPS)とシンジオタクチックポリスチレン(sPS)は結晶性である．iPS のガラス転移温度は aPS よりも低いが，sPS のガラス転移温度は aPS と近い．sPS はポリエチレンテレフタレートと同程度の結晶性を示し，急冷によって結晶化することなくガラスを形成する．sPS が形成するガラス状態のランダム性を判断するにはガラス転移温度でのガラス状態と液体状態の熱容量の差(ΔC_p)を見積もるとよい．

DSC法で得られた sPS のガラス転移温度付近での熱容量変化を図2に示す(昇温速度：毎分10°C)．この測定結果からガラス転移温度は 96°C，ΔC_p は 0.358 J/g であった．この ΔC_p の値は aPS の ΔC_p (0.360 J/g)と同程度の値であるので，sPS は aPS と同程度のランダムなガラス状態を形成していると考えられる．

B．高圧用断熱走査双子型熱量計

断熱走査双子型熱量計の概要を図3に示す．熱量計には約 0.5 g の試料を入れ，毎分 0.1°C 以下の走査速度で測定する．大気圧から 300 MPa の圧力で測定でき，等圧条件での温度走査あるいは等温条件での圧力走査が可能である．水銀のように物質に対して不活性な圧力媒体を用いると，相転移のエントロピー変化と体積変化を同時に求めることができる．圧力媒体として二酸化炭素を用いると，超臨界二酸化炭素と物質との相互作用を調べることができる．

[吉田博久]

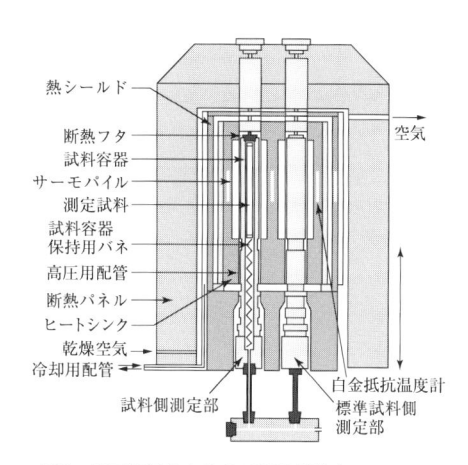

図3 高圧用断熱走査双子型熱量計 (Randzio et al., 2003)[3]

高圧下での比熱測定が可能な装置で，一定圧力での熱容量の温度変化ならびに一定温度での熱容量の圧力変化を測定することができる．

参考文献
1) 小澤丈夫：熱量測定・熱分析ハンドブック，日本熱測定学会(編)，p.144，丸善，1998．
2) 小椋理子：最新熱分析，小澤丈夫・吉田博久(編)，p.68，講談社サイエンティフィク，2005．
3) Randzio, S. L., Stachowiak, C., Grolier, J-P. E.: *J. Chem. Thermodynamics*, **35**, 639-648, 2003.

63
メスバウアー分光装置

Mössbauer spectrometer

定性情報 吸収ピーク位置.
定量情報 ピーク強度(吸収面積).

注解 メスバウアースペクトルから得られるパラメーターとして,異性体シフト,四極分裂,内部磁場があり,これらの値を理論値や既知物質のデータと比較することにより,化学状態(化学種)ごとの定性分析を行うことができる.異性体シフトは,メスバウアー核付近の核外電子密度を示すパラメーターであるから,酸化状態を推定する手がかりとなる.四極分裂は2本に分裂したピークの間隔で,メスバウアー核のまわりの配位子やイオンの配置のかたよりから生ずる電場勾配の大きさを示し,近傍の構造やサイトの対称性についての情報を与える.酸化鉄のような磁性体では,ピークが6本に磁気分裂し,その最大分裂幅から内部磁場の大きさが求まり,磁性体のキャラクタリゼーションが可能となる.

また,定量はピーク強度から化学種ごとに行うが,無反跳分率(メスバウアー原子が周囲にどれくらい強く束縛されているかの程度を示すパラメーター)が化学種ごとに異なるため,厳密な定量にはその補正が必要である.また,求まる定量値は化学種ごとの相対値であるので,絶対濃度を定量するためには別の方法によりその元素濃度を定量し,ここで求めた化学種ごとの割合を掛けて計算する必要がある.

装置構成 メスバウアー分光測定装置の概念図を図1に示す.メスバウアー分光法がもっともよく適用されるのは鉄化合物なので,ここでは^{57}Feメスバウアー分光法を代表例として説明する.^{57}Feメスバウアー分光法では,γ線源として^{57}Co(半減期270日)を用いる.放射壊変した^{57}Coは励起状態の^{57}Feとなり,14.4 keVのγ線を放射する.鉄を含む試料にこのγ線が入射すると,試料中の^{57}Fe核(安定核種で天然の鉄の中に約2.2%含まれる)はγ線を共鳴吸収する.線源から放出されるγ線のエネルギーを連続的に変えるために,線源を吸収体に対して相対的に運動させて相対速度を与え,ドップラー効果によるγ線エネルギーの微小変化を利用する.線源から放出されたγ線のエネルギーEは,ドップラー速度をv,γ線の速度をc(光速度)とすると,吸収体では,$E'=E(1+v/c)$の

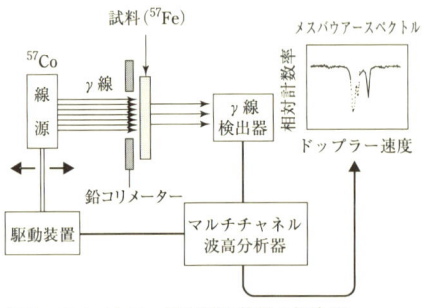

図1 メスバウアー分光測定装置の概念図
(一國雅巳(編著):物質の科学・分析—化学分析入門—, 放送大学教育振興会, 1998)

図2 マルチチャネル波高分析器(上)およびメスバウアーコントローラー(下)

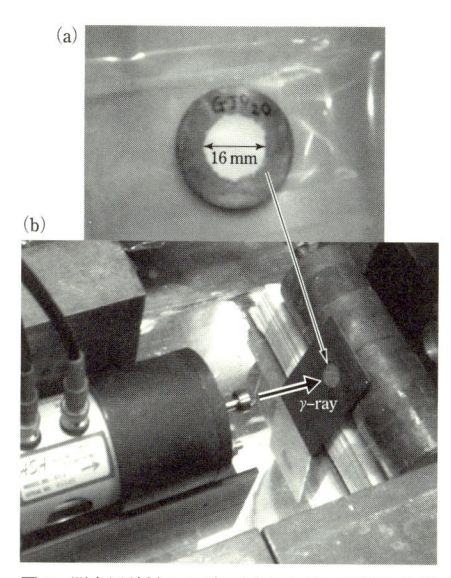

図3 測定用試料ホルダー(a)および γ 線源と比例計数管の間にセットされた試料(b)

エネルギーになる．v を変化させると，γ 線のエネルギーを変化させることになる．このため，メスバウアースペクトルでは横軸(エネルギー軸)は，ドップラー速度で表示される．

γ 線検出器としては，$Xe-CO_2$ ガスを封入した比例計数管がよく用いられる．検出された γ 線はマルチチャネル波高分析器内で，線源のドップラー速度に対応したチャネルメモリーに積算される．

マルチチャネル波高分析器およびメスバウアーコントローラーの写真を図2に示す．

測　定　^{57}Fe メスバウアースペクトル測定に用いられる試料の量は，γ 線の透過する面積 $1cm^2$ あたり Fe として 5～10 mg が望ましい．試料が多すぎると吸収強度の飽和現象が起こる．それによって吸収面積における定量性が失われると同時に，吸収ピーク位置の測定精度が低下する．少なすぎると測定時間が長くなったり，まったく
ピークが得られなかったりする．粉末試料の場合，測定用試料ホルダーの一例として，直径 16 mm(約 $2cm^2$)の穴のあいた厚さ 1 mm の黄銅製のものが用いられる(図3a)．試料は穴の部分にマウントする．鉄含量が 5％ であれば，試料の必要量は 200 ～400 mg になる．ホルダーにマウントした試料は，試料部分以外の γ 線透過を防ぐために鉛コリメーターに取り付けた上で，γ 線源と比例計数管の間にセットする(図3b)．異性体シフトの基準値(0 mm/s)として，α-Fe 箔のスペクトルの中心位置を用いることが決まっているため，試料の測定の前後には必ず鉄箔のスペクトルを測定しておく．また鉄箔のスペクトルの磁気分裂幅はドップラー速度の校正にも使用される．

原　理　メスバウアー分光法は，原子核の基底準位と励起準位の間で起こる γ 線の共鳴吸収の現象を利用した分光法である．この現象は基本的には原子や分子のエネルギー準位間で起こる光の共鳴吸収と類似している．しかし，原子核の準位間のエネルギー遷移は，光の 10^3～10^4 倍以上もの大きさになるため，γ 線を放出した原子核は大きな反跳を受けることになる．このために，放出された γ 線のエネルギーは原子核に与えた反跳エネルギー分だけ小さくなっている．また，γ 線を吸収する側の原子核も反跳を受けるので，放出側と吸収側での基底と励起準位間のエネルギー差は等しくなくなり，共鳴吸収の観測は困難となる．

1958 年に R. L. Mössbauer は，固体中で原子核が強く束縛されていれば反跳エネルギーが多数の原子に分かち与えられ，反跳しない確率(無反跳分率)が大きくなって γ 線の共鳴吸収が観測できることを見出した．この現象は発見者にちなんでメスバウアー効果とよばれている．原子核のエネルギー準位は核外電子の影響でわずかながら

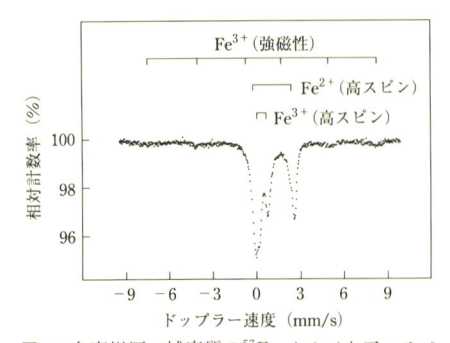

図4 多摩川河口域底質の^{57}Feメスバウアースペクトル
(一國雅巳 編著:物質の科学・分析—化学分析入門—,放送大学教育振興会,1998.)

変化するので,これらの影響を精密に測定すれば,原子の化学状態(酸化状態,配位状態,磁性など)の分析を行うことができる.また試料を非破壊の状態で分析できるため,メスバウアー分光法は非破壊状態分析の有力な手段となっている.

用 途 主として,固体試料中に含まれるメスバウアー元素の化学状態分析に用いられる.液体試料の場合は,液体窒素などで試料を冷却し凍結させて測定する.メスバウアー効果はすべてのγ線遷移に対して観測されるわけではなく,約70核種,40元素あまりに観測されている.実験室規模の装置を用いた状態分析の手段として実用化されている核種は,^{57}Fe,^{119}Sn,^{151}Euなどで,それほど多くはない.

応用例 ^{57}Feメスバウアー分光法を用いた応用例は数多い.たとえば,磁気記録媒体(磁気テープなど)に用いられる磁性体超微粒子の磁気的特性や粒径の検討,シリカゲル上に金属鉄を担持した不均一触媒の状態分析,高温超伝導体の機構の解明などに応用されている.

また,地球・惑星科学的試料(鉱物,堆積物,隕石など),考古学的試料(壁画の顔料,陶器など),環境試料(大気浮遊粉塵,河川底質など),生体試料(植物,バクテリア,魚の歯など)など,多くの試料中の鉄の化学状態が測定されている.これらの鉄は周囲の環境によりさまざまな化学状態を示すため,その試料の起源・成因や試料の置かれてきた環境,あるいは化学変化のプロセスを推定するための手がかりを与えると考えられる.

応用例の一つとして,多摩川河口域底質の^{57}Feメスバウアースペクトルを図4に示す.スペクトルの解析にあたっては,個々のピークの形をローレンツ型とし,その線形結合によるカーブフィッティングを行った.図で生データは・印のプロットで示し,カーブフィッティングの結果得られた吸収ピークの位置は成分ごとにまとめ,上段にガイドラインで示した.解析の結果,このスペクトルは2組のダブレットと1組のセクステットからなることがわかった.このうち四極分裂の小さいダブレットは高スピン3価,四極分裂の大きいダブレットは高スピン2価の鉄に対応する(いずれも常磁性).前者は土壌中の粘土鉱物,後者はケイ酸塩鉱物に由来するものと推定された.また,磁気分裂セクステットは平均的な内部磁場の大きさが49Tであり,酸化鉄や水和酸化鉄に由来する強磁性3価の鉄によるものであると推定された.これらの成分の吸収面積比から,底質中の高スピン3価,高スピン2価,強磁性3価の鉄のモル比は,それぞれ33%,40%,27%であると推定された. [松尾基之]

参考文献
1) 佐野博敏,片田元己:メスバウアー分光学—基礎と応用—,p.283,学会出版センター,1996.(一般的な成書)
2) Matsuo, M., Takano, B., Sugimori, K.: *Il Nuovo Cimento D*, **50**, 757-760, 1996.(測定例)

III

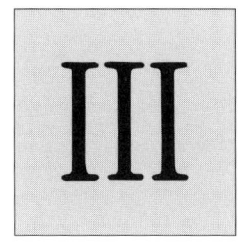

表面分析

64 電子線マイクロアナライザー

electron probe X-ray microanalyzer: EPMA

定性情報 発生したX線の波長.

定量情報 試料と標準試料の特性X線強度比.

注 解 電圧をかけて加速した電子を試料に照射し,発生したX線の波長を波長分散型分光器(wavelength dispersive X-ray spectrometer: WDS)またはエネルギー分散型分光器(energy dispersive X-ray spectrometer: EDS)によって分光し,その波長(エネルギーの値)を原子番号に対応した特性X線と対応させることによって存在元素を判定する.

定量法には検量線法と補正計算法とがある.検量線法は定量する元素濃度を変え,ほかの主要元素の組成が一定で,定量する元素の濃度を変えた一連の標準試料を用意する必要がある.鉄鋼中の炭素,窒素,硫黄,ケイ素,リン,マンガンなどの微量元素を数十ppm程度まで正確に定量する場合に用いられる.補正計算法では,後述のように特性X線強度比 K_A^{UNK} に原子番号補正,吸収効果補正,蛍光励起補正に基づく補正計算を施し,質量濃度 C_A^{UNK} を算出する.この方法はほとんどすべての試料に適応できるため,広く用いられている.

装置構成 装置の構成を図1に示す.

電子プローブマイクロアナリシス装置,つまり電子線マイクロアナライザー(EPMA)の本体部分は汎用型の走査電子顕微鏡(scanning electron microscope: SEM)と類似しており,実際に共通部分も多い.ハードにおける相違点は,おもに試料高さを合わせるための光学顕微鏡が鏡筒内に組み込まれていること,微量元素分析用に照射電流が大きく得られるようにレンズが設計されていること,および定量分析の際に照射電流あたりのX線強度結果を得るために照射電流がファラデーカップでモニターできるようになっていることなどがあげられる.また電子光学系,X線計測

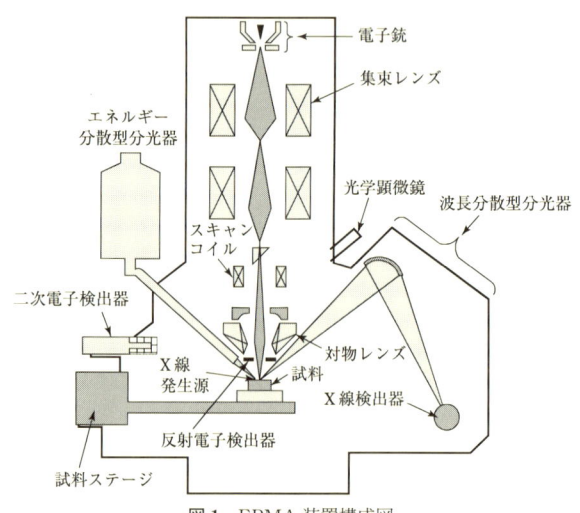

図1 EPMA 装置構成図

系，試料駆動系および真空排気系において得られる各信号は，A/Dコンバーターなどを介してすべてデジタル情報に変換してコンピュータ管理，制御される．これは装置管理のみならず，画像コントラスト，加速電圧や照射電流など測定条件を詳細に記憶でき再生できるため繰り返し分析が行え，測定結果を定量的に解析，比較する上で重要な要素となっている．

電子光学部：電子光学部は，光源（電子銃），集束レンズ，対物レンズ，スキャンコイルなどで構成され，光学顕微鏡も内蔵されている．光源は，電子銃で加速された電子が用いられる．電子銃は，通常，三極電子銃が採用され，陰極，ウェーネルト円筒（グリッド）および陽極で構成されている．加速電子を発生させる陰極には，タングステンやホウ化ランタン（LaB_6）のチップを用いた熱電子放出型あるいは電界放射型（field emission type：FE）が用いられる．後者の方が光輝度が高く，高い空間分解能が得られる．光学顕微鏡には試料高さ位置を正確に合わせるため，焦点深度の浅いもの（約 $2\mu m$ 程度）が用いられる．EPMAは，高倍率の電子像を得るため，電子ビームを細束化する目的で微小電流（集束レンズを強励磁）とする必要がある．一方，微量分析のためには大電流（集束レンズを弱励磁）も必要であり，広い範囲の電流を必要とする．このため照射電流は約 $10^{-12} \sim 10^{-5}$ A の幅広い領域が用いられる．微小領域での正確な分析のためにはプローブ位置および電流量の長時間安定性も要求される．

分光部：X線分光には前述のように波長分散型分光器（WDS）とエネルギー分散型分光器（EDS）がある．

WDSは分光素子とX線検出器およびそれらの駆動機構によって構成されている．分光素子は，X線の広い波長範囲（約 $0.09 \sim 11.4 nm$）の取扱いを可能とする，天然の結晶や人工多層膜などが複数枚用いられる．X線検出器には比例計数管が用いられている．EPMAのWDSでは，X線発生源が小さいためX線集光効率を向上させるように湾曲した分光素子が用いられ，X線発生源，分光素子および比例計数管はローランド円とよばれる円周上に配置される．駆動機構はこのために組み込まれている．

EDSにはSi（Liドリフト）型半導体素子などを用いた検出器が多く用いられている．入射したX線が半導体素子内で電子-正孔対を発生させるが，X線エネルギーに比例するこの数を電気パルスとして取り出すことによってX線スペクトルが得られる．

試料室：試料駆動用の試料ステージと試料配置用の試料ホルダーから構成されており，用途に応じていろいろな種類がある．たとえば試料ステージには，高倍率観察用や結晶構造解析用の傾斜・回転ステージや多試料・大型試料分析用の大型試料ステージなどがある．試料ホルダーには一般的なバルク（固体）試料用ホルダーのほかに，鉱物組織観察などに使用する薄片試料用ホルダーなどがある．分析用途が多岐にわたっているため，数百 μm から 10 cm 角程度までの広い範囲の試料サイズに適用できる．

原理・特徴　EPMAは中国では"電子探針分析機"とよばれ，文字どおり試料を電子ビームの針で探りながら（電子像で観察しながら），ミクロサイズの微小部をそのままの状態で分析することができる特徴がある．

試料に入射した加速電子は，試料中の電子との相互作用により種々の信号を発生させる．発生する情報担体は，おもに二次電子，反射電子，X線などで，このほかにカソードルミネッセンス，オージェ電子，透過電子，吸収電子などがある．一般の分析条件では，二次電子，反射電子は試料上きわめて表面の数 nm から数十 nm の領域の信号であるが，X線は試料内部からの信号

で，その深さは通常サブミクロンからミクロンサイズに及ぶ．したがって，電子による像観察とX線による像観察は，完全には対応しないところもありえる．

入射電子は，原子に衝突してある軌道の電子を弾き飛ばす(イオン化する)．これによって外殻の電子が遷移して，そのエネルギー差の特性X線が放出される．このほか，入射電子は原子核の静電場によって偏向されエネルギーを失う場合がある．失った運動エネルギーもX線光子として放出されるが，特定のエネルギーをもたず，制動放射という．このX線は連続X線とよばれ，特性X線に対するバックグラウンドを形成する．X線のエネルギーは二次電子や反射電子のエネルギーに比較して高く，試料内部に侵入した電子で励起されて発生する．

CastaingはこのX線が試料内部で発生する領域を $z_m(\mu m)$ として下式で与えた[1]．すなわち $z_m(\mu m)$ は注目する元素の特性X線を最低励起するために必要な電圧 E_k (V)，電子の加速電圧 E_0(V)，平均原子量 A，平均原子番号 Z，平均密度 ρ(g/cm³)の関数で表される．

$$z_m = 0.033 \times (E_0^{1.7} - E_k^{1.7})(A/\rho Z)$$

さて加速電子の試料内部での散乱過程はさまざまな物理現象を伴うため，特性X線の発生量を見積もることは簡単ではない．特性X線の発生量は，大まかには試料中の元素濃度に比例するが，単純な比例関係とはならない．これは試料中で発生する特性X線は試料内部で吸収を受けたり，他元素から発生する特性X線や連続X線により蛍光励起を受けたりするからである．とくに平均原子番号が大きい組成では入射電子は弾性散乱を受けて反射電子の発生量が多くなるが，その分X線励起は少なくなる．標準試料と未知試料の平均原子番号の差が大きくなると，この差も大きくなるため補正が必要となる．

このためCastaing以来多くの実験に基づいて特性X線発生過程のモデルが提案され，ZAF法という定量補正理論が長い期間使われてきた．これは前述の原子番号補正(atomic number (Z) correction: G_Z)，吸収効果補正(absorption correction: G_A)，および蛍光励起補正(fluorescent correction: G_F)によって構成される．これらは一般に

$$C_A^{UNK} = K_A^{UNK} G_Z G_A G_F$$

で表される．最近ではZAF補正法の発展系として $\phi(\rho z)$ 法という補正法が利用されるようになっている．これは，ZAFの各補正の代わりに試料深さ(ρz は密度と電子の侵入深さの積)ごとのX線発生に伴う発生関数 $\phi(\rho z)$ を正確に求めて，算出する方法であり，軽元素を含む化合物や低加速電圧によって定量分析する場合にZAF補正法より補正精度がよいとされている．

いずれの補正理論も均質な組成をもつ固溶体をモデルとして構築されているため，微小介在物の定量分析などでは周囲に電子ビームが当たらないような工夫が必要である．同様に約1 µm以下の薄膜定量分析でも下地の影響のないように加速電圧を低くし，遷移金属ではL線の低いエネルギーを利用するなどの工夫が必要である．

用途 金属，半導体，鉱物，高分子などあらゆる材料に用いられ，新材料の開発，製品の品質管理・検査など幅広い用途がある．警察の鑑識業務に利用されることもある．

応用例 金めっき腐食部の定性，定量．元素濃度マップ，状態分析．

EPMAは学術的な利用だけでなく，産業界においても品質管理やクレーム対応に数多く利用されている．とくに日本国内では他国に比べても広く利用され，品質向上の一翼を担っている．一例として金めっき腐食部の解析例をEPMAの一般的な分析手順に沿って説明する．

(a) 二次電子像

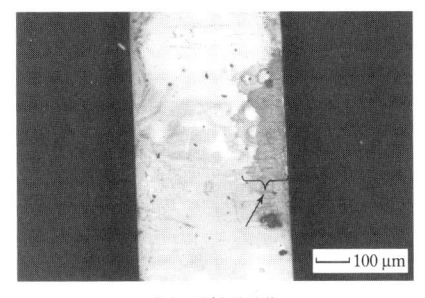

(b) 反射電子像

図2 金めっき腐食部の電子像

(1)電子像による腐食部位の観察：まず，二次電子像(secondary electron image：SEI)によって試料の概観を観察し，反射電子像(backscattered electron image：BEI)によって組成情報を得る．金めっき腐食部の SEI，BEI を図2に示す．加速電圧5kVと比較的低加速電圧で観察しているため，ごく表面の情報を得るのに適しており，表面が汚れている様子がうかがえる．反射電子像では，右部がやや黒く変色しているのがわかる(矢印)．反射電子信号は平均原子番号に伴って強度が大きくなるため，この黒い部分が正常部の金より軽い元素が付着しており，腐食部位と推定される．

(2)定性および定量分析：次に電子ビームを反射電子像で黒い変色部と白い正常部にそれぞれ固定し，定性分析を行う．定性スペクトルの結果を図3に示す．最近のシステムでは定性スペクトルのピーク強度とコンピュータに格納されている標準試料の強度パラメーターとの比較により，迅速に定量分析結果も算出される．その結果を表1に示す．この結果により腐食部位では腐食性因子として硫黄が検出されていることがわかる．

(3)元素濃度マップ：次にこれらの元素が反射電子像と同様に分布しているかどうかをマップ分析で確認する．WDSでは各元素の特性X線が検出されるエネルギー位置に分光結晶を固定し，ビームスキャン方式か広い領域ではステージスキャン方式によってマップを収集する．マッピングの結果を図4に示す．この結果，硫黄が変色部位に対応して分布していることが観察される．同じように銅も分布しているが，これは金めっきの下地の銅が腐食によって現出したものと推定される．

(4)状態分析：さらにこの硫黄が硫化物なのか，硫酸塩なのかを判定するための状態分析を行う．硫黄の場合，Kβ線をWDSによってエネルギー分解能よくスペクトル収集することによりサテライトピークの有無で判定することができる．この腐食部位のS-Kβスペクトルを参照試料として硫化物 $CuFeS_2$ および硫酸塩 $SrSO_4$ のスペクトルと比較した結果を図5に示す．腐食部のスペクトルはサテライトピークがないため，腐食部は硫化物であることがわかる．このようにEPMAは試料の化学結合

表1 腐食部と正常部のスタンダードレス定量結果比較

元素	C	S	Ni	Cu	Au	計
腐食部	5.896	1.425	4.098	6.120	82.460	99.999
正常部	2.552	−	4.180	2.427	90.841	100.000

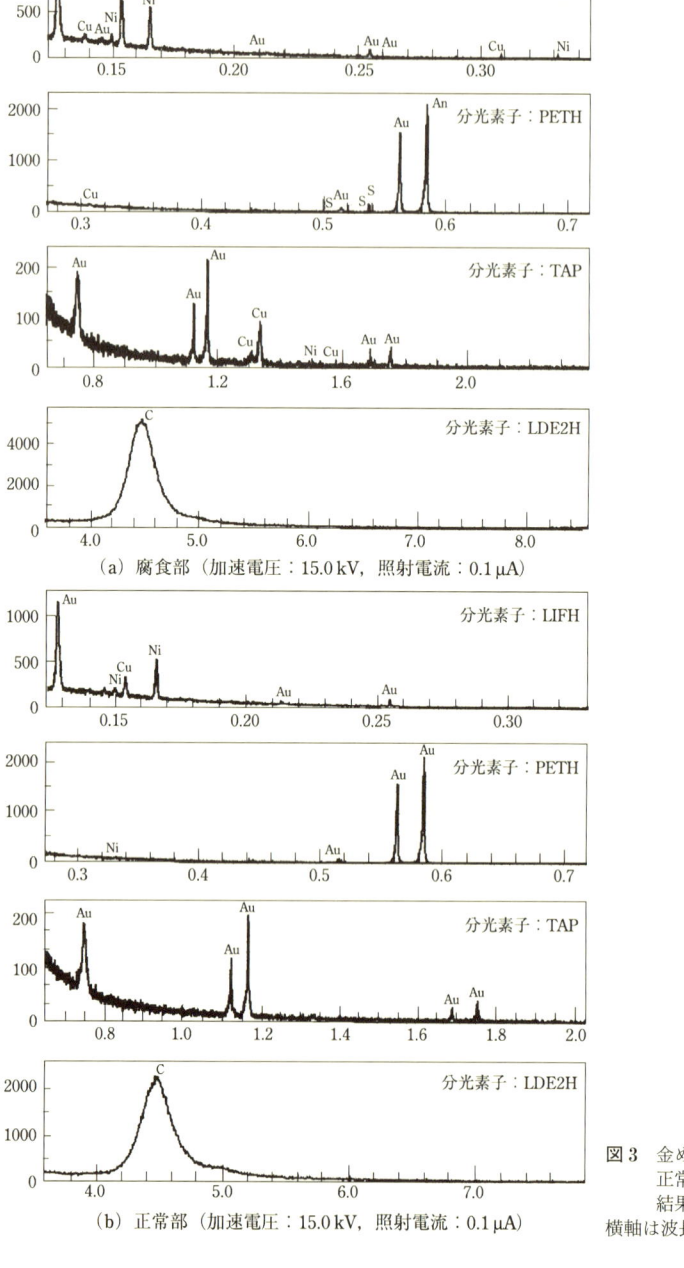

(a) 腐食部（加速電圧：15.0 kV，照射電流：0.1 µA）

(b) 正常部（加速電圧：15.0 kV，照射電流：0.1 µA）

図3 金めっき腐食部と正常部の定性分析結果の比較
横軸は波長(nm)．

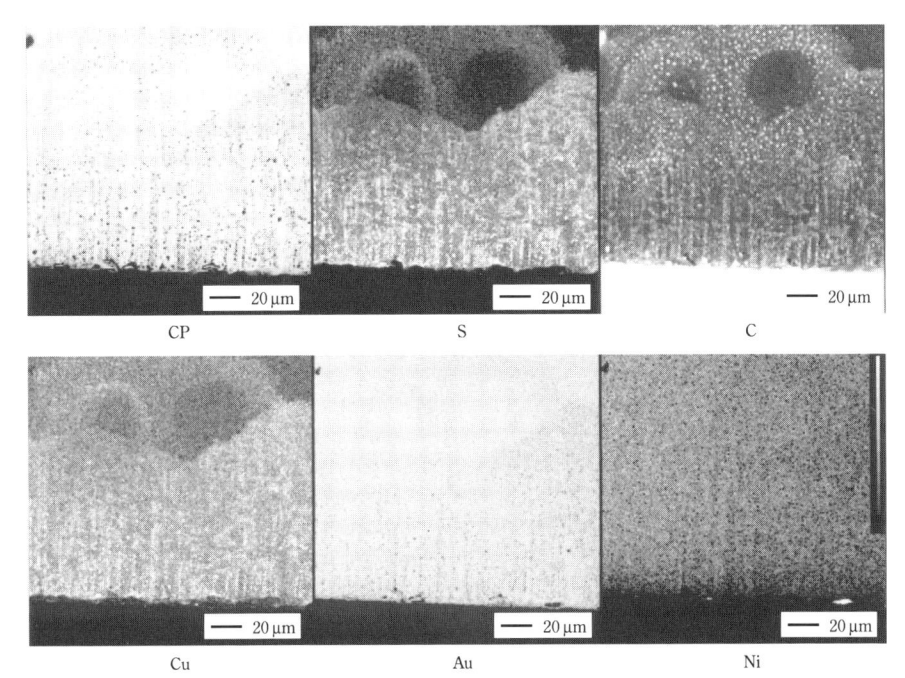

図4 金めっき腐食部の反射電子像と元素濃度マップ（CP：反射電子像）

状態を微小領域で観察することも可能であり，試料の反応過程を考察するにも有効な手法である。　　　　　　　　　［髙橋秀之］

参考文献
1) Castaing, R. : Ph. D. Dissertation, Univ. Paris, 1951.

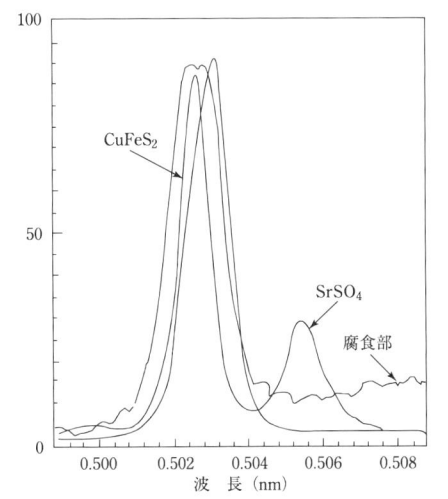

図5　S-Kβ による金めっき腐食の状態分析（腐食部と標準試料 CuFeS$_2$ および SrSO$_4$ の比較）

65
全反射蛍光 X 線分析装置

total-reflection X-ray fluorescence analyzer：TXRF

定性情報 一次 X 線の照射により発生した蛍光 X 線のエネルギー値(波長).

定量情報 蛍光 X 線の強度.

装置構成 全反射蛍光 X 線分析装置の概略を図1に示す.

X 線源：市販装置では封入管型または回転対陰極型 X 線管球が用いられる.X 線発生ターゲット材質は分析対象元素によって W, Mo などが使い分けられる.研究レベルでは,回転対陰極型管球よりもさらに高強度で平行性も高いシンクロトロン放射光が用いられる例も多い.

分光結晶：ブラッグ反射を利用して必要なエネルギーの X 線(通常は特性 X 線)だけを取り出し試料に照射する役割を果たす.LiF, Ge などの単結晶を用いるのが一般的であるが,高い感度が要求される半導体分析用の装置では,強度をかせぐために反射率の高い人工多層膜が用いられる.なお管球からの X 線を試料に直接照射しても測定は可能だが,その場合はスペクトルのバックグラウンドが高くなり検出下限が悪化する.

試料ステージ：視射角を調整するための ϕ 軸のほか,一次 X 線照射位置を微調整するための z 軸が必要で,それぞれパルスモーターを用いて μm オーダーで制御される.ほかに測定位置を変えるための軸(x-y, r-θ, x-y-θ など)が装備される.

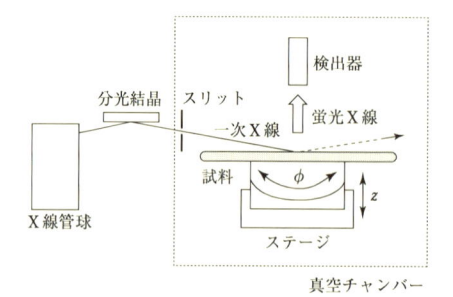

検出器：代表的なエネルギー分散型検出器である Li ドープ Si 半導体検出器(solid state detector：SSD)が通常用いられる.半導体分析用の装置では,感度向上のため面積 80 mm^2 程度の大口径 SSD が使われている.

測定チャンバー：大気中でも測定は可能だが,半導体分析のようにきわめて低い検出下限が要求される場合には X 線の空気散乱によるバックグラウンド悪化が無視できない.このため減圧(数百 Pa 以下)あるいは He 置換してから測定が行われる.

測定原理 鏡面研磨された試料に一次 X 線をきわめて低い角度で入射させると X 線は全反射される.このとき一次 X 線のごく一部は試料表面から深さ数 nm まで侵入し,その範囲に存在する原子を励起して蛍光 X 線を発生させる.蛍光 X 線のエネルギー値は元素種に固有なので,これを検出することで表面近傍に存在する元素の定性および定量分析を行うのが全反射蛍光 X 線分析法(total-reflection X-ray fluorescence analysis：TXRF)である.TXRF 測定で得られるスペクトルの一例を図2に示す.

通常の蛍光 X 線分析(XRF)法では一次 X 線を高角度で試料に入射させるため,試料表面で一次 X 線が強く散乱される.この散乱 X 線が検出器に到達してスペクトルのバックグラウンドを増大させるため,検出下限の向上に限界があった.これに対し TXRF 法では,一次 X 線は試料表面(鏡面)で全反射されるため散乱 X 線がほとんど発生せず,したがってスペクトルの

図1 TXRF 装置の概略図

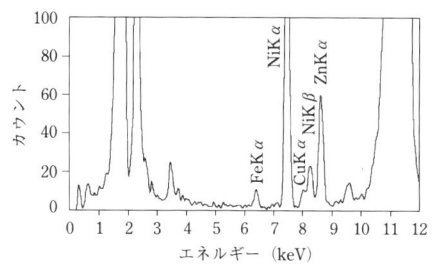

図2 TXRF 測定スペクトルの一例
X線管球：Au 回転対陰極，印加電圧：35 kV，印加電流：255 mA，一次X線：AuLβ線 (11.44 keV)，視射角：0.08°，積分時間：200秒，試料：故意汚染シリコンウェハー(Fe 21 pg，Ni 300 pg，Cu 14 pg，Zn 74 pg)．

図3 TXRF 装置例(理学電機工業(株))

バックグラウンドが低くなり検出下限が向上する．市販されている半導体表面分析用の TXRF 装置では，Fe，Cu などの遷移金属元素の絶対検出下限は 1 pg 以下に達している．

本法では X 線の全反射現象を利用するので，試料表面は光学的に平滑な鏡面となっている必要がある．また一次 X 線の侵入深さはわずか数 nm であり，分析できるのはその範囲内に存在している元素だけである．単結晶シリコンウェハーなどの半導体基板は製品状態で鏡面研磨されており，しかもその汚染物質の大半は表面近傍に存在することから，TXRF 法は生来的に半導体の表面汚染分析に適した手法であるといえる．

TXRF 法のその他の長所としては，分析面に対し非接触非破壊であること，エネルギー分散型検出器を用いるため多元素同時分析でありスループットが高いこと（半導体分析では 10 分/点程度），検出器視野（直径約 15 mm）程度の分解能ではあるが汚染のマッピングが可能なことなどがあげられる．これらもまた半導体の表面分析に応用する上での利点となる．

TXRF 法は 1971 年に米田らにより発明されたが[1]，しばらくの間はあまり注目されなかった．その後 1980 年代中頃になって半導体表面汚染分析への応用を前提とした技術開発が進められ，1980 年代末には半導体分析用に特化した装置が市販されるようになった．この装置開発には日本の分析装置メーカーや研究者が大きく寄与しており[2,3]，その結果半導体用 TXRF 装置の世界シェアの 80%以上は日本メーカーが占めているとみられる．装置の一例を図3に示す．

なお TXRF 法には一般に次のような制限事項があるので注意が必要である．

①励起効率および検出器窓材による X 線吸収の問題から，Na，Mg，Al など特性 X 線エネルギー値の低い元素は検出下限が高い．

②一次 X 線よりも高エネルギーの蛍光 X 線(厳密には一次 X 線エネルギーよりも高い吸収端を有する特性線)は原理的に発生しないので，たとえば一次 X 線が WLβ線の場合には Zr，Mo などは分析できない．

③蛍光 X 線強度が分析対象元素の深さ方向分布にきわめて敏感で，nm オーダーの深さの差が数倍の蛍光 X 線強度差を引き起こしうる．このため元素の付着形態に

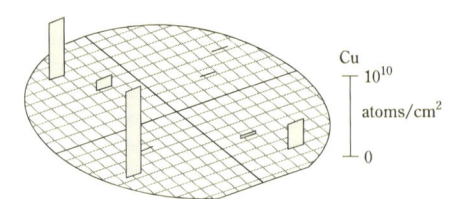

図4 製造プロセスで汚染を受けたシリコンウェハーのTXRF測定結果のマッピング表示
元素：Cu．積分時間：500秒/点，その他の測定条件は図2に同じ．

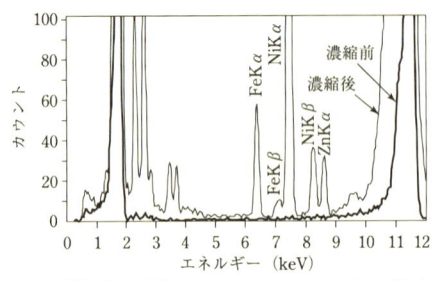

図5 濃縮処理前後でのTXRFのスペクトル比較例
測定条件は図2に同じ，試料：シリコンウェハー．

よっては定量性が悪い場合がある[4]．

④原理的には蛍光X線強度の入射角依存性データの理論フィッティングにより元素の深さ方向分布を決定できるが，市販のTXRF装置では一次X線の平行性などに問題があるため現実には困難であることが多い．

応用例

A．半導体シリコンウェハー表面汚染の直接分析

製造プロセスにて汚染を受けた半導体シリコンウェハーをサンプリングし，TXRF装置で面内9点のマッピング測定を行った．Cuの測定結果を図4に示す．ここで縦軸のスケール 10^{10} atoms/cm^2 は約1 pgに相当する．この測定から，ウェハー面内左側の外周部にCu汚染が多く存在していることがわかった．半導体分析に用いられるほかの手法(たとえば誘導結合プラズマ質量分析：ICP-MS)では通常ウェハー表面全体の平均濃度しか求まらないが，TXRF法はこの例のように面内分布を測定できるという大きな長所があり，半導体製造プロセスの汚染管理に幅広く活用されている．

B．半導体シリコンウェハー表面汚染の濃縮分析

半導体用全反射蛍光X線分析装置の検出器視野は1〜2 cm^{2}程度で，ウェハー面積(直径200 mmウェハーで約300 cm^2)に比べると小さい．そこでウェハー全面の汚染をあらかじめ化学的に濃縮して検出器の視野内に集めてから測定すれば，面積比に相当する感度向上(2桁以上)が実現できることになる．濃縮測定の一例として，ある製品シリコンウェハーをそのまま測定した場合と，同じウェハーの表面全体を HF＋H$_2$O$_2$ の液滴でスキャンし回収液滴を乾燥させて測定した場合とについて，スペクトルを比較した例を図5に示す．濃縮前には検出できなかった Fe，Ni，Zn のピークが濃縮後には明確に現れていることがわかる．通常のTXRF測定では汚染を検出できないような高清浄度のウェハーに対しては，このような事前濃縮が併用されることもある． ［森　良弘］

参考文献

1) Yoneda, Y., Horiuchi, T.: *Rev. Sci. Instrum.*, **42**, 1069-1070, 1971.
2) 西荻一夫，山下　昇，藤野充克，谷口一雄，池田重良：X線分析の進歩，**22**, 121-133, 1991.
3) 宇高　忠，迫　幸雄，小島真次郎，岩本財政，河野　浩，渥美　純：X線分析の進歩，**23**, 225-238, 1992.
4) 森　良弘，佐近　正，島ノ江憲剛：X線分析の進歩，**27**, 59-70, 1996.

66
X線反射率測定装置
X-ray reflectometer

定性情報 組成に関する情報は得られない．

定量情報 成分含有量に関する情報は得られない．

得られる情報(有用な) 全反射臨界角度，振動の周期および減衰率から薄膜の密度，膜厚および界面粗さを確認できる．また，測定スペクトルを層構造を仮定した理論計算曲線と比較して，薄膜の密度，膜厚および界面粗さを算出できる．

装置構成 装置の構成を図1に示す．

X線源：通常，X線管球(tube)または回転対陰極型(rotating anode)のものが用いられる．

モノクロメーター：X線源から発生した連続X線をモノクロメーター(monochromator)により，平行・単色化する．モノクロメーターとしては，ゲルマニウム(Ge)やシリコン(Si)の単結晶が用いられる．

試料部：試料は精密ゴニオメーター上にセットされ，X線入射角度，出射角度の調整を行う．とくに，X線入射角度を0.01°程度の精度で精密に制御する必要がある．

検出部：試料からの反射X線強度を測定するために，スリットおよびシンチレーションカウンター(SC)などが用いられる．

X線反射率測定装置は，1995年頃から実験室でも測定可能な装置が販売されるようになった．コンピュータによる自動制御と解析ができるようになって汎用化した．

測定例 シリコン基板上に約500 nm厚のポーラスシリカ薄膜を形成した試料の測定および計算とのフィッティング例を図2に示す．

用　途 近年，多種多様な薄膜素子が開発されており，その膜厚，密度および界面粗さの評価に使われている．たとえば，大規模集積回路(LSI)における極薄のシリコン酸化膜の膜厚や界面ラフネス，巨大磁気抵抗素子における膜厚評価など，その適用範囲は今なお拡大している．本手法は非破壊であることから，製造ラインにおける膜厚管理や密度管理にも使われている．薄膜評価の重要な一手法であるといえる[1~3]．

［松野信也］

参考文献
1) Huang, T. C.: *Adv. X-Ray Anal.*, **38**, 139, 1995.
2) 桜井健次：理学電機ジャーナル, **26**, 8, 1995.
3) 松野信也：理学電機ジャーナル, **31**(1), 38, 2000.

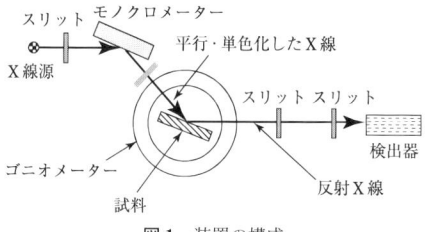

図1 装置の構成

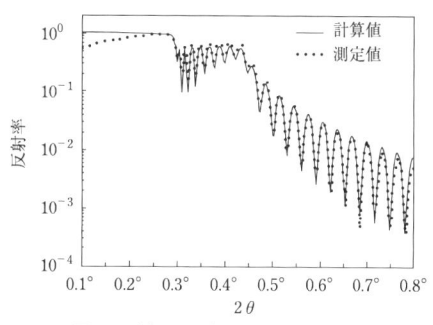

図2 測定およびフィッティング例

67
X線光電子分光装置

X-ray photoelectron spectrometer: XPS

定性情報 光電子の運動エネルギー．
定量情報 光電子強度．

注 解 光電子の運動エネルギーから試料極表面(深さ数 nm)に存在する元素およびその化学結合状態に関する情報が得られる．定量法には光電子強度を標準試料のそれと比較する方法および元素の相対感度係数を用いる方法がある．

装置構成 単色化X線源を用いたときの装置の構成を図1に示す．

X線源：XPSの情報は表面に限られるので，数keV以下の固定ターゲットX線管が用いられる．X線管は，高速の電子を固体(ターゲット)に衝突させX線を発生させるものである．ターゲット材料としては，広いエネルギー範囲で高分解能測定ができるアルミニウム($AlK\alpha$線)，マグネシウム($MgK\alpha$線)が一般的に用いられ，X線の取り出し窓にはアルミニウム薄膜が使用されている．

単色化X線源：X線源，分光結晶をローランド円上に配置させて特性X線を分光することにより，よりエネルギー幅の小さい単色化X線が得られる．単色化X線源は，高分解能スペクトルが得られるという特徴をもつほかに，線源のサテライト線や$K\beta$線が除かれるため，スペクトルのS/B比が大幅に改善される．X線源に用いる電子ビームを細束化してターゲット上を走査させることにより，試料上をX線ビームが走査する単色化X線源も用いられている．

分光器：XPSでは元素の化学結合状態を分析するために，光電子の運動エネルギーのわずかなシフトを高エネルギー分解能で測定する必要がある．そのため一般には同心半球型アナライザー(concentric hemispherical analyzer: CHA)が用いられる．CHAは入射レンズとともに用いられ，入射レンズは光電子をCHAの入口スリットへ集光，エネルギー分解能の調整，分析領域の投影といった機能を有する．

検出器：エネルギー分光された光電子は，チャネルトロン，マイクロチャネルプレートといった電子増倍管によって検出される．電子増倍管は二次電子による増倍作用を用いた増幅機能を有する検出器である．CHAで分光された光電子は検出部において空間的にエネルギー分散されていることから，複数のチャネルトロンによる複数のエネルギーの同時測定，あるいはマイクロチャネルプレートによる二次元測定がなされ，それぞれ感度向上が図られている．

真空排気系：XPSは表面に敏感な分析法であり，測定室の真空度はきわめて重要である．そのため測定室および試料準備室はイオンポンプ，ターボ分子ポンプなどで真空引きされ，それぞれ10^{-8}Pa以下の超高真空が短時間で得られるようになっている．またそのような超高真空を得るためにベーキングが可能なシステムとなっている．

測 定 XPSでは表面の定性，定量分析のほかに，不活性ガスによるスパッタリングを用いて試料をエッチングしながら測定することにより深さ方向分析ができる．

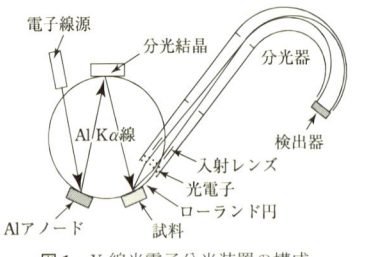

図1 X線光電子分光装置の構成

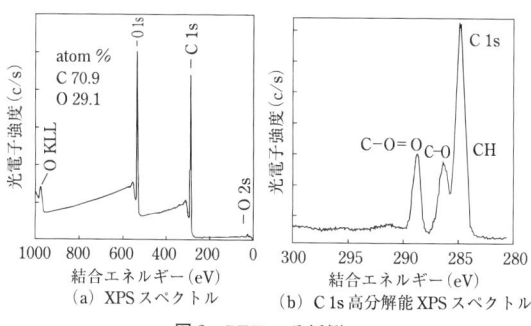

図2 PETの分析例
(a) XPSスペクトル
(b) C1s高分解能XPSスペクトル

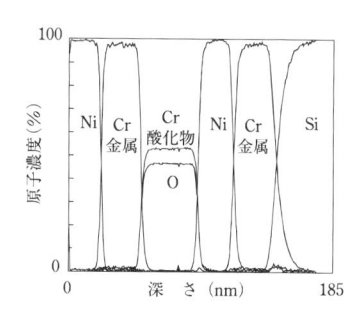

図3 深さ方向の分析例

このとき化学結合状態はイオン照射によって変化することが多いので，化学結合状態の深さ方向分析データの解析は十分に注意して行う必要がある．また細束化したX線ビーム，あるいは分光器の視野を試料上で走査させることにより，特定の元素および化学結合状態のマップを得ることができる．絶縁物試料は測定中の帯電という問題があるが，低速電子ビーム，あるいは低速電子ビームと低速イオンビームをX線と同時に照射することにより，帯電を中和して分析することが可能である．

原　理　X線を試料に照射すると光電効果により試料から電子が放出される．この電子を光電子とよぶ．光電子の運動エネルギーE_kは，入射X線のエネルギーを$h\nu$，その電子の試料中での結合エネルギーをE_b，分光器の仕事関数をϕとすると，

$$E_k = h\nu - E_b - \phi$$

となる．したがって，$h\nu$，E_kがわかればE_bを知ることができる．E_bの値は元素ごとに異なるのでE_bより元素の同定ができる．また特定元素の特定電子軌道におけるE_bの値は，その原子の周辺の環境によって微妙に変化する．この変化量（シフト）を測定し，データベース，標準試料と照合することにより，元素の化学結合状態を分析できる．原理，測定法の詳細については文献[1,2]を参考にされたい．

用　途　分析の対象となる物質は有機物から無機物まで広い範囲の固体である．とくに金属表面の酸化皮膜や塗装皮膜の形態解析，半導体の薄い酸化皮膜の形態解析および膜厚測定，有機皮膜の構造分析など広い研究，産業分野で用いられている．

応用例　高分子材料の化学結合状態の一例としてポリエチレンテレフタレート（polyethylene terephthalate：PET）のXPSスペクトルおよびC1sの高分解能スペクトルを図2に示す．広いエネルギー範囲で測定することにより，試料表面に存在する元素の同定および定量ができる．また特定の元素を高分解能測定することによって，化学結合状態を分析できる．

深さ方向の分析例として，シリコンウェハー上のニッケル，クロムの多層薄膜を分析した結果を図3に示す．アルゴンイオンスパッタリングを用いることにより，高い深さ方向分解能で多層膜の深さ方向分析が可能である．また，クロムの結合エネルギーシフトより金属クロムと酸化クロムを分離して深さ方向分析がなされている．

［山本　公］

参考文献
1) Briggs, D., Seah, M. P.(eds.) : Practical Surface Analysis 2nd ed., vol.1 Auger and X-ray Photoelectron Spectroscopy, John Wiley, 1990.
2) 日本表面科学会（編）：表面分析技術選書 X線光電子分光法，丸善，1998．

68
オージェ電子分光装置

Auger electron spectrometer : AES

定性情報 オージェスペクトルのピーク位置(エネルギー)，形状．

定量情報 オージェスペクトルのピーク強度．

原理 オージェ電子分光法は，電子線を試料に照射し，表面から発生するオージェ電子(Auger electron)を検出して，試料極表面の元素の同定を行う手法である．オージェ電子発生の概念図を図1に示す．照射電子によって内殻電子が放出され，空孔が生成すると励起状態となる．これを緩和するために外殻電子が遷移し，余ったエネルギーが放出される．このエネルギーにより他の外殻電子が放出される現象をオージェ効果(1925年 P. Auger により発見)という．EPMA に用いられる特性X線の発生とは相補的な関係にある．

オージェ電子は各エネルギー準位の差にほぼ相当する運動エネルギーを有するため，エネルギーを測定すれば存在する元素の同定が可能である．ただし，オージェ電子発生には3個の電子が関与しなければならないので，検出できるのはLi以上である．さらにオージェ電子のエネルギーは通常 0〜2500 eV と低いために 1〜3 nm という極表面からしか発生しないという特徴があり，このために表面分析法として利用されている．また，電子線を使用しているため，二次電子線(secondary electron : SE)像を観察しながら，微小領域の分析ができる．

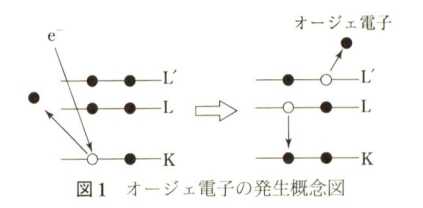

装置構成 極表面分析のため測定は超高真空の装置内で行われる．代表的な装置の例を図2に示す．試料は予備排気室を通して分光室内のステージに保持され，電子線を用いて観察される．発生したオージェ電子を含む二次電子はエネルギーアナライザー部でエネルギー分離されて検出され，データ処理部でスペクトルに変換される．試料表面の汚染除去や深さ方向の元素分布分析にはイオン銃を用いたスパッタリング処理がよく行われる．以下主要構成部分について説明する．

電子銃：電子銃部のフィラメントとしては1990年代前半までは LaB$_6$ が主であったが，近年，電子源の発達により高輝度電子線源である電界放射(field emission : FE)型電子銃が広く使われるようになった．ショットキー型のフィラメントは高輝度かつ比較的電流の安定性が確保できるた

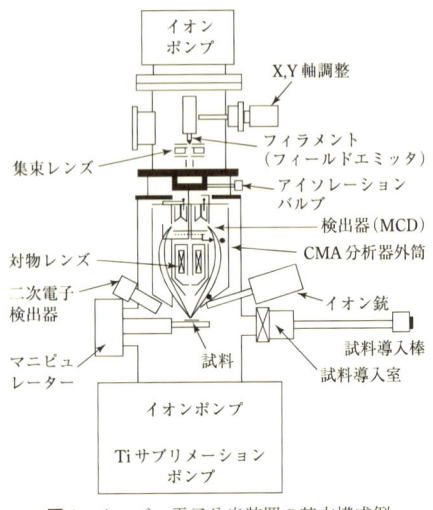

図1 オージェ電子の発生概念図

図2 オージェ電子分光装置の基本構成例

III. 表面分析

め，1992年頃よりAESに適用されている．スペクトル測定に十分な電流を確保できる(10 nA程度)場合のビーム径は，LaB_6フィラメントの場合0.2μm程度，FEでは50 nm以下が可能となっている．

エネルギーアナライザー：発生する二次電子の運動エネルギーを測定する部分である．大きく分けて同軸円筒型(cylindrical mirror analyzer：CMA)と同心半球型(concentric hemispherical analyzer：CHA)があり，図2に示したのは前者の例である．CMAは電子銃と同軸に二重の円筒を重ねた構造をもち，内円筒と外円筒の間の電場を変化させながら電子を検出することで，試料から発生した電子の運動エネルギー分布(スペクトル)を測定することができる．CMAの特徴は電子取込みの立体角が大きいこと，方位性がないことである．一方，CHAはスペクトル分解能が高いため，スペクトル形状の変化から状態分析を行う場合には有利な分光器である．AESスペクトルは大きなバックグラウンドの上の小さなピークとして現れるため，得られたスペクトルはデータ処理部で通常一次微分して解析に用いられる．

イオン銃：試料表面の汚染除去や深さ方向分析にはイオン銃によるスパッタリングを利用する．イオン銃には熱電子イオン化型や液体金属型があるが，一般には熱電子イオン化型のArイオン銃がよく利用される．これはイオン化室内で熱電子を発生させ，そこにArガスを通してイオン化し，加速させてイオンビームとするものである．最近は試料表面の帯電を防止したり，低加速でスパッタリングを行うための500 eV以下のイオン銃も開発されている．また，深さ方向分析の分解能を向上させるためには，試料を回転させてムラなくスパッタリングを行うための試料回転機構もよく用いられる．

特徴・用途 オージェ電子分光法の特徴は極表層(1～3 nm)，微小部(～サブミクロン)の元素分析が可能なことである．TEMに供するような特殊な前処理が不要であること，イオン銃と組み合わせた深さ方向分析でnmレベルの深さ方向分析ができることも大きな利点である．さらにX線分析では苦手な超軽元素(たとえば^3Li～^7N)の検出が可能なことなどから，従来よりさまざまな分野への応用が進んでいる．金属材料においては1970年代より広く利用され，最表層(数 nm～μm)皮膜の組成解析，粒界への偏析元素の分析，析出物の分析，不動態皮膜の分析，各種処理による最表面の元素偏析などに幅広く利用されている．粒界の分析を行うには試料を分光室内で液体窒素を用いて冷却して破断する手法が用いられる．また装置内での加熱処理などを組み合わせたものもある．半導体分野では薄膜の深さ方向分析や配線の断面構造分析，不純物解析などに利用される一方，製膜装置の一部に組み込まれて *in situ* 測定にも利用される場合もある．

応用例

A：ステンレス表層の不動態皮膜の分析

ステンレス鋼における表層の不動態皮膜の分析例を図3に示す．ステンレス鋼は表層に腐食に強い不動態皮膜を有することにより高い耐食性を維持できる材料である．図3に代表的なステンレス鋼であるSUS 304(18%Cr-8%Ni)に不動態化処理を施し，その表面を深さ方向分析した結果を示した．横軸がスパッタリング時間(分)，縦軸が各元素のオージェ電子のピーク強度から相対感度係数を用いて定量化した値(原子濃度)である．最表層では母材中に比べてCr/Fe比の高い皮膜が存在することがわかる．

またNiは表層酸化皮膜と母材の間に濃化している状態も観察される．皮膜は約2～3分で消失しており，Feのスパッタリング速度で換算すると約2～3 nmという非

常に薄い膜であることもわかる．ステンレス鋼ではCr濃度の高い皮膜が生成することが耐食性維持に不可欠であるため，素材や処理による表層変化の解析には図3のような深さ方向分析がよく利用される．

B：鉄鋼材料中析出物の分析

軽元素を含む微小析出物の分析例を図4に示す．これは鋼中に球状に析出させたホウ炭化物内の局所組成をオージェ電子分光法により定量した例で，(a)が析出物の二次電子像，(b)が微分処理をしたスペクトル例，そして定量例である．実作業としては，二次電子像で析出物を観察し，スペクトル測定を行って元素の同定を行うとともに相対感度係数を用いてピーク強度を定量値(原子濃度)に換算する．図4の場合，析出物中央部1ではホウ素(B)比率の高い鉄のホウ炭化物$Fe_3(B, C)$であり，周辺部2では炭素(C)比率の高い$Fe_3(B, C)$であることが確認できた．これらの結果からホウ炭化物の析出挙動を解析することができる．

なおホウ素や炭素などの超軽元素はEPMAのようなX線を用いた分析では感度が低く，汚染の影響も大きいために分析が困難な元素である．AESの場合にはこれらの元素の感度は高く，超高真空中で試料表面の清浄化もできるため，ホウ素や炭素の分析には有利である．さらにオージェ電子の発生領域は極表層であることから，特性X線を検出する手法に比べると比較的容易にサブミクロンレベルの分解能を得やすい．したがって，本例のように超軽元素を含む析出物の微小域定量解析にAESはとくに有効な手法である．　　[槇石規子]

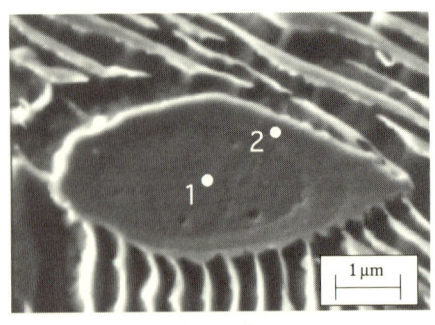

(a) SE像

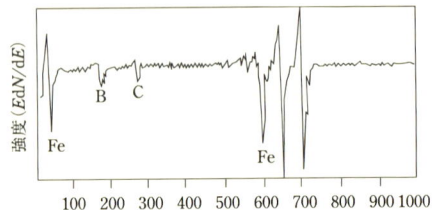

(b) スペクトル

分析点の定量値　　　　　(atomic%)

	B	C	Fe
分析点1	21.2	6.9	72.0
分析点2	6.3	18.9	74.7

図4　応用例B：鋼中ホウ炭化物の定量分析

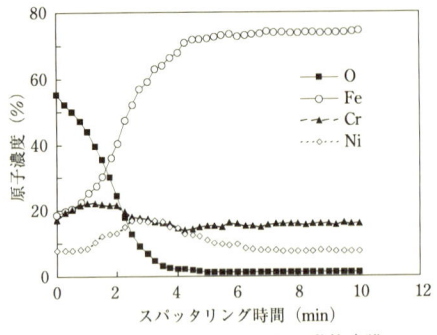

図3　応用例A：ステンレス鋼不動態皮膜の深さ方向分析

参考文献

1) 志水隆一，吉原一紘(編)：実用オージェ電子分光法，共立出版，1989．
2) Briggs, D., Seah, M. P.(eds.)：Practical Surface Analysis, John Wiley, 1983；第1版の邦訳は，合志陽一ほか(監訳)：表面分析—基礎と応用—，アグネ承風社，1990．
3) 日本表面科学会(編)：表面分析技術選書　オージェ電子分光法，丸善，2001．

69
電子線回折装置

electron diffraction analyzer

定性情報 電子線回折パターンの形状.
定量情報 電子線回折パターンの回折スポット強度のエネルギー依存性(I-V曲線).

注　解　定性分析では原子レベルでの表面構造の二次元周期性(長距離秩序構造)がわかる.定量分析では電子線回折パターンを理論回折パターンと比較することにより,原子レベルでの表面構造が1pmオーダーで算出できる.また回折スポットの形状などから,ステップファセットの様子および表面の周期構造の不完全性(アイランドの大きさなど)の情報を得ることができる.

装置構成　一般的に用いられている表面分析用の電子線回折装置は2種類あり,その電子エネルギーにより,数百eV以下のエネルギーの電子を用いる低速電子回折(low energy electron diffraction:LEED)装置(図1)と,数keVから100keV程度のエネルギーの電子を用いる反射高速電子回折(reflection high energy electron diffraction:RHEED)装置(図2)の二つに分けられる.LEED装置では,図1のように試料に対して垂直方向に入射された電子が,表面の周期構造により回折される様子を,試料に対して電子銃と同じ側の半球面状の蛍光スクリーン上で観察する.一方,RHEED装置では,図2のように試料表面すれすれ(1〜5°)で入射させて,得られる回折パターンを試料に対して電子銃と反対側の平面蛍光板上で観測する.電子線回折装置の実例として,市販のLEED装置(装置本体部のみ)およびRHEED装置(電子銃部とコントローラ部)の概要をそれぞれ図3,図4に示す.

電子銃:電子の発生源となる熱陰極(フィラメント),電子の放出量を制御するウェネルト電極,その電子を加速・収束するための静電レンズ系から構成される.電

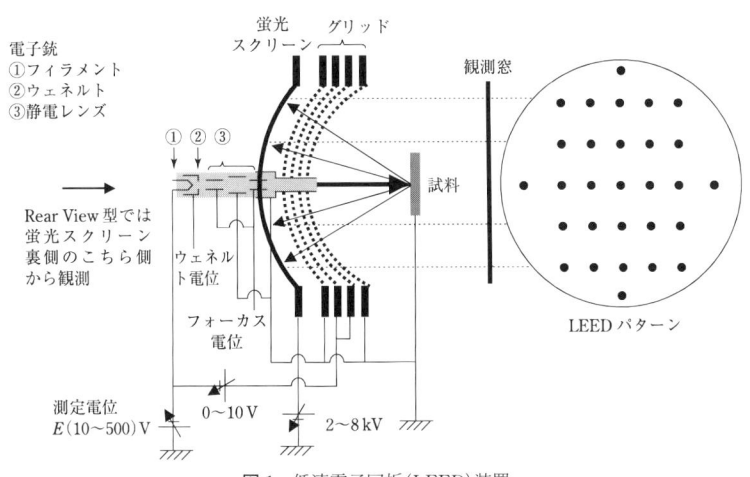

図1　低速電子回折(LEED)装置

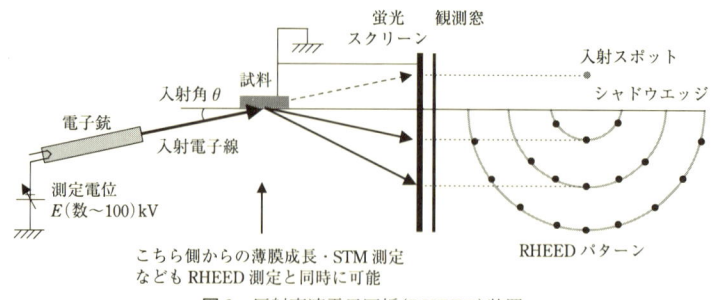

図2 反射高速電子回折(RHEED)装置

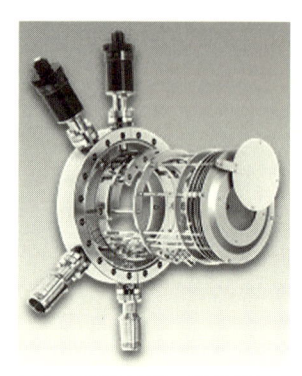

図3 LEED装置の製品例(OCI Vacuum Microengineering 社製：株式会社テックサイエンス http://www.techsc.co.jp より)

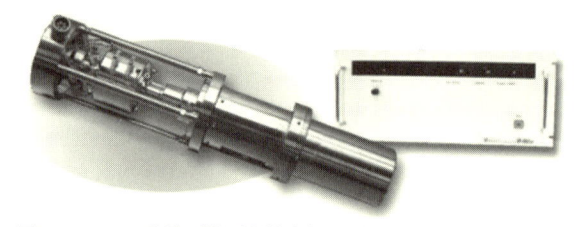

図4 RHEED装置の製品例(株式会社日本ビーテック社製：http://www.vieetech.co.jp より)

子源としてはタングステン製のヘアピン型フィラメントなどが用いられて，ここに測定したい電子エネルギーに相当する電位が与えられる．

試料まわり：試料は基本的に接地されており，電子線に対して精密に試料表面方位を決めるために4軸(x, y, z, θ)以上のマニピュレーター(RHEEDやI-V測定ではϕ回転，チルト回転も必要となる場合もある)に取り付けられることが多い．電子線は地磁気をはじめとする磁場や電場の影響を受けやすいためにとくに低速電子回折では試料まわりを含めた装置全体の磁場および電場の遮蔽をしっかりしないと，精密な測定はできない．

検出部：LEED装置では，4, 3枚(もしくは2枚)の同心半球状のグリッド電極を通過した後に，2〜8 kVを印加した蛍光スクリーン上に電子を加速して当てて，蛍光スクリーンを光らす．初段のグリッド電極は接地されており，試料まわりに等電位空間を形成する．中段のグリッド電極に，電子エネルギーより小さな負電位をかけることにより，二次電子や非弾性散乱電子の影響を取り除き，弾性散乱電子のみを検出している．4枚グリッドの装置ではオージェ電子分光測定も可能である．RHEEDではもともとの電子の運動エネルギーが大きい

ために，直接電子を蛍光板上に当てて発光させている．通常の周期構造を調べるための測定(定性測定)では，目視および写真観測でも十分であるが，より詳しい構造情報を得るための回折スポットのエネルギー依存性や形状測定が可能なように，CCDカメラなどとコンピュータを組み合わせた実時間測定も広く行われている．

作動原理 運動エネルギーE(eV)の電子(電位E(V)で加速した電子)は，波長$\lambda = \sqrt{1.504/E}$(nm)の波としての性質をもつ．平行波として入射した電子波が表面の周期構造により回折を受けて，特定方向(表面の逆格子ロッドとエバルト球の交点方向)に回折スポットを生じる．逆にこの測定された回折図形から，表面の周期構造を導き出すことができる．低速電子(LEED)の場合には結晶中での非弾性散乱平均自由行程は，せいぜい数nm以下であり表面の情報のみ得ることができる．高速電子(RHEED)の場合は，平均自由行程自身が数十nmまで大きくなるが，電子線を表面すれすれに入射させることにより，弾性散乱電子の進入深さを表面から数nmとすることで表面敏感な測定を達成している．なおLEED, RHEEDではX線回折などの回折法と同じように，実空間での構造が直接見えるわけではなく，構造決定に際しては回折パターンから実空間構造を推定・算出する必要がある．

用途 分析対象は，長距離秩序構造をもった単結晶表面およびその上への吸着系，薄膜系などである．表面の調製方法や，吸着物の種類，吸着量などにより，表面の周期構造はさまざまに変化するので未知の表面構造の決定だけではなく，既知の表面構造の同定および調製の確認にも用いられる．オージェ電子分光およびX線光電子分光などとともに，調製した試料表面の確認など，表面測定の第1段階として用いられることが多い．RHEEDの場合は，試料まわりの空間が広いために，薄膜などの成長をしながらの表面構造の同時観測，結晶成長の様子のモニタリングが可能であり，分子線エピタキシー法による超薄膜作成には欠かせない装置となっている．またRHEED強度が1原子層の成長に応じて振動することを利用した膜厚の精密制御なども行われている．

応用

(1) 光電子回折：電子線回折の応用例として光電子回折を紹介する．光電子回折は表面近傍の原子から発生した光電子などが回りの原子により散乱・回折されることを利用した表面構造解析法である．LEED, RHEEDでは，電子銃は電子が散乱される原子から見て十分遠方にあるので，入射電子ビームは平面波(平行ビーム)として扱える．一方，光電子回折は，原子サイズの点光源からの球面波的な電子ビームによる回折とみることができる．光電子回折の原理は図5のように，X線により励起された光電子は，直接検出器に到達する成分(直接波)とまわりの原子で散乱された成分(散乱波)が干渉しあうことにより，光電子強度の角度分布が生じることである．とくに

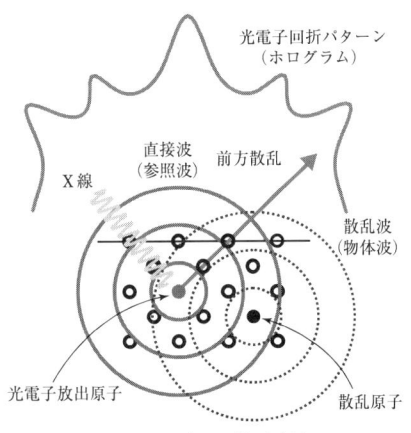

図5 光電子回折の原理

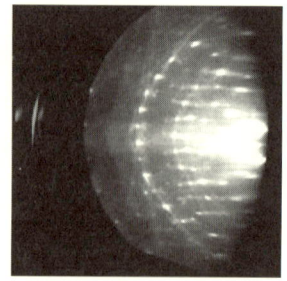

(a) LEED：$E=126\,\mathrm{eV}$　　(b) RHEED：$E=15\,\mathrm{keV}$, $\theta=2.7°$　　(c) 光電子回折：Ge 3d, $E=1460\,\mathrm{eV}$
図6　Ge(111)清浄面からのパターン(鶴田明華：東京理科大学理工学部卒業論文, 2003.)

500 eV 以上の光電子では，原子の並んでいる方向(低結晶軸や結合方向など)に強く散乱されるために，強い前方散乱ピークを生じる．このピークから光電子発生原子から見た原子軸方向が直接わかるという特徴がある．

また元素・化学状態ごとに，その原子まわりの構造解析が行えるという特徴がある．ただし前方散乱ピークが主体であるので，最表面よりは表層付近の構造解析に向いた手法である．測定装置自身は，通常のX線光電子分光(X-ray photoelectron spectroscopy：XPS)装置に，角度分解測定用のアパチャーを取り付け，試料を回転させて光電子の放出方向による強度依存性を測定すればよい．光電子回折では，通常のXPSと同様に100～1500 eV 程度の運動エネルギーの光電子を測定対象とするので，LEED, RHEED の中間に位置し，得られる情報についてもLEED, RHEED と相補的な情報を与え得る．

(2) Ge(111)清浄面の測定：Ge(111)清浄面での回折パターンの比較を紹介する．Co超薄膜をGe(111)面上に成長させるためにまず清浄面を得た際の測定例である．Ge(111)面に対して，Arイオンスパッタリングを600 V, 20 mA の条件で30分間行い，続けて3000 V, 20 mA の条件で1時間行った．その後，800℃, 20分間のアニールを行った．この表面からLEED, RHEED, 光電子回折によってそれぞれ得られたパターンを図6に示す．LEED, RHEED パターンからは清浄面の $c(2\times8)$ 構造が得られていることがわかる．光電子回折パターンからは，表層領域の構造はバルクと同じ構造になっているのがわかる．

[石井秀司]

参考文献
1) 日本表面科学会(編)：表面分析技術選書 ナノテクノロジーのための表面電子回折法, 丸善, 2003.
2) 日本化学会(編)：第4版実験化学講座 第13巻 表面・界面, 丸善, 1993.

70
二次イオン質量分析計

secondary ion mass spectrometer : SIMS

定性情報 二次イオンの質量スペクトル．

定量情報 特定 m/z イオンの強度．

原 理 真空中で数百eV～数十keVのイオン(一次イオン)を固体試料表面に照射し，脱離やスパッタリングにより放出された二次イオンを質量/電荷に従って分離し，元素分析，化学構造分析などを行う[1~3]．

測定モード 一次イオンの照射量が表面原子数と比較して無視できない場合は(通

表1　SIMSの特徴の一覧表

長所	①高感度である ②深さ方向分析ができる ③水素からウランまで全元素の分析ができる ④二次元(三次元)元素分布を得ることができる ⑤同位体分析ができる ⑥表面化学構造情報を得ることができる* ⑦表面第一層の情報を得ることができる* ⑧化合物の直接同定，分子量，重合度の決定が可能* ⑨単原子スケールの深さ方向分解能で深さ方向分布測定が可能*
短所	①破壊分析である ②定量分析が複雑である ③二次イオン発生の機構に関する知見が不十分 ④電子をプローブとする分析法に比べ面分解能が劣る

＊：S-SIMSで強調されるべき長所

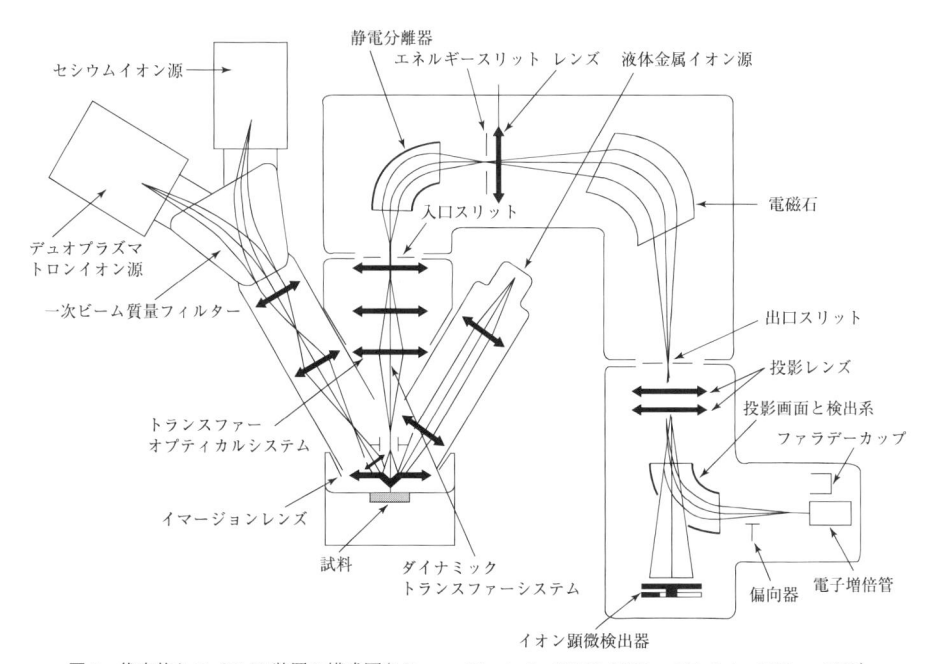

図1　代表的なD-SIMS装置の構成図(Migeon, H. et al.: SIMS VIII, p.196, John Wiley, 1992)

常~10^{13} atoms/cm 程度以上)，スパッタリングにより初期表面は失われ，つねに新しい表面からイオンが放出されると考えられるため，バルクの破壊分析法とみなされる．一方，照射量が表面原子数と比べて十分に少ない場合は，初期表面の非破壊分析法とみなされる．これら二つの測定モードは，それぞれ dynamic SIMS (D-SIMS)，static SIMS (S-SIMS) とよばれる．

特　徴　おもな特徴を表1に示す．

D-SIMS は，ppm 以下の微量元素の深さ方向分布を数~数十 nm の深さ方向分解能で測定できるという特徴から，半導体材料の分析を中心に先端材料の不純物分析に広く用いられている．

一方，S-SIMS は表面の化学構造情報を与える手段として認識されている．とくに高感度，高質量分解能，高位置分解能で，広い質量範囲の同時計測が可能な飛行時間型装置 (TOF-SIMS) の飛躍的な発展により，有機物の化学構造評価や，表面の微量有機物の同定，二次イオン像によるケミカルマッピングなど，多様な情報が得られるようになってきた．

装置構成　代表的な D-SIMS と TOF-SIMS 装置の構成図を図1と図2に，また代表的な TOF-SIMS 装置の外観を図3に示すが，装置は，一次イオン照射系，測定室，二次イオン質量分析・検出器系およびデータ処理系とに大きく分けられる．

一次イオン照射系：一次イオンの生成と引き出し，イオン種の選択，細束化，および偏向器によるビームの X,Y 走査などが行われる．イオン銃としては，O_2^+（電気的陽性元素：Li, B, Mg, Ti, Cr, Mn, Te, Ni, Ta などの分析用）などの気体イオンの形成に用いられるデュオプラズマトロン型イオン銃，Cs^+（電気的陰性元素：H, C, N, O, Si, As, Te, Au などの分析用）の形成に用いられる表面電離型イオン銃，Ga^+（TOF-SIMS 用）などの生成に用いられる液体金属イオン銃などが代表的なものである．

測定室：測定は超高真空下で行われる．効率的な試料交換を行うためのエアロック機構を備えていることはもちろん，正確な位置決めや試料角度変化のためのゴニオステージ，酸素吹きつけなどの雰囲気制御機

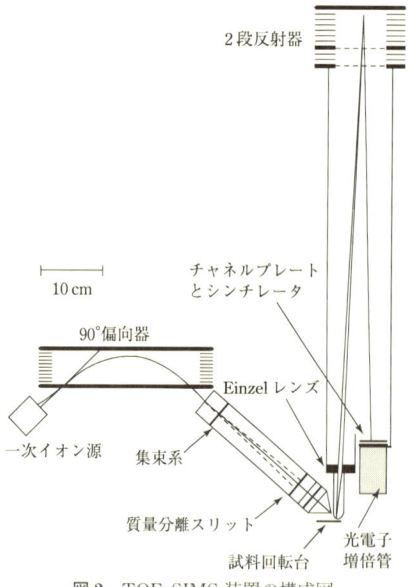

図2　TOF-SIMS 装置の構成図
(Niehuis, E., *et al.*: *J. Vac. Sci. Technol.*, **A5**, 1244, 1987)

図3　代表的な装置の外観

構などを備えている．

二次イオン質量分析・検出器系：二次イオンの質量分析器への取り込み，エネルギー分離，質量分離およびイオン検出などが行われる．質量分析器には，二重収束型質量分析計のほか，四重極型や飛行時間型の質量分析器が用いられ，またイオン検出には通常マイクロチャネルプレート(MCP)やチャネルトロンが用いられることが多い．

データ処理系：装置の全般的な制御に加えて，スペクトル，デプスプロファイル，二次イオン像測定およびそれらのデータ処理が可能である．さらに最近では，スペクトルデータベースとの対比や多試料の自動測定も可能にするコンピュータシステムを常備している機種が多い．

定性分析 マススペクトルにより，多量に存在する成分の同定を行うことができる．しかしながら，マススペクトル中には，構成元素の同位体イオン，分子イオン，多価イオン，一次イオンとの反応で生成する化合物イオン，残留ガス成分との化合物イオンなど非常に複雑な組合せで生ずるイオン種が現れるため，一般にはマススペクトルだけから，微量の不純物が存在するかどうかを判定するのは困難である．

一方，S-SIMSでは，それぞれの化合物からのフラグメントマススペクトルが特徴的なパターンをもつため，これらを一種の"指紋"のように捉えて，標準スペクトルとの比較から化合物の同定を行う．また，TOF-SIMS装置では，分子イオン(擬似分子イオン：$[M+H]^+$，$[M-H]^-$，$Ag[M-H]^+$イオンなど)を高感度に検出することができるため，化学構造をより直接的に，かつ容易に同定することができる．

定量分析 定量情報を得るには二次イオン強度を評価する必要があるが，D-SIMSにおいて，試料が電流I_pの一次イオン照射を受けたとき，試料に含まれる元素jからの二次イオン強度I_jは次式で与えられる．

$$I_j = I_p S K_j \eta C_j$$

ここで，Sはスパッタリング収率，K_jは二次イオン収率，ηは二次イオン利用効率(装置関数)，C_jは試料中に含まれる元素jの濃度である．この式で，SおよびK_jは一次イオンの種類，エネルギー，入射角，試料の種類および検出イオン種などに依存する．またηは装置によって決まる定数であるが，検出イオン種にも依存する．K_jが一次イオンの種類やエネルギーなどの測定条件のほか，試料組成そのものに大きく依存することは"マトリックス効果"とよばれており，SIMSの定量測定を煩雑にしている．一般には，バルク標準試料や，イオン注入試料などの標準試料により決定された相対感度係数(RSF)を用いた定量評価が行われる．

分布情報

デプスプロファイル：デプスプロファイルは表面から内部に向かって注目する元素

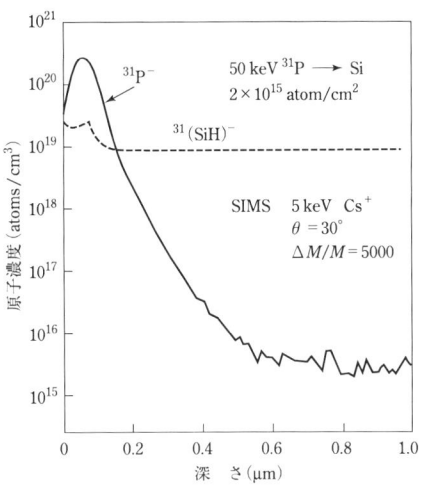

図4 D-SIMSによって分析されたシリコン中にイオン注入されたPのデプスプロファイル (Blattner, R. J., Evans, C. A., Jr. : SEM / 1980/ IV SEM INC. AFM O'HARE 55)

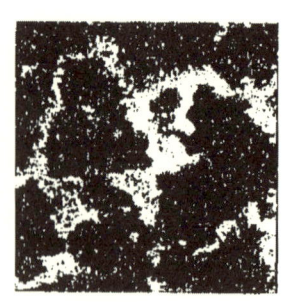

(a) PETイメージ　　　　(b) GMSイメージ　　　　(c) Naイメージ

図5　PETフィルムに塗布したグリセリンモノステアラート(GMS)から得られる，PET，GMSおよびNaのTOF-SIMSケミカルマップ
(Reichlmaier, S., et al.: *Surface and Interface Anal.*, **21**, 739, 1994)

がどのように分布しているかを示すものであり，微量元素の測定を得意とするD-SIMSでもっとも頻繁に用いられる測定モードである．横軸の測定深さの校正には段差膜厚計や表面形状測定計などを用いて得られる実測データが，また縦軸の濃度に関しては，適当な標準試料を用いた校正が行われる．検出下限が低く，広いダイナミックレンジのデプスプロファイルを得るためには，適切な二次イオン種の選択，クレーター効果やメモリー効果の低減，超高真空条件の維持などに十分注意を払った測定が行われる．

二次イオン像：二次イオン像の検出には走査型と投影型の二つのモードがあるが，走査モードでは，一次イオンビームを細束化して試料上を走査し，走査位置に対応する二次イオンを検出することによって像を得ているのに対して，投影モードでは，二次イオン光学系により試料上の二次イオンの放出位置を検出器に投影することによって像を得る方式を採用している．最近のTOF-SIMS測定では，全イオン種の同時計測が可能であるという特徴を生かして，測定後にさまざまなイオン種の分布の再構成，表面の特定領域におけるマススペクトルの再現など，多様性に富んだデータ処理が可能になってきている．

応用例　応用例として，D-SIMSを用いて測定したシリコン中のリンの深さ方向分布を図4に，TOF-SIMSを用いて測定したケミカルマッピングの例を図5に示す．

［工藤正博］

参考文献
1) 日本表面科学会(編)：表面分析技術選書　二次イオン質量分析法，丸善，1999．
2) Migeon, H., et al.: SIMS VIII, Briggs, D., Seah, M. P. (eds.), p. 196, John Wiley, 1992；志水隆一，二瓶好正(監訳)：表面分析：SIMS，アグネ承風社，2003．
3) Benninghoven, A., Rudenauer, F. G., Werner, H. W.: Secondary Ion Mass Spectrometry, John Wiley, 1987.

IV

結晶構造分析

71
粉末 X 線回折計
powder X-ray diffractometer

定性情報 X線回折図形.
定量情報 X線回折強度.

注 解 多数の微結晶(結晶子)を含む試料(粉末や多結晶体など)に単一波長のX線を照射してX線回折図形を得て標準データ(International Centre for Diffraction Data, Powder Diffraction File: ICDD-PDF)と比較して,含まれる結晶性物質の同定ができるほか,結晶性などの原子配列に関する情報が得られる.コンピューター検索による同定が便利で,信頼度の高い順に出力し,目視による照合もできるが,複雑な混合物や固溶体には完全ではない.マニュアル法では,3強線の面間隔 d と相対強度を利用するハナワルト(Hanawalt)法が用いられる.

一方,定量はX線回折強度を測定して行うが,試料によるX線の吸収の影響を内標準法や標準添加法などを用いて除去するか,非常に薄い試料を調製して吸収の影響が出ないようにする必要がある.固溶体の組成は,格子定数(回折角)の変化から測定できる.

装置構成 装置の基本構成例を図1に示す.

X線発生装置:X線管球と高電圧電源およびその制御部からなる.X線管球には,Cu, Co, Fe, Cr, Mo などの対陰極の封入型(1〜3kW程度)が通常用いられるが,強力なX線源を必要とする場合は回転対陰極型(18kW程度)が用いられる.対陰極には銅が多くの用途に適した $K\alpha$ 線波長をもち,熱伝導性がよく冷却効率が高いため比較的強いX線を得やすいことなどからもっともよく用いられる.しかし,鉄やコバルトを多く含む試料で銅管球を用いると,これらの元素の蛍光X線によりバックグラウンドが高く,回折X線強度は弱くなるので,通常鉄やコバルトまたはクロムの管球を用いる.なお,安全のためにX線発生装置およびゴニオメーターを覆う防X線カバーが取り付けられる.

送水装置:X線管球の対陰極を冷却するために送水する.

ゴニオメーター(goniometer):回折X線の回折角を測るもので,横型のほかに縦型および試料水平型がある.試料面が横型では垂直であるが,縦型では水平に近いので落ちやすい試料でも保持しやすい.試料水平型は試料面がつねに水平で,液体でも測定できるが,管球も計数管と同時に動かす必要があり,一般的には精度がやや劣り,高価となる.ゴニオメーターの光学系は,図2のように,通常用いられる集中方式と薄膜などの測定に適した平行ビーム方式がある.X線源は通常線焦点で,その垂直方向の広がりを,薄い板を平行に積み重ねたソーラースリット(Soller slit)で限定し,水平方向の広がりは単純な形の発散スリット(divergence slit)で限定する.集中方式では,高強度を得るため水平方向に発散するX線を平らな広い試料面に当て,その回折X線をゴニオメーター円上の受光スリット(receiving slit)で収束させ,計数管で測定する.集中条件をつねに満足するように,試料の回転 θ に対し計数管は 2θ 回転する.この場合,試料面に対して平

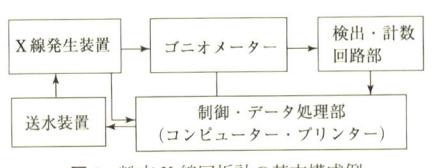

図1 粉末X線回折計の基本構成例

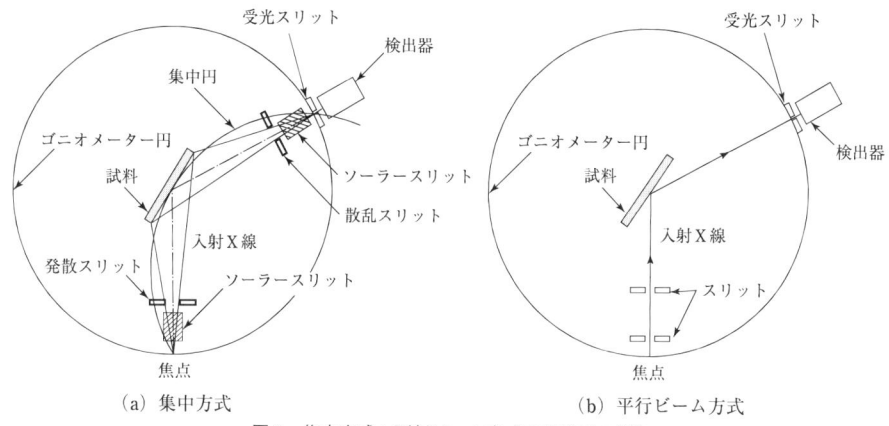

図2 集中方式と平行ビーム方式の光学系の例[1]

(a) 集中方式 　　　(b) 平行ビーム方式

行に向いた原子網面からの回折線を測定している．なお，もう一つのソーラースリットと，空気による散乱X線を防ぐ散乱スリット(antiscatter slit)を受光スリットの前か後につける．発散スリットが一定幅では，回折角によりX線の照射面積が異なるが，近年採用されるようになった自動可変スリットでは，照射面積が一定にでき，高角側の回折線強度が増大して検出ピーク数が増えるとともに，低角側で試料面以外の散乱がなく，バックグラウンドを低くできる．

　薄膜試料や残留応力の測定では通常平行ビーム方式で行われる．高分解能の平行ビームを得るには強度が大幅に低下するので，回転対陰極型管球などの高強度X線源と組み合わせることが多い．人工多層膜のX線集光ミラーを用いることにより，1桁程度強度損失の少ない平行ビームを得て，再調整なしに集中方式と切換え可能にした型もある．極表面や薄膜の測定には，平行ビームを微小角で入射させる．表面に平行な方向の結晶構造や深さ方向の変化が調べられる面内(in-plane)回折X線が測定できる装置もある．

　対陰極の特性X線にはKα_1，Kα_2線の

ほかに，その数分の1の強度のK$\beta_{1,3}$線も共存し，これが重なると識別が難しくなる．そこで簡単には，対陰極のKαとKβの間に吸収端をもつ元素の箔(Kβフィルター)をX線光路に挿入する．近年では，連続X線や蛍光X線も除去してバックグラウンドを低くするため，グラファイト単結晶などのモノクロメーター(monochromator)を検出器の前に取り付けて用いる．ただし，強度は大きく低下するので，高強度の回転対陰極型管球と組み合わせることが多い．なお，Kα_1，Kα_2線は波長が近接しており，低角では分離しないが，データ処理によりKα_2線を除去できる．

　検出・計数回路部：試料から散乱・回折されたX線を検出し，強度を計数する．検出器には，比例計数管(proportional counter)やシンチレーション計数管(scintillation counter)がよく用いられるが，微小部X線回折装置では位置敏感比例計数管(position sensitive proportional counter：PSPC)，二次元X線回折ではイメージングプレート(imaging plate：IP)が用いられる．そのほかに，検出器用高電圧電源，X線で生じたパルスを増幅する比例増幅器，パルスの波高を識別してノイズ

や妨害 X 線を除去する波高分析器(pulse height analyzer: PHA)，タイマーなどが含まれる．

制御・データ処理部(コンピューター・プリンター)：X 線発生装置やゴニオメーターを制御するとともに，得られたデータにスムージング，吸収補正，バックグラウンド補正，数え落とし補正など各種の補正を行ったり，ピーク分離，ピークサーチ，積分強度・ピーク強度・半値幅・積分幅の算出などを行う．また，物質の同定のため測定した回折図形を標準データと比較したり，定量計算を行って，プリンターなどに出力する．さらに，リートベルト(Rietveld)解析などの計算を行って，格子定数や結晶構造の精密化などを行わせることもできる．

付属装置：分析の範囲を広げるため，目的に応じて種々の付属装置が用いられる．試料温度を変える加熱・冷却装置，試料の配向や不均一の影響を減らす試料回転振動台，極点図測定装置，繊維試料測定装置，薄膜試料測定装置，微小領域測定装置，残留応力測定装置，試料自動交換装置などがある．

試料調製 粉末試料では必要に応じて乳鉢や振動ミルなどで，$0.5 \sim 10\,\mu m$ 程度の粒径に粉砕する．粉砕しすぎると，ピーク強度が低下して幅が広がり，さらには非晶質化など構造変化を起こすので避ける．試料ホルダー(通常は $15 \times 20\,mm$ 程度の穴をもつ $30 \times 50 \times 2\,mm$ 程度のアルミニウム板)に均一でホルダー面と一致する平面になるように充填する．とくに，結晶子が板状や繊維状のものでは，選択配向しないように注意する．選択配向が起こりにくいように工夫した試料ホルダーもある．試料量が少ないときは，充填部が深さ $0.2\,mm$ 程度のくぼみになっているガラス板に充填する．極少量の場合は，ガラス板では幅広いハローがバックグラウンドとして測定さ れるので，回折線を示さない面で切断したケイ素や石英の単結晶板(無反射試料板)上に付着させるとよい．板状や薄膜の試料では，それに適合した試料ホルダーを用意し，必要に応じコンパウンドやグリースなどを用いて固定する．

原理・特徴 原子が規則的に配列した結晶に，その間隔と同程度の波長の X 線を照射すると，回折現象を示すので，その回折図形から原子の配列に関する情報が得られる．各物質は固有の原子配列をもつので，それぞれ固有の X 線回折図形を示す．したがって，逆に回折図形から物質の同定ができる．また，試料中の i 成分の回折 X 線強度 I_i は次式で表される．

$$I_i = \frac{K_i x_i}{\rho_i \{x_i (\mu_i^* - \mu_M^*) + \mu_M^*\}}$$

ここで，K_i は入射 X 線強度・装置条件・測定 i 成分の回折線によって決まる定数，ρ_i は i 成分の密度，μ_i^* と μ_M^* はそれぞれ i 成分とそれ以外の成分(マトリックス)の質量吸収係数($\mu_i/\rho_i, \mu_M/\rho_M$)である．したがって，回折 X 線強度(積分強度)から定量ができるが，分母の試料による X 線の吸収を内標準法や標準添加法で補正する必要がある．または試料を非常に薄く調製して吸収を無視できるようにしてもよい．

この方法は原子配列に基づくので，同じ組成でも構造の違うものを区別した状態分析ができる．ただし，一般に感度はあまりよくない．また，多数の成分が混合していると，判別が困難になるので，目的成分の存在状態を変化させないような分離濃縮法を併用するとよい．固溶体ではその組成によって一般に格子定数が変化し，回折角がシフトするので，格子定数(回折角)の測定から固溶体組成を知ることができる．この方法は，同じ元素を含む他の物質が共存しても，それらと区別してその固溶体のみの組成がわかるのが特徴である．

回折図形は原子配列の規則性に関する情

報を含むので，回折図形のピークの出方から結晶性の良否，ピークの幅から結晶子の大きさや不均一ひずみ，面間隔の変化から残留応力を求められる．また，回折線の相対強度比や極点図の測定から，結晶子の選択配向がわかる．

結晶構造解析を行うには，ある程度大きな単結晶を必要とするが，構造がある程度推定できる場合は，リートベルト解析により粉末X線回折データから結晶構造を精密化できる．これは，粉末X線回折図形全体について実測データと推定構造モデルから計算される図形がもっともよく一致するよう最小自乗法で構造を精密化する．そのためのソフトが開発され公開されている．構成結晶がすべてわかっていればそれらの混合比を求めることもできる．

用　途　セラミックス・セメント・鉱物・顔料・触媒などの無機材料，金属・半導体材料，医薬品・工業薬品・プラスチックなどの有機材料その他の各種結晶性物質の定性および定量に広く応用され，これらの材料の研究開発や品質管理に欠かせない．電気炉を併用して，温度による相変化の解析にも使われる．また，無機材料の結晶性や結晶子の大きさ，金属などの集合組織や残留応力，高分子の結晶化度など，各種材料の特性評価にきわめて有用である．さらに，地球科学や環境化学の分野の研究や調査にも欠かせない手段である．

応用例　鉄鋼やアルミニウム合金[2])中の極微量の介在物を，酸処理などにより金属を溶解して分離し，X線回折分析することなどは以前から行われた．電池電極の充放電に伴う結晶状態変化を調べたり，合金表面の酸化層の結晶構造を薄膜X線回折法により解析したり，ゼオライトのカチオンサイトの熱処理法依存性を高温X線回折法により解析した例がある．また，大気汚染物質による鋼板の腐食生成物を分析したり，大気粉じん中の微量のヘマタイト，マグネタイト，ルチルなどを重液分離や酸処理などにより分離濃縮してX線回折定量した例がある．さらに，半導体混晶の組成を格子定数の変化から求めた例もある．図3に回折図の一例を示す．　　　［岩附正明］

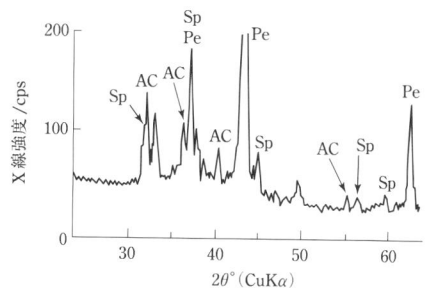

図3　アルミニウム合金溶湯に含まれた介在物のX線回折図形の例[2])
AC：炭化アルミニウム，Sp：スピネル，Pe：ペリクレース．

参考文献
1) JIS K 0131 X線回折分析通則，1996．
2) Iwatsuki, M., Nishida, S., Kitamura, T.: *Anal. Sci.*, **14**, 617, 1998.

72
単結晶回折計

single crystal diffractometer

定性情報 なし．

定量情報 なし．

得られる情報 構成原子の三次元座標 (xyz) と熱振動の大きさが得られる．得られた情報から描いた分子構造の例を図1に示す．また，原子間結合距離・結合角など，分子構造を特徴づける幾何学量も容易に計算できる．

装置構成 装置の構成を図2に示す．

光源：波長 0.1 nm (1 Å) 程度の X 線を発生させるのに，実験室では封入型 X 線管または回転対陰極型 X 線管が用いられる．いずれも発生機構は同じである．真空中で高電圧 (40～60 kV) をつくり，電子を発生させると，電子は高速度に加速されて対陰極 (ターゲット) に衝突し，X 線を発生する．X 線の発生効率は 0.1% 程度の小さいもので，電子の運動エネルギーの大部分は熱に変換される．対陰極物質として銅またはモリブデンがよく使われ，それぞれ 0.1542 nm と 0.07107 nm の特性 X 線を発生する．

分光部：モノクロメーターとよばれる部分で，種々の波長成分をもつ白色 X 線から特定の波長を選び出す機能を有する．結晶の面間隔 d とブラッグ角 θ とはブラッグの式 $2d\sin\theta = \lambda$ の関係があるので，ブラッグ角を調整して目的の波長 λ を選択する．モノクロメーター結晶として，実験室ではグラファイト結晶が多く用いられる．

ゴニオメーター部：試料結晶を取り付ける部分をゴニオメーターとよび，試料結晶を任意の方向に回転する役割をもつ．回転機構上，ユーレリアン・クレイドル型と κ ゴニオメーター型に大別される．

検出部：従来使われてきた四軸回折計とよばれる装置では，X 線計測にシンチレーションカウンター (SC) を用いる．SC ではシンチレーターにより X 線を光に変換し，光電子増倍管により増幅してパルス電流として出力する．X 線光子数を高感度で計測できるが，位置分解能がないので1反射ずつ測定する．このため測定に時間がかかる (1日から1週間程度) のが欠点である．

一方，二次元位置分解能をもつイメージングプレート (IP) や CCD 検出器が近年広く利用されるようになった．IP では，X 線

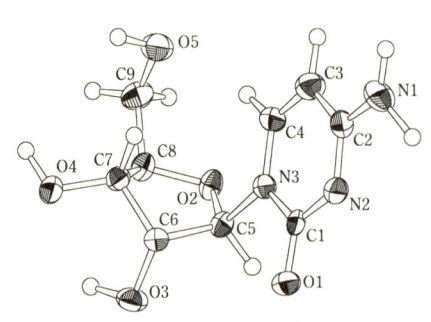

図1 分子構造図の例
シチジン分子をプログラム ORTEP で描いた．原子の楕円体は熱振動の大きさを表している．

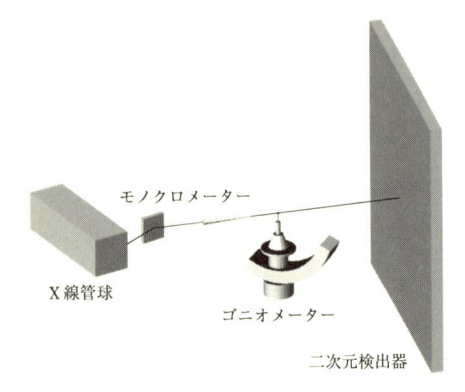

図2 装置の構成図

が輝尽性蛍光体に取り込まれると準安定な着色中心が形成され，可視光の刺激により着色中心が発する光を光電子増倍管で計測する．単結晶構造解析で用いるCCDは，一般のビデオカメラと同じ原理に基づいている．X線をシンチレーターにより可視光に変換し，光ファイバーでCCDに導く．各画素に蓄積された電荷は，バケツリレー式に次々と転送され計測される．

科学計測用のCCDでは，ノイズを低減するためにペルチェ効果などを利用して$-30 \sim -50°C$に冷却される．二次元検出器を用いれば多数の回折斑点を同時に記録できるために測定時間が短縮され，数時間で測定が終了する．検出器の形状としては平板と円筒形があり，用途に応じて使い分けされる．

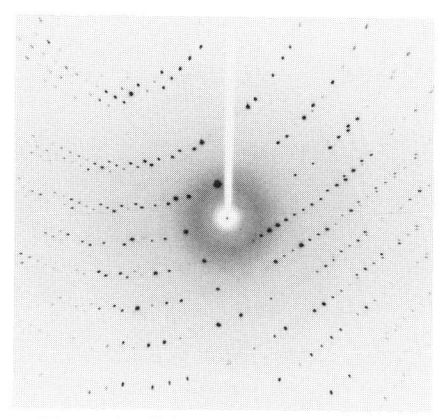

図3 二次元検出器に記録された回折像の例
試料結晶：シチジン，検出器：イメージングプレート，X線源：MoKα，振動範囲：5°，露光時間：15秒．(株)リガク製RAXIS-RAPID回折計で撮影した．

コンピュータとソフトウェアの進歩により，市販されている単結晶回折計では，単位格子の決定，ラウエ対称の判別，強度測定の戦略などが自動化されており，いわばブラックボックスとして操作することができる．また，測定後の構造決定においても自動化が進み，結晶学的な知識が十分でなくとも容易に構造が得られるようになっている．

作動原理 単結晶に単色化されたX線を照射すると，X線が回折されて検出器上に回折斑点を形成する．回折斑点の位置から単位格子の大きさが測定され，回折斑点を形成するX線強度から構造振幅が測定される．測定すべき回折斑点の数は独立原子(水素原子を除く)あたり100個程度である．たとえば50個の原子から構成される結晶の場合，結晶構造を得るには約5000個の構造振幅を測定することになる．二次元検出器に記録した回折斑点の例を図3に示す．

(1)指数付け：結晶学では，規則正しく三次元に積み重なった格子点が，回折条件を満たしたときに図3の回折斑点を形成すると考える．一つの格子点は反射指数という3個の整数の組(hkl)で特定する．各斑点に反射指数(hkl)を配当する作業を指数付けという．

反射指数(hkl)は正確にいうと格子点の斜交座標系での成分であり，次式によって直交座標系(xyz)成分に換算できる．

$$d^* = GUBh$$

ただし，$d^* = (xyz)^T$，$h = (hkl)^T$
ここに，UBは結晶方位行列，Gはゴニオメーターによる結晶回転を表す行列である．指数付けとは，このUB行列を求めることにほかならない．

入射X線と回折X線の方向を，それぞれs_0, sとすると，回折条件は次のように表される．

$$(s - s_0) / \lambda = d^*$$

ここに，λはX線の波長である．

指数付け作業は次のようにする．上式においてs_0, sは測定可能であり，また回折を起こしたときのゴニオメーター角がわかっているので行列Gも既知である．一方，未知の量はUB行列と反射指数(hkl)であ

る．そこで3個の回折斑点を選び，その反射指数を任意に(100)，(010)，(001)と仮定する．これらの直交座標成分を d_1^*, d_2^*, d_3^* とし，それぞれが回折を起こした時の回転行列を G_1, G_2, G_3 とする．これらすべてを $d^* = GUBh$ に代入すると，

$$(G_1^{-1}d_1^* \quad G_2^{-1}d_2^* \quad G_3^{-1}d_3^*) = UB$$

となって UB 行列が決定される．実際には多数の回折斑点位置を計測し，最小二乗法を使って精密に行列 UB を求める．

単位格子は a, b, c, α, β, γ という6個のパラメーターで表現されるが，UB 行列と密接な関係があり，次の関係を利用して計算する．

$$\begin{pmatrix} a^2 & ab\cos\gamma & ac\cos\beta \\ ab\cos\gamma & b^2 & bc\cos\alpha \\ ac\cos\beta & bc\cos\alpha & c^2 \end{pmatrix}$$
$$= [(UB)^T UB]^{-1}$$

(2) 求像原理：単位格子中の電子密度 ρ と結晶構造因子 F には次のようなフーリエ変換の関係がある．

$$F(hkl) = V \int \rho(xyz) \exp[2\pi i(hx+ky+lz)] dv$$

$$\rho(xyz) = \frac{1}{V} \sum_{hkl} F(hkl) \exp[-2\pi i(hx+ky+lz)]$$

ここに，V は単位格子の体積である．したがって，$\rho(xyz)$ から $F(hkl)$ が計算されるし，また逆に，$F(hkl)$ がわかれば $\rho(xyz)$ が容易に計算される．原子の周辺では高い電子密度を与えるので(図4)，電子密度 $\rho(xyz)$ を調べることにより原子の座標値すなわち結晶構造が明らかになる．

ところで，一般に結晶構造因子 $F(hkl)$ は複素数である．そこで，

$$F(hkl) = |F(hkl)| \exp[i\phi(hkl)]$$

のように書き直すと，構造振幅 $|F(hkl)|$ と位相 $\phi(hkl)$ という二つの情報に分離される．このうち構造振幅は測定した回折斑点強度から得られる情報であるが，位相情報は測定時に失われてしまう．そこで，電子密度を計算するには何らかの方法で位相情報を補わねばならず，これを結晶学における位相問題とよぶ．

低分子結晶では，原子あたり100個程度の構造振幅を測定できることは前述した．決めるべき未知数は原子あたり (xyz) の3個であるから，連立方程式を連想すれば，未知数に比べて関係式が非常に多いことになる．このような条件では，構造振幅の大きい反射の位相はもはや独立ではなく，位相の間に tangent 式とよばれる関係式が成立することが知られている．この位相関係式を手がかりにして反射に位相を与える方法を直接法という．具体的には，$|F(hkl)|$ の大きい反射を選び(原子あたり10個程度)，これらに乱数を使って位相を与える．そして，tangent 式に従って位相を精密化し，位相間の整合性に見合った点数を付けておく．100回程度これを繰り返し，その中でもっとも整合性の高い位相を使って電子密度を計算すればたいてい構造が得られる．

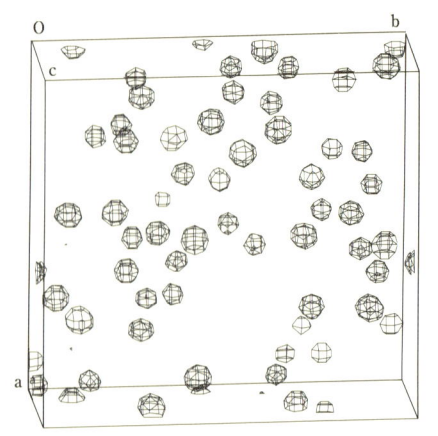

図4 電子密度の例
電子密度 $\rho(xyz)$ の平均と標準偏差を求め，3σ レベルを表示している．電子密度の高い部分に原子が存在することが容易に判別できる．

用　途　分析の対象となる物質は，無機物・有機物・錯体など種類は問わないが，単結晶を作成できるものに限られる．キラルな有機分子の場合，構成原子にSやClなどの重原子をもてば，X線の異常分散効果を利用して絶対配置を決定することができる．タンパク質・核酸などの生体高分子でも，位相問題を解く手段は異なるものの，同様に構造を得ることができる．

応用例　シチジンの構造解析
(1) 回折実験
①シチジン($C_9H_{13}N_3O_5$)の飽和水溶液をつくり放置する．2〜3日で柱状結晶が成長する．

②試料結晶サイズは0.3〜0.5 mm程度である．太さ0.3 mmのきれいな結晶を選び，顕微鏡下でカミソリの刃を使って0.3 mm角にカットする．支持用ガラス棒(0.2 mm径程度)に接着剤で固定し，ゴニオメーター・ヘッドに取り付ける．

③ゴニオメーターに取り付けてから結晶のセンタリングを行う．ゴニオメーターを90°ずつ回転しながら，どの角度でも望遠鏡のクロスヘア(ゴニオメーターの回転中心に調整されている)が試料の中心に一致するように，専用ドライバーを使って試料結晶を並進させる．

④試料結晶より0.1 mmほど大きいコリメーターを選んで装着する．ゴニオメーターがどの方向を向いても，常に結晶がX線ビーム内に入っている必要がある(完浴)からである．

⑤四軸回折計なら10〜20個のピークを自動で検索させる．二次元検出器ならゴニオメーター角 $\omega=0°$，45°，90°の回折像を3枚撮影する．指数付けプログラムを実行し格子定数を確認する．シチジンでは $a=0.511$ nm，$b=1.398$ nm，$c=1.477$ nm，$\alpha=\beta=\gamma=90°$ となる．

⑥三次元反射強度データを収集する．シチジンでは数時間で必要な強度データが自動的に集められる．

⑦反射強度に各種の補正を施し，反射データファイル(h，k，l，$|F(hkl)|^2$，$\sigma(|F(hkl)|^2)$ を内容とするファイル)を作成する．この時点までに結晶のラウエ対称が決定されている．シチジンのラウエ対称は mmm である．

(2) 構造解析
①反射データファイルとその他情報ファイルを構造解析パッケージプログラムに入力する．プログラムは反射データの統計処理を行い，空間群が出力される．シチジンの空間群は $P\,2_12_12_1$ (空間群番号19)である．

②直接法プログラムを起動して構造を解く．自動化されていて，位相決定・電子密度計算(フーリエ合成)・ピークサーチの後，ピーク位置が画面に表示される．プログラムSIR 2002を使えば，さらに原子の割り当てや精密化まで自動的に実行される．

③原子種の配当誤りがあれば手動で訂正し，等方性温度因子による精密化を行う．R1値は9％程度となる．この段階では水素原子は見えない．

④原子の振動モデルを異方性温度因子に変更してさらに精密化を続けると，R1値は6％程度となる．ここで差フーリエ合成を行い水素原子の座標を決定する．さらに精密化を進めると，最終的にR1値は4％程度になる．

⑤原子間距離・角度や異方性温度因子，差フーリエに残るピーク高さなどに異常がなければ，構造解析を終了する．

(3) 結果の整理
①原子座標と温度因子の表や結合距離・角度の表など，必要な表を作成する．
②分子構造図(図1)や結晶構造図を作成する．
③報告書をまとめる．

放射光　実験室では高速電子をターゲットに衝突させてX線を発生させる．これ

とは別に,光速度に近く加速した電子または陽電子に強い磁場を作用させて進路を曲げてやると,強力なX線が発生する.これはシンクロトロン放射光とよび,SPring-8やPhoton Factoryなど特別な放射光施設でのみ利用できる.X線管球に比べると,
① 強度が約1000倍強い.
② 波長を任意に選択することができる.
③ ビームの平行性が高い.
などの特徴をもち,シグナルの微弱な微小結晶やタンパク質結晶の回折実験に使用される.

生体高分子の構造解析 タンパク質・核酸の結晶では,巨大分子が水溶液の中で整列して結晶を構成する.回折に寄与するのは水とタンパク質の電子密度差となり,一般に回折能が小さくなる.しかも個々の原子の熱振動が激しいので高角の反射はほとんど測定できず,水素原子を除く原子あたりで観測できる反射はせいぜい10個程度である.したがって,得られる電子密度も原子レベルの分解能をもたないのがふつうである.座標を決めるべき原子数が5000個を超えることも珍しくないので,生体高分子の構造解析は低分子ほど容易ではない.

回折実験そのものは,単に格子が大きくなっただけと思えばよく,低分子結晶の場合と大差はない.位相決定に関しては,原理的に直接法は適用できず,分子置換法や重原子同形置換法,多波長異常分散法などを利用する.原子レベルの分解能が得られないかわりに,構成成分のアミノ酸やヌクレオチドの構造が既知なので,原子グループ単位で原子座標を決めていく.以上,手短に生体高分子結晶構造解析のあらましを述べた.詳しくは参考文献を参照.

[東　常行]

参考文献
1) 日本化学会(編):化学者のための基礎講座12 X線構造解析,朝倉書店,1999.
2) J.ドレント(著),竹中ほか(訳):タンパク質のX線結晶解析法,シュプリンガー・フェアラーク東京,1998.

73
粉末中性子回折装置
powder neutron diffractometer

定性情報 なし．
定量情報 なし．
得られる情報 核散乱による構造情報と磁気的散乱による磁気的性質に関する情報．および格子定数，原子座標，占有率，原子変位，結晶のひずみ，磁気モーメントなど．

装置構成 中性子回折は，おもに中性子源，モノクロメーター，検出器からなる．以下に中性子源，検出器について解説する．

中性子源：中性子実験を行うには最低でも$10^{12}/cm^2$の線束の中性子源が必要である．このような高い線束は，原子炉のような大型装置によってのみ得ることができる．中性子回折実験用の中性子源としては，定常中性子源として原子炉，パルス中性子源として陽子や電子加速器による二つに大別できる．

原子炉：ウラン-235が熱中性子を捕獲すると約90と140前後の質量をもつような二つの核に分裂する．その際，約2～3個の中性子が放出される．これらの中性子が，他のウラン-235に捕獲され，再度核分裂を生ずる．このような連鎖反応を持続させる装置が原子炉である．熱中性子の強度は，炉心での熱中性子束密度で表され，バックグラウンドとなる速中性子束密度との関係はCd比（$=1+\phi_{th}/\phi_f$，ただしϕ_{th}は熱中性子，ϕ_fは速中性子フラックス）で表される．中性子回折実験では，Cd比が10^2以上の原子炉が適当である．

電子，陽子加速器など：高エネルギー電子(30 MeV以上)が重金属に衝突したとき，制動放射によるγ線が放出される．このγ線が，重金属中で多重散乱し，原子核の巨大共鳴に続いて中性子が放出される．電子エネルギーが30 MeV以上では，発生する中性子数は入射する電子のエネルギーとターゲットの重金属の原子番号に依存する．

一方，陽子加速器は電子加速器より約100倍の中性子束が得られるので，パルス中性子源の主流であるといえる．原理は高エネルギー陽子が，原子核に衝突すると核破砕が起こり，中性子が放出される．これら，加速器から得られた高エネルギー中性子は減速材により熱中性子まで減速されるが，この過程には$1/E$減速および熱平衡状態を形成する二つのものがある．これらの過程は，パルス中性子の時間構造を形成する上で重要である．

中性子検出器(気体比例計数管)：核反応により生じた荷電粒子は，周囲の気体を電離する．これによって生じた電子数は印加された電圧により一定の倍率で増幅される．イオン化ガスは，^3He，$^{10}BF_3$(中性子捕獲用ガスも兼ねる)などが用いられる．

シンチレーター：熱中性子が，ガラスシンチレーターと$^6Li(n,\alpha)T$なる核反応を起こすと，放出されるTとα粒子が周囲の原子を電離する．この電子によって発光原子として存在するCe^{3+}が励起を受け，発光する．

位相敏感検出器(PSD)：PSDは中性子の入射位置を決めることのできる検出器で，検出表面積が大きく効率がよい．PSDの方式にはいくつかあり，芯線抵抗型，多電極型(以上ガス封入型)，エンコード方式，アンガーカメラ(以上シンチレーター型)などの方式がある．これらの検出器は，小角散乱や時分割動的構造解析などの実験に適している．

作動原理

(1) 原子炉における実験：原子炉からの中性子は，コリメーターを通過後，モノクロメーターにより単色化される．モノクロメーターは，人工グラファイト($c=670.8$ pm)，ゲルマニウム($a=565.7$ pm)，シリコン($a=543.09$ pm)などが用いられる．単色化は，モノクロメーターの面間隔d，散乱角2θとするとブラッグ則から波長：$\lambda=2d\sin\theta$の中性子が得られる．単色の中性子は，試料に入射後，回折し，検出器で検出される．非弾性散乱実験では，エネルギーが決定されてから検出される．

(2) パルス中性子による実験：パルス中性子実験では飛行時間法(TOF)が用いられる．TOF法は，白色パルス中性子を一定距離飛行させて，その時間の測定から，中性子の波長を決定する方法である．白色中性子を用いる本実験には以下のようないくつかの利点がある．広い逆格子空間での同時強度測定が行えること，散乱強度の波長依存性が容易に測定できること，時分割測定が可能であること，そして飛行距離の調整で分解能を改善できることなどである．非弾性散乱の測定には，直接配置および逆転配置方式がある．直接配置方式は，白色中性子を単結晶，チョッパーなどで単色化の後，試料に入射させる方式である．中性子は試料との非弾性散乱の後，検出器に到達する．散乱中性子の解析は，試料と検出器の飛行時間を測定して行う．逆転配置では，試料に直接白色中性子を入射させ，非弾性散乱の後あるエネルギーになったものがアナライザーを通過し，検出器に到達する方式である．

用途・応用例

(1) 粉末中性子回折：粉末による中性子の回折像は，デアバイシュラー環を呈する．試料(高さh)からD離れた位置にある検出器で中性子を検出すると$h/2\pi D\sin\theta$分だけの環が測定に関わるので，積分強度は

$$R(h) = \phi_s\left(\frac{V}{v_0^2}\right)\frac{h}{2\pi D}\left(\frac{\lambda^3}{4}\right) \times \frac{1}{\sin\theta\sin 2\theta}\sum_h |F(h)|^2$$

となる．粉末回折法の分解能はガウス関数になり

$$R(\theta) = \frac{\alpha_0\alpha_1\alpha_2\eta_M}{4\sqrt{\ln 2}\,\Delta\theta(\alpha_0^2+\alpha_1^2+4\eta_M^2)} \times \exp\left[-4\ln 2\frac{(\theta-\theta_0)^2}{(\Delta\theta)^2}\right]$$

となる．ここでα_2は試料と検出器の間の水平開き角度である．

(2) 測定結果の解析(リートベルト法)：X線および中性子粉末回折パターンに非線形の最小2乗法を適用して，格子定数などの結晶構造情報を精密化する手法をリートベルト法という．国産ソフトとして有名なRIETANを使い計算するのが一般的である．ピーク位置からは格子定数を，積分強度からは格子占有率や原子変位などの構造パラメーターが，ピークの幅からは結晶子の大きさやひずみなどの情報が得られる．さらに中性子粉末回折データからは，積分強度から磁気モーメントまで求めることができる．RIETANには，このような解析手段として用いるほかに，回折パターンをシミュレーションする機能もある．測定手法の違いで角度分散法とTOF法の粉末中性子回折用の2種類がある．基本的にフリーで入手可能であるが，TOF法については2003年9月をもって一般の提供が停止され，限定した配布になっている(2004年9月現在)．

http://homepage.mac.com/fujioizumi/

測定例

A．図1は，日本原子力研究所の研究用原子炉JRR-3Mの高分解能粉末中性子回折計HRPDを使い測定したKUO$_3$の結果である[1]．リートベルト解析結果はこのようなレイアウトで表すのが一般的である．

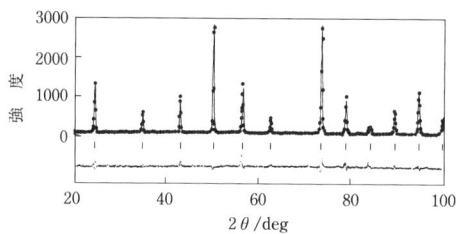

図1 日本原子力研究所研究用原子炉 JRR-3 M の高分解能粉末中性子回折計 HRPD を使い測定した KUO_3 の中性子回折パターン

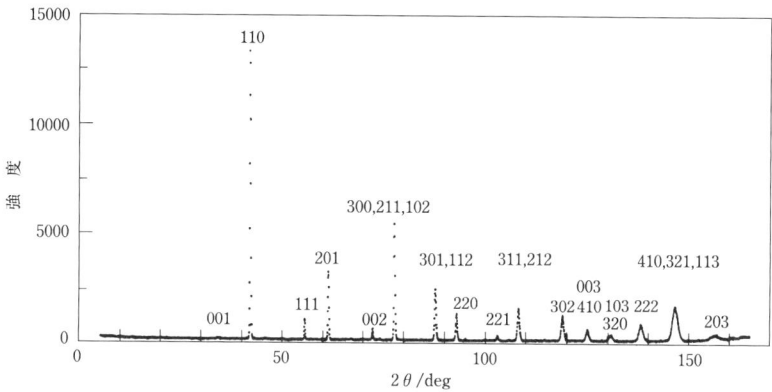

図2 日本原子力研究所研究用原子炉 JRR-3 M の高分解能粉末中性子回折計 HRPD を使い測定した U-70.7%Zr 系合金の粉末中性子回折パターン

上部の点が実験による，実線が計算によるそれぞれ回折パターンである．すぐ下の短い縦線が計算によるブラッグ角度，その下の細い実線が実験データと計算値の差である．再現性の良し悪しを知る尺度として一致度（以下の式）

$$R = \sum |I_{obs} - I_{cal}| / \sum I_{obs}$$

を計算して提示することが多い．図1の場合は，$R = 0.063$ であり，かなりよく一致している．

B．図2は，日本原子力研究所の研究用原子炉 JRR-3 M の高分解能粉末中性子回折計 HRPD を使い測定した U-70.7%Zr 系合金の粉末回折パターンである[2]．

［矢板　毅・岡本芳浩］

参考文献

1) Hinatsu, Y., Shimojo, Y., Morii, Y.: *J. Alloys & Comp.*, **270**, 127, 131, 1998.
2) Akabori, M., Ogawa, T., Itoh, A., Morii, Y.: *J. Phys.: Condens. Matter*, **7**, 8249-8257, 1995.

74
X線吸収分光装置[1]

X-ray absorption spectrometer

定性情報 なし.
定量情報 なし.
得られる情報 EXAFS(extended X-ray absorption fine structure: 拡張X線吸収微細構造)領域のフーリエ変換から中心原子と配位原子の間の動径分布, XANES(X-ray absorption near edge structure: X線吸収端微細構造)領域から中心原子と配位原子との間の化学結合や立体規則性についての概要を得る. 本測定法は, 試料の結晶性の程度(結晶, 非結晶など)や状態(固体・液体・気体など)を問わずに適用できる. EXAFS法とXANES法を合わせてXAFS (X-ray absorption fine structure: X線吸収微細構造)法とよばれる.

逆フーリエ変換スペクトルと理論式とのカーブフィッティングにより配位原子の種類と数および中心原子と配位原子の間の動径距離などを得る. また, 多重散乱理論や分子軌道計算などの導入によって化学結合状態, 電子状態, 立体規則性などに関する詳細な情報を得ることができる.

装置構成 放射光実験施設で利用されているXAFS実験装置(透過法)の概略を図1に示す[2]. 図1において, 放射光からの連続光は二結晶モノクロメーターで分光された後, 高次光が集光ミラーによって除去される. そして, 試料をはさむように配置した二つの電離箱によって試料透過前後のX線強度が同時測定される.

光源: 連続光である, 偏光している, 強度が強い, 輝度が高いなどの特性を有するシンクロトロン放射光(実験施設)が利用される. 回転対陰極型X線発生装置を利用した実験室規模のXAFS測定装置が市販されている. 前者は, 硬X線(数~数十keV)領域から軟X線(数百~数千eV)領域に吸収端を有する元素の測定ができるが, 利用のタイミングなどに一定の制限がある. 後者は比較的簡便に利用できる半面, X線強度が弱い, 装置由来の特性X線が混入するなどの難点がある.

分光部: 分光は主として二結晶分光方式で行われ, Si(111), Si(311), InSb(111)などの単結晶が用いられる. また, 高次光除

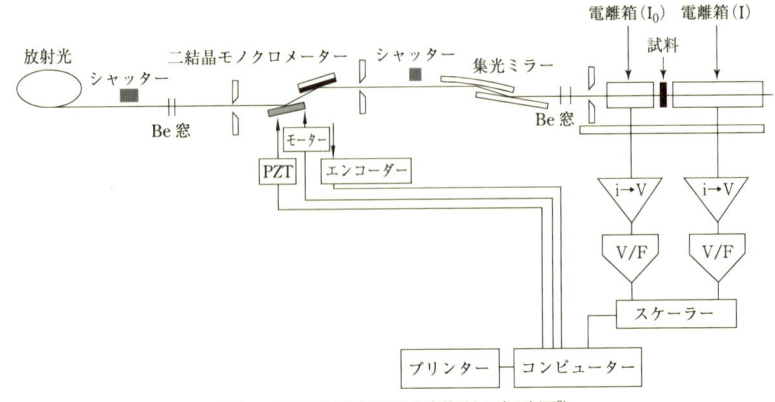

図1 XAFS実験装置(透過法)の概略図[2]

去や分光結晶の熱負荷軽減あるいは集光のためにPtまたはAuなどをコーティングした凹面鏡がミラーとして用いられる．ミラーと入射X線との間の角度は，X線エネルギーに応じて数〜数十mradに設定される．入射角度はX線エネルギーが高いほど小さくなる．放射光での実験に際しては，測定エネルギーにかかわらずミラーの利用が重要である．数百eV以下のエネルギー領域では分光器に回折格子が利用される．

試料：試料は入射X線強度測定用検出器と透過X線強度検出器（または蛍光X線強度あるいは二次電子強度測定用の検出器）との間に挿入する．透過法の場合，全吸収係数$\mu t < 4$，吸収端位置でのジャンプ$\Delta \mu t \fallingdotseq 1$になるように試料厚さを調整する．粉末試料の場合には厚さ，濃度，組成にむらのない試料調整に心がける．一方，蛍光X線収量法の場合，次の点に注意する．①適用可能な濃度や厚さ，②妨害スペクトルの混入，③バックグラウンドの評価などである．蛍光X線の脱出深さは一般に数μm程度でバルクの情報をもたらす．必ずしも表面敏感型測定法ではないことに留意する．

測　定　実験室規模での測定も可能であるが，高精度のデータを得るには放射光からの超強力X線が不可欠である．世界各国に多数の放射光実験施設が建設されているが，X線吸収分光法はどの施設においてももっとも多く利用されている手法の一つである．測定は比較的単純で，高分解能に分光したX線を測定元素の吸収端を挟み低エネルギー側約300 eV〜高エネルギー側約1000 eVの範囲をエネルギースキャンし，各エネルギー位置での試料入射前後のX線の強度（I_0およびI）を同時測定するのみである．測定元素濃度が比較的高い（数％以上）場合には透過法が適用される．塊状試料，低濃度試料，薄膜試料などの透過法が適用できない場合には，近似的にX線吸収係数に比例する，蛍光X線収量法やオージェ電子収量法などを適用し，試料入射前のX線強度と蛍光X線，オージェ電子などの二次電子の収量を同時測定する．試料入射前のX線強度はイオンチャンバーを用いて測定され，蛍光X線収量法やオージェ電子収量法では半導体検出器，気体電離箱型検出器，転換電子収量用検出器などが用いられる．数百eV以下のエネルギー領域では，試料から放出される各種の二次電子などの収量が専用の検出器を用いて測定される．いずれの測定モードでも，回折線や散乱線の混入，試料表面の汚れ，共存元素の影響などに注意する．

データ解析　生データは，①吸収端エネルギーE_0の決定，②エネルギー（または角度）から波数への変換，③バックグラウンドの除去，④規格化の順に処理し，フーリエ変換する．ついで，フーリエ変換スペクトルを逆フーリエ変換し，理論式とカーブフィッティングさせることより，中心原子と配位原子との間の原子間距離r，配位原子の種類とその数n，デバイ-ワーラー因子σ，光電子の平均自由行程λなどの構造を記述するパラメータを得る．E_0の決定方法に一般解はないが，吸収係数の立ち上がり部分，変曲点，中点などで定義すること

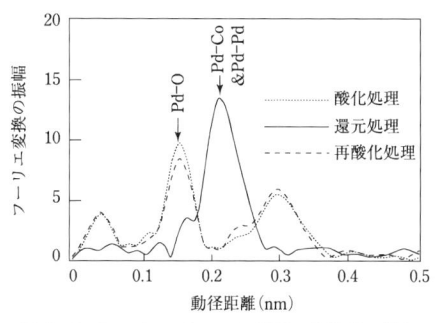

図2　LaFe$_{0.57}$Co$_{0.38}$Pd$_{0.05}$O$_3$触媒の熱処理に伴うPd-K EXAFSのフーリエ変換[3]

が多い．E_0はEXAFSの解析やXANESスペクトルのケミカルシフトから価数変化を議論する場合にも大変重要である．スペクトル形状やE_0が既知の物質（たとえば，純銅）を参照試料として用い，測定光学系の再現性のチェックを心がける．

応　用　XAFS法は今や材料科学，環境化学，生物化学などのあらゆる分野で利用されており，"夢の構造解析法"として世界を席巻しているといっても過言でない．また，基礎的研究ばかりでなく，応用研究の分野でも幅広く利用されている．

たとえば，自動車用の排ガス触媒として開発されたPd/ペロブスカイト系触媒[3]がある．この物質は，Pd/アルミナ系触媒と比較して比表面積が低いにもかかわらず，自動車触媒の使用環境（高温，酸化・還元変動雰囲気）下でのPdの粒成長抑制効果，活性度および耐久性に優れている．しかし，その機構については明らかになっていなかった．そこで，これらの点を明らかにするために，熱処理に伴うPdの状態変化が放射光を用いて詳細に調べられた．Pd-K吸収端（E_0=24.347 keV）近傍のXAFS測定およびペロブスカイト結晶の回折線[｛100｝および｛110｝]のブラッグ角近傍での回折強度のエネルギー依存性などを調べた結果，①酸化雰囲気ではPdOよりも高原子価状態であり，Pdはペロブスカイト結晶中のBサイトに固溶している．②還元雰囲気ではPdはPd-Co固溶体として析出する．③再酸化処理によって元の状態（Bサイトに固溶）に戻る．④本触媒中の貴金属は，従来から広く用いられている貴金属/アルミナ系触媒などと異なり，実使用環境の変動に応じて可逆的に変化する．などがわかった．これは，本触媒中のPdが酸化⇔還元に伴って固溶⇔析出を反復するためにPdの高分散状態［粒成長抑制効果の発現］が維持され，優れた特性を持続することを示唆している．フーリエ変換結果を図2に示す．本触媒はすでに市販車に搭載されている．

また，有機金属気相成長法（MOCVD）で作製した，微量のErを含むInPの発光強度と製造条件との関係がEXAFS法を用いて調べられた．その結果，発光特性はPによって4配置されたErの存在割合と正の相関があることが明確になった[4]．その他，リチウムイオン二次電池正極の充放電に伴う$in\mathchar`-situ$劣化解析[5]，ごみ焼却煤塵中の微量の重金属の安定化処理前後の状態解析[6]，カーボンブラックや樹脂で構成されるトナー微粒子中の微小領域（直径60 nm）のCの状態解析[7]など多数の研究が報告されている．

［岡本篤彦］

参考文献
1) 朝倉清隆ほか：X線吸収分光法―XAFSとその応用，太田俊明（編），アイピーシー，2002．
2) Nishihata, Y., et al.: Nature, **418**(6895), 86, 2002.
3) ibid, 164.
4) 竹田美和：日本結晶成長学会誌, **25**(1), 2, 1999.
5) 野中敬正ほか：J. Synchrotron Rad., **8**(2), 869, 2001.
6) 名越正泰ほか：第4回XAFS討論会講演要旨集，p.83, 2001.
7) Ikeura, H., et al.: Abstrscts of 84th CSC Conf., p.934, 2001.

75
X線応力測定装置

X-ray stress analyzer

定性情報 なし．
定量情報 なし．

得られる情報 多結晶組織内に生じた応力は，弾性変形によるひずみ，すなわち格子面間隔の変化と関連づけられ，X線回折法によるブラッグピーク位置の変化として検出される．また，応力は，試料面法線方向と格子面法線方向のなす角度 ψ，および回折角 2θ の関係をプロットした $2\theta\text{-}\sin^2\psi$ 線図の傾きを求め，弾性定数を乗じることにより算出される．

装置構成 X線源，ゴニオメーター，検出器からなる．

X線源：クロム管球が用いられることが多い．この場合，クロム $K\alpha$ 特性X線の回折に注目する．クロム $K\beta$ 線は測定の妨害になるので，バナジウムのフィルターを検出器の前に置いて減衰させる．

光学系：平行ビーム法の配置が一般に用いられ，レイアウトは図1のとおりである．互いに直交する2通りの走査方法(並傾法と側傾法)があるが，いずれの場合も高角度域のなるべく強い回折線を選んで測定する．

入射X線角度固定で検出器が 2θ 走査する測定方法と，格子面法線に対して入射X線と検出器が対称に θ 走査する測定方法とが考えられる．検出器に位置敏感型の検

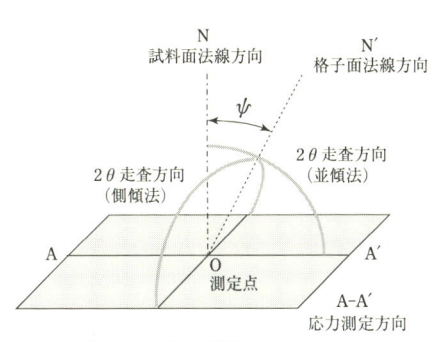

図1 X線応力測定のレイアウト

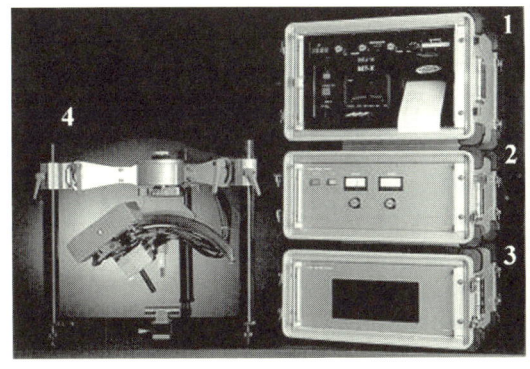

図2 Physique & Industrie 製 SET-X Elphyse
左：外観．1：コントローラー，2：X線発生装置，3：冷却送水装置，4：ゴニオメーター．
右：レイアウト．1：ゴニオメーター(ψ)，2：X線二次元検出器，3：位置決めセンサー，4：X線コリメーター，5：ゴニオメーター(2θ)，6：試料 (http://www.physiqueindustrie.com/setx.htm より)．

出器を用いると，検出器を物理的に動かす必要がなく，迅速な測定を行うことができる．また，入射 X 線のビーム径を小さくし，ゴニオメーター上に XY ステージを付加して，試料上の X 線照射位置を走査することにより，微小部の応力測定，およびその画像化を行うことができる（装置の例を図 2 に示す）．

作動原理　試料面を xy 平面，法線方向を z 軸にとり，応力 ($\sigma_x, \sigma_y, \sigma_z$) により，任意の方向 ($\sin\psi\cos\phi$, $\sin\psi\sin\phi$, $\cos\psi$) に生じるひずみ $\varepsilon_{\phi\psi}$ を検討する．X 線の侵入深さは通常，0.1 mm 以下であるため，z 方向の応力を無視し，二次元応力状態の弾性力学として扱うこととすると，ヤング率 E，ポアソン比 ν を用いて，次のように書ける．

$$\varepsilon_{\phi\psi} = \frac{1+\nu}{E}(\sigma_x\cos^2\phi + \sigma_y\sin^2\phi)\sin^2\psi - \frac{\nu}{E}(\sigma_x + \sigma_y)$$

波長 λ の X 線を用いた回折パターンの測定において，結晶の格子面間隔 d と回折角 θ はブラッグの式により $2d\sin\theta = \lambda$ で与えられるので，その微分式を用い，$\varepsilon_{\phi\psi} = \Delta d/d$ であることから

$$\varepsilon_{\phi\psi} = -\frac{\Delta\theta}{\tan\theta}$$

のように与えられる．したがって，応力によるブラッグピークの位置変化は，

$$\Delta(2\theta) = -\frac{2(1+\nu)}{E}\tan\theta(\sigma_x\cos^2\phi + \sigma_y\sin^2\phi)\sin^2\psi + \frac{2\nu}{E}\tan\theta(\sigma_x + \sigma_y)$$

であり，簡単に $\phi = 0$ のように座標をとると

$$\Delta(2\theta) = -\sigma_x\frac{2(1+\nu)}{E}\tan\theta\sin^2\psi + \frac{2\nu}{E}\tan\theta(\sigma_x + \sigma_y)$$

結局，複数の ψ に対し測定される回折角 2θ を 2θ-$\sin^2\psi$ 線図としてプロットすれば，その回帰直線の傾きより σ_x が求められる．

用途・応用例　ばね，歯車などの機械部品，各種構造材料の残留応力の測定評価．半導体基板上の配線材料やフィルム上の磁性体薄膜の内部応力の測定評価．

［桜井健次］

参考文献

1) Hauk, V.: Structural and Residual Stress Analysis by Nondestructive Methods, Elsevier, Amsterdam (1997).
2) Noyan, I. C., Cohen, J. B.: Residual Stress — Measurement by Diffraction and Interpretation, Springer-Verlag, New York, 1987.
3) カリティ（著），松村源太郎（訳）：新版 X 線回折要論，アグネ，1982．
4) X 線応力測定法標準，日本材料学会出版部，2002．

V

形態分析

76
透過電子顕微鏡

transmission electron microscope：TEM

定性情報 通常得られない．
定量情報 通常得られない．
その他の情報 試料を透過する電子線と物質の相互作用によって結像される電子顕微鏡像あるいは電子回折像により，原子や分子の配列状態(規則・不規則性)，微細な組織・形態・構造に関する情報が得られ，また，電子顕微鏡像の分解能(高分解能構成の格子像で約 0.1 nm)の範囲内で検出される原子・分子の配列状態，集合状態，あるいは特異構造(格子欠陥，不規則構造など)の特徴などを，動力学理論[1]によって定量評価できる．

装置構成 電子顕微鏡は，光学系(鏡筒)，電気系，真空系，操作系の四つの部分から構成され，光学系はさらに照射系(電子銃を含む)，試料室，結像系そして観察・記録系に分けられる．光学系，操作系を中心とする装置の外観および光学系の構成をそれぞれ図1，図2に示す．また，以下に光学系について概説する．なお，光学系の中心となるレンズ系には，軸対称の磁界レンズ(コイル，ヨークおよびポールピースから構成)が使用されている．

照射系：電子銃および集束レンズから構成されている．電子銃には，フィラメントを加熱し熱電子を得るタイプ，あるいは電界放射を利用する冷陰極フィールドエミッション電子銃(エミッターチップには W (310) が用いられている．なお，エミッターを加熱し電界放射と併用する熱陰極フィールドエミッション(ショットキーエミッション)電子銃(エミッターチップは ZrO/W(100))もある)がある．前者では，フィラメント(タングステン製ヘアピンフィラメント，LaB_6 製ポイントフィラメントなどがあり，直流電源によって加熱され熱電子を発生する)，負のバイアス電圧が印加されたウェーネルト円筒(グリッド)および陽極の三者によって，電子ビームの発生，ビーム電流の制御および干渉性に優れた電子ビームの放出が行われる．第1集束レン

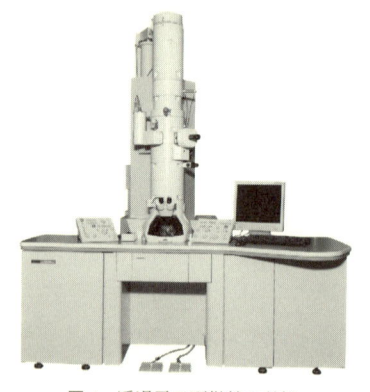

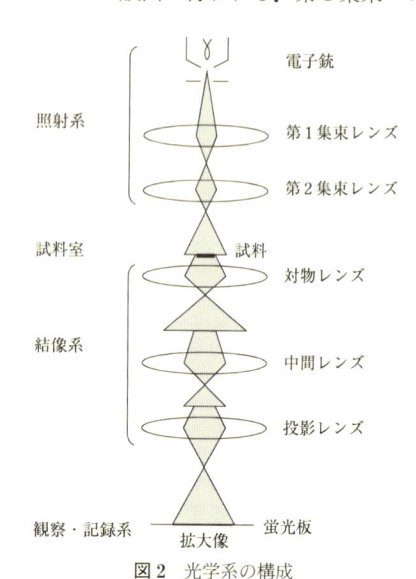

図1 透過電子顕微鏡の外観

図2 光学系の構成

ズで照射スポットの大きさを変化させ，第2集束レンズにより明るさ，試料への照射面積，開き角を調整する．

試料室：試料室には，試料移動のためのゴニオメーターステージが備えられている．観察には，傾斜，回転，加熱，冷却，引っ張りなど，それぞれの機能が組み込まれたサイドエントリー式の試料ホルダーの中から目的に合致したものを選択し，使用する（図3）．

結像系：対物レンズ，1〜4段の中間レンズ，投影レンズから構成されている．対物レンズによって最初の拡大像を形成，焦点が合わせられ，中間レンズおよび投影レンズによってこの像が拡大される．

観察・記録系：鏡筒最下部に，観察室・カメラ室がある．観察室には，電子ビームの強弱を光の強度として観察する蛍光板，写真撮影のためのシャッター，焦点を合わせ観察するための双眼顕微鏡がある．シャッターの真下に置かれたフィルムに電子ビームを直接照射し記録するが，最近はこれにかわり，イメージングプレート（輝尽性蛍光体の微結晶を高密度に塗布して画像記録層を形成したもの）を用いる記録法も利用されている．なお，高分解能電荷結合素子（charge-coupled device：CCD）を用いたテレビカメラによる観察もできる．

また，走査像観察装置，エネルギー分散型X線分析装置を備えた電子顕微鏡では，それぞれ高分解能二次電子像，走査透過電子像および高感度・高分解能特性X線分光分析ができる．詳細は，分析電子顕微鏡（項目79）を参照．

結像の原理 結像および像コントラスト形成の原理を図4〜図9に示す．

(1)電子顕微鏡像と回折像（図4）：試料

(a) 試料室に設置された外観

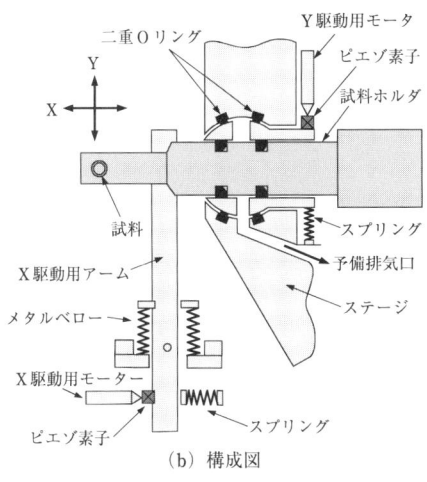

(b) 構成図

図3 試料移動のためのゴニオメーターステージと試料ホルダー

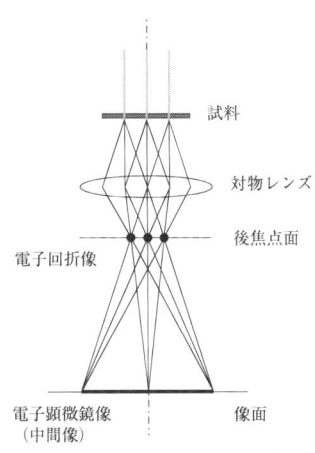

図4 電子顕微鏡像，電子回折像の結像原理

に入射した電子ビームは散乱され，試料が結晶の場合，入射ビームに対しわずかな角度をもつ結晶面でブラッグ回折が生じる（電子線の波長が短いため，回折条件を満足するブラッグ角は1～2°となる）．これらの回折線は対物レンズの後焦点面に焦点を結ぶ．電子回折像である．他方，試料は対物レンズによって拡大され，像面に電子顕微鏡像(中間像)として結像する．実際には，両者とも中間レンズ，投影レンズによって拡大され，最終像として観察される．

(2)制限視野回折像(図5)：制限視野回折により，試料の微小領域に対応した結晶学上の情報を得ることができる．回折情報を得たい領域は，中間レンズ上部に設置された視野制限絞りにより選定する．たとえば，絞りを中間像のA'の位置に挿入(この操作は試料上のAの位置に絞りを入れたことに相当する)すると，中間像B'を形成する電子ビームは絞りによって遮断され，A'を形成するビームのみが結像に関与する．つまり，後焦点面上の電子回折像のうち，領域Aからの回折情報D_A(制限視野回折像)だけを特定して得ることができる．なお，制限視野回折は対物レンズの球面収差，対物レンズの不正焦点などによって誤差を生じる．精度の高い回折像を得るには，光軸上に視野制限絞りを正しく挿入する，絞り像が正しく蛍光板上に焦点を結ぶよう中間レンズ電流を調節する，対物レンズにより試料に正しく焦点を合わせる，中間レンズ電流を調整して中央の透過ビームスポットを最小にするなど，正しい操作が必要となる．

視野制限絞りによって領域を選択する代わりに，入射電子ビームを細く絞り照射，視野を選択するマイクロビーム回折，あるいは結像レンズ系の下に試料を置き平行ビームを照射，回折像を得る高分解能回折がある．

回折像は，逆格子の概念に基づく回折の基礎理論に従い解析を行う[1]．物質同定のための標準物質には，岩塩上にスパッタリングあるいは蒸着された金薄膜がよく用いられる．

(3)明視野像と暗視野像(図6)：試料に入射した電子ビームは，通過する透過波と試料原子との衝突でその進行を変える散乱

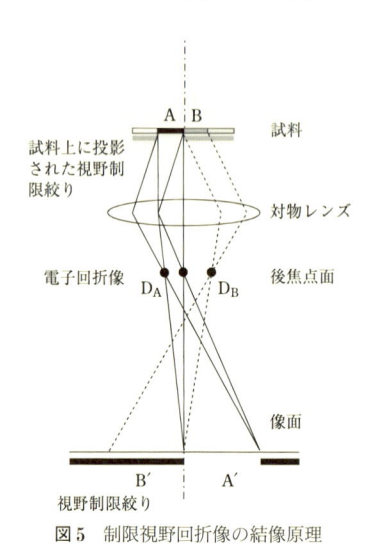

図5 制限視野回折像の結像原理

図6 明視野像と暗視野像

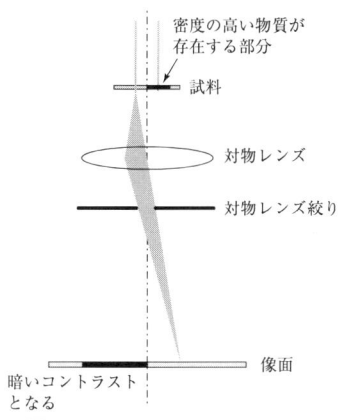

図7 散乱吸収コントラストの形成

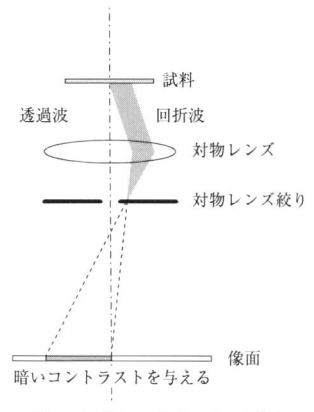

図8 回折コントラストの形成

波に分けられる．散乱には，原子との衝突前後で入射電子および原子の全運動エネルギーが保存される弾性散乱とエネルギー損失を受け波長が変わる非弾性散乱がある．試料の厚い部分，密度の大きい部分ではこうした散乱が強く生じ，光軸上の対物レンズ絞り（透過波を通す）によってさえぎられ，見かけ上多くの電子ビームが試料中で吸収されたように振る舞い暗く観察される．電子顕微鏡像のコントラスト形成の主役の一つ，散乱吸収コントラストである（図7）．とくに，干渉性の弾性散乱波はブラッグ回折を生じ，試料が単結晶の場合，入射電子ビーム方向を晶帯軸とする回折斑点が網目状をなすNパターンが現れる（多結晶では回折環に，非晶質ではハロー状の回折環となる）．この回折波もまた対物レンズ絞りによってさえぎられ，暗いコントラストを与える．回折コントラストである（図8）．いずれも，波の強度つまり明るさが振幅の二乗に比例することから振幅コントラストともよばれる．

透過波，回折波いずれによっても結像が可能で，光軸上に対物絞りを入れ試料を通過した透過波のみで結像する像を明視野像，対物絞りを回折波のみが通過するように移動し回折波のみで結像する像を暗視野像という．明視野像と暗視野像ではコントラストが逆になる．暗視野法は混相組織中の相の特定，異常回折斑点を生じる格子欠陥の確認などに適した観察法である．

なお，質のよい像を得るには，質のよい試料の準備に加え，電子放出の方向を集束レンズの光軸に合わせる照射系の軸合わせ，対物レンズ電流あるいは加速電圧の変動に対応して像が円周方向，半径方向に運動するそれぞれの中心（もっとも収差の小さい点で，電流軸，電圧軸とよばれる）を入射電子線に一致させる電流軸合わせ・電圧軸合わせ，ポールピースの加工精度・材質，対物レンズ周辺の汚れによる帯電，あるいは磁性試料などがもたらす非点収差の補正（非点補正），そして正確な焦点合わせが不可欠である．非点収差の補正，焦点合わせには，試料の縁に現れるフレネル縞（試料の外側を通った入射波と試料の縁によって回折された回折波との干渉によって生じる）あるいは支持膜に観察される粒状性の変化（5万倍以上の比較的高倍率で用いる）などを活用するとよい．なお，低倍率での焦点合わせには，照射系の偏向コイルに交流を流して得られるイメージ・ウォブラー

試料
透過波　回折波
対物レンズ
対物レンズ絞り
像面
干渉縞を形成（格子像）

図9 位相コントラストの形成

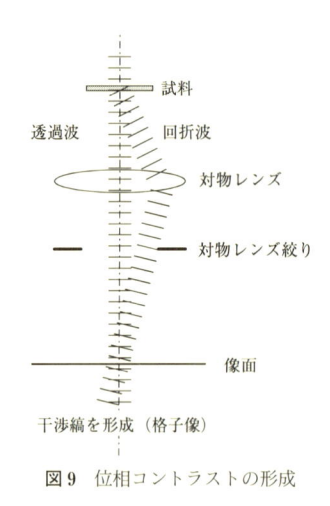

の効果を利用するとよい．

(4)位相コントラストとその応用：透過波と回折波の干渉により，縞模様の像が得られる．位相コントラストによる結像である（図9）．格子像とよばれ，回折波の回折ベクトルに垂直に，結晶格子面間距離に対応する間隔の縞模様が得られる．非晶，結晶の判別，格子不整の探索などに適した結像法である．なお，わずかに焦点をはずし軽元素で構成される微小粒子を観察したとき現れるフレネル縞のようなコントラストも位相コントラストである．

試料作製　物質との相互作用が大きい電子線の透過能は低い．したがって，観察試料は像形成に必要な電子線が透過できるよう薄膜（数十nm程度が望ましい）とする必要がある．作製の手順，方法は，試料の種類（生物試料，非生物試料），形状（バルク状，シート状，粉末状など）などによって異なってくる．最適な方法の選択が必要である[1,2]．

生物試料，軟らかい非生物試料には超ミクロトームによる超薄切片法が，硬いセラミックス，金属試料にはイオンシンニング法が比較的適している．生物試料では，前処理としてありのままの姿を保存するための固定操作（薬品による化学固定および凍結法による物理固定がある），後処理として電子線によるコントラスト形成を補う染色を行う．金属試料では，特殊な装置をとくに必要としない化学研磨法，電解研磨法が利用できる．粉末試料は適切な分散法を採用することで，とくに手を加えずに観察できる場合もある．細く絞ったイオンビームによって薄膜化加工ができるFIB（focused ion beam）は，SIM像（secondary ion microscope image）を観察しながら特定個所からのサンプリングをすすめることが可能で，今後の活用が期待される．

薄膜試料を試料台冶具に直接固定，観察する場合もあるが，多くはメッシュあるいはシートメッシュとよばれる試料支持金網（銅製が多く，金，白金，モリブデン，ニッケル製などもある）に支持固定する．試料が薄く機械強度が小さい場合，メッシュ数の大きいものを（メッシュ数が大きくなるほど網目の大きさは小さくなる），広い視野の観察には小さいものを選択，光沢のある平滑なメッシュの表の面に試料を支持固定する．

微粉末試料などは支持膜を張ったメッシュ上に支持固定する．支持膜にはコロジオン，ホルムバールなどのプラスチック支持膜（プラスチック膜の補強および導電性を与え帯電を防ぐため，5～10 nm程度の厚さのカーボンを蒸着したものが多く使用される），真空蒸着により作製するカーボン支持膜などがある．なお，熱変化を起こしやすい微粉末試料，有機物試料（粉末，薄膜を問わず）などは電子線照射によって変化を生じることがあるので，あらかじめ試料上に10～30 nmの厚さにカーボンを真空蒸着しておくとよい．また，セラミックス試料など導電性に乏しい試料上へのカーボン蒸着は，帯電防止に効果がある．

高倍率の観察では，0.1～10 μmの細孔

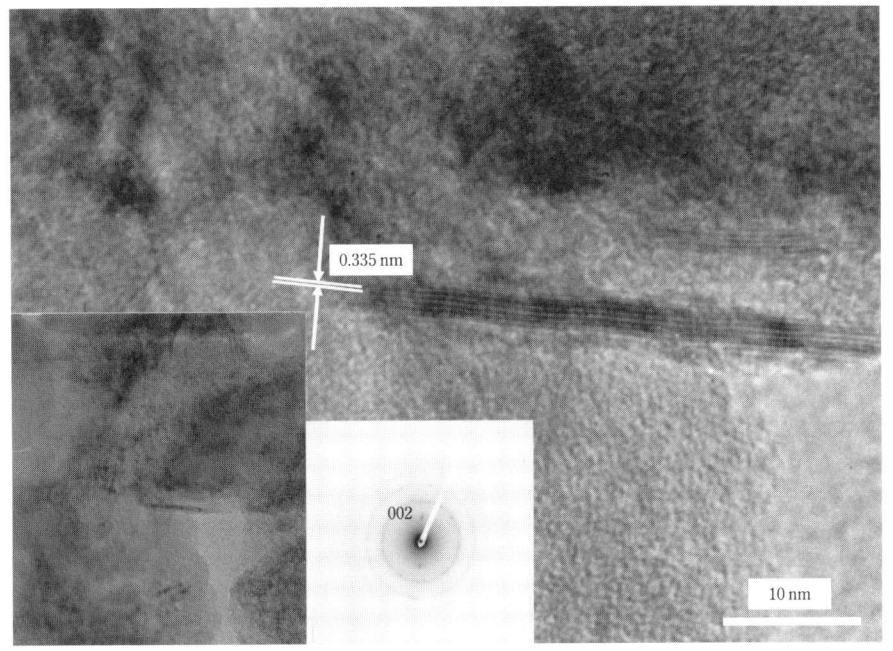

図10 Mg系合金中の改質材グラファイトカーボンの002格子像

をもつマイクログリッドとよばれる網目状のプラスチック膜をメッシュに張り，この上に支持膜や試料を支持固定し使用する．支持膜のできあがりの良否(しわやたるみの有無など)は，観察像のドリフトに大きく影響し写真撮影の可否につながる．

応用例 位相コントラストを用い，材料中に分散するグラファイトを観察・確認した例を図10に示す[3]．試料は，超薄切片法で作製した，水素エネルギー社会を支える高密度水素貯蔵媒体として期待されるMg系合金．水素化・脱水素化特性改善のため，格子内に電子供与体として機能するグラファイトカーボン原子を配位させる新しい試みにより得られた組織で，反応が進んでいない微小グラファイトの残存を確認することができる．電子顕微鏡像は，制限視野回折像の透過波とグラファイトカーボンの002回折波が通過するよう対物絞りを挿入，結像させている．反応が進んだ領域は結晶の微細不整化が進み，未反応のグラファイトには002面に対応する0.335 nm間隔の格子像が観察される．

［釜崎清治・小野昭成］

参考文献
1) 橋本初次朗，小川和朗(編)：電子顕微鏡学事典，朝倉書店，1986.
2) 平坂雅雄，朝倉健太郎(編)：電子顕微鏡研究者のためのFIB・イオンミリング技法Q&A，アグネ承風社，2002.
3) 釜崎清治：特願2004-264177（2004.9）

77
走査電子顕微鏡

scanning electron microscope : SEM

定性情報 通常なし．
定量情報 通常なし．
その他の情報 電子を試料に照射したとき，試料から発生する二次電子量が試料表面形態に依存することを利用して形態情報が得られる．また，電子や電磁波の波長，エネルギー情報が得られる．

装置構成 装置の構成を図1に示す．電子銃から放出された電子ビームは，集束レンズ，対物レンズによって細い電子プローブとして試料に照射される．その電子プローブを走査コイルによって走査し，試料から放出された二次電子を検出して画像化し，表示することでSEM像（二次電子像）が得られる．

電子銃：所定のエネルギーをもった電子ビームをつくるための電子源である．輝度（電流密度と平行性を同時に考慮した量）が高く，安定した電子ビームの供給が求められる形熱電子放出を利用した熱電子銃形電界放出を利用した電界放出電子銃（field emission electron gun : FE電子銃），ショットキー放出を利用したショットキー電子銃（しばしば加熱形電界放出電子銃ともよばれる）がある．熱電子銃は安価で安定度が高いため汎用形SEMに使われる．これに対して，FE電子銃はきわめて輝度が高いため高分解能SEMに使われ，ショットキー電子銃は，高輝度で電流安定度も高いため高分解能観察と分析が行われる場合に使われる．

集束レンズ：試料に照射される電子プローブの電流量を制御するのがおもな目的である．プローブ電流を変えたとき，熱電子銃を使ったSEMの場合は電子プローブの太さ，すなわちSEM像の解像力に対する影響が大きいが，FE電子銃の場合，あるいはショットキー電子銃の場合は，通常のSEM像観察を行う範囲ではプローブ電流を変えても電子プローブの太さへの影響は比較的少ない．

対物レンズ：電子プローブをつくるための最終段のレンズで，焦点合わせに使われるが，解像力を決める重要なレンズである．集束レンズと同様に磁界レンズが使われるが，図2に示すように，レンズの形状

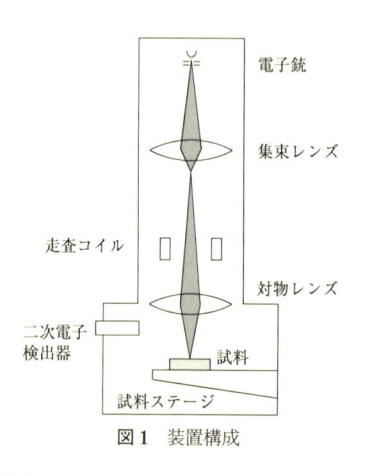

図1 装置構成

図2 各種対物レンズの断面図

あるいは試料との位置関係が異なる3種類のレンズがある．(a)は，初期のSEMから使われてきたものでアウトレンズ型対物レンズとよばれる．試料は，対物レンズの下部空間に置かれており，レンズ主面との距離が大きいため解像力は劣るが，試料を傾斜したり，分析用の検出器を付けるようなときの自由度は大きい．(b)は，TEMと同様に対物レンズ磁場中に試料を置くもので，インレンズ形対物レンズとよばれる．狭い空間に試料を置くため，試料寸法は数mmとかなり制限されるが，レンズ主面と試料の距離が短いためレンズ収差が小さく，きわめて高い解像力が得られる．(c)は，シュノーケル形対物レンズあるいはセミインレンズ形対物レンズとよばれるもので，アウトレンズ形とインレンズ形の特徴を兼ね備えている．レンズの形状を工夫することで磁場をレンズ下部の空間につくっており，試料はレンズ下部に置かれる．対物レンズと試料の距離を短くすると，インレンズ条件となるため高分解能が得られる．一方，対物レンズと試料との距離を長くすることで，アウトレンズ条件となり，試料傾斜などに対する自由度を大きくすることが可能である．

走査コイル：電子プローブを走査するための偏向コイルで，通常2段のコイルを連動させて電子プローブを走査する．倍率の制御にも使われ，低倍率像を得たい場合は走査コイルに大きな電流を流し，高倍率像を得たい場合はコイルに流す電流を減らす．

試料室：試料を置く空間である．試料を支え，移動し，観察方向を変えるための試料ステージ，二次電子の検出器などが取り付けられている．種々の分析を行うために検出器用ポートが備えられており，通常10^{-3}〜10^{-4} Paの真空に保たれている．

二次電子検出器：検出器先端にはシンチレーターが取り付けられており，10 kV程度の高電圧が印加されている．試料から放出された二次電子はこれによって引き寄せられてシンチレーターを衝撃し，光に変換される．この光を光電子増倍管で増幅し，電気信号に変換する．アウトレンズ形対物レンズでは，二次電子検出器は対物レンズ下方の空間に置かれるが，インレンズ形対物レンズおよびシュノーケル形対物レンズでは，対物レンズ上方の空間に置かれ，レンズ磁場を通して二次電子を検出する．後者をTTL (through the lens)検出器とよんでいる．これら2種類の検出器では，二次電子像の見え方が大きく変わる．

SEMの種類：電子銃と対物レンズの組合せで分類した4種類のSEMの構成と実用的な解像力・使用倍率範囲を表1に示す．

低真空SEM：試料室に外部から空気を導入することで真空を数十〜数百Paに低下させることができるようにしたものが低真空SEMである．このような環境で試料に電子プローブを照射すると，周囲の空気分子が電子でイオン化され，試料からの反射電子によってもイオン化が起きる．非導電性試料をそのまま観察している場合，試料表面はマイナスに帯電するので，プラスイオンによって帯電電荷が中和され，無コーティングでしかも比較的高い電圧で非

表1　各種SEMの構成と実用的な解像力・倍率

	電子銃	対物レンズ	一般的な加速電圧 (kV)	実用的な解像力 (nm)	実用的な最高倍率 ($\times 10^4$)
汎用形SEM	熱電子銃	アウトレンズ	5〜25	10〜20	2〜3
FESEM	FE電子銃	アウトレンズ	1〜15	3〜5	5〜10
超高分解能SEM	FE電子銃	強励磁対物レンズ	1〜15	1〜3	10〜30
分析形FESEM	ショットキー電子銃	アウトレンズ	1〜15	3〜5	5〜10

導電性試料を観察することが可能である．通常は試料から放出される反射電子を検出するが，最近では二次電子を検出するようなシステムも開発されている．低真空SEMのおもな使用目的は非導電性試料の無コーティング観察であるが，試料周辺の圧力が高いことを利用して真空中で変形しやすい試料やガス放出の多い試料の観察にも用いられている．

形像原理・特徴 SEM像というと，一般的には二次電子像を指すことが多い．このほかによく使われる像モードに反射電子像がある．二次電子エネルギーは数十eV以下であり，試料表面だけから真空中に放出されるが，試料内部からの反射電子(後方散乱電子)が試料表面で励起するものもあるため，反射電子の情報が混入することもある．

(1) 二次電子像：二次電子放出量は試料表面に対する電子ビームの入射角で変化する．垂直入射の場合が放出量は最小で，入射角が浅くなるにつれて放出量が増加するので，試料表面の凹凸が明暗となって観察される．一方，試料に組成の違いがあると二次電子の発生量が異なり，比較的平らな試料では組成の違いの方が強く現れる．これはおもに反射電子の影響によるものであり，組成の違いが二次電子放出量に反映されたものである．

(2) 反射電子像：反射電子を検出するには半導体検出器あるいはシンチレーターが用いられるが，反射電子はエネルギーが高いため，検出器に高電圧は印加されていない．比較的よく利用されるのは，組成と結晶性の情報である．

反射電子強度は試料の平均原子番号に依存する．すなわち，重元素からなる部分は反射電子強度が高く，反射電子像では明るく観察され，軽元素からなる部分は反射電子強度が低く，暗くなる．結晶性試料に電子ビームが入射すると回折条件によって反射電子強度が変わるので，結晶方位の違いを像コントラストとして得ることができる．これを電子チャネリングコントラスト(electron channelling contrast : ECC)とよぶ．このコントラストは，試料の表面下数十nmの部分で発生するので，表面に加工ひずみがあるときれいな像が得られない．

(3) 加速電圧を変えたときの像の違い：試料の深いところから後方に散乱した反射電子が試料表面で二次電子を発生するため，二次電子像には深いところからの情報が混入する．加速電圧が高くなると試料中への電子の侵入深さは大きくなり，加速電圧と試料の組成によっては数μmに達する．したがって，試料表面だけからの情報を得ようとすれば加速電圧を低くする必要がある．

(4) 加速電圧と解像力の関係：各種SEMの加速電圧と解像力の関係を図3に示す．高加速電圧では[加速電圧]$^{-1/2}$に比例するような形で解像力が変化し，低加速電圧では加速電圧に反比例するような形で解像力が変化する．汎用型SEMでは，高解像力を得るには加速電圧を上げなければならないのに対して，FESEM(FE電子銃を搭載したSEM)は低加速電圧でも高解像力が得られる．さらに，超高分解能SEMでは加速電圧が1kVでも，汎用形SEMの30kVで得られる解像力以上の値

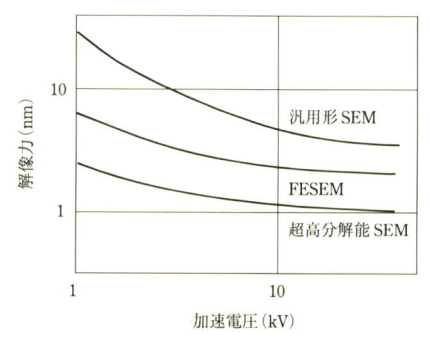

図3 各種SEMの加速電圧と解像力の関係

が得られている．

(5) 非導電性試料の取り扱い：照射された電子は，試料を通ってそのままアースに流れ込まなければならないので，試料は基本的には導電性でなければならない．非導電性試料をそのまま観察すると，照射された電子が試料に帯電するが，帯電量が非常に多い場合は，試料に照射される電子ビームが帯電の影響で偏向され，像のひずみあるいは像の動きとして現れる．帯電量が少ない場合，局所的な電場の影響で二次電子の軌道が変わるので，検出器への入射が不安定になり，像が部分的に明るくなったり暗くなったりする．この帯電を防ぐため非導電性試料の場合は，スパッタあるいは真空蒸着を使って，試料表面に金，白金，金-パラジウム，白金-パラジウムなどの貴金属をごく薄くコーティングするのが普通である．

一方，1 kV前後の低加速電圧を使用すると，二次電子放出率が大きくなり，入射する電子と放出される電子の数がほぼ同じになるため帯電が起きにくくなる．このような条件で観察することで非導電性試料の無コーティング観察が可能となる．もう一つの無コーティング観察法としては，後述の低真空SEMを使う方法がある．非導電性試料の観察には，FESEMの低加速電圧がよく用いられるが，元素分析を行いたいときはX線の励起が可能な加速電圧を使わなければならず，コーティングをするか，低真空SEMを使うかのどちらかしか方法はない．

SEMに付随する分析手法

(1) 特性X線を利用した元素分析：電子ビームを照射したとき，試料から放出される特性X線を利用して，局所的な元素分析を行うことができる．この分析法の詳細はEPMA(項目64)に詳しい説明があるが，EPMAと違ってSEMでは凹凸の激しい試料表面の分析を行うことが多い．このとき，検出器から見て影になった部分のX線が検出できなかったり，試料表面が平坦で，かつ分析領域内の組成が一定という定量分析の大前提を無視してしまうことがあるので，注意が必要である．一方，塊状の試料を扱うかぎり，どんなに細い電子プローブを使っても，分析領域は試料中での電子の散乱領域で決まり，分析条件によっては数 μm径となってしまう．この分析領域を小さくするには，特性X線が励起できる範囲でできるだけ低加速電圧を使うか，試料を薄膜状にする以外に方法はない．

(2) 電子線回折を利用した結晶方位解析：結晶性試料に電子プローブを照射すると，菊池パターンとよばれる電子回折図形が形成されるので，これから照射点の結晶方位を決めることができる．実際には，電子回折図形を試料側方に置いた蛍光板で光に変換し，テレビカメラでパターンをパーソナルコンピュータに取り込んで解析を行う．電子プローブを走査すると，照射点に対応する菊池パターンが次々と蛍光板上に投影されるので，結晶方位のデータを次々に得ることができる．このデータを二次元的に並べることで結晶方位の分布を得ることが可能である．この方法をEBSD(electron backscattering diffraction)法[1]とよんでいる．電子回折の情報はECCと同じく，試料の表面下数十nmからのものであるから，表面に加工ひずみが入っていると明瞭な菊池パターンが得られないので試料前処理には注意が必要である．

(3) 発光を利用した物性評価：電子ビームを試料に照射したとき，発光する現象をカソードルミネッセンス(cathodoluminescence : CL)といい，これを利用して発光材料の不純物や欠陥のエネルギー準位や濃度，ひずみ量などの物性評価を行うことができる．波長を分光してスペクトルを得たり，特定の波長の光を選択して二次元マップをつくることも可能である．CL強度は

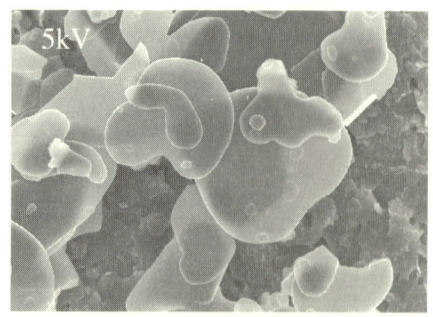

(a) 加速電圧 5 kV

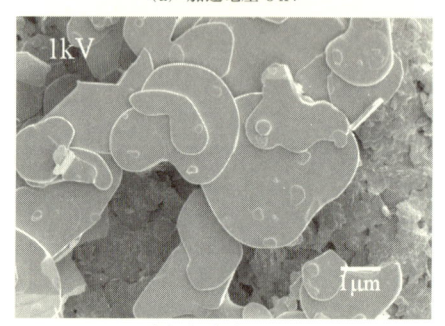

(b) 加速電圧 1 kV

図4 窒化ホウ素板状結晶の二次電子像

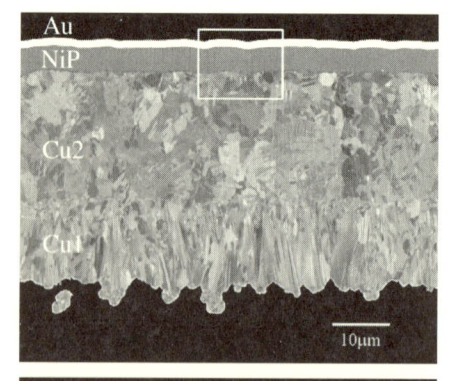

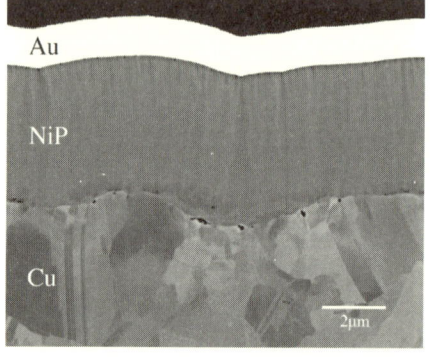

図5 カードエッジコネクター断面の反射電子像
（上図の枠部分の高倍率像を下図に示す）

低温ほど強くなり，ピークもシャープになることから試料冷却ステージが使われることも多い．

用　途　材料科学から医学・生物学分野まであらゆる分野での微細形態の観察，微小部分の分析などに使われる．なお，液体を含むような試料の場合は試料処理や特殊な観察法を必要とする．

応用例　図4，図5に応用例を示す．

図4は，加速電圧を変えて撮影した窒化ホウ素の板状結晶の二次電子像である．加速電圧1 kVで撮影した像では，結晶表面のテラス状のステップが鮮明に観察されるのに対して，加速電圧5 kVで撮影した像では透けたような感じの像になっている．

図5は，カードエッジコネクター断面の反射電子像である．試料はアルゴンイオンビームを使った断面作製装置で作製したものである．基板の上に積層されたCu層，NiP層，Au層などのめっき層が観察されるが，Au層が明るく観察されるのは原子番号が大きいためである．Cu層には形状，大きさが異なる結晶粒からなる2層(Cu 1，Cu 2)が観察されるが，この結晶粒はECCによってコントラストを生じているものである．また，高倍率像ではNiP層中にめっきの際に生じた横すじが見られる．

[釜崎清治・小野昭成]

参考文献
1) Dingley, D. J. : *Scanning Electron Microscopy*, **11**, 569-575, 1984.
2) (全般の参考書)日本電子顕微鏡学会関東支部(編)：走査電子顕微鏡，共立出版，2000．

78
分析電子顕微鏡

analytical electron microscope : AEM

定性情報 電子線励起のX線スペクトル．

定量情報 特性X線の強度や内殻電子励起スペクトルのコアロスピークの強度．

注解 透過電子顕微鏡観察による試料の形態や原子レベルでの構造，さらに，電子線励起の特性X線を測定することによる微小部(ナノオーダー)での組成分析を行う．もしくは，試料を透過後の入射電子のエネルギー情報による(分析を行うことにより，試料を構成する)元素の組成(分析)や状態に関する情報分析を行う．

装置構成 透過電子顕微鏡(transmission electron microscope : TEM)に微小領域の分析機能を付加した装置をとくに分析電子顕微鏡と称している．元素分析などを行うために，大きく二つの方法が採用されている．一つは，透過電子顕微鏡にX線検出器を取り付け，電子線励起により試料から発生する特性X線をエネルギー分析する方法である．もう一つは，入射電子が試料を透過した後をエネルギー分析する電子エネルギー損失分光法(electron energy loss spectroscopy : EELS)である．

分析電子顕微鏡の装置構成を図1に示す．X線検出器には波長分散型とエネルギー分散型(energy dispersive X-ray spectroscopy : EDS)の2種類あるが，検出効率の高さや透過電子顕微鏡への取付けの容易さからエネルギー分散型X線検出器を採用する場合が多い．X線検出器の取付け角度にも2種類あり，試料面に対して高角度(高取出し角度)に取り付ける方法と試料横方向(低取出し角度)に取り付ける方法がある．高角度に取り付ければ，元素分析における空間分解能の向上が期待されるが，構造上試料に接近させることは困難なため立体角は大きくとれない．一方，低取出し角度に取り付ける方法では試料に接近させることが可能であり，大きな立体角で特性X線を測定することができる．

電子エネルギー損失分光に用いられる電子分光器としては透過電子顕微鏡に比較的容易に取り付けられる磁場偏向型が利用される場合が多い．試料を透過した電子は磁場により分散されて検出器に到達する．検出器としてはおもに一次元に並べられた半導体検出器が用いられ，短時間にスペクトルが得られる．

作動原理・特徴 透過電子顕微鏡およびエネルギー分散型X線検出器の作動原理については，その項目を参照されたい．

(1)特性X線分析：試料に電子線を照射すると内殻の電子がはじき出され，その緩和過程として他のエネルギー準位の電子が遷移する．その際に二つのエネルギー準位差のエネルギーを有する電磁波が放射される．これを特性X線とよんでいる．特性X線は元素に固有のエネルギーを有しているため，元素の同定が可能であり，そのピーク強度から定量分析が可能となる．

エネルギー分散型X線検出器としては

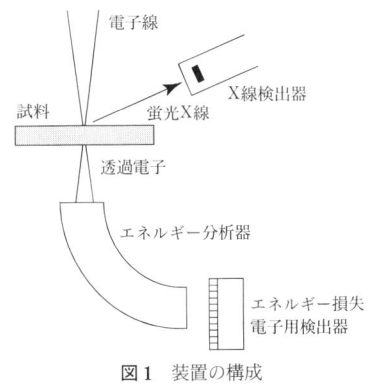

図1 装置の構成

シリコンにリチウムをドープした Si(Li) などの半導体検出器が一般的であり, 比較的高いエネルギー分解能(Mn Kα で 130 eV 程度)が得られている. 熱的ノイズを低減するために動作時には液体窒素で冷却する必要がある. 検出器先端の X 線透過窓材による吸収や蛍光 X 線の発生効率の問題から, 低エネルギー側では感度が悪くなり, 軽元素の測定を得意としない.

(2)電子エネルギー損失分光法:同様に, 電子エネルギー損失分光法も元素に固有の電子エネルギー準位の情報を取得する方法である. 入射電子は試料内での非弾性散乱過程によりエネルギーを失う. この結果, 試料を透過後の電子をエネルギー分析すると弾性散乱のピーク(ゼロロスピーク)のほかに, 価電子励起スペクトル(プラズモンロスピーク)や内殻電子励起スペクトル(コアロスピーク)が観測される. コアロスピークは元素に固有のエネルギー準位構造に起因するが, このコアロスピーク近傍にはスペクトルの微細構造(energy loss near edge fine structure : ELNES)も観測される. このスペクトル形状は化学結合状態を反映していることから, 状態分析も可能となる.

用途

(1)微小部元素分析:微細電子線を任意の試料上に固定し, ナノオーダーの微小部における元素分析を行うことができる. 走査電子顕微鏡では一般にバルク試料を扱うが, 電子は試料内部で散乱するため, X 線の発生領域は試料の面内方向, および深さ方向に対して広がってしまう. 電子のエネルギー(加速電圧)や試料を構成する元素にもよるが, 特性 X 線分析における空間分解能は数 μm となってしまう. 一方, 透過電子顕微鏡では試料を数十 nm から数百 nm の非常に薄い試料を対象とするため, とくに透過電子顕微鏡で利用される高加速電圧の条件では試料内部での電子の広がりは小さくなる. よって, 分析電子顕微鏡においては数 nm の空間分解能が実現される.

(2)元素マッピング:さらに, 電子線を走査しながら特性 X 線測定もしくは電子エネルギー損失分光を行うことにより, 微小領域の面内における元素分布(元素マッピング, elemental mapping)を得ることができる. 特性 X 線を測定する場合には, 電子線を一定の場所に短時間固定して X 線スペクトルを測定・保存(もしくは注目する特性 X 線ピーク強度のみを保存)した後, 電子線を次の場所に移動させ同様の X 線分析を繰り返していく. 結果として微小領域における二次元的な元素分布が元素ごとに得られる. このような元素マッピングを取得する間にさまざまな要因により電子線と試料との位置関係がずれてくる(ドリフトする)ことがある. そこで, 分析電子顕微鏡の上位機種においてはドリフト補正機能を有するものがあり, 信頼性の高い高分解能の微小部分析や元素マップが得られる.

電子エネルギー損失分光を利用する場合も元素マッピングが可能であるが, 単なる元素の識別を行うだけでなく, 化学結合状態を区別した線分析や元素マッピングが可能である点が特徴である. とくに, エネルギーフィルター像(energy filter image)では電子エネルギー損失分光スペクトルの特定の損失ピークを与えるエネルギー領域のみを取り込み, 二次元的に画像化する. 取り込むエネルギー範囲を調整すれば, 化学結合状態の違いを反映した二次元像(chemical bonding map)が得られる. 特性 X 線分析では軽元素に対する特性 X 線の発生効率や低エネルギー領域における検出器の検出効率の低さから軽元素の測定が困難であるが, 電子エネルギー損失分光では軽元素の測定も比較的感度がよいため, 軽元素のマッピングに有効である.

応用例 直径約 20 nm の微粒子の高分解能透過電子顕微鏡像(high-resolution electron microscopy : HREM)を図 2 に示

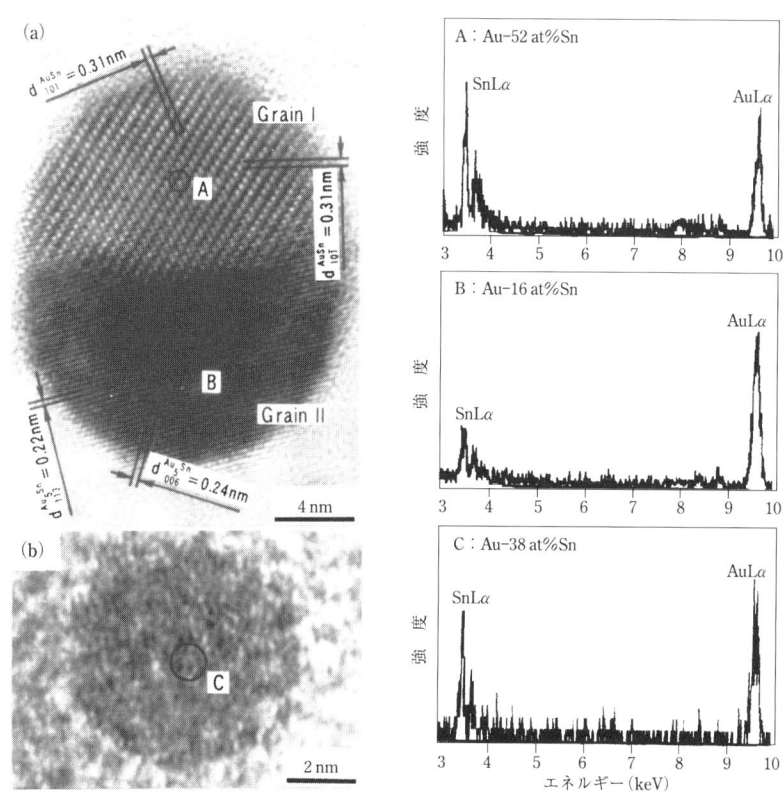

図2 Au-Snナノ微粒子の高分解能透過電子顕微鏡像とX線スペクトル[1]

す[1]．この単一微粒子は図2(a)の像の濃淡からもわかるように2相に分離しており，格子面間隔(d)もGrain IとGrain IIの領域で異なっている．図2(a)のA, Bの各地点で測定したX線スペクトルも示されている．観測されたSn Lα線とAu Lα線のピーク強度から定量分析を行い，A, Bそれぞれにおける組成がAu-52 at%Sn, Au-16 at%Snと決定された．これらはAuSnとAu$_5$Snの金属間化合物の組成に対応する．つまり，20 nm程度の微粒子では，これら2相に分離させる界面が存在することがわかる．図2(b)は粒径がおよそ6 nmの微粒子に対する高分解能透過電子顕微鏡像である．規則正しい原子の配列は観測されず，アモルファス状態であることがわかる．Cの地点で測定したX線スペクトルから，この微粒子の組成がAu-38%Snと決定された．これは，AuSnとAu$_5$Snのほぼ中間的な組成である．詳しい実験の結果，粒径がおよそ8 nm以下の場合，AuとSnが不規則に混じり合ったアモルファス状態として安定に存在し，それ以上の粒径の場合は2相に分離することが確認された．このようなナノ粒子の特異的な振舞いの研究などに分析電子顕微鏡は大変有効である．

[辻　幸一]

参考文献

1) Yasuda, H., Mitsuishi, K., Mori, H.: *Phys. Rev. B,* **64**, 94-101, 2001.

79
光学顕微鏡

optical microscope

定性情報 なし．
定量情報 なし．

概要・特徴 試料に光を照射し，透過した光や反射した光をレンズを用いて結像させ，試料の拡大像を観察する．

分解能は最良でも200 nmと電子顕微鏡には及ばないが，真空にする必要がないため試料をそのままで(生物試料の場合は生きたままで)観察できる．透過法による明視野像以外に多様な観察法があり，これらを併用することにより形態情報を増やすことができる．分光法と組み合わせて化学構造に関する情報を得たり，画像解析法を利用して定量的な形態解析も可能である．

装置構成 装置の構成を図1に示す．
光源：透過用と反射用光源がある．多くの場合ハロゲンランプや水銀ランプを使う．

コンデンサー：透過照明で試料に光を集光し照明する装置．この位置調整はケーラー照明法とよばれ，重要な調整法である．

リフレクター：反射照明で照明光を対物レンズ内に導入する装置．反射光ではハーフミラー，蛍光検鏡時は波長分離する蛍光フィルターになる．

試料ステージ：試料を載せる台．XY動ステージや回転ステージがある．

フォーカス：ピント合わせを行うノブ．ステージもしくは鏡筒が上下する．

対物レンズ：倍率や解像力が決まる最重要な部品．1倍から100倍で多くの種類のレンズが準備されている．

レボルバー：複数の対物レンズを装備する装置．回転して簡単にレンズ交換ができる．

接眼レンズ：顕微鏡をのぞくところ．通常10倍の拡大率をもっている光学系で，対物レンズで拡大された像をさらに拡大する．たとえば対物レンズが40倍の場合，観察倍率は400倍になる．

撮影装置：観察した像を記録する装置．撮影装置へ光路を切り替え，写真やCCDカメラでの撮影や計測を行う．最近の高感度カメラの進歩は微弱光撮影を可能にしている．

透過光による検鏡方法 透光性のある試料(薄い樹脂，ガラス，液体，生物など)を透過照明し観察する検鏡方法．おもに5種類の検鏡方法がある．

(1)明視野検鏡(bright field contrast)：試料に垂直に入射光を透過させて観察する方法であり，光学顕微鏡のもっとも基本的な手法である．識別したい物の形や色が異なるとき使用する．

(2)位相差検鏡(phase contrast)：屈折率の違いを光の干渉を利用し濃淡の違いとして観察する．無色でも屈折率の異なるとき物の識別ができる．位相差対物レンズと位相差コンデンサーが必要．

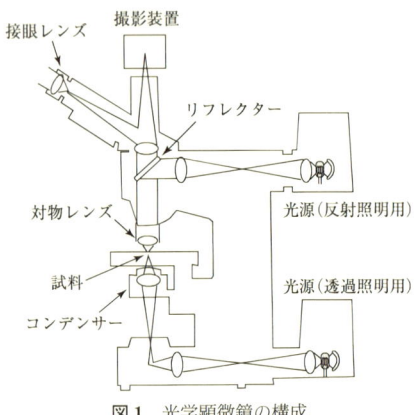

図1 光学顕微鏡の構成

(3)微分干渉検鏡(differential interference contrast：DIC)：透過光での屈折率や厚みの違いを立体的像として観察できる．ごく近傍の干渉から組織の違いを立体的濃淡画像化することで光軸方向の分解能は顕微鏡の平面分解能を超え数十nmを識別可能．プリズムと偏光板からなる装置が必要．

(4)暗視野検鏡(dark field contrast)：試料に斜めに光を入射させるので屈折や乱反射が起こる部位が輝いて認識できる．反射しない部分は暗黒になり分解能以下の微細構造が認識できる．金属粒子などの分布状態を観察する．暗視野照明装置が必要．

(5)偏光検鏡(polarization contrast)：直交された偏光素子(直交ニコル)の下で試料を観察する．偏光性(複屈折性)のないもの(たとえばガラス)は消光し暗くなる．偏光性のある物(たとえば結晶)は楕円偏光となるので光が通過し試料が明るく見える．ステージを回転することで結晶軸角を測定することが可能になる．偏光板2枚が必要．

反射光検鏡方法 光を透過しない試料(金属や鉱物)を光軸上方から落射照明し観察する検鏡方法．おもに4種類の検鏡方法がある．

(1)明視野検鏡(bright field contrast)：垂直に反射した光で観察する方法．識別したい物が色や形が異なるときに使用する．

(2)微分干渉検鏡(differential interference contrast：DIC)：材料表面の微細な段差を立体的に画像化する．原理は透過光の微分干渉検鏡と同じ．光軸方向の分解能は非常に高い．

(3)暗視野検鏡(dark field contrast)：斜め上から光を当て完全な平面であれば暗黒になるよう照明する方法．光の乱反射を起こす組織や傷は輝いて観察される．

(4)偏光顕微鏡(polarization contrast)：直交された偏光素子の下で試料を観察する．偏光性のないものは消光し暗くなるが，偏光性のあるものは偏光面を回転させることから明るく見え識別される．ステージを回転することで結晶軸角を測定することも可能である．

その他の光学顕微鏡

(1)実体顕微鏡(stereo microscope)：顕微鏡本体の中に二つ顕微鏡を内蔵し，左右の目で立体的観察が可能．拡大率は5倍から200倍程度で，解像力は1μm付近が限界である．

(2)蛍光顕微鏡(fluorescence microscope)：試料に蛍光励起するための光を照射する．発光した蛍光のみを適切な蛍光フィルターを用いて透過させ，蛍光物質があるところは明るく蛍光物質がないところは暗黒になって識別できる．水銀光源，励起フィルター，蛍光フィルター，反射ミラーからなる．

(3)レーザースキャン顕微鏡(laser scanning microscope)：レーザースポットを試料に走査(スキャン)し画像を得る．画像は通常検出器(フォトマルチプライア)で画像化する．反射照明検鏡の場合には検出器直前の共焦点絞りを利用し焦点深度の浅い画像(セクショニング画像)も撮影できる．セクショニング画像はソフトウエアで立体再構築し3D画像をつくることができる．分解能は通常の光学顕微鏡より高い．

(4)近接場光学顕微鏡(scanning near-field optical microscope)：先端を細く絞った光ファイバーなどをプローブとし，このプローブを試料に十分接近させて試料面上を走査させ，発生する散乱光や蛍光を検出して像を形成させる．10nmレベルの分解能が可能とされる．

[美濃部正夫・横山茂樹]

参考文献
1) 野島 博(編著)：顕微鏡の使い方ノート，羊土社，1999.

80 走査トンネル顕微鏡

scanning tunnelling microscope：STM

定性情報 通常得られない．
定量情報 通常得られない．
得られる情報 通常，走査トンネル顕微鏡(STM)は導電性試料の表面形状やそこに吸着している分子の評価に用いられる．STMの空間分解能は10pm程度であり，原子を識別する能力を有するため，得られた像の形状から表面の原子や吸着分子種を判断することができる．また，走査トンネル分光(scanning tunnelling spectroscopy：STS)測定とよばれるトンネル電流の電圧依存性測定により，表面や吸着分子の電子状態を解析する．

さらに，原子分解能を達成している条件では，表面の原子間距離やステップの高さに関する定量的な情報が得られる．また，原子分解能がなくてもナノメートルレベルでの表面粗さを評価することができる．像の中に見える表面の欠陥を計数することによって表面の欠陥密度が見積もられるし，表面に吸着している分子の数を計数して得られる表面密度，あるいは吸着分子種の比率から吸着分子の定量や存在比を見積もることが可能である．しかし，いわゆる定量分析法としてSTMを用いることはほとんどない．

装置構成 STMは超高真空中ばかりではなく，大気下や溶液中でも動作し，原子像が得られるのが大きな特長である．ここでは一般的な大気下で動作する装置の概略を図1に示す．溶液系での電気化学測定や超高真空中での低温測定などでも，基本的な装置の構成は変わらない．

探針：通常，白金-イリジウム合金などの酸化被膜を生じない貴金属の針が用いられる．金属細線を機械的に切断した針でも原子像を得ることができるが，表面の凹凸が激しい試料ではよい結果が得られない．そのため通常は，電解研磨によって調製された探針を用いる．最近では金属探針の先端にカーボンナノチューブを取り付けた探針や分子種で化学修飾した探針も用いられるようになったが，まだ一般的ではない．

微動機構：探針の位置をμm以下の精度で高さ方向および平面方向に移動させる機構である．電圧を印加することによって変位を生じる圧電素子が用いられる．試料表面に沿った二次元方向に高さ方向を加えた3方向を制御するために独立した三つの圧電素子を組み合わせたトライポッド型や円筒状に加工した圧電素子が用いられる．STM測定では探針を試料表面にそって平面方向に走査しながら，トンネル電流が一定値になるように探針の高さをつねに上下させている(定電流測定)．探針の上下動の大きさが表面の凹凸に対応する．探針を上下させずに電流値の変化を計測する方法(定高度測定)でも同様の像が得られるが，表面が傾いていたり，凹凸が激しい場合には探針が試料に衝突して損傷する．

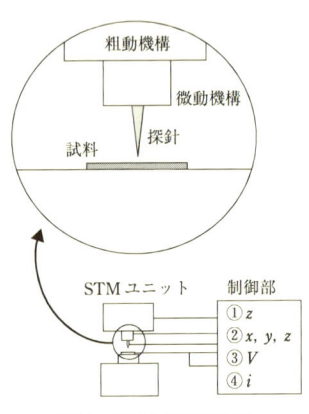

図1 STM装置の構成

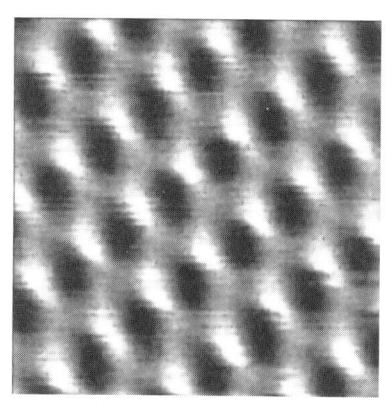

図2 黒鉛表面のSTM像

粗動機構:微動機構は数µm程度の範囲でしか動作しないため,微動機構の動作範囲まで探針を試料に近づけるために粗動機構が必要となる.粗動機構では微動機構の動作範囲以下の動作を繰り返しながら探針を送らねばならない.微動機構の動作範囲を超えて探針の位置を変化させると探針が試料に衝突し破損してしまう.ステッピングモーターを用いて接近させるのが一般的である.いったん,トンネル電流が検出されたら粗動機構の役割は終了し,微動機構が探針の位置を制御する.

制御部:制御部には以下の機能がある.
①粗動機構の制御(探針の試料への接近)
②微動機構の制御(平面方向の走査,トンネル電流を一定値に保つように上下し,その移動距離をデータとして取得)
③試料に印加する電圧の制御(STS測定時は電圧を掃引)
④トンネル電流の増幅と検出(②と連携,STS測定時は電流値をデータとして取得)

データは最終的にはパソコンにて処理され,画像の形で表示される.

なお,AFMとSTMは装置が共用される場合が多い.

測定 試料と探針を設置し,試料表面の近くまで手動で探針を近づけたあと,制御部にて自動的に測定は開始する.高さ方向の空間分解能が高い装置であるため,試料表面は可能なかぎり平滑であることが望ましい.装置の校正によく用いられる熱分解生成高配向性黒鉛(HOPG)を試料とする際には,表面に粘着テープを貼り層をはがすようにして清浄で平滑な表面を得る(図2).超高真空中での測定では,劈開したシリコン基板表面が校正に用いられる.

原理 STMで通常印加される数V程度までの電圧条件では,電子のド・ブロイ波長はnm程度と原子の大きさに比べて大きく,とても原子が識別できるようには思えない.しかし,探針先端および試料の電子雲が重なる程度まで近づいた条件で移動するトンネル電子の数は波動関数の重なり具合によって大きく変化するため,波動関数の広がりよりも小さな変化をトンネル電流の変化として検出することができるのである.トンネル電流は探針-試料間の距離に対して指数関数的に応答することが知られている.あとは探針の位置を動かしながらトンネル電流の変化を計測すれば波動関数の広がり具合,すなわち表面の凹凸がわかる.

用途・応用例 STMの最大の特長はその高い空間分解能にある.したがって,導電性の材料表面の形状を原子オーダーの空間分解能で解析する用途で用いられる.とくに半導体や金属表面の再構成構造や欠陥の評価によく用いられている.STMではトンネル電流を計測しているため,導電性の試料でなければ測定できない.また,表面に強く吸着している分子性化合物も測定することができる.絶縁性の試料では原子間力顕微鏡が用いられる. 〔宮村一夫〕

81
原子間力顕微鏡

atomic force microscope: AFM

定性情報 通常得られない.
定量情報 通常得られない.
得られる情報 原子間力顕微鏡 (AFM) の空間分解能も走査トンネル顕微鏡 (STM) と同様,数十 pm であり,原子を識別する能力を有する.そのため,得られた像の形状から表面の原子や吸着分子種を判断することができる.しかし,より一般的には数 nm 程度の空間分解能で表面の形状を測定する用途で用いられる.STM と同様,各種試料のナノメートルレベルでの表面粗さ測定に用いられる.

装置構成 STM と同様,超高真空中ばかりではなく,大気下や溶液中でも動作し,STM よりは困難を伴うもののやはり原子像が得ることができるのが大きな特長である.粗動機構や微動機構は STM と共通である.探針や試料近傍の様子は STM と異なり,図1のようになる.

探針:通常,シリコンをエッチングして尖らせた探針が用いられる.STM と異なり,電導性を必要としない.探針は板バネの先端に取り付けられており,表面の凹凸に応じて板バネが反り返る大きさ(変位)をレーザー変位計で検出する.図1に示すようにレーザー光が反射される方向が変化するのである.

微動機構:STM と同様の機構である.通常,板バネの反り返りが一定になるように探針を上下させる.

粗動機構:STM と同様の機構である.

制御部:制御部には,①板バネの変位の検出,②板バネの変位を一定値に保つために探針を上下させる,③粗動機構と微動機構の制御,の機能がある.

データは最終的にはパソコンにて処理され,画像の形で表示される.

原理 STM と異なり AFM では電圧を印加しないが,探針先端および試料の電子雲が重なる程度まで近づけるところは共通している.AFM でははじめ電子雲の重なりによって探針-試料間に引力がはたらく(図2).その後,引力は徐々に弱まり,平衡点以後,急激に表面から斥力を受けるようになる.探針が表面から受ける力の探針-試料間距離依存性をフォースカーブとよび,表面の性質(吸着力に相当)を評価する上で重要である.AFM 測定では力が一定になるように探針を上下させるが,フォースカーブからもわかるように引力(非接触測定)と斥力(接触測定)の両方での測定が可能である.引力測定では同一の引力を与える位置が2カ所あるため,測定は難しい.そのため,通常は斥力がはたらく領域で測定を行う.斥力がはたらく領域で

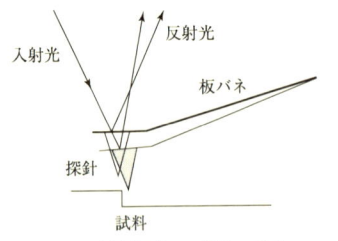

図1 試料表面での探針の動き

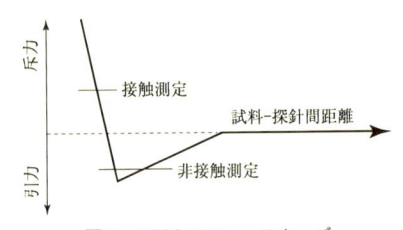

図2 AFM のフォースカーブ

は吸着分子を動かしたり軟らかい試料を変形させたりするので，正しい測定ができない．このような試料の測定では，探針をわざと上下動させてわずかに斥力の領域に入るようにし，振幅の変化から表面の凹凸を計測する振動測定法が用いられる．

AFMでは引力や斥力のほかに摩擦力の測定も可能である．探針を表面に沿って移動させるとき，探針に摩擦力がはたらくと板バネはねじれる．このねじれの大きさをやはり変位計で検出すれば，表面の摩擦力の違いによる像を得ることができる．この摩擦力顕微鏡(friction force microscope：FFM)測定はAFM測定と同時に測定でき，やはり原子分解能がある．

用途・応用例 AFMの最大の特長はSTMと同様の高い空間分解能にある．また，STMと異なり，試料が絶縁性でも測定できる．したがって，各種材料，とくに絶縁性試料表面の形状を原子オーダーの空間分解能で解析する用途で用いられる．高分子材料や生体試料などの形状測定に広く用いられている．　　　　　　　　　［宮村一夫］

VI

分離分析

82 高速液体クロマトグラフ

high-performance liquid chromatograph: HPLC

定性情報 クロマトグラム上のピークの位置(保持時間,保持容量,保持係数など).

定量情報 クロマトグラム上のピーク面積またはピーク高さ.

装置構成 装置の構成を図1に示す.

移動相送液部:移動相は,脱気沪過したものを高圧ポンプで送液する.通常よく用いられる流量は,1mL/minである,10MPa以下で操作することが望ましい.時間経過とともに組成を変化させる場合(グラジエント溶離),高圧グラジエント法と低圧グラジエント法がある.

試料注入部:ループインジェクターまたはオートサンプラーが使用される.注入体積は,10〜20μL程度が一般的.オートサンプラーを使用すると分析の自動化が達成できる.

分離カラム:内径4.6mmのステンレスまたはピーク製で,長さは15〜25cmのカラムが一般的.充填剤はシリカ系もしくはポリマー系の球状粒子で,粒子径は5〜10μmのものが多い.分離カラムはカラムオーブンに入れ一定温度で操作すると保持時間のばらつきが小さくなる.

検出部:紫外可視吸光検出器が多用されており,ほかに蛍光検出器,電気的検出器(アンペロメトリー,電気伝導度など),示差屈折計などが利用される.

記録部:インテグレーターまたはコンピュータ

原理・特徴 分離カラムに充填されたシリカ系またはポリマー系微粒子と移動相間の溶質の物理的または化学的相互作用の差異に基づいて分離が達成される[1,2].使用さ

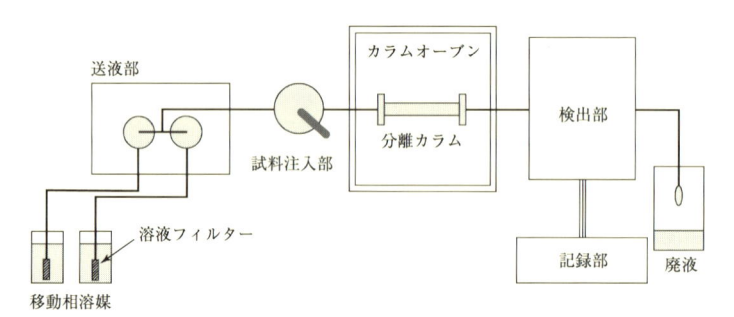

図1 装置の構成

表1 HPLCにおける分離モードと相互作用

分離モード	おもな相互作用
分配クロマトグラフィー	分配
吸着クロマトグラフィー	吸着
イオン交換クロマトグラフィー	静電気的相互作用
サイズ排除クロマトグラフィー	分子ふるい効果
イオン対クロマトグラフィー	静電気的相互作用・分配
イオン排除クロマトグラフィー	静電気的相互作用・吸着

れる移動相も分離選択性に重要な役割を演じている．おもな分離モードと分離の基因となるおもな相互作用を表1に示す．実際には，単一の分離機構で分離が達成されているものはほとんどなく，複数の分離機構が関与している．たとえば，吸着現象といっても，分散力，静電気的相互作用，水素結合などが関与している．

2成分の分離度 R_s は，式(1)で表すことができる．

$$R_s = \frac{1}{2} \frac{\alpha-1}{\alpha+1} \frac{k_{av}}{1+k_{av}} N^{1/2} \quad (1)$$

式(1)は，2成分の理論段数 N が等しいと仮定することにより誘導できる．ここで，k_{av} は成分1および2の保持係数 k_1 および k_2 の平均値である．また，α は分離係数とよばれ，k_2/k_1 で定義される．HPLCでは，溶出位置が重なると定性が困難となるので，R_s を大きくする条件の設定が望ましい．α，k_{av} および N を大きくすることによって R_s を大きくすることができる．

理論段高さ H は，操作条件で決まる各種パラメータで次のファン・デームター(van Deemter)式のように表される．

$$H = A + (B/u) + C_m u + C_s u \quad (2)$$

ここで，u は移動相線流速を表し，A，B，C_m および C_s は操作条件で決まる定数である．

式(2)の第1項は多流路拡散(渦巻き拡散)に基づく寄与で，充塡剤粒子径に比例する．第2項は移動相中の試料成分の分子拡散に基づいており，第3項および第4項はそれぞれ移動相および固定相中の物質移動抵抗に基づく寄与である．また，式(2)の第1項と第3項が深く関連していることから，第1項に代わるものとして第1項と第3項をカップリングさせた項を用いた式も提案されている．理論段高さは粒子径が小さいほど小さくなるが，カラムの圧力損失は大きくなる．最適線流速条件下では，平均粒子径の2～3倍の理論段高さが達成される．粒子径が小さいほど理論段高さの線流速依存性が小さくなり，迅速分離が達成できる．

分離例 ダンシル誘導体化したアミノ酸のグラジエント分離例を図2に示す[3]．

[竹内豊英]

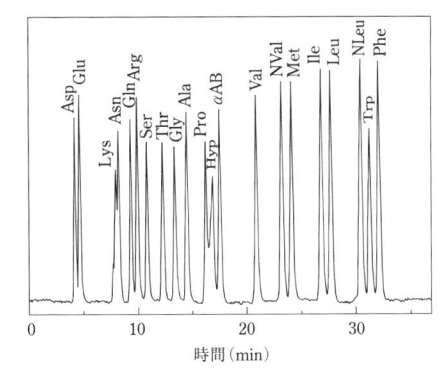

図2 ダンシルアミノ酸のグラジエント分離例[3]
分離カラム：L-column ODS（内径4.6 mm，長さ15 cm），移動相：アセトニトリル/40 mM 酢酸アンモニウム，アセトニトリル濃度18%から0.35%/min で上昇，流量：1.0 mL/min，検出器：蛍光検出器，励起335 nm，蛍光528 nm．

参考文献
1) 日本分析化学会関東支部(編)：高速液体クロマトグラフィーハンドブック，丸善，2000．
2) 日本分析化学会(編)：分離分析化学事典，朝倉書店，2001．
3) Takeuchi, T., Miwa, T.： *Chromatographia*, **41**, 148, 1995．

83
分取液体クロマトグラフ
preparative liquid chromatograph

定性情報　クロマトグラム上のピークの位置(保持時間,保持係数など).

定量情報　クロマトグラム上のピーク面積またはピーク高さ.

装置構成　装置の構成を図1に示す.装置は,基本的にHPLCと同じであるが,分離カラムのサイズが大きいことと溶出液が分画される点が大きく異なっており,移動相送液部,試料注入部,分取カラム,検出部,記録部およびフラクションコレクターからなる.

移動相送液部:移動相流量は,分離カラムのサイズにより選択する.時間経過とともに流量を変化させる場合(流量グラジェント)や移動相組成を変化させる場合(溶媒グラジェント溶離)がある.後者の場合,高圧グラジェント法と低圧グラジェント法がある.また,試料導入後,カラムからの溶出液をポンプの吸引側に導くリサイクル方式もある.

試料注入部:ループインジェクター方式またはポンプ方式が使用される.前者では,あらかじめバルブに装着されたループに充たされた試料溶液を手動もしくは自動的にポジションを切り替えて注入する.後者は,試料導入体積が大きいときに利用され,試料導入用に別途専用のポンプが必要となる.

分離カラム:分取用の分離カラムは,表1に示すように用途によってさまざまな内径のものが市販されている.カラム長さは,5〜100 cmのものが使用される.充填剤には,粒子径10 μm以上のシリカ系や各種ポリマー系微粒子などが用いられ,多くの場合フランジ型のステンレス管に充填される.

検出部:紫外可視吸光検出器が多用されており,光路長の短いフローセルを使用する.ほかに示差屈折計も使用される.

記録部:インテグレーターまたはコンピュータ.

原理・特徴　液体クロマトグラフィーによる分取は,目的物質を高純度に分離精製するのにもっとも有力な方法であるが,分

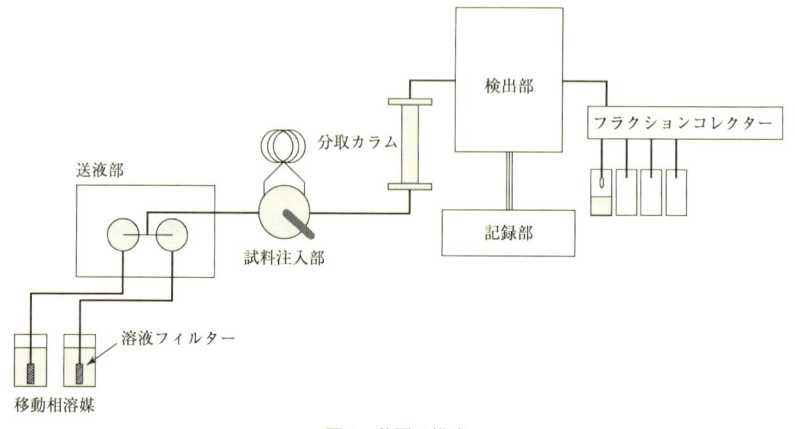

図1　装置の構成

表1 分取液体クロマトグラフィーで使用される
    おもなカラムサイズと条件

カラム内径 (mm)	断面積比	代表的な流量 (mL/min)	用途
4.6	1	1	分析用
7.5	2.7	1	分取用
21.5	2.2×10	3	〃
55	1.4×10^2	20	〃
108	5.5×10^2	80	〃
210	2.1×10^3	300	〃
310	4.5×10^3	600	〃
400	7.6×10^3	1000	〃
600	1.7×10^4	2500	〃

取液体クロマトグラフィーの分離原理は高速液体クロマトグラフィー（HPLC）とまったく同等である．分取クロマトグラフィーでは心臓部である分離カラムに強く依存してその特徴が発現する．はっきりとした境界はないが，実験室レベルでは，内径10〜100 mmのカラムを用いることが多く，パイロットスケールでは内径50〜200 mmのカラムを，また工業精製のスケールでは内径が200 mmを超えるカラムを用いる．条件によってmg〜kgレベルの量の試料が取り扱われる．

分離度が理論段数の平方根に比例することを考慮し，目的に必要な分離度を達成するためにカラムの長さおよび充塡剤の粒子径を選択する．高分離能は製品の高純度・高活性，高回収率および高回収濃度につながり，原材料費や濃縮コストの低減につながる．

分取カラムは，ヘッドに隙間ができると分離能が低下するので通常のフランジ型のほかに，巣板部が移動できる構造になった可動栓方式，周囲を加圧するタイプのラジアルコンプレッション方式，可動栓方式を大型化した加圧ジャック付き可動栓方式な

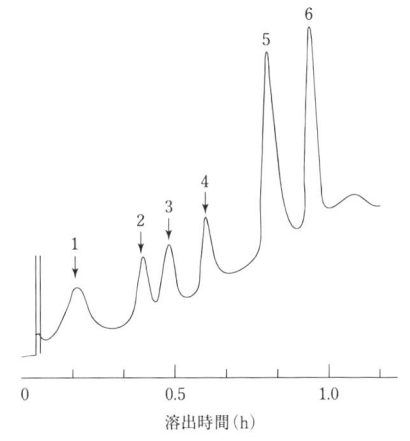

試料：1. シトクローム c, 2. ミオグロビン, 3. リボヌクレアーゼ, 4. オブアルブミン, 5. リゾチーム, 6. α-キモトリプシノーゲン A（全量で1 gの注入）

図2 タンパク質のグラジエント分離例[1]
分離カラム：Butyl-TOYOPEARLPAK 650 S（内径22 mm，長さ20 cm），移動相：A, 2 M 硫酸アンモニウムを含む0.1 Mリン酸バッファー（pH 6.4）; B, 0.1 Mリン酸バッファー（pH 6.4）; A→B リニアグラジエント（60 min），流量：4.0 mL/min，検出器：UV 検出器，280 nm

どがある．

成分は，検出器でモニターされた後各種フラクションコレクターで分取する．フラクションコレクターには，ターンテーブル方式，注入口回転移動式，注入口X-Y移動式，多ポート弁式，多連バルブ式などがあり，コントローラーで制御され自動分取が達成される．

分離例 疎水クロマトグラフィーモードでのタンパク質のグラジエント分離例を図2に示す[1]．全量で1 gのタンパク質が注入されている．　　　　　　　　　　［竹内豊英］

参考文献
1) 東ソー, TSK-GEL トヨパールカタログ, p.22.

84
イオンクロマトグラフ

ion chromatograph : IC

定性情報 保持値(保持時間,保持容量,保持係数など).

定量情報 クロマトグラム上のピーク面積またはピーク高さ.

装置構成 サプレッサー方式のイオンクロマトグラフ(IC)の基本構成を図1に示す.この装置は,送液部,分離部,検出部および記録部から構成されている.

送液部:溶離液の種類は,分離機構,カラムの種類,測定するイオン種,検出器などによって異なるので,最適な溶離液を選択する.

アルカリ金属,アルカリ土類金属などの陽イオンを分析する場合は,硝酸や塩酸などの強酸やメタンスルホン酸,クエン酸などの有機酸が用いられている.陰イオンを分析する場合,サプレッサー方式では炭酸塩緩衝液,ホウ酸塩緩衝液,水酸化カリウム溶液などが用いられており,ノンサプレッサー方式では,フタル酸やp-ヒドロキシ安息香酸などが用いられている.

試料は,1〜2 mLのプラスチック製のシリンジで試料注入口から打ち込むと,25〜100 μLの一定量がサンプルループに保持され,分離カラムに入る.

分離部:ICで用いられている分離機構は,イオン交換分離,イオン排除分離,イオン対(逆相)分離,静電分離などに分類され,それぞれに適したカラムを用いる.

イオン交換分離で用いられているイオン交換体は,粒径が3〜25 μm,イオン交換容量が1〜500 μ当量/gと小さく,耐圧性,収縮や膨潤の少ない樹脂が用いられている.

検出部:IC用の検出器としては,電気伝導度検出器,電気化学検出器,紫外・可視吸収検出器,蛍光検出器などが用いられている.

サプレッサー方式:測定するイオン種成分に対する検出器の感度または選択性を高めるために用いる.サプレッサーの種類としては,①膜透析形,②カラム除去形,③サスペンション樹脂吸着形がある.

①膜透析形:イオン交換膜によって隔てられた二つの流路の一方に溶出液を通過させ,溶離液中の除去すべきイオンを他方の再生液側の流路に透析して除去する.透析は電気的または化学的に行う.電気透析形サプレッサー(陰イオン,陽イオン用)を図2に示す.

②カラム除去形:イオン交換カラムに溶出液を通過させ,溶離液中の除去すべきイオンを保持して除去する.カラムの再生は電気的または化学的に行う.

③サスペンション樹脂吸着形:イオン交換樹脂を溶出液に混合して懸濁させ,溶離液中の除去すべきイオンを吸着除去する.

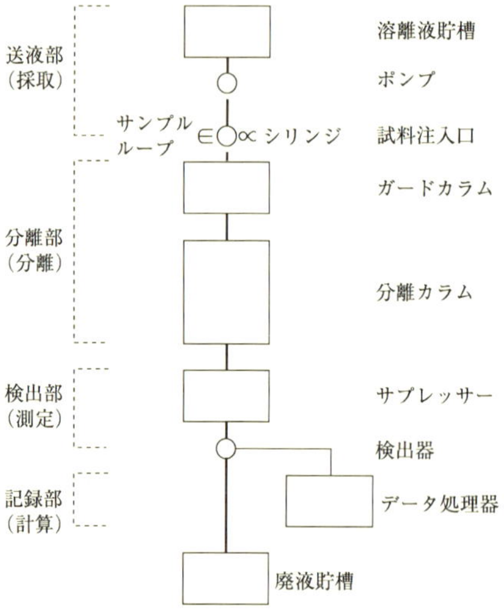

図1 イオンクロマトグラフの概略

(a) 陰イオン分析の場合

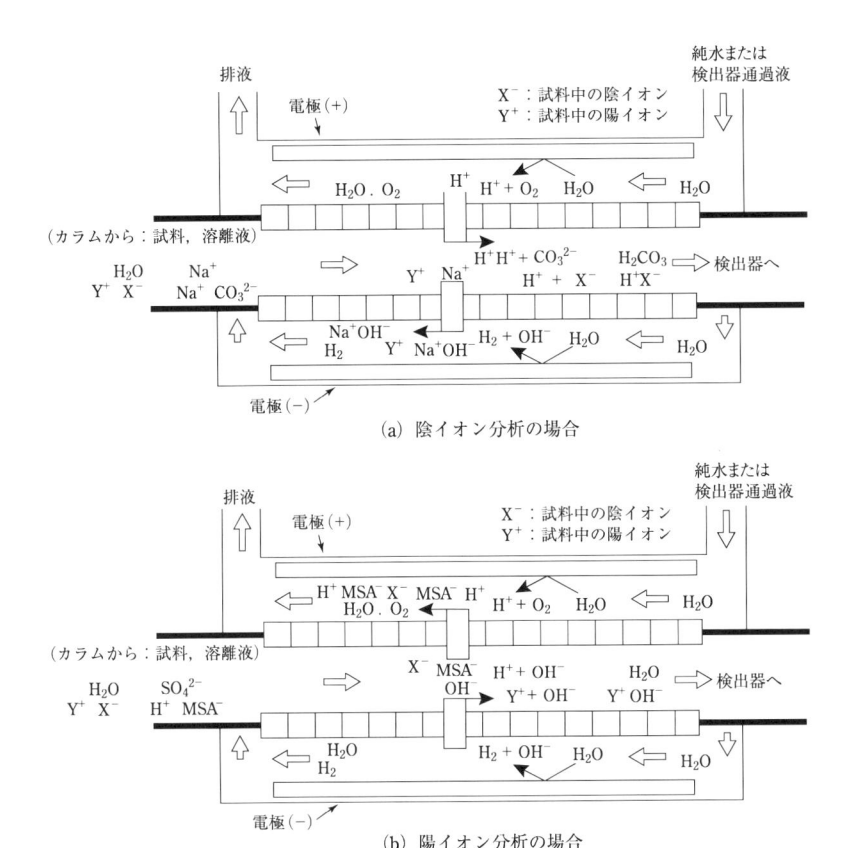

(b) 陽イオン分析の場合

図2 電気透析形サプレッサー[3]

記録部：検出器で測定したイオン種は，記録計あるいはインテグレーター，ワークステーションなどのデータ処理装置を用いてクロマトグラムを記録する．

ICにはサプレッサー方式以外に，次のような方式がある．

①ノンサプレッサー方式は，低交換容量のイオン交換体と電気伝導度の低い溶離液を用いることにより，サプレッサーを用いずに直接電気伝導度検出器で測定する．

②間接吸光度測定方式は，溶離液に光吸収の大きな物質あるいはイオンを用いて光吸収のないあるいはほとんどない無機イオンを分離カラムで分離し，無機イオンの負のピークを吸光度検出器で測定する．

原 理 ICは，溶離液を移動相として，イオン交換体などを固定相とした分離カラム内で試料溶液中のイオン種成分を展開溶離させ，電気伝導度検出器，電気化学検出器，吸光光度検出器または蛍光検出器で測定する方法である．

陰イオンを含む試料をICに注入すると，溶離液(炭酸ナトリウムと炭酸水素ナトリウムの混合溶液)とともに分離カラムに入り，陰イオン交換樹脂に吸着される．さらに溶離液が流れると樹脂から陰イオン

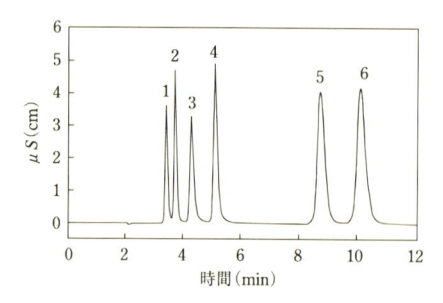

イオン種：1. Li (0.5 mg/L), 2. Na (2 mg/L), 3. NH₄ (2.5 mg/L), 4. K (5 mg/L), 5. Mg (2.5 mg/L), 6. Ca (5 mg L)

図3　陽イオンのクロマトグラム[3]
分離カラム：IonPacCS 14, ガードカラム：IonPacCG 14, 溶離液：10 mM メタンスルホン酸, 流量：1.0 mL/min, サプレッサー：CSRS（リサイクルモード/電流値100 mA）, 検出器：電気伝導度検出器.

が順番に溶離し，サプレッサーに入る．サプレッサーでは，溶離液中の CO_3^{2-} および HCO_3^- はサプレッサー中の H^+ と反応して低電気伝導度の炭酸（H_2CO_3）となり，溶離液のバックグラウンドが低下する．陰イオンは，サプレッサー中で H^+ と反応して強酸に変わる．これらは，電気伝導度検出器に入り，炭酸をバックグラウンドとして溶離した強酸の電気伝導度を測定する．また，溶離液ジェネレーターで調製した水酸化カリウム溶離液を用いた場合には，バックグラウンドが水となるため，さらに高感度測定が可能となる．

用　途　雨水，河川，湖沼，地下水および大気や排ガスなどの環境分析，上水，工業用水，工場排水などの水質分析，半導体工業や発電所の超純水，めっき工業などの品質管理，医薬品や食品の成分分析，土壌，肥料，野菜の分析など，幅広い分野で用いられている[1]．

測定イオン種としては，アルカリ金属，アルカリ土類金属，遷移金属，希土類金属イオン，無機陰イオン，有機酸，金属シアノ錯イオンなどで，μg/L～mg/L の濃度

のイオン種を定量できる．

また，IC は，日本工業規格（Japanese Industrial Standard），国際標準化機構（International Standard for Organization），アメリカ環境保護庁（Environmental Protection Agency）などの公定分析方法にも数多く採用されている[2]．

応用例　水中の陰イオンの定量
(1)操作

①イオンクロマトグラフを測定可能な状態にし，陰イオン分離カラムに最適な溶離液を一定の流量で流す．サプレッサー方式の場合には分離カラムとサプレッサーに溶離液を流し，さらにサプレッサーには再生（除去）液を一定の流量で流しておく．

②試料注入器（シリンジ）を用いて，沪過などの前処理をした試料の一定量を IC に注入し，陰イオンのクロマトグラムを記録する．

③クロマトグラム上の陰イオンのピークについて，ピーク面積またはピーク高さを求める．

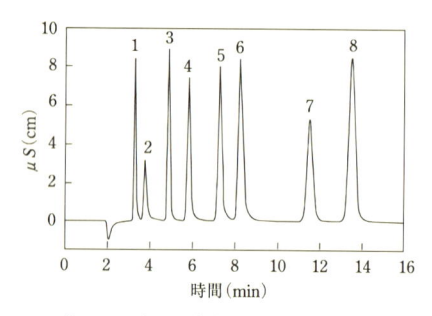

イオン種：1. F (3 mg/L), 2. CH_3COOH (30 mg/L), 3. Cl (6 mg/L), 4. NO_2 (10 mg/L), 5. Br (20 mg/L), 6. NO_3 (20 mg/L), 7. PO_4 (30 mg/L), 8. SO_4 (20 mg/L)

図4　陰イオンのクロマトグラム[3]
分離カラム：IonPacAS 14 A, ガードカラム：IonPacAG 14 A, 溶離液：8 mM Na_2CO_3/1 mM $NaHCO_3$, 流量：1.0 mL/min, サプレッサー：ASRS（リサイクルモード/電流値 50 mA）, 検出器：電気伝導度検出器.

④あらかじめ作成した陰イオンの検量線から陰イオンの濃度を求める．

(2) 検量線の作成

①濃度の異なる陰イオン標準溶液あるいは陰イオン混合標準溶液を数個調製し，その濃度を求めておく．

②(1)の操作を行い，陰イオンの濃度に相当するピーク面積またはピーク高さを求める．

③別に空試験を行い，陰イオンの濃度と空試験値を補正したピーク面積またはピーク高さとの関係線を作成する．

水中の陽イオンを測定する場合には，陽イオン測定用の条件で操作し，陽イオンの検量線を作成して求める．

サプレッサー方式の IC による陽イオンおよび陰イオンのクロマトグラムを図3と図4に示す． ［野々村　誠］

参考文献
1) 野々村　誠：ぶんせき，856, 1998.
2) 野々村　誠：環境と測定技術，**28**(8), 15, 2001.
3) 日本ダイオネクス(株)：イオンクロマトグラフ分析法概説 第10版, 2003.
4) JIS K 0127 イオンクロマトグラフ分析通則, 2001.

85
液体クロマトグラフ-質量分析計
liquid chromatograph-mass spectrometer : LC-MS

定性情報 保持値と質量スペクトル．
定量情報 ピーク面積（または高さ）．

注 解 液体クロマトグラフ-質量分析計[1](LC-MS)は液体クロマトグラフ(LC)と質量分析計(MS)を組み合わせた機器で，LCの保持時間およびMSによる質量スペクトルから化合物の定性分析を行うことが可能である．LC-MSでおもに使用されるイオン化法はエレクトロスプレーイオン化(electrospray ionization : ESI)法と大気圧化学イオン化(atmospheric pressure chemical ionization : APCI)法で代表される大気圧イオン化(atmospheric pressure ionization : API)法である．これらイオン化法で測定される質量スペクトルはソフトなイオン化法で多くの場合，プロトン化分子$(M+H)^+$や脱プロトン化分子$(M-H)^-$などの分子量関連イオンがベースピークイオンで観察されることから化合物の分子量情報を得ることが可能である．しかし分子構造に関連したフラグメントイオンはほとんど観察されないため，MS/MS法やイオン源内で分子関連イオンを衝突誘導開裂(CID)により壊すことでフラグメントイオンを生成させている．また，GC-MSで使用される電子イオン化(EI)法と比較して質量スペクトルの再現性が悪く，市販のデータベースもないことからライブラリー検索法は普及していない．

なお，最近ではLC-MSの多くがMS/MSが可能な装置であり，MS/MSによる選択性の高い選択反応検出(SRM)法が広く使用され生体試料のみならず環境や食品中の極微量成分の定量に使用されている．

装置構成 装置の構成を図1に示す．LC-MSはLC，インターフェイス(イオン源)およびMSから構成されており，LCはさらに以下に示す部分で構成されている．

ポンプ：移動相を一定流量で送液するポンプで，2液の移動相の組成を変化させながら送液するグラジエントポンプと1液のみ送液するアイソクラティックポンプがある．

注入装置：液体をカラムに導入する部分で手動の六方バルブと自動注入装置がある．最近では自動注入装置が主流であり，シリンジと試料ループを使用した方法および計量ポンプと試料ループを使用した方法に大別できる．

カラム恒温槽：分離カラムが収納され，カラムの温度を制御する部分で最近ではペリチェ素子を利用した方式もあり冷却が容易である．また，移動相をあらかじめ温度制御するために配管を予備温度制御している場合が多い．

インターフェイスはGC-MSと異なりイオン源がインターフェイスの役割をしている．近年使用されているイオン化法は大気圧でイオン化を行うAPI法であり，ESI法，APCI法，APPI(atmospheric pressure photo-ionization)法がAPI法に属するイオン化法である．これらのイオン化法の特徴については原理・特徴で記述する．

質量分離部には四重極型，イオントラップ型，磁場型および飛行時間型が使用され

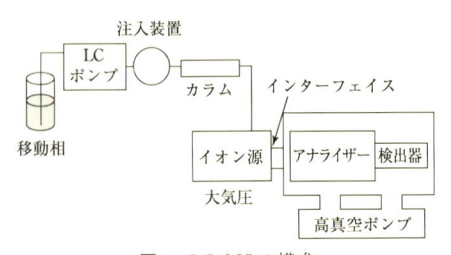

図1 LC-MSの構成

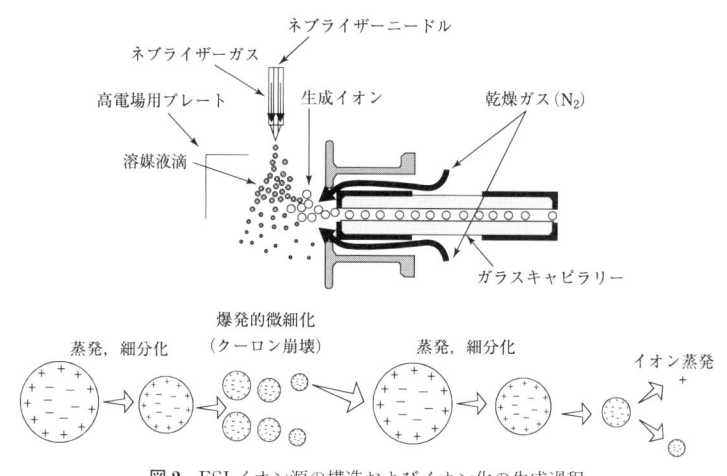

図2 ESIイオン源の構造およびイオン化の生成過程

ている.とくに四重極型は三連四重極型も含めてGC-MS同様にもっとも多く使用されている.

原理・特徴 LC-MSはクロマトグラフと質量分析計を結合した装置であるため,原理は通常のLCおよびMSと同じである.そこでここではLC-MSで使用されるイオン化法について述べる.

(1)ESI法[2]:試料溶液を移動相とともに高電場中の大気圧下に噴霧することにより試料をイオン化する手法である.ESIイオン源の構造の一例とイオンの生成過程を図2に示す.試料はネブライザーとよばれる金属キャピラリーに供給される加圧ガスにより移動相とともに高電場中に噴霧される.最近,このネブライザーの位置が質量分離部に対して垂直に取り付けられた構造や,さまざまな方法で液滴が垂直にスプレーされる手法が用いられている.高電場中に噴霧された微細な液滴は電場により帯電し,その中では液相イオンとして試料イオンや移動相の溶媒イオンが存在する.さらにこの液滴を加熱されたガスの対向流にさらしたり,加熱された金属管を通すことで溶媒が蒸発し,液滴内の電荷密度が増大する.この過剰電荷によるクーロン力がレイリーリミットとよばれる臨界状態を超えたとき,液滴は爆発的に細分化(クーロン崩壊)され,液相イオンが気相イオンとして溶媒から放出される.試料が液滴中で中性分子の場合,この過程で過剰に存在する液相イオンと接触してプロトンの授受や溶媒イオンの付加が起こることで,試料がイオン化される.

このイオン化法は移動相中でイオン化する化合物,プロトンや溶媒イオンとの親和力の大きい極性化合物のイオン化に有効である.また多価イオンを生成し,熱に不安定な試料に有効であることからタンパク質の分析に広く使用さている.

(2)APCI法[3]:気化した試料分子を噴霧部近くに設置した針電極(コロナニードル)のコロナ放電によりイオン化する手法である.APCIイオン源の構造例とイオン化の過程を図3に示す.APCI法ではネブライザーを加熱部(気化器)に挿入することで,試料溶液を移動相とともに噴霧と気化を行う.APCI法ではまず,コロナニードルに数kVの電圧を印加することでコロナ放電を起こし,まわりに大量に存在する窒素分

子，水分子や溶媒分子をイオン化する．その結果，コロナニードルに正の電圧を印加した場合は $N_3^{\bullet}$ や $H_3O^{\bullet}$ などの反応イオンが，また負の電圧を印加した場合は $OH^{\bullet}$ や $O_3^{\bullet}$ といった反応イオンが生成される．そして，これら反応イオンが試料分子と大気圧下で分子-イオン反応を起こし，試料分子がイオン化される．

APCI法は分子量1500程度以下の幅広い極性の化合物の測定が可能であるが，気化が必要であるため，ESI法と比較してイオン化の直前に加熱するので，熱に不安定な試料は分解してしまうおそれがあり注意を要する．しかし溶媒の気化熱が奪われるために試料が過度に加熱されることはなく，GC-MSで測定が困難な試料の測定にも有効である．

(3)そのほか，最近ではAPPI法とよばれる紫外線ランプからの光を利用したイオン化法も開発されている．APPI法のイオン源構造はAPCI法に類似しており，コロナニードルを紫外線ランプに置き換えたものである．イオン化過程は紫外線ランプからの紫外線を気化した試料および溶媒分子に照射することで，第一イオン化電圧がこの紫外線エネルギー(10, 10.6 eV)より低い試料をイオン化する．また，第一イオン化電圧が10 eV以下のアセトン，トルエンなどをイオン源に導入することで，これら溶媒が反応イオンとなり，APCI法同様に大気圧下で試料分子と分子-イオン反応を起こし，試料分子をイオン化することも可能である．しかしAPPI法のイオン化メカニズムはまだ十分には解明されておらず，今後の研究が期待される．

用途・測定例 LC-MSの用途はタンパク質などの生体高分子化合物の分析と医薬品，農薬などの低分子化合物の分析に大別される．そこでこれら測定例について述べる．

A．タンパク質分析

タンパク質を対象としたプロテオミクスの分野においてLC-MSは欠かすことのできない手法の一つとなっており，現在では，二次元電気泳動法で単離されたタンパク質のプロテアーゼ消化断片をLC-MSで

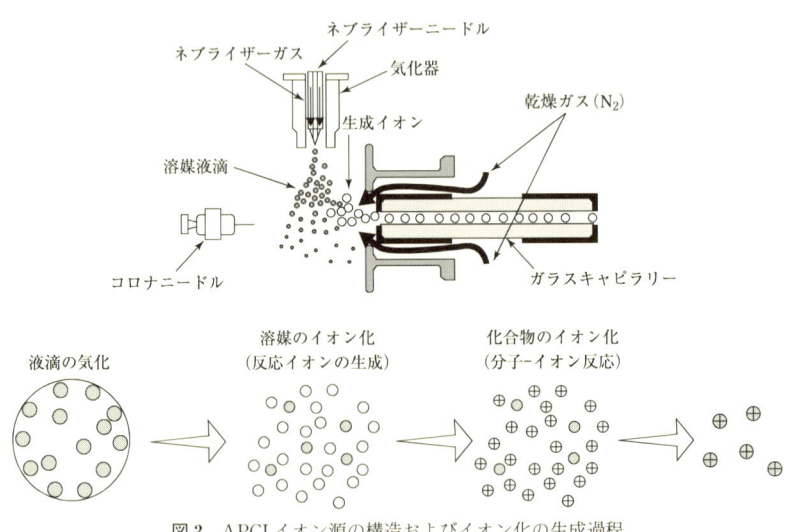

図3 APCIイオン源の構造およびイオン化の生成過程

測定し，検出されたピークの質量スペクトルおよびMS/MSスペクトルを利用するペプチドマスシーケンスタグ(peptide mass sequence tag：PMS)法が一般的なタンパク質解析手法になっている．そこでタンパク質そのものの分子量測定例とPMS法について述べる．

LC-MSによるタンパク質の直接分析の場合，ESI法を用いることでタンパク質の多価イオンを生成させることが可能である．また，質量スペクトルの横軸は質量/電荷数(m/z)であり，多価イオンはその電荷数が増えるとm/z値が低くなり，質量分析計の測定可能質量範囲より分子量の大きなタンパク質も測定可能となる．タンパク質の混合物をLC-MSで測定した例を図4に示す．TIC中のピーク1の平均質量スペクトルが左下に示されているが，この複雑な質量スペクトルから，関連した多価プロトン化分子群を選び出しデコンボリューション法という計算方法を用いて相対分子質量の値を求め作成した質量スペクトルが右下に示されている．この例ではピーク1中には3種類の異なったタンパク質の相対分子質量を求めることが可能であった．

PMS法を用いたタンパク質の測定法は，精製したタンパク質をトリプシンなどのプロテアーゼで消化したペプチドをLC-MSで測定し，その質量スペクトルおよびMS/MSスペクトルから各ペプチドをMASCOTなどのデータベースで同定することで最終的に元のタンパク質を同定する

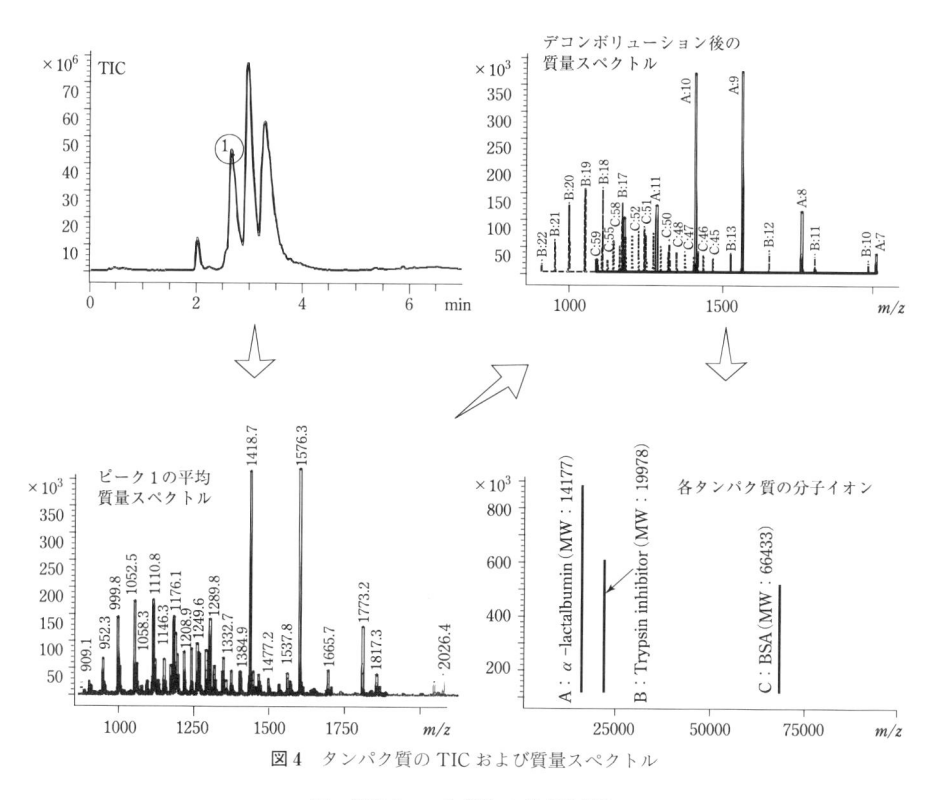

図4 タンパク質のTICおよび質量スペクトル

手法である．したがって PMS 法ではイオントラップ型質量分析計が使用される．

β-カゼイン中のリン酸で修飾されたペプチドを測定した例を図5に示す．左上の TIC はタンパク質をトリプシンで消化した試料を LC-MS で測定した TIC であり，消化されたペプチドが多く検出されている．この中でピーク1の質量スペクトルが左下に示されているが，この質量スペクトルからペプチドの分子量が計算され，さらに2価のイオン（m/z：1032）をプリカーサーイオンとした MS/MS スペクトルが右上に示されている．この MS/MS スペクトルでは特徴的なプロダクトイオンとして脱水イオン（m/z：1022.9）と脱リン酸イオン（m/z：982.5）が観察され，データベース検索により同定された．右下には TIC 中，MASCOT 検索で同定されたペプチドのアミノ酸配列，分子量およびもとのタンパク質中の残基としての位置の一部が示されている．

したがって PMS 法によるタンパク質の同定には，いかに多くのペプチド断片を検出するかが重要であり，最近ではペプチドのオンライン分画にイオン交換カラムを用いた2D LC-MS により100以上のペプチドを検出することも可能である．

B．低分子化合物分析

LC-MS は GC-MS では測定が困難な難揮発性化合物や熱に不安定な化合物の分析に有効であり，一般的に対象試料は極性化合物が多い．分子量が1500程度以下の化合物の中で LC-MS 分析が対象となる試料は医薬品やその代謝物が多いが，最近では農薬などでも低残留性を特徴とした高極性化合物が主流であり，LC-MS 分析例も多

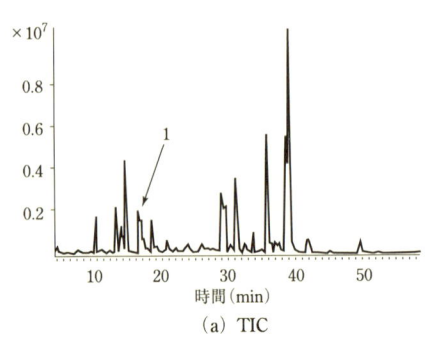

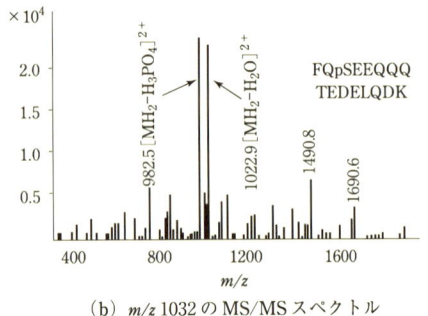

残基 No	測定質量	計算質量	アミノ酸配列
41～43	373.29	373.23	INK
44～47	516.49	516.33	KIEK
48～63	1981.29	1980.85	FQSEEQQQTEDELQDK
48～63	2061.89	2060.82	FQpSEEQQQTEDELQDK
113～120	872.69	872.48	VKEAMAPK
121～128	1013.09	1012.52	HKEMPFPK
192～198	829.69	829.44	AVPYPQR
218～224	741.59	741.44	GPFPIIV

図5　PMS 法による LC-MS のタンパク質分析

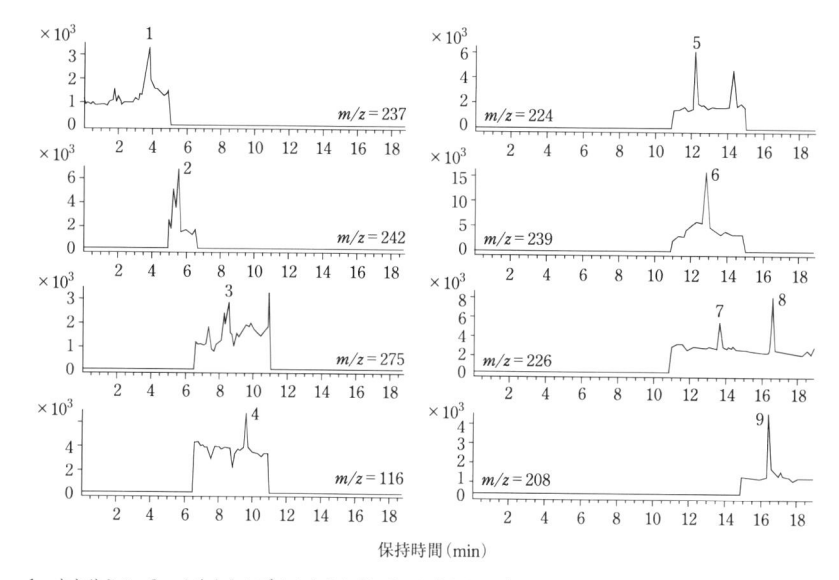

1. オキサミル, 2. メチオカルブスルホキシド, 3. メチオカルブスルホン, 4. アルジカルブ, 5. ベンダイオカルブ, 6. ピリミカルブ, 7. エチオフェンカルブ, 8. メチオカルブ, 9. フェノブカルブ.

図6 LC-MS によるブロッコリー中 N-メチルカバメート系農薬の SIM クロマトグラム

く報告されている．N-メチルカルバメート系農薬の LC-MS による SIM 法の分析例を図6 に示す．N-メチルカルバメート系農薬は熱に不安定で GC-MS では正確な測定ができない．

一方，ESI 法を用いた LC-MS でこれら農薬の測定が可能であり，プロトン化分子（MH^+）やアンモニウムイオン付加分子（MNH_4^+）がベースピークとして観察され，SIM 法での測定イオンとして選択されている．図6 のクロマトグラムはブロッコリー抽出液に 10 ppb 相当の農薬を添加した試料の SIM クロマトグラムであるが，すべての農薬が検出可能であった．LC-MS による低分子化合物の分析では質量分析計として四重極型や三連四重極型が主流であるが，最近では飛行時間型質量分析計も高選択性を利用した微量分析法として用いられるようになっており，今後その普及が期待される．また，2D LC-MS もプロテオームとしての消化断片ペプチドの分析だけでなく環境分析や食品残留分析にも利用されるようになるであろう．　　［滝埜昌彦］

参考文献
1) 原田健一, 岡 尚男 (編)：LC/MS の実際, 講談社, 1996.
2) Yamashita, M., Fen, J. B.：*J. Phys. Chem.*, **88**, 4451, 1984.
3) Sakairi, M., Kambara, H.：*Anal. Chem.*, **60**, 774, 1988.
4) JIS K 0136 高速液体クロマトグラフィー質量分析通則, 2004.

86 液体クロマトグラフ-核磁気共鳴装置
liquid chromatograph-nuclear magnetic resonance spectrometer: LC-NMR

定性情報 保持値およびNMRスペクトル.

定量情報 クロマトグラム上のピーク面積またはピーク高さ.

装置構成 高速液体クロマトグラフ(または分取液体クロマトグラフ)(LC)-核磁気共鳴(NMR)装置の構成を図1に示す. 図1は, 試料成分を流しながらNMR測定する場合(オンフロー法)および目的の成分がプローブに入ったときに流れを止めてNMR積算測定をする(ストップトフロー法)場合の装置構成を示しており, 目的成分を分取後NMR測定する場合には, LCとNMR間のインターフェイスとしてオンライン前処理システムが必要となる(分取濃縮法). インターフェイスでは, 目的成分のトラップ, 精製, 重水による溶媒置換, 重水素化有機溶媒による溶出がバルブの切り替えによって達成される.

LC: オンフロー法とストップトフロー法では高速液体クロマトグラフを使用し, 分取濃縮法では分取液体クロマトグラフを用いる. 移動相には重水素化溶媒を使用するか, NMR測定前に重水素化溶媒に置換する.

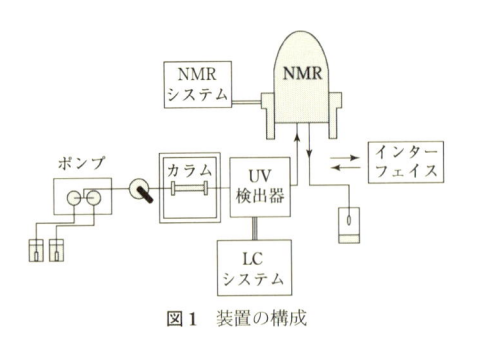

NMR: オンフロー法およびストップトフロー法の場合には微量サンプル用のプローブ(40〜250μL)を装着する. 感度を改善するには, 高磁場のNMR(たとえば400〜800MHz)を使用する.

原理・特徴 NMRは化合物の構造解析, 定性および定量ならびに化学的基礎研究に重要な情報を提供する. 分離手段のLCと結合することでLCの定性能力の強化となるほか, NMR測定の前処理の簡略化, NMR測定範囲の拡大につながる.

NMRは, LC用の汎用検出器と比較して感度が悪いので, 試料量が多いときはオンフロー法でのNMR測定が可能であるが, 濃度が低いときには, ストップトフロー法でNMR積算測定を行い, スペクトルのS/Nを改善する必要がある. ^1Hについては, オンフロー法またはストップトフロー法によりほとんどのNMR測定が可能であるが, ^{13}Cの一次元NMRや^1H-^{13}C二次元NMR測定では, 多量の試料が必要であるので前処理を伴う分取濃縮法を用いる. 各種NMR測定に必要なおおよその試料量を表1に示す. これらの量がNMRプローブ内に含まれていることが必要である. なお, 現時点では, オンフロー法により, ^1Hのほかに^{19}FのNMR測定が可能である.

オンフロー法やストップトフロー法などのLC-NMR測定は, NMR測定において分離・精製や凍結乾燥などの前処理を省く

図1 装置の構成

表1 試料量と可能なNMR測定

NMR測定	試料量 (μg)
一次元 ^1H NMR	0.5〜1
一次元 ^{13}C NMR	150
^1H-^1H 二次元 NMR	10
^1H-^{13}C 二次元 NMR	200

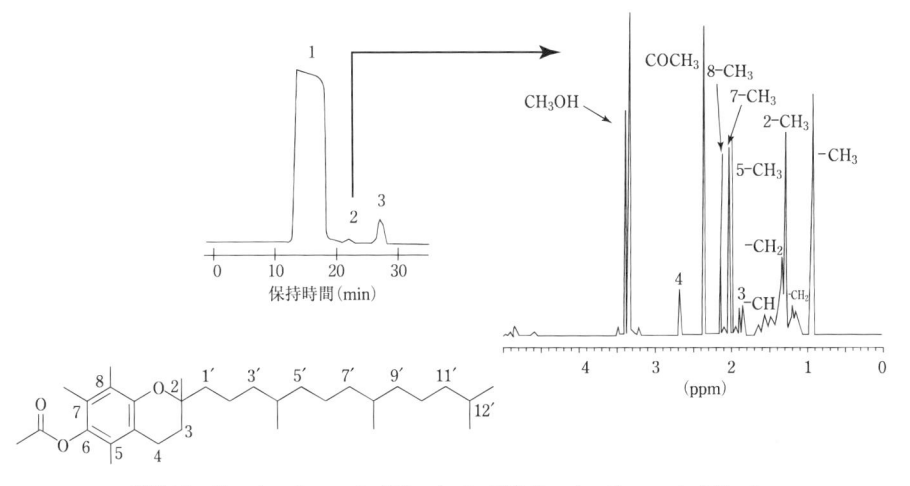

試料：1. dl-α-トコフェロール (100 mg)，2. 酢酸 dl α-トコフェロール (100 μg)，
3. ニコチン酸 dl-α-トコフェロール (400 μg)
図2 酢酸 dl-α-トコフェロールのLC-^{1}H-NMR[1]
分離カラム：ODS-AM (内径 10 mm，長さ 300 mm)，移動相：メタノール，流量：3.0 mL/min，検出器：UV 検出器，282 nm．

ことができる上，操作が困難なμgオーダーでの試料調製を必要としないので，微量試料や不安定化合物を取り扱うことが可能となり，NMR 測定の応用範囲を拡大する．

LC-NMR の高感度化を図るには高磁場NMR の使用が望まれるが，高磁場の影響を避けるために LC と NMR の間に 1～2 mの距離が必要であり，その間での目的成分の拡散には注意が必要である．

分離例 ビタミンE誘導体のHPLC-UV 検出で得られたクロマトグラムおよび成分2(酢酸 dl-α-トコフェロール)の ^{1}H-NMR スペクトルを図2に示す[1]．図2では，分取濃縮法が採用されており，一連の操作によって前処理と NMR 測定が達成される．まず，逆相系分取カラム(300 mm ×内径 10 mm)でメタノールを移動相として混合成分を分離し，目的成分を各ループ内にトラップする．続いて，ループ内の目的成分をトラップカラム(10 mm×内径 4.6 mm)に水(H_2O)を用いて捕捉後，重水で溶媒置換する．さらに，重水素化メタノール(CD_3OD)でトラップカラムから目的成分を溶出させ，再度逆相系分析カラム(250 mm×内径 1.5 mm)に導入し，重水素化メタノール移動相で展開し，UV 検出後NMR プローブに導き，一次元 ^{1}H- NMR スペクトルを測定したものである．

［竹内豊英］

参考文献
1) Yokoyama, Y., Kishi, N., Tanaka, M., Asakawa, N.: *Anal. Sci.*, **16**, 1183, 2000.

87
ガスクロマトグラフ

gas chromatograph : GC

定性情報 保持値（保持比，保持係数，保持指標など）．

定量情報 ガスクロマトグラム上のピーク面積（ときにはピーク高）．

装置構成 ガスクロマトグラフ(装置)の構成を図1に示す．

キャリヤーガス（移動相）：高圧ボンベ（〜15 MPa）から減圧弁を通して数百 kPa として供給される．通常，ヘリウムまたは窒素が使われる．流量は内径3 mm の充填カラムの場合，30 mL/min 程度，0.3 mm のキャピラリーカラムの場合，約1 mL/min である．

試料導入口：液体試料を気化し，キャリヤーガスによってカラムに運ぶ部分．充填カラムを使う場合の試料導入口を図2に示す．キャピラリーカラムの場合，基本的には，スプリットして一部を導入する場合とスプリットしない（スプリットレス）2種の手法がある．

カラム：充填カラムとキャピラリーカラムとがある．

検出器：分離成分を検出する部分で，熱伝導度検出器(TCD)，水素炎イオン化検出器(FID)，電子捕獲検出器(ECD)，炎光光度検出器(FPD)，熱イオン化検出器（窒素リン検出器(TID または NPD)），質量分析計(MS)など各種が使われる．

増幅・記録部：検出器応答を必要に応じ処理（増幅器）後，記録する．最近は記録しながらデータ処理し，ディジタル記録する．

カラムオーブン：カラム温度を通常室温から400℃程度まで，加熱可能．

試料導入法 試料が気体，液体，固体のどれであるかにより，それぞれ異なる方法で導入する．

気体試料は図3に示すキャリヤーガス流路内に設けた六方バルブを使った気体試料導入機構を利用して導入すると大気による汚染が防げる．図2に示す通常のガスクロマトグラフに組み込まれている試料導入口から気体試料用シリンジ（1〜10 mL）を使って導入する場合もある．液体試料は体積1〜10 μL のマイクロシリンジを使って試料導入口（図2）から導入するのが通例である．固体試料の場合には適当な溶媒に溶かして導入したり，加熱気化部へ落下させ

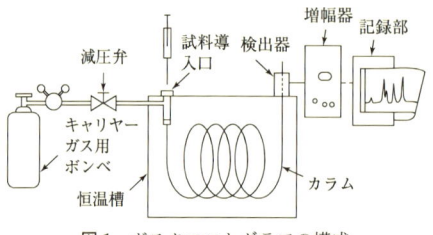

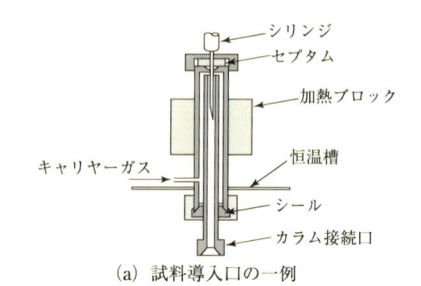

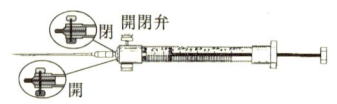

図1 ガスクロマトグラフの構成

図2 試料導入口の一例とシリンジ例
(a) 試料導入口の一例
(b) 気体試料用シリンジの一例
(c) マイクロシリンジの一例

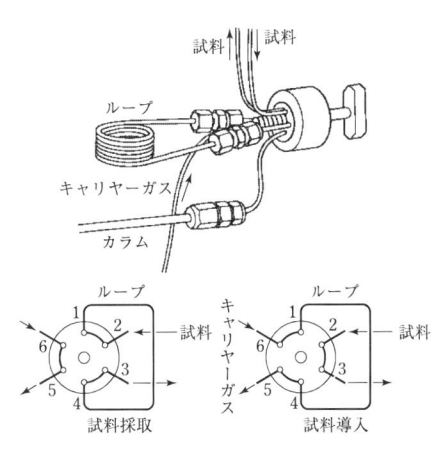

図3 六方バルブを用いる気体試料導入機構の例

るなどの工夫をする．充填カラムを念頭に置いた図を示したが，キャピラリーカラムの場合は，少し複雑になる．試料負荷容量が小さくなるためである．

通常，キャピラリーカラム用ガスクロマトグラフにはスプリット/スプリットレス導入口（インジェクションポート）が備えられている．導入口構造例を図4に示す．図の例で，スプリット導入をする場合は，スプリット出口弁を調節し，気化した試料の1/100（スプリット比99：1）ないし1/50（同じく49：1）くらいの量しかカラムに入らないようにする．試料成分濃度が比較的高い場合に使われる．一方，試料成分濃度が低いとき，スプリットすると，検出しにくい量を分離することになり適当でない．そこで，大部分が溶媒であるなどの希薄試料のときは，スプリット出口を閉じて，溶媒のみが先に揮発してカラムを通り抜けたのち，温度を上げて試料成分を気化させ，カラムに導き分離するなどの手法（スプリットレス法）が使われる．

なお，通常，導入口はカラムとは別に加熱されているか，プログラム昇温できる．

原理・特徴 定性情報となる保持容量 V_R は

$$V_R = V_0 + KV_S \tag{1}$$

で表される．ここで，V_R はある成分が溶出するまでに流れたキャリヤーガスの体積，V_0 は試料が導入されたときにカラム中にあったキャリヤーガスの体積（カラム中にキャリヤーガスが占める体積），V_S はカラム中にある固定相の体積である．なお，K

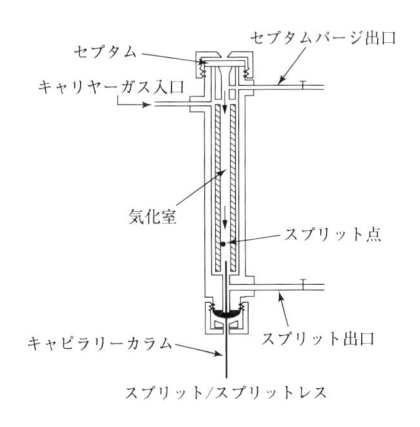

図4 スプリット/スプリットレス導入口の例（代島茂樹：分離分析化学事典，日本分析化学会編，p.217，朝倉書店，2001）

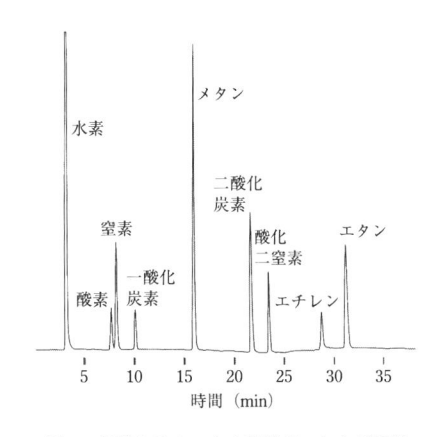

図5 充填カラムによる無機ガスおよび低級炭化水素の分離例（島津製作所：分野別データブックシリーズ 分析ガイド）

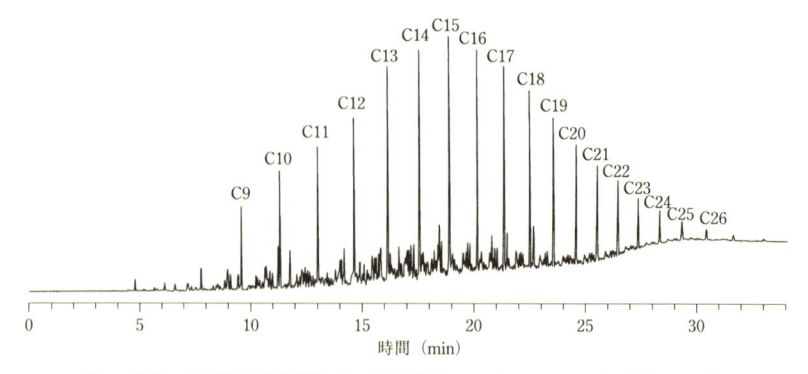

図6 軽油の分離例（島津製作所：分野別データブックシリーズ 分析ガイド）

は分配係数で，次式で表される．
$$K = C_S/C_g \quad (2)$$
分配係数 K は，その成分が固定相と移動相とに分配されたときの平衡定数であり，C_S は固定相中濃度，C_g はキャリヤーガス中濃度である．

式(1)を変形すると，
$$V_R' = V_R - V_0 = KV_S \quad (3)$$
となり，V_R'，すなわち，カラム中にキャリヤーガスが占める体積を保持容量から引いた体積補正保持容量は，分配係数の関数となる．

そこで，試料導入時カラム中にあったキャリヤーガスが排出されたときを 0 として，そこから測定すると，各成分のピーク位置の相互関係は，各成分の分配係数に比例していることになる．すなわち，式(3)を A，B の 2 成分に当てはめると，式(4)，(5)となる．
$$V_A' = V_A - V_0 = K_A V_S \quad (4)$$
$$V_B' = V_B - V_0 = K_B V_S \quad (5)$$
両式の比をとると，$\alpha_{A/B} = V_A'/V_B' = K_A/K_B$ となり，補正保持値の比が分配係数の比と等しくなる．α は 2 成分だけの関係では分離係数とよび，B 成分を基準（$\alpha_{B/B}=1$）として，多成分を対象とした場合，$\alpha_{X/B}$ を保持比とよぶ．

定量情報となるピーク面積は検出器応答量であり，原理的には他の多くの機器分析法と共通する．

分離例 充塡カラムによる無機ガスおよび低級炭化水素の分離例と軽油の分離例を示す．

(1) 無機ガスおよび低級炭化水素の分離例（図5）

分離・検出条件
　カラム：SHINCARBON T (60〜80メッシュ)，6 m×2 mm I.D.
　カラム温度：50℃に10分間保った後，10℃/min で 260℃ まで昇温
　試料導入口温度：200℃
　検出器：熱伝導度検出器(200℃)
　キャリヤーガス：アルゴン，20 mL/min

(2) 軽油の分離例（図6）

分離・検出条件
　カラム：DB-1 (60 m ×0.32 mm I.D. 固定相膜厚 1.0 μm)
　カラム温度：50℃から3℃/min で 320℃ まで昇温
　試料導入口温度：300℃
　試料量：0.2 μL
　スプリット比：1：100
　検出器：水素炎イオン化検出器(330℃)
　キャリヤーガス：ヘリウム，30 cm/s(50℃にて)

［保母敏行］

88 ガスクロマトグラフ-質量分析計
gas chromatograph-mas spectrometer: GC-MS

定性情報 保持値および質量スペクトル．

定量情報 クロマトグラム上のピーク面積またはピーク高さ．

装置構成 装置の構成を図1に示す．GC-MS は GC，インターフェイスおよび MS から構成されており，GC はさらに以下に示す部分で構成されている．

注入口：試料を気化する部分でスプリット/スプリットレス注入口，クールオンカラム注入口，昇温気化注入口などが使用される．

カラムオーブン：分離カラムが収納され，カラムの温度を制御するオーブンである．温度プログラムが可能で最近では毎分100°C以上の高速昇温が可能なものもある．

インターフェイスは GC と MS を結合する部分で，GC と MS の圧力差を解消し GC から溶出した試料成分を MS に導入する部分である．このインターフェイスでは試料成分が吸着，分解しないことが要求さ

れるため，内面は不活性化され，温度制御が可能である．インターフェイスにはジェットセパレーター，オープンスプリットおよびダイレクトインターフェイス（キャピラリーカラムの先端を MS のイオン源に直結するもの）などがある．最近ではキャピラリーカラムの使用が一般的となり，ダイレクトインターフェイスがおもに使用されている．

MS については通常の質量分析装置と同じでイオン源，アナライザーおよび排気部から構成されており，イオン源には電子イオン化(EI)法，化学イオン(CI)法の可能なイオン源が使用される．通常，EI 法と CI 法のイオン源は別であるが，両イオン化法に使用できるイオン源が装着された装置も市販されている．アナライザーには四重極型，イオントラップ型，磁場型がおもに使用されるが，もっとも普及しているのは四重極型である．また最近では飛行時間型も高速分析用に使用されている．

原理・特徴 GC-MS は GC と MS から構成されているため，原理は通常の GC および MS と同じである．ここではインターフェイスについて述べる．

(1) ジェットセパレーター：GC-MS が開発された当初，GC で使用されるカラムは充塡カラムであったため，おもにこのインターフェイスが使用されていたが，現在ではほとんど使用されていない．

(2) オープンスプリットインターフェイス：このインターフェイスもキャピラリーカラムが開発された当初は使用されていたが，インターフェイス内の死空間が大きく最近ではあまり使用されていない．

(3) ダイレクトインターフェイス：もっとも単純なインターフェイスで，現在ほとんどの GC-MS はこの方法が使用されている．このインターフェイスは分析用のキャピラリーカラムを直接 MS のイオン源のイオン化部直前まで導入して接続する

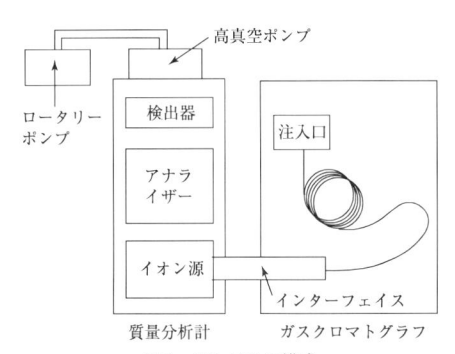

図1 GC-MS の構成

方法であることからGCカラムからの溶出試料を100%MSに導入でき，微量分析に有効である．しかしMSに導入できるGCのキャリヤーガス流量はMSの排気速度に依存し，通常その流量は3～5 mL/min以下であるため内径0.32 mm以下のキャピラリーカラムの接続に適したインターフェイスである．最近ではメガボアカラムを直結できる質量分析計も市販されている．またキャピラリーカラムをMSのイオン源に直結するため，キャピラリーカラムの出口が真空となりカラムの分離効率は約10%損なわれる．さらに，通常のGCの場合よりキャリヤーガス流量を大きくしたほうが分離はよくなる．この分離効率の低下はMS側にキャピラリー流路抵抗を挟み，分析用カラムの出口を大気圧にすることで抑えることが可能である．また，この方法で質量分析計の真空を大気開放せずにカラムを交換することが可能である．しかしキャピラリー流路抵抗部分の接続部に極性化合物などが吸着しやすくなるため，極微量分析には適していない．

使用温度はキャピラリーカラムを直結した場合にはカラム最高温度より少し低い温度に設定する．しかし温度が低すぎる場合には試料マトリックスが低温部分に吸着して汚染の原因になるので注意が必要である．またインターフェイスは一定温度に設定する場合が多いが，GCの試料注入時に空気が大量に導入される場合にはインターフェイス部分のカラム液相が劣化する可能性がある．したがってインターフェイス部もGCオーブン同様に昇温ができる装置が望まれる．

測定法 GC-MSでの測定ではTIM法とSIM法が使用される．そこでGC-MSにおける各手法の考え方について述べる．

(1) TIM法：TIM法の目的はGCから溶出した各ピークの質量スペクトルから定性を行うことであり，正しい質量スペクトルの測定が必要である．GCを接続した場合，カラムから各成分が溶出している間に質量スペクトルを測定しなくてはならず，TIM条件の最適化が必要である．TICのピークとTIM法での走査概念を図2に示す．この図ではピーク中に測定可能な質量スペクトルは①～⑫で，信頼のおける質量スペクトルの測定が可能である．この手法は極端に走査速度が遅いか，ピーク幅が狭い場合にはピーク中で測定可能な質量スペクトルの数が減少し信頼のおける質量スペクトルが得られない．一般的にはピーク中少なくとも5個の質量スペクトルの採取が可能な走査速度が必要である．したがって高速GCへの適応には高速走査速度が必要である．最近では飛行時間型質量分析計を用いた場合，1秒間に500回の走査が可能である．またピーク中に測定される質量スペクトルはピークの測定部分によりパターンが異なる．たとえば，④の位置での質量スペクトルは高m/z値から走査した場合，高m/zを検出しているときのイオン源に導入される化合物量は低m/zを検出しているときの化合物量より少なくなる．したがって質量スペクトルの低m/z値のイオン強度が大きくなる．以上のことから質量スペクトルはピーク全体の質量スペクトルを平均するか，全イオン量の変動の小さいピーク頂点付近の質量スペクトルをとることが望ましい．

(2) SIM法：SIM法の目的はGCから溶出した特定化合物の検出と定量である．この手法はGCから溶出する化合物に特有な一つまたはそれ以上のm/z値のイオンを検出する方法であり，選択性が高い測定法である．一般的には図3に示すように1イオンだけでなく，確認目的に2～3イオンを連続して検出する場合が多い．このときイオンを検出する時間が長いほどノイズが平均化されてS/Nは高くなる．この例ではピーク中に3イオンを12回測定してお

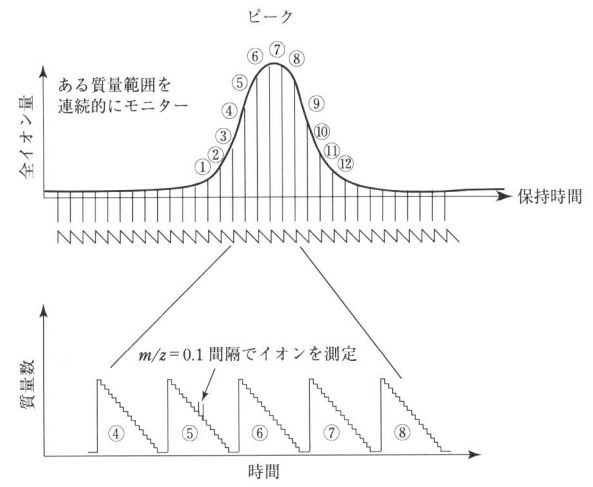

図2 TIC中ピークとTIM法での走査概念

りピーク中のデータ数は十分である．しかしイオンの検出時間を長くしたり，測定イオンの数を増やした場合にはピーク中のデータ数が減少し，検出されたイオン量で再構築されたクロマトグラム中のピーク形状がひずみ，そのピークの積分誤差が大きくなり正確な測定ができなくなる．通常SIM法では少なくとも1ピークあたり10以上のデータ数が得られるように測定イオン数とイオンの検出時間を設定する必要がある．

用途・測定例 GC-MSの用途は非常に幅が広く，もっとも多く使用されている分析装置の一つである．一般的にGCの利点である高分離能を利用した複雑な組成をもつガソリン，精油などの各成分の定性・定量分析と，質量分析装置の高選択性および高感度を加味した環境中(水，大気，廃棄物など)の有害汚染物質の定性・定量分析などに使用される．GC-MSでの質量分析装置の種類は目的に応じて四重極型，イオントラップ型，二重収束型，飛行時間型が使用されるが，その中でも四重極質量分析装置がとくに多く使用されている．一方で高極性化合物，熱不安定化合物や高沸点化合物はGCで分離することが難しいため，GC-MSでは測定できない．

GC-MSでのイオン化法はEI法がもっとも広く使用されているが，分子イオンが検出されない場合もある．GC-MSでのEI法による定性分析ではNIST，Wileyなどの市販のデータベースを利用した検索法が利用できる．この方法で既存化合物の同定が短時間で可能であり，最近では化合物のGCの保持時間も考慮した検索方法や，保持時間がほぼ重なっている複数成分を特殊な処理を行うことにより各成分ごとに純粋な質量スペクトルを抽出，再構築し検索する手法も開発されている．定量分析ではEI法で得られた質量スペクトルから強度が強く，選択性の高いイオンを選択しそのイオンのみを検出するSIM法による微量分析が主流である．

天然オレンジ果実の果汁抽出液をGC-MSで測定した際のTICを図4に示す．オレンジ果汁はオレンジ果皮中に含まれる精油同様にさまざまな種類のテルペン類および果汁特有の水溶性成分が含まれるため，

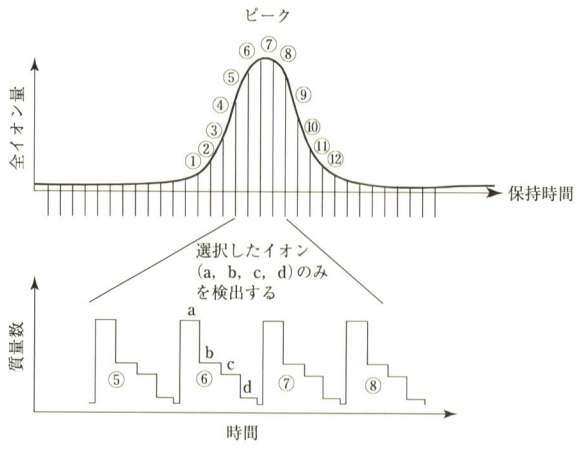

図3 SIM法での測定概念

この分析では極性カラムが使用された．GC-MSでは高極性化合物や難揮発性化合物の測定は難しいため，検出されるピークは揮発性化合物であり，各ピークの質量スペクトルおよび保持時間からあらかじめ構築したライブラリーによる検索により，短時間で既知成分の同定が可能である．この分析で同定された化合物はモノテルペンの炭化水素，アルコール，アルデヒド類およびセスキテルペン類であった．

定量分析としてのGC-MSによる分析例として水道水中で規制値が設定されている農薬を一斉分析した例を図5に示す．農薬の分析においては微極性カラムが使用され，注入法は微量成分分析であるため，スプリットレス注入法が使用された．得られ

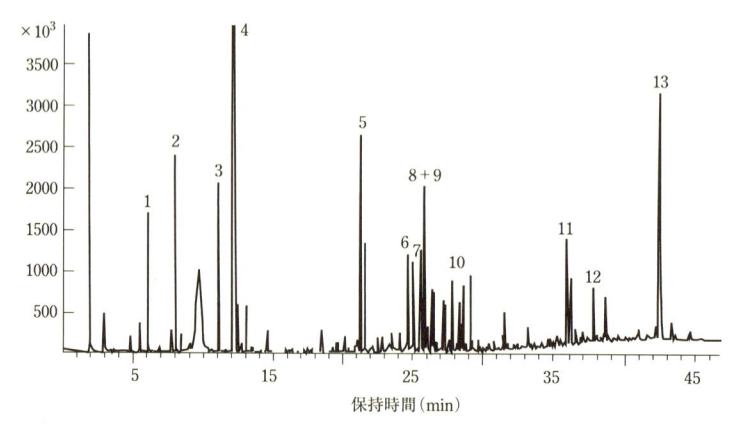

1. 酢酸エチル，2. 酪酸エチル，3. β-ミルセン，4. リモネン，5. リナロール，6. ネラール，7. α-ターピネオール，8. バレンセン，9. ゲラニオール，10. カルボン，11. β-シネンザール，12. α-シネンザール，13. ヌートカトン

図4　GC-MSによる天然オレンジ果汁のトータルイオンクロマトグラム

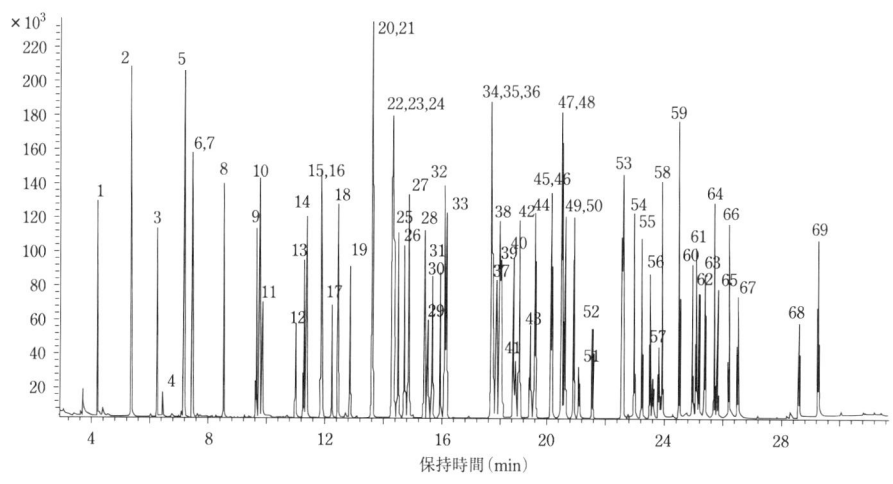

図5 69農薬の積算SIMクロマトグラム（各農薬の濃度：50 ppb）

た SIM クロマトグラムからすべての農薬の検出が可能であり，とくに熱に不安定なトリクロルホン(DEP, 4)も注入法を工夫することで検出可能であった．

質量分析装置による定量分析においては重水素などの安定同位体でラベル化した化合物が内部標準物質としてしばしば使用される．GC-MS の場合にも安定同位体で標識づけされた物質(標識体)が用いられるが，使用するにあたって目的化合物の標識体が望ましい．また GC-MS の場合，目的化合物の注入口，カラムあるいはイオン源での吸着・分解などにより検量線が低濃度領域で湾曲する傾向がみられるものもあるので注意が必要である．この現象は標準溶液の場合に顕著にみられ，実試料の測定においては試料中のマトリックスが吸着活性部をマスキングすることで目的化合物の吸着は抑えられることも多い．したがって絶対検量線を用いた場合，定量値に誤差が生じるのであらかじめこのマトリックスによる実試料での増感作用を把握しておく必要がある．

［滝埜昌彦］

参考文献

1) Message, G. M. : Practical Aspects of Gas Chromatography /Mass Spectrometry, John Wiley, 1984.
2) JIS K 0123 ガスクロマトグラフ質量分析通則, 1995.

89
超臨界流体クロマトグラフ
supercritical fluid chromatograph : SFC

定性情報 保持値(保持係数,保持容量,保持時間など).

定量情報 クロマトグラム上のピーク面積またはピーク高.

装置構成 装置の構成を図1に示す.

送液部:高速液体クロマトグラフ(HPLC)用の送液ポンプを用いる.液化炭酸や沸点の低い有機溶媒を移動相として用いる場合,送液ポンプで圧縮する際の気化を防ぎ安定送液するためポンプヘッド部分を冷却する.シリンジポンプでは冷却しなくても送液できるものもある.送液にリザーバーを用いてこの温度を上げることで高圧をつくる方式もあるが,再使用に時間がかかることからあまり用いられなくなった.送液部では移動相は液体の状態である.

分離を調整するには超臨界流体の密度制御やモディファイヤーの添加による極性や溶解度の調整を行う.これを実現するために,送液部では一定流量(圧力)での送液またはガスクロマトグラフの昇温操作にあたる圧力グラジエント送液や,モディファイヤーを添加して液体クロマトグラフのグラジエント送液に相当する混合溶媒の送液を行う.安定分離を得るために送液側で流量

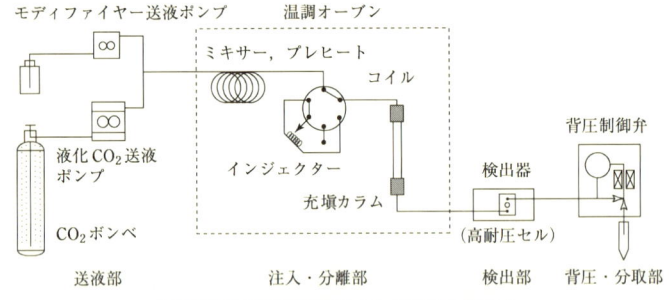

図1 充填カラム SFC システムの流路図例[1]

(a) 移動相が超臨界状態のまま検出する方式

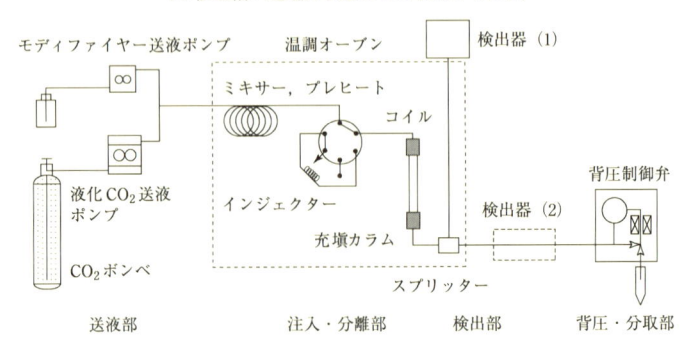

(b) 移動相を常圧に戻し検出,または減圧で検出する方式

(圧力)の制御を行うが，カラム内部を超臨界状態に保つためにカラム出口に設けた背圧弁の制御と，カラム恒温槽の温度制御も同時に行う．

試料注入部：HPLC 用の計量管方式の試料導入弁が用いられる．試料が超臨界状態の移動相に溶解するには若干の時間がかかるので，このための溶解部分をカラムとの間に設けることもある．

分離部：この部分で移動相の温度を臨界温度以上にすることで超臨界状態にし，この状態を維持したままで分離を行う．分離にはおもに HPLC 用の充塡カラムを用いる．充塡剤の種類も HPLC で用いられているもので特別な違いはないが，粒径が揃った細かい充塡剤を充塡した長いカラム(250 mm)を用い良好な分離を得る．キャピラリーカラムを用いて GC のような高分解能分離と検出を目指した装置もあったが，現在利用できる装置は少ない．カラムと試料注入部は昇温または降温操作ができる恒温槽に入れ，安定な分離を行うために精密な温度管理を行う．

背圧制御部：移動相を超臨界状態に保てるようにカラムの出口側圧力を維持して分離を行うための制御に不可欠である．単純な構造のものは内径 50 μm 程度のキャピラリーを用い，この温度を制御することで背圧を維持する．精密な制御を行うものは，カラム出口に圧力センサーを置き，この圧力が一定になるようにカラム出口側の流量制御弁を開閉しカラム出口圧力の制御を行う．

検出部：検出器の部分で移動相を超臨界状態に保ったままで測定する方式のものと常圧に戻して測定する方式のものに分かれる．紫外・可視分光光度計，赤外分光光度計，蛍光検出器，ラマン分光光度計，示差屈折率計などは高圧に耐える構造の検出セルを用いて高圧のままで測定する．高分子の検出に用いられる蒸発型光散乱検出器や，汎用の検出を行う GC 用の水素炎イオン化検出器は常圧に戻した状態で，質量分析器は減圧状態で検出を行う．

記録部：インテグレーター(コンピュータ処理部)．

原理・特徴 超臨界流体クロマトグラフィーは，移動相に超臨界状態の流体を用いて分離を行うクロマトグラフィーである．

分離カラム内に移動相を流し移動相中に一定量の試料を導入して試料と分離カラムの固定相，移動相間の相互作用により分離を行う．試料中で移動相への分配が大きい成分は早く溶出し，固定相への分配が大きい成分は遅れて溶出する．この差を利用して分離カラム内を試料が通過する間に試料中の成分の分離を行う．移動相に用いる超臨界状態の流体は，臨界点以上で粘度が下がり拡散係数が液体と気体の中間で物質を溶解するという性質をもつ．この状態の移動相を用いると HPLC に比べて高速で高分解能な分離が期待できる．移動相の状態が液体から気体の間で変化させることができるので分離のメカニズムには，充塡カラムを用いて HPLC に類似した分離を行うものとキャピラリーカラムを用いて GC に類似した分離を行うものがある．充塡カラムを用いた分離では，分離の調節は固定相の選択と，移動相の密度を変化させたりモディファイヤーを添加することで移動相への分配を変化させて行う．

モディファイヤーにはエタノールやクロロホルムなどを用いる．移動相の密度(温度・圧力)を一定に保った状態で分離を行う定密度モードと，密度を増加する密度グラジェント溶出法(温度・圧力を調節)とモディファイヤーの添加量を増加する溶媒グラジェント溶出法がある．密度グラジェント溶出法ではカラム温度を徐々に下げて密度を上げて溶出を早める場合と，カラム温度を徐々に上げて移動相への拡散を早め溶

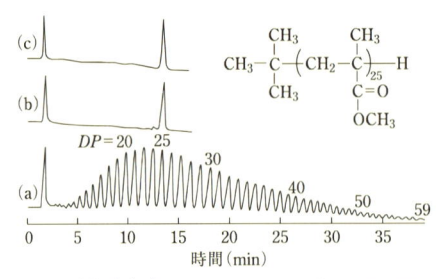

図2 平均重合度 28.6 のイソタクチック PMMA (a) と, これを分別して得た 25 量体の SFC 曲線 (b, c)[2]
(c) は (b) を再度 SFC で分別精製したフラクション.
移動相:$CO_2/C_2H_5OH=25/7$, 流速:9.6 mL/min, 初期温度:100℃, 温度勾配:-2℃/min, 圧力:200 kg/cm, カラム:Develosil 100-5, 10 mm×250 mm.

用途・応用例 移動相に二酸化炭素を用いると, 大気圧力に開放したときに移動相は気体となり, 溶質との分離が容易に行える. この特徴を活かして分取精製に用いられることが多い. また, GC に比べて高沸点の化合物を低い温度で分離できることから GC に適さない熱に不安定な物質の分離にも用いられている. とくに, 高分子オリゴマーの分離・検出や単分散オリゴマーの分取などの応用例が多い. ポリメチルメタクリレートの分離例を図 2 に示す.

[前田恒昭]

参考文献
1) 荒井康彦 (監修):超臨界流体のすべて, テクノシステム, p. 298, 2002.
2) *Jasco Report*, **45** (2), 25, 日本分光, 2003.
3) Ute, K., Miyatake, N., Asada, T., *et al.*: *Polym. Bull.*, **28**, 561, 1992.

90
薄層クロマトグラフ

thin-layer chromatograph : TLC

定性情報 R_f値(試料成分の移動距離を展開溶媒の移動距離で除した値).

定量情報 スポットの大きさや着色強度.

装置構成 試料溶液負荷装置,展開槽,デンシトメーター.

薄層プレートは各種の吸着剤をガラス板上に塗布して自作することができるが,再現性のある分離を達成するには市販の既製薄層プレートを利用するとよい.現在,アルミナ,セルロース,シリカゲル,化学修飾シリカゲルなどの吸着剤,およびこれらに蛍光試薬を添加した吸着剤の薄層プレートが市販されている.とくに,Merck社からは粒径の揃った微粒子吸着剤の高性能薄層クロマトグラフィー(HPTLC)用プレートも販売されている.

薄層プレートへの試料溶液のスポット(負荷)は,簡単には手製のガラス毛細管を用いて行うことができる.その際,スポットする位置,間隔を一定にするには専用のステンシルあるいはスポッティングガイドを利用する.さらに,一定量の試料をスポットするにはマイクロピペットやマイクロシリンジを利用し,ナノリットル量を再現性よくスポットするには図1に示す試料溶液負荷装置を用いる.

薄層プレートにスポットした試料溶液を風乾したら,薄層プレートを展開槽に入れて展開する.展開槽はさまざまな形のものが市販されている.代表的な形は図2に示すような角形で底が平面のものである.このほかに,図3に示す底面が二つに分かれ

図1 試料溶液負荷装置(CAMAG Nanomat 4)

ているもの(双谷型)や図4に示すHPTLC用の水平展開型もある.

展開終了後,薄層プレート上の分離された成分は,着色していればそのままで検出可能である.硫酸を噴霧し,加熱して黒化する検出法もある.しかし,多くの場合,

図2 平底面型 (flat bottom) 角形展開槽

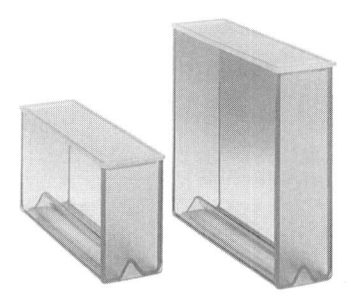

図3 双谷型 (twin trough) 角形展開槽

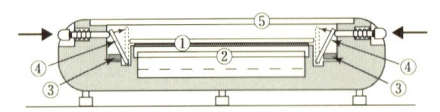

① HPTLCプレート（薄層面下向き），②カウンタープレート（サンドイッチ式展開のときに使用），③展開溶媒，④ガラス板（毛管現象により溶媒をプレートに供給），⑤カバーガラスプレート．カウンタープレートの下の空間は補助的な液体を入れるときに使用するが，その際はカウンタープレートを除去する．両側の矢印の部分を押すことによりガラス板と薄層プレートが接触して展開される．

図4　Camag 水平型展開槽

発色試薬溶液を噴霧器により薄層プレートに噴霧する．蛍光性物質は，暗所で紫外線を照射して検出する．このために専用の紫外線ランプが市販されている．

デンシトメーターで定量する場合は，可動台上にプレートを置き，単色光のビームで走査して可視光または紫外光の吸収あるいは紫外光照射で発する蛍光の強度を測定する．吸光測定は透過光あるいは反射光のいずれかによる．通常のガラスプレートでは約330 nm より短波長での透過光の測定ができないのが難点である．一般に，薄層プレート上の試料スポットおよびブランク域におけるシグナル強度の差が測定され，ピーク面積が定量の尺度になる．

単光束スキャナーでは，不均一な薄層で測定したクロマトグラムにベースラインのドリフトが生じやすい．他方，複光束スキャナーを用いると，試料光束と隣接のブランク域を走査する参照光束との差信号が得られるので，バックグラウンドにより生じる問題は回避することができるが，薄層の不均一さや共存成分による妨害は完全には除去できない．後者は，二波長走査により最小限にすることができる．なお，薄層プレート上で光束を左右に高速移動させつつ薄層プレートを光束の動きとは直角方向に駆動させるジグザグ走査（島津二波長フライングスポットスキャニングデンシトメーター）を利用すると，不規則な形状あ

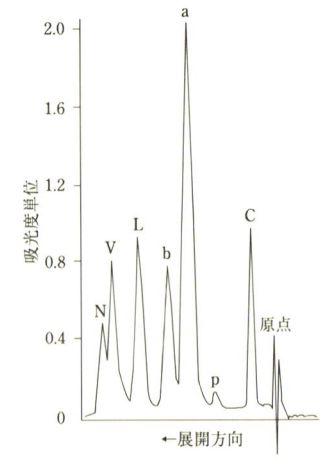

a：クロロフィルa, b：クロロフィルb, C：カロチン，L：ルテイン（キサントフィル），N：ネオキサンチン，p：未確認，V：ビオラクサチン

図5　デンシトグラムの例[1]

試料：ほうれん草抽出物，薄層プレート：Whatman C_{18} プレート，展開溶媒：石油エーテル＋アセトニトリル＋メタノール（1：2：2 v/v）．島津950 デンシトメーターを使用．測定波長：429 nm（色素の吸収極大波長の平均値）．

図6　島津二波長フライングスポットスキャニングデンシトメータ S-9300 PC

るいは不均一な濃度分布のスポットでも再現性のある定量結果が得られる．デンシトグラムの例を図5に示す．

コンピュータ制御のデンシトメーターは，ピークの自動位置決定，スペクトルの記録，多波長走査，ベースラインの自動補償，検量線の直線化などの機能を備えている（図6）．

薄層上の有機物をガスクロマトグラフィーの水素炎イオン化検出器の原理で検出する装置（イヤトロスキャンMK-6，三

表1 油性色素の R_f 値*

色素	R_f
スダンII	0.72
オイルイエロー-XP	0.60
オイルイエロー-OB	0.27
セレスオレンジGN	0.14
スダンI	0.68
スダンIII	0.56
セレスレッドG	0.18
マーチウスイエロー	0

*シリカゲルG薄層プレート，展開溶媒：ヘキサン-酢酸エチル（9：1 v/v）

菱化学ヤトロン）を利用することもできる．この装置では，専用の棒状薄層（クロマトロッド）で試料を展開分離した後，そのクロマトロッドを水素炎中を定速で移動させてクロマトグラムを得る．したがって，発色操作は不要であり，石英ガラス棒の表面に吸着剤と無機結合剤を焼結したクロマトロッドは繰り返し使用することができる．

用途 主として定性分析に広く利用されているが，必要あれば定量分析も可能である．有機物，無機物を問わずさまざまな混合物の簡便迅速な分離法として適用され，複雑な反応過程の追跡，品質管理，純度検査，臨床検査などにとくに適している．

応用例 油溶性色素の分離[2]

①色素濃度として0.05〜0.5％の試料を含むエタノール溶液を調製する．

②展開溶媒としてヘキサンと酢酸エチルを9：1(v/v)の割合で混合して調製する．溶媒の体積は展開槽の大きさにより調節する．

③展開槽の内周に沿って沪紙を差し込み，この展開槽にゆっくりと展開溶媒を入れ，ふたをする．こうして，沪紙に溶媒をしみ込ませ，槽内を溶媒蒸気で充満させる．

④TLC用シリカゲルGプレートの下端から約2cmの位置に試料溶液をスポットする．このとき，スポットが大きくならないように注意する．

⑤試料スポットを風乾させた後，プレートを展開槽内にゆっくり入れて展開を開始する．

⑥プレートの2/3ほど溶媒が移動したら，プレートを展開槽からゆっくり取り出し風乾する．このとき，展開溶媒の先端に鉛筆などで印をつける．

⑦試料成分スポットおよび展開溶媒の移動距離から各色素の R_f 値を算出する．

⑧各色素の色調および既存の R_f 値（表1参照）との比較によりそれぞれの色素を同定する．標品を試料と同条件で展開し，その R_f 値と試料成分の R_f 値を比較するとより確実な同定ができる． ［小熊幸一］

参考文献
1) Sherma, J., Fried, B.：*J. Planar Chromatogr.*, **17**, 309-313, 2004.
2) 梅澤喜夫，本水昌二，渡會仁，寺前紀夫（編著）：基礎分析化学実験，p.137，東京化学同人，2004.

91 等速電気泳動装置

isotachophoretic analyzer : ITP

定性情報 ピークの位置(泳動時間),すなわち,試料導入口から検出部への移動にかかった時間.

定量情報 エレクトロフェログラム上のピーク面積.

装置構成 キャピラリー等速電気泳動(capillary isotachophoresis : CITP)専用装置の構成を図1,図2に示す.

試料注入部:一般的なキャピラリー電気泳動装置は基本的に開放系であるのに対し,CITP装置においては2種類の泳動溶液の間に試料溶液を導入する必要があるために閉鎖系となっているのが特徴である.キャピラリーの一端と泳動溶液溜めの間に接続されているインジェクションバルブからシリンジにより試料を導入する.

分離部:電気浸透流を抑制するためにフロン系ポリマー製のキャピラリー(内径〜800 μm)が使用されている.キャピラリー内に2種類の泳動溶液および試料溶液を導入し,泳動溶液溜めに高電圧を印加することにより分離が行われる.

検出部:試料イオンの検出の際には,電位勾配検出器や電気伝導度検出器が使用されることが多い.工夫しだいでUV検出器,蛍光検出器などの利用も可能である.

記録部:インテグレーター(コンピュータ処理部).

原理・特徴 CITPは,キャピラリー中に電気泳動移動度の異なる2種類の電解質溶液を満たし,両端に高電圧を印加することにより行われる[1].すなわち,分析目的のいずれのイオンよりも移動度の大きいイオン(先行イオン,leading ion, $L^{-(+)}$)を含む電解質溶液(先行電解液, leading electrolyte)と目的イオンのいずれよりも移動度の小さいイオン(終末イオン,terminating ion, $T^{-(+)}$)を含む電解質溶液(終末電解液, terminating electrolyte)を各1種類用い,この両者の境界面に試料を注入した後,電気泳動を行うことが特徴である(図3).ここにイオンA,B(移動度;A>B,濃度;A<B)を含んだ試料を先行電解液と終末電解液の中間に注入し,一定時間電気泳動を行うと,各試料イオンはそれぞれの移動度に従って互いに隣接したゾーンを形成する.ついで,この状態を保ちながら同じ速

図1 装置の構成

図2 等速電気泳動装置(J&M社 http://www.j-m.de/より)

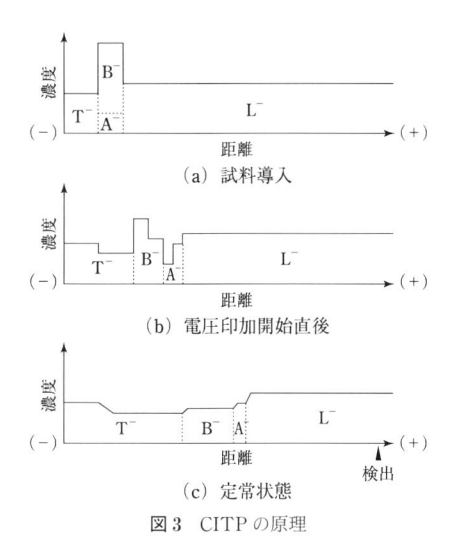

図3 CITPの原理

L⁻：先行イオン，T⁻：終末イオン，A⁻，B⁻：試料イオン（移動度：A⁻＞B⁻，濃度：A⁻＜B⁻）．

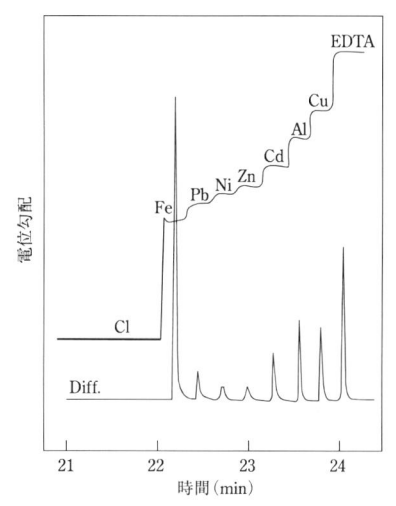

図4 CITPによる金属イオンの分離
先行電解液：5 mM 塩酸，2 mM β-アラニン，終末電解液：5 mM エチレンジアミン四酢酸，サンプル：金属イオン（1 nmol）混合物1 µL．Diff. は微分エレクトロフェログラムを示す．(Nakabayashi, Y., Nagaoka, K., Masuda, Y., Shinke, R.: *Talanta*, **36**, 639-43, 1989 より転載)

度で陽極へ移動する．なぜなら，先行イオンおよび終末イオンは試料より速く，もしくは遅く泳動するイオンであるので，これらのイオンは試料イオンゾーンに入ることはできないからである．したがって，各ゾーンの電場の強さは陰イオンの移動度に反比例することとなり，定常状態においてはキャピラリー内にこの電場の強さに従ったステップ状の電位勾配が生じる．また，それぞれのゾーンにおけるイオンの濃度は，先行イオンの濃度にほぼ等しくなるため，低濃度のイオンのゾーンは狭くなり，逆に高濃度のイオンではゾーンが広がる．最終的にはすべての溶質ゾーンが等速で移動しながら，検出点に達する．電気伝導度計による検出を行うと，各ゾーンの電位勾配に応じた階段状のエレクトロフェログラムが得られる．

用　途　CITPは微量なイオン，なかでも金属イオンの分析に利用されることが多い．また，この原理を利用した電気的注入法は過渡的電気注入法とよばれており，希薄試料を導入口付近で濃縮し，細いバンドとしてキャピラリー内に注入ができるため，その利用価値は非常に高い[2]．

応用例　金属イオンをCITPにより分離した例を図4に示す．検出は電位勾配検出器により行っている．それぞれの試料ゾーンの移動度に応じた電位勾配を反映し，階段状のエレクトロフェログラムが観測されている．また，図に示したように電位勾配の微分をとると，ゾーンの境界面に鋭いピークを与えるフェログラムが得られる．
　　　　　　　　　　　　　［北川文彦・大塚浩二］

参考文献
1) Everaerts, F. M., Reekers, J. L., Verheggen, Th. P. E. M.: Isotachophoresis-Theory, Instrumentation and Applications, Chap. 5, Elsevier, 1976.
2) Jandik, P., Jones, W. R.: *J. Chromatogr.*, **546**, 431-443, 1991.

92 等電点電気泳動装置

isoelectric focusing analyzer: IEF

定性情報 キャピラリー内において等電点収束させた試料成分を検出部まで移動させるのに要する時間.

定量情報 エレクトロフェログラム上のピーク面積.

装置構成 キャピラリー等電点電気泳動 (capillary isoelectric focusing: CIEF)においては,市販のキャピラリー電気泳動装置(図1)をそのまま流用可能である.装置の構成については,ゾーン電気泳動装置(項目93)を参照されたい.

試料注入部:CIEFにおいては試料溶液をキャピラリー内全体に満たしてから,電圧印加により分離を行うため,試料溶液を圧力法などによりキャピラリー内へ注入した後,キャピラリー両端を陽極液および陰極液に浸す.

分離部:電気浸透流および試料(とくにタンパク質)の吸着を抑制するために,ポリアクリルアミド修飾を施した溶融シリカキャピラリーを使用する[1].両性電解質(アンフォライト)溶液に試料を添加し,キャピラリー内を試料溶液で満たす.陽極液および陰極液として,アンフォライトのpI領域よりも強い酸および塩基をそれぞれ使用する.溶液溜めに高電圧を印加し,試料を等電点により分離・収束させる.定常状態に達した後,収束した試料バンドを検出部へ移動させる.バンドの移動には次のような方法が用いられている.

①イオン添加:陽極液または陰極液に対して中性の塩(塩化ナトリウムなど)を添加した溶液に代え,電圧印加を続けることにより試料バンドの移動を行う.中性の塩を陽極液に添加すると陽極方向へ,陰極液に添加すると陰極方向への移動が起きる.

②静水圧の利用:HPLCポンプによる加圧法や落差法などの適用により,収束した試料バンドを検出部へ移動させる.

検出部:UV検出器が多用されている.両性電解質の吸収が240 nm以下の波長領域に現れるため,タンパク質の検出においてはもっぱら280 nmにおける吸収をモニターすることが多い.

記録部:インテグレーター(コンピュー

図1 電気泳動装置(ベックマンコールター社, http://www.beckmancoulter.co.jp/)

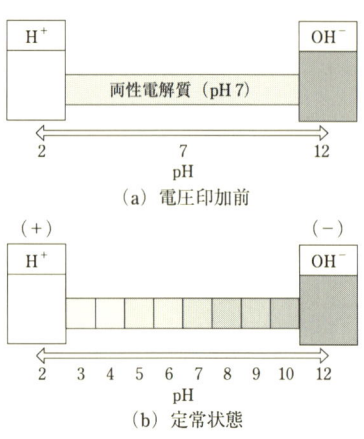

図2 CIEFにおけるpH勾配の形成
(a) 電圧印加前
(b) 定常状態

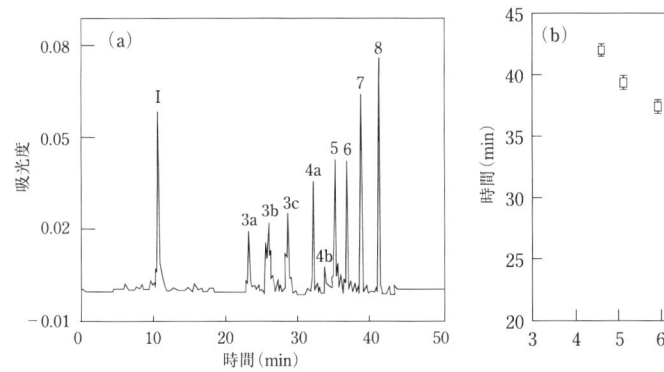

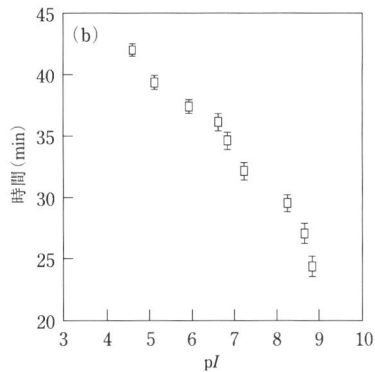

図3 CIEF によるタンパク質混合物の分離
(a)陽極液：7 mM リン酸水溶液，陰極液：20 mM NaOH 水溶液，試料：標準タンパク質（1. cytochrome c, 3. lentil lectin, 4. myoglobin, 5. carbonic anhydrase I, 6. carbonic anhydrase II, 7. β-lactoglobulin, 8. trypsin inhibitor）．(b)図は泳動時間の pI 依存性を示す．
(Hofmann, O., Che, D., Cruickshank, K. A., Müller, U. R. : *Anal. Chem.*, **71**, 678-86, 1999)

タ処理部）．

原理・特徴 CIEF は，キャピラリー中に種々の pI を有する両性電解質（アンフォライト）溶液を充填し，酸水溶液を陽極液，塩基水溶液を陰極液として高電圧を印加すると，アンフォライトはそれぞれの pI の位置に収束する（図2）．このアンフォライトの収束により，キャピラリー内には安定な pH 勾配が形成する．この pH 勾配が形成したキャピラリー内において，試料は自身の pI の位置まで泳動し収束することになる[2]．この原理により試料は pI の違いによって分離され，収束した試料バンドを前述の方法により移動させて検出を行う．

用途 CIEF はペプチドやタンパク質の分析に有用であり，ピーク面積からの定量情報に加え，泳動時間から試料の pI 値が得られる点で非常に優れた手法である．

応用例 pI 既知のタンパク質混合物を CIEF により分離した例を図3に示す．等電点分離させた後，イオン添加により検出位置までの移動を行い，UV (280 nm) により検出を行っている．すべての試料のほぼ完全なベースライン分離が達成されており，ピーク6の理論段数は 592000 という非常に高い値となっている．

また，試料の pI に対し泳動時間をプロットすると図3(b)のようになり，pI が 4.6 から 8.2 の範囲で良好な直線関係（r = 0.991）が成立している．したがって，このような標準試料の検量線から未知試料の pI の同定が可能であることがわかる．

［北川文彦・大塚浩二］

参考文献
1) Hjertén, S. : *J. Chromatogr.*, **347**, 191-198, 1985.
2) Hjertén, S., Zhu, M.-D. : *J. Chromatogr.*, **346**, 265-270, 1985.

93
ゾーン電気泳動装置
zone electrophoretic analyzer : ZE

定性情報 ピークの位置（泳動時間），また，検出器として質量分析計を使用する場合，ピークの質量スペクトル．

定量情報 エレクトロフェログラム上のピーク面積．

装置構成 キャピラリーゾーン電気泳動（capillary zone electrophoresis : CZE）における装置の構成を図1，図2に示す．電源としては出力電圧20～30 kV，電流1 mA 程度の安定化高電圧直流電源を用いる．

試料注入部：溶融シリカキャピラリーをそのまま使う場合，泳動液の pH が中性～塩基性であれば，陰極方向への強い電気浸透流が生じるので，陽極側のキャピラリー末端が試料注入部となる．

分離部：通常，内径5～250 μm，全長50～100 cm 程度の外表面をポリイミド被覆した溶融シリカキャピラリーを使用する．

検出部：UV 検出器が多用されている（ポリイミド被覆を一部はがして光学セルとする）．蛍光検出器，電気化学検出器，質量分析計なども用いることが可能である．とくにレーザー励起蛍光（LIF）検出器を利用することにより，検出感度の大幅な向上が達成されている．また，質量分析計による検出は，試料の構造情報を得ることできる点で非常に優れた検出法である．

記録部：インテグレーター（コンピュータ処理部）．

試料導入法 試料注入においては，試料注入側のキャピラリーを試料溶液中に入れ，①試料容器を数 cm 持ち上げて，試料溶液面を検出側の泳動溶液面よりも5～10 cm 程度高くして数秒保つ（落差法），②5 kV 程度の電圧を数秒間印加し，電気泳動または電気浸透によりキャピラリー内に試料を導入（電気的注入法），③窒素ガスなどを用いて試料容器を加圧し注入する（加圧法），④検出側の電極槽を減圧して試料を吸い込む（吸引法）といった方法がとられる．電気的注入法を用いる際には，注入される試料組成は原理的に元の試料組成と異なってしまうことに留意しなければならない．また，落差法は手操作で行えば簡単であり，試料組成が変化するおそれはないが，注入量の再現性はあまりよくない．

原理・特徴 CZE において分離を支配

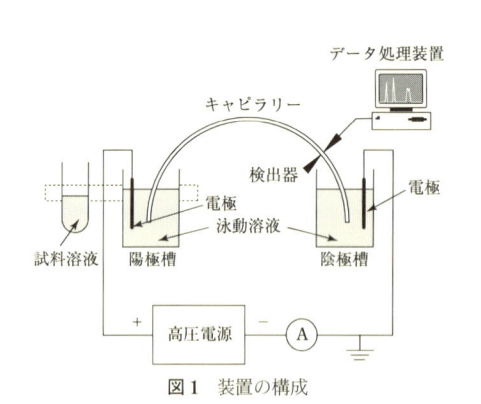

図1 装置の構成

図2 電気泳動装置（アジレント社 http://www.chem.agilent.com）

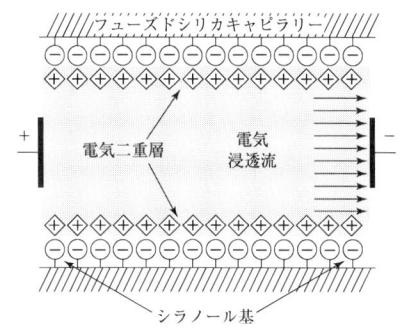

図3 電気浸透流の発生

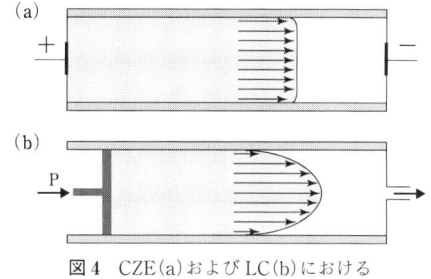

図4 CZE(a)およびLC(b)における流れプロファイル

する電気泳動と電気浸透についての基礎理論を概観し，CZEの分離原理について解説する[1]．

(1) 電気泳動：溶液中で電荷を有する物質は電場中において，電荷の種類により正負いずれかの電極方向へ一定速度で移動する．この静電的な力による移動(電気泳動)の速度 ν_{ep} は次式で表される．

$$\nu_{ep} = \mu_{ep} E = \mu_{ep} \frac{V}{L} \quad (1)$$

ここで，μ_{ep} は電気泳動移動度，E は電場の強さ，V は印加電圧，L はキャピラリーの全長である．μ_{ep} は分子の大きさや溶液の粘度などに依存し，この値の大小が試料の分離を支配する．

(2) 電気浸透：一般に溶融シリカキャピラリー内表面にはシラノール基のイオン化などにより負電荷が存在する．キャピラリー内の泳動溶液は，電気的中性の原理から表面の負電荷を中和する過剰量の正電荷をもち，キャピラリー表面の負電荷に引き寄せられ電気二重層を形成する(図3)．この過剰な正電荷の一部は電気二重層からキャピラリー内部へと拡散する．キャピラリーの両端間に電圧を印加すると，溶液中の過剰の正電荷が陰極側へと泳動するため，キャピラリー内の溶液全体も一緒に陰極方向へと移動する．

この現象は電気浸透(electroosmosis)，またそれによる流れは電気浸透流(electro-osmotic flow：EOF)とよばれ，EOFの速度 ν_{eo} は次式で表される．

$$\nu_{eo} = -\frac{\varepsilon \zeta}{\eta} E \quad (2)$$

ここで，ε は溶媒の誘電率，ζ はキャピラリー内表面のゼータ電位，η は溶媒の粘性率である．このように ν_{eo} はゼータ電位に依存し，ζ が負であればEOFは陽極から陰極へと向かう．EOFのキャピラリー内での速度分布は，電気二重層の近傍を除いてほぼ均一である．このような速度分布を示す流れは栓流(図4(a))とよばれ，液体クロマトグラフィー(LC)における流れプロファイル(層流)に比して試料バンドの広がりが少ないため，幅の狭いピークが得られる．

(3) 分離原理：CZEにおいては，EOFと電気泳動の両者が試料分子の移動を支配し，それぞれの向きと速度の大小が分離に大きく影響を及ぼす．二つの溶質の分離度 R_s は次式で表される．

$$R_s = \frac{\sqrt{N}}{4} \frac{\Delta \nu}{\nu_{app}} \quad (3)$$

ここで，N はバンドの理論段数で，両溶質に対して等しいとする．$\Delta \nu$，ν_{app} はそれぞれ移動速度の差，平均移動速度である．電気泳動およびEOFを考慮すると，溶質の移動速度 $\nu(s)$ は次式で表される．

$$\nu(s) = \nu_{eo} + \nu_{ep} \quad (4)$$

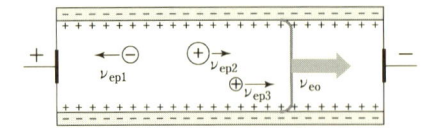

図5 CZEにおける分離の原理

CZEにおいては，各試料成分の $\nu(s)$ の差によって分離が達成される(図5)．電気浸透流速度は実験条件により一定であるので，μ_{eo} を電気浸透移動度とすると，ν_{eo} は式(1)と同様に以下のようになる．

$$\nu_{eo} = \mu_{eo} E = \mu_{eo} \frac{V}{L} \quad (5)$$

CZEでのバンド広がりはキャピラリー軸方向への分子拡散が主であるので，N は次のように書ける．

$$N = \frac{l^2}{2Dt} \quad (6)$$

ここで，l はキャピラリーの分離有効長，D は溶質の拡散係数，t は保持時間である．t は以下のように書くことができる．

$$t = \frac{l}{\nu_{eo} + \nu_{ep}} = \frac{l}{(\mu_{eo} + \mu_{ep})E} \quad (7)$$

式(1)〜(7)より，

$$N = \frac{1}{4}\left(\frac{V}{2D}\right)^{1/2}\left(\frac{l}{L}\right)^{1/2}\frac{\Delta\mu_{ep}}{(\mu_{eo} + \mu_{AV})^{1/2}} \quad (8)$$

ここで，$\Delta\mu_{ep}$ は電気泳動移動度の差，μ_{AV} は平均電気泳動移動度である．式(3)および(8)から分離度は印加電圧が高いほど，また拡散係数が小さいほど大きくなることがわかる．また，$(\mu_{eo} + \mu_{AV})$ を0に近くすると分離度は大きくなるが，分析時間が長くなるため理論段数の低下を招いてしまう．もっとも重要な項は $\Delta\mu_{ep}$ であり，二つの溶質の電気泳動移動度の差を大きくすることにより，良好な分離が得られる．一般的には溶液のpHが $\Delta\mu_{ep}$ に大きな影響を及ぼす．

用途 CZEは低分子イオン，イオン性生体分子，無機イオンなどのイオン性の試料の分析に適しており，非常に高い分離が得られる手法である．CZEでは原理的に電気的に中性な試料を分離することができないが，泳動溶液に臨界ミセル濃度以上のイオン性界面活性剤を添加し，溶液中に生成するイオン性ミセルを擬似固定相とすることで，中性物質を分離できるようになる．このような分離モードはミセル動電クロマトグラフィー(micellar electrokinetic chromatography：MEKC)とよばれ，界面活性剤としてドデシル硫酸ナトリウム(SDS)などがよく使用されている．SDSミセルは負電荷をもっているので電気泳動により陽極方向への力を受けるが，泳動溶液全体はEOFにより陰極方向へ流れる．一般にはミセルの移動速度よりEOF速度の方が速いので，ミセルもゆるやかな速度で陰極方向へ移動する．したがって，ミセル中へ分配している試料分子と水相中に存在する分子とでは移動速度が異なるため，試料成分の移動速度はミセルに対する分配平衡定数によって大きく異なり，ミセルに可溶化されやすい成分ほど遅く移動することになる．

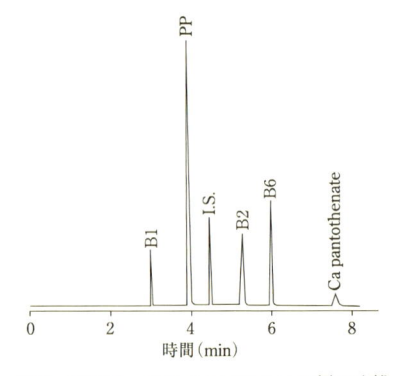

図6 CZEモードによるビタミンB類の分離
泳動液：0.02 M ホウ酸塩緩衝液，試料：水溶性ビタミンB混合物 (PP；nicotinamide, B1；thiamine, B2；riboflavine, B6；pyridoxine)，検出：214 nm, 電圧：20 kV. I.S. は内標準を示す．(Boonkerd, S., Detaevernier, M. R., Michotte, Y.：*J. Chromatogr.*, **670**, 209-214, 1994)

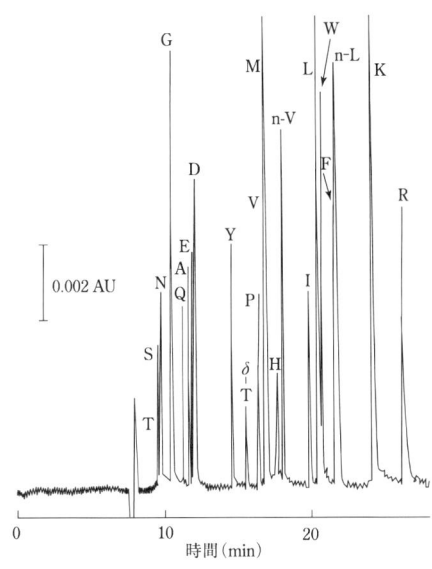

図7 MEKCモードによるPTHアミノ酸の一斉分離

泳動液：0.05 M SDS含有リン酸塩-ホウ酸塩緩衝液（pH 7.0），試料：PTHアミノ酸混合試料（22種），検出：260 nm，電圧：10 kV．ピークの帰属はアミノ酸1文字略号により示した．（Otsuka, K., Terabe, S., Ando, T.: *J. Chromatogr.*, **332**, 219–226, 1985）

このような試料分子のミセルに対する分配平衡の違いを利用することにより，電気的に中性な物質の分離を達成することができる[2]．また，同様の原理によりシクロデキストリンのような不斉認識能を有する化合物（キラルセレクター）を擬似固定相として泳動液に添加することにより，光学異性体の分離を行うことが可能である[3]．

応用例　水溶性ビタミンB類をCZEモードにより分離した例を図6に示す．pH 9の条件においては正に荷電しているB 1が最初に溶出し，続いて中性のPP，最後に負に荷電したB 2，B 6が検出されており，電気泳動移動度の差によって分離が達成されていることがわかる．また，SDSを利用したMEKCモードの適用によりPTHアミノ酸の一斉分離を行った例を図7に示す．22種すべてのPTHアミノ酸が認識可能なピークとして分離されている．なお分離が不十分なピークに関しても，SDS濃度や印加電圧により分離を向上させることが可能である．

［北川文彦・大塚浩二］

参考文献
1) Jorgenson, J. W., Lukacs, K. D.: *Anal. Chem.*, **53**, 1298–1302, 1981.
2) Terabe, S., Otsuka, K., Ando, T.: *Anal. Chem.*, **57**, 834–841, 1985.
3) Terabe, S., Miyashita, Y., Ishihama, Y., Shibata, O.: *J. Chromatogr.*, **636**, 41–55, 1993.

94
ゲル電気泳動装置

gel electrophoresis apparatus

定性情報　移動距離．
定量情報　各成分バンドを染色した後の吸光度(あるいは発光度)-距離(時間)曲線(ピーク)の面積(積分値)．二次元分離の場合は，スポットの全面積×吸光度(積分値)．

注　解　電気泳動後のゲルをタンパク質検出用の試薬(色素，銀イオン，金コロイドなど)溶液あるいはDNA断片検出用の試薬(色素，蛍光色素など)に浸してタンパク質あるいはDNA断片を染色し，ゲル上端(試料添加位置)から染色バンドまでの距離(移動距離)を測定する．サイズ分離ゲル電気泳動では，分子量既知のタンパク質数種，あるいは分子量既知のDNA断片数種の移動距離から分子量-移動距離の標準曲線を描き，それぞれから試料タンパク質，あるいは試料DNA断片の分子量測定を行い，定性・確認する．

等電点ゲル電気泳動では，ゲルを染色処理後，等電点既知のタンパク質の移動距離からpH-移動距離の標準曲線(pH勾配曲線)を描き，試料タンパク質の等電点を測定し，定性・確認する．より精密な等電点の測定には，電気泳動後のゲルを電気泳動の方向と平行に2枚に切り，一方のゲルを染色して試料タンパク質の移動距離を測定するとともに，他方のゲルは染色せず，電気泳動方向と直角に多数の切片とし，それぞれを水に浸して抽出液のpHを測定し，pH勾配曲線を描くこともある．

等電点ゲル電気泳動に引き続きサイズ分離ゲル電気泳動を行う二次元ゲル電気泳動では，タンパク質は平板ゲル上にスポットとして分離され，染色される．等電点電気泳動方向の移動距離と標準曲線から等電点の値，サイズ分離電気泳動方向の移動距離から分子量の値を測定し，両者から定性・確認する．

染色したゲル上のタンパク質バンド(スポット)あるいはDNA断片バンドの吸光度積分値．染色されたゲルの画像を画像処理装置でディジタル処理し，バンドの総面積(ピクセル数)を計算するとともに，それ

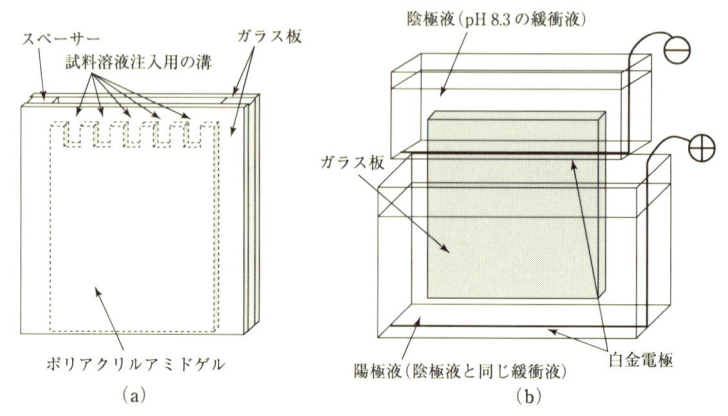

図1　タンパク質のゲル電気泳動装置の概略図

それのピクセルの濃度(256段階などのディジタルな値)を求める．あらかじめ標準濃度片(20cm程度のフィルムを透明な端から1cm程度ずつごとに段階的に黒くなるように感光・現像させたフィルム．それぞれの濃度位置について，対応する吸光度値が測定されている．フィルム会社から市販)の画像を同時に画像処理し，画像の濃度と吸光度値とを対応させた濃度-吸光度標準曲線を描く．バンドの全ピクセルについて，それぞれの吸光度の値が得られるから，これを積算して積算濃度(integrated density)を求める．試料タンパク質を分離したのと同じゲル上で，標準タンパク質の添加量を変化させて同時に電気泳動し，標準タンパク質の添加量と積算濃度の関係について標準曲線を描き，試料タンパク質バンドの量(標準タンパク質換算量)を求める．

装置構成 ゲル電気泳動装置の模式図を図1に示す．

図1(a)のようにスペーサーで隙間をつくった2枚のガラス板の間にアクリルアミドとメチレンビスアクリルアミドの混合(質量比で20:1程度)溶液(アクリルアミドの濃度は分離したいタンパク質の分子量範囲に応じて5～30 g/100 mLの範囲)を加える．櫛形の板をガラス板上端にはめ込んだ状態で重合させ，櫛形板を取り除くと試料注入用の溝をもったポリアクリルアミドゲルができる．ゲルを保持したガラス板を右の電気泳動装置に装着し，試料を注入し，直流電圧をかけタンパク質を陽極方向に移動させる．分子量のもっとも小さいタンパク質がゲルから抜ける前に電源を切り，ゲルをガラス板からはずし，タンパク質固定・染色液に浸す．

原理・特徴 ゲル電気泳動に用いるゲルとは，ポリアクリルアミドなどの親水性線状架橋高分子に緩衝液を保持させたものをいう．タンパク質やDNA断片など，基本的性質が非常に似通っていて分子量(ポリペプチド鎖の長さやDNA鎖の長さ)の違う分子群をゲル中で移動させると，鎖長の大きい分子はゲルの孔(pore)をスムーズに通り抜けられないので，移動速度が小さくなる．DNA断片はリン酸基(電荷数-1)を塩基の数だけ含むので，pH 8程度の緩衝液中で大きな負電荷をもち，陰極側から試料注入し電圧をかけると陽極方向へ移動し，サイズの違いで分離される．タンパク質の場合は，分子種によって(アミノ酸組成の違いによって)等電点が3～12の範囲でさまざまな値をとる．緩衝液のpHが8程度であるとすると，等電点が8より大きいタンパク質は全体として負に荷電し，等電点が8より小さいタンパク質は全体として正に荷電する．したがって，この状態ではサイズの違いだけに基づく分離はできないことになる．そこで，図1のゲル中や緩

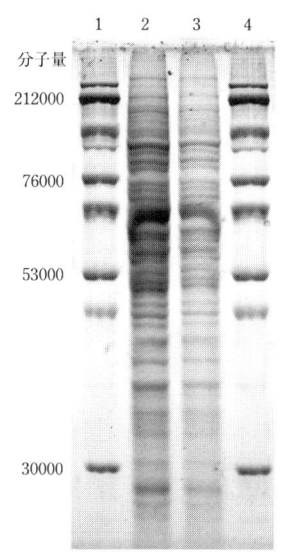

1,4：分子量マーカータンパク質
2,3：ウシ脳の水可溶性タンパク質

図2 細胞タンパク質のSDSゲル電気泳動パターンの例(ゲル高さ4 cm)

衝液中に SDS を含ませておき,試料タンパク質もあらかじめ SDS との複合体にしておいてから電気泳動するのがふつうである(SDS ゲル電気泳動).タンパク質 1g に SDS が 1.4g 程度結合するとされており,タンパク質に結合した SDS はドデシル硫酸イオン(pH 8 付近での電荷数 −1)の状態であるから,SDS 電気泳動ではすべてのタンパク質が大きな負電荷をもった状態で分離されることになり,サイズの違いだけに基づく分離が可能になる.ゲル電気泳動では,タンパク質の拡散が小さいだけでなく,タンパク質のサイズに対応した孔径のゲル位置にタンパク質が濃縮される効果もあり,分離能が高くなる.SDS ゲル電気泳動でゲル密度などの条件を最適化すれば,高さ 10 cm 程度の平板ゲル上で 100 本以上のタンパク質バンドを分離することも可能である.

分離例 1 ウシ脳水可溶性タンパク質の SDS ゲル電気泳動による分離例を図 2 に示す.4 つの試料溶液注入溝のうち,1 と 4 に分子量既知の精製タンパク質 9 種の混合溶液を注入し,2 と 3 にウシ脳をホモジナイズ後遠心分離して得られた上清を注入した.試料溶液はあらかじめ 2%SDS-5% メルカプトエタノールになるようにし,95°C で 3 分間処理したもの.

二次元電気泳動では,図 1 に示したものと同様の装置で,内径 1〜2 mm の円筒形のゲルを支持体として,等電点ゲル電気泳動を行う.泳動終了後ただちに図 1 の装置に装着した平板型ポリアクリルアミドゲル(試料注入溝のないもの)の上端に円筒ゲル

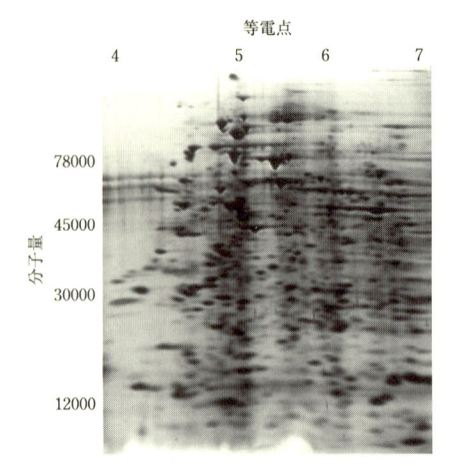

図 3 ヒト白血球タンパク質の二次元電気泳動による分離例

を乗せ,SDS ゲル電流泳動を行う.

タンパク質は平板ゲルの左右方向に等電点の違いで分離され,上下方向に分子量の違いで分離される.タンパク質の等電点はポリペプチド鎖のアミノ酸の組成で決まり,分子量はポリペプチド鎖のアミノ酸の個数で決まるので,これら二つの性質は互いに独立している.したがって,タンパク質は平面ゲル上に一様に分離されることになる.等電点電気泳動では 100〜200 本のタンパク質バンドを分離することも可能なので,二次元電気泳動では $100 \times 100 = 10000$ 個のタンパク質スポットを分離することが原理的に可能なはずである.

分離例 2 ヒト白血球タンパク質の二次元電気泳動による分離例(銀染色したもの)を図 3 に示す.　　　　　［真鍋　敬］

95 フローインジェクション分析装置
flow injection analyzer : FIA

定性情報 通常，定性のためには使わない．

定量情報 試料溶液を注入して得られたピークの高さ，またはピーク面積．

注解 フローインジェクション分析(FIA)装置に空試験液と適当な濃度の標準試料を注入し，それぞれのピークの大きさとピーク出現時間を確認しておく．次に試料を注入し，空試験液および標準試料のピーク出現位置に空試験液よりも大きいピークが出現するか否かで定性・確認する．

装置構成 FIA装置（システム）の構成を図1に示す．装置は，フローインジェクション部（送液と試料導入），移送・反応部，センシング部（検出とデータ処理部）から構成され，これらを各種ジョイント（コネクター）と細管を用いて接続して構築する．

フローインジェクション部：装置の心臓部をなすもので，送液ポンプと試料導入装置からなり，これらの性能により分析結果の質（感度・精度・真度）が決まる．

送液ポンプ：FIA装置の流れ系は本来開放管で構成されているので高圧ポンプを必要としない．したがって，プランジャー型ポンプはもちろんのこと，比較的安価で取り扱いやすいペリスタ型ポンプ（チューブしごきポンプ），シリンジポンプ，ソレノイドポンプ，ガス圧送液法も使用できる．

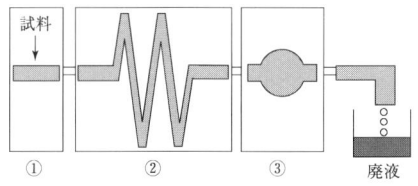

ペリスタ型ポンプは，一連のローラーがその周囲に取り付けられた弾力性のあるチューブ（たとえばタイゴンチューブ）をしごくことにより送液する．通常はローラー数の多いものが小さい脈流で，FIAには好ましい．ペリスタ型ポンプは，長時間の運転によりチューブの疲労による流量変化を起こす．チューブの耐薬品性にも注意しなければならない．また，反応コイルを高温に加熱する場合には，気泡が発生し，流れに支障をきたす．逆流，チューブ破裂のおそれもあり，危険を伴う．

プランジャー型ポンプは，流量設定の容易さ，定流量性，再現性に優れ，数十〜数百気圧での送液も可能である．プランジャー二つを備えた，いわゆるダブルプランジャー型ポンプが価格，使いやすさの点で推奨できる．プランジャー型ポンプは高圧に耐えられるので，分離カラム，反応カラムなどを組み込む系や高温加熱を必要とするFIAに使用できる．たとえば，全リン定量用FIAに用いられるように10〜20 mの反応チューブを160℃の恒温槽で加熱する場合にも使用できる．

試料導入装置：初期のころは，ガスクロマトグラフ法と同様にマイクロシリンジを用いて試料を注入していたが，最近では樹脂製，さらには耐久性・耐腐食性に優れたセラミックス製の比較的安価なFIAに適するロータリーバルブが入手できる．一般的なものは六つの出入り口をもつ六方バルブで，数〜数百μLのサンプルループを装備し，ディスポシリンジやマイクロシリンジを用いて試料をループに満たす．サンプルループにためられた試料は，バルブを切り替えることにより装置内に導入されるため，試料注入量の再現性はよい．FIA用の

①フローインジェクション部
②移送・反応部　③センシング部

図1　フローインジェクション分析装置の基本構成

オートサンプラーを用いれば自動的に試料を注入してくれるので，人的・時間的節約が大きく，また人為的な間違いも少なくなる．

移送・反応部：フローインジェクション部とセンシング部をつなぎ，試料と試薬の混合溶液を下流の検出器に移送しつつ反応を進行させる役目をもつ．内径0.3〜1.0 mm（ふつうは0.5 mmがよく用いられる）のテフロンチューブをコイル状に巻いたものでよい．チューブ内径の大きいもの，あるいは長いものは分散（試料ゾーンの広がり）が大きい．

FIAの特徴的な利点である前処理操作のオンライン化は移送・反応部で行われる．各種カラム反応（イオン交換，酵素反応，酸化還元反応），溶媒抽出，膜分離，ガス透過，加熱などの前処理装置を適当な箇所に組み込むことができる．

センシング部（検出部）：小はpH測定装置から大はICP発光分析（ICP-AES），質量分析装置（MS）まで，日常的に用いられる検出装置を用いることができる．通常よく用いられているものは吸光光度検出器である．検出部では，フローセルの体積の小さいもの（数〜数十μL），検出体積（検出に必要な試料供給量）の小さいもの，さらにはレスポンス（応答）の速いものが好ましい．

検出器で得られるレスポンスの記録は，簡単のためにはスプリットチャート式記録計で行われる．HPLCなどで使用される簡易データ処理装置（インテグレーター）を用いれば，ピーク高，ピーク面積を自動的に求めることができる．また，検出器の出力電圧信号をコンピュータに連続的に取り込む装置が使用でき，取り込んだデータから検量線を作成して，濃度計算までの工程を自動的に行うことができるFIA専用のデータ処理システムも開発されている（たとえば，FIAモニターなど）．

原理　FIAでは，流れに試料液を注入後，分析対象物質の検出に必要なすべての

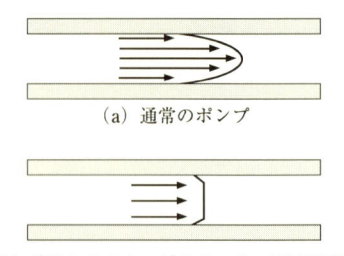

(a) 通常のポンプ

(b) 溶融シリカキャピラリー中の電気浸透流

図2　細管内流動プロファイル

操作を流れの中でオンラインで行うことができ，操作の簡便化，時間の短縮，測定精度の大幅な向上が可能となる．FIAによる定量が可能となる原理は，"試料の分散"と"再現性よい分散制御"にあるといえる．

細管内を流れる液体の典型的な流動特性を図2に模式的に示す．(a)はFIA，HPLCで用いる送液ポンプを用いた場合の流れ，(b)はシリカキャピラリーの両端に電圧をかけたときにみられる電気浸透流である．(a)のポンプを用いると，図に示すように，管中心の線速度が大きい流れ（層流）を生じる．このような流れ（キャリヤー）に試料液をプラグ（栓）状態で導入すると，この試料ゾーンは管中心付近が管壁よりも速く進むため，ゾーンはしだいに広がり，キャリヤーと試料との混合が起こり，細管内を流れる間に希釈・混合され，試料ゾーン内に濃度勾配が生じる．この現象を"試料の分散"という．

最小分散度　フローシグナルのピークにおける分散度で，注入した試料濃度をピークにおける濃度で除した値．試料注入量，細管の長さ，径，流速などに影響される．一般に，注入試料体積が大きくなるとこの分散度は小さくなり，細管の長さが長くなると分散度は大きくなる．また，管径が大きくなると最小分散度も大きくなる．流速が大きくなると分散度も大きくなる．

定量原理　吸光度のような濃度に比例する物理量を定量に利用する場合には，最小

分散度は試料濃度 C には依存しないので，ピーク高 H，ピーク面積 A と C の間には
$$H = k_H C, \quad A = k_A C$$
が成立し，H, A を用いた検量線は直線となる（k_H, k_A は比例定数）．

特徴・利点 FIA の主要な特徴・利点を次にあげる．

① 迅速：毎分数 mL の流量でキャリヤー（反応試薬）を流し，この流れに試料を注入することにより，1 時間あたり 150～200 試料の処理も可能であるが，質（精度と真度）の高い分析のためには，通常 1 時間あたり 30～60 試料が適当である．

② 簡便：FIA システムの構築後は，試料注入バルブで試料を注入するだけでよい．

③ 自動化の容易さ：試料液調製装置，オートサンプラー，データ処理，フィードバック装置などとの一体化により，全自動化学分析システムを簡単に構築できる．

④ 少試料：通常の FIA 測定では，100～200 μL の試料量で十分である．貴重な試料あるいは高感度を必要としない場合には，数～数十 μL でよい．

⑤ 少試薬：通常の FIA 測定では，1 回の測定に 0.5～1.0 mL の試薬液を用いる．貴重な試薬であれば，マージングゾーン法も可能である．また，ミクロフロー法では，1 回に 10～20 μL 程度でよい．

⑥ 多様な前処理操作のオンライン化：複数の前処理操作を流路中で短時間に，再現性よく行うことができる．これが FIA のもっとも大きな利点であり，特徴である．加熱・冷却・恒温，濾過，さまざまなカラム処理，溶媒抽出，気体透過，透析，紫外線照射など多様な前処理装置が必要に応じ流路に組み込まれる．

⑦ 環境保全への対応：試料液採取から検出までチューブ内ですべての反応が行われる準閉鎖系システムのため，実験環境汚染（たとえば有機溶媒蒸気など）は非常に少ない．また，廃液量もバッチ法に比べて非常に少ない．

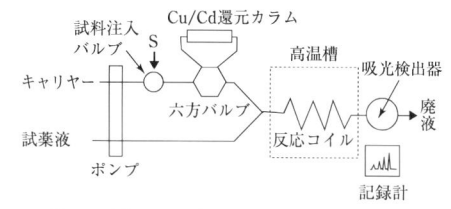

図 3 硝酸イオン定量用フローダイアグラム

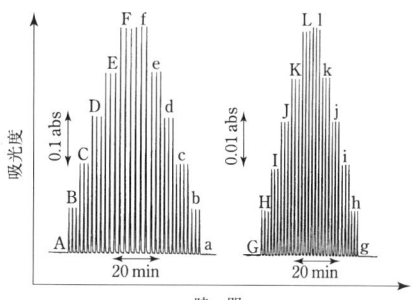

図 4 硝酸イオン，亜硝酸イオン定量用フローシグナル

[N-NO$_2^-$] ppm
A, 0；B, 0.2；C, 0.4；D, 0.6；E, 0.8；F, 1.0
[N-NO$_3^-$] ppm
a, 0；b, 0.2；c, 0.4；d, 0.6；e, 0.8；f, 1.0
[N-NO$_2^-$] ppb
G, 0；H, 20；I, 40；J, 60；K, 80；L, 100
[N-NO$_3^-$] ppb
g, 0；h, 20；i, 40；j, 60；k, 80；l, 100

⑧ 測定時の汚染低減：準閉鎖系システムであり実験環境からの汚染を低減できる．

⑨ 高感度・高精度・高機能化：FIA に適した高性能送液ポンプを用いれば，定量感度・精度の飛躍的向上が可能となり，さらにさまざまな前処理のオンライン化で高機能 FIA が可能となる．

実測例 硝酸イオンおよび亜硝酸イオン測定用の FIA 装置を図 3 に，本装置で得られたフローシグナルの例を図 4 に示す．装置に組み込んだ銅／カドミウム還元カラムで硝酸イオンは亜硝酸イオンに定量的に還元されている． ［**本水昌二**］

96
向流分配クロマトグラフ

countercurrent chromatograph : CCC

定性情報 保持時間.
定量情報 ピーク高さまたはピーク面積.

装置構成 向流クロマトグラフ(CCC)は，高速液体クロマトグラフ(HPLC)と同様に，ポンプ，試料導入装置(インジェクター)，検出器，記録計およびフラクションコレクターと接続して用いられる．装置の構成を図1に示す．CCCを行うためにさまざまな装置が開発されてきたが，その中で，比較的短時間に効率よく分離を達成でき，国産で入手が容易な市販装置は，高速向流クロマトグラフ(high-speed countercurrent chromatograph : HSCCC)(ルネサス東日本セミコンダクタ(株)製)と遠心液液分配クロマトグラフ(centrifugal partition chromatograph : CPC)(システムインスツルメンツ(株)製造，(株)センシュー科学販売)の二つである．いずれも，分離の原理は同じであるが，カラムの形状や回転機構が異なるため，使用する二相溶媒や試料物質の性質に応じて装置を選択することが必要である．なお，海外ではPharma-Tech Research社(Baltimore, Maryland, USA)製の装置が安定性もよく，広く用いられている．HSCCCには，おもにJ型装置と交軸型装置があるが(図2)，ここでは国産市販化されているJ型装置をとくにHSCCCとして扱う．

検出器には，通例，HPLC用の紫外可視分光光度計が用いられるが，容量の大きい分取用セルを装着すると安定したクロマトグラムを記録することができる．また，直接の検出が難しい場合には，フラクションコレクターにより分画した移動相画分の一部を用いて，比色定量法やHPLC，薄層クロマトグラフ分析を行う．

(1) 高速向流クロマトグラフ(HSCCC)：テフロンチューブをコイル状に巻き付けて作製したカラムがそれ自体は横に自転しながらさらに同じ方向に公転する(惑星運動：planetary motion)(図2(a))．回転を安定化させるためには，カラムと対照の位置におもりを取り付け，バランスをとることが重要である．また，送液チューブは高速回転でもねじれないように公転軸から自転軸に向かってJ字を描くように配管する．

a：カラム(多層コイル)
b：バランスおもり

固定相溶媒　移動相溶媒　ポンプ　試料導入装置(インジェクター)　回転速度コントローラー　HSCCC　検出器　記録計　フラクションコレクター

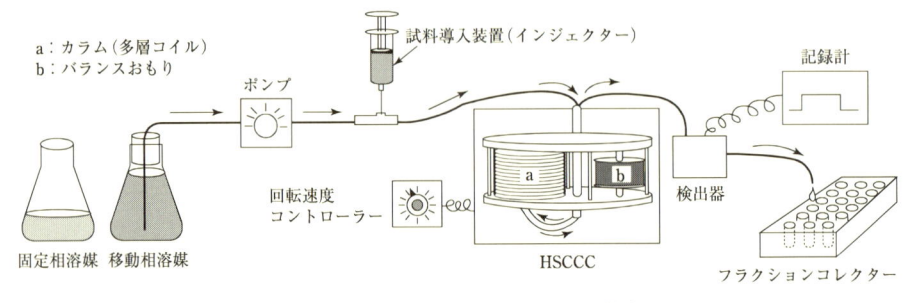

図1　高速向流クロマトグラフィーの装置構成図
(Weisz, A., Scher, A. L., Shinomiya, K., Fales, H. M., Ito, Y.: *J. Am. Chem. Soc.*, **116**, 704-708, 1994 より一部変更)

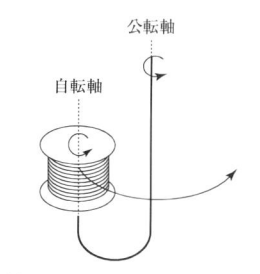

(a) J型向流クロマトグラフ

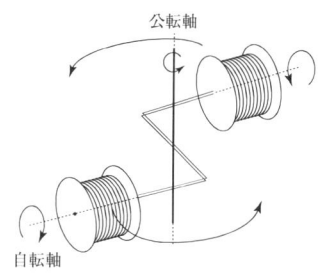

(b) 交軸型向流クロマトグラフ

図2 高速向流クロマトグラフ装置の模式図
(今井一洋, 前田昌子(編): 機器分析化学, p.14 図1.1.4.3, 丸善, 2002 より一部変更)

カラムはテフロンチューブを円筒状のカラムホルダーに巻き付けて自作する. 多層コイル(multilayer coil)では, 内側から外側に向かってコイル状に巻き付けるが, ホルダーの端までチューブが達したら, 回転する方向を変えずにその上に次のコイル層をつくりながら戻り, それを繰り返して作製する. 使用するテフロンチューブの大きさにより容量の異なるカラムを作製することができるが, たとえば市販カラムホルダーに内径2mm, 外径3mmのテフロンチューブを巻き付けると, 容量約100mLの多層コイルのカラムが作製可能である.

(2) 遠心液液分配クロマトグラフ(CPC): 市販カラムは, 分配セル89個からなるポリフェニレンスルフィド製円板(図3)24層(1円板表裏2層×12枚)で構成され, 円板どうしは液漏れを起こさないよ

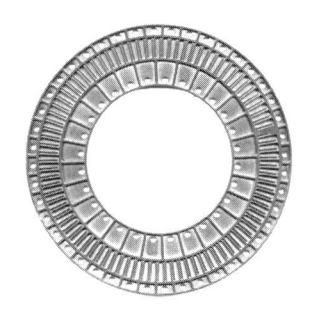

図3 遠心液液分配クロマトグラフの分離用円板

うに強く固定されている. カラムの全容量は約220mLで, 分配セル1個あたりの容量は約88μLである. カラムは中心軸のまわりを一定速度で回転し, HSCCCのように複雑な回転はしない. 送液チューブは, カラムの回転中心の上部と下部に接続した回転ジョイントを通して取り付ける.

装置とカラム例を図4に示す.

原 理 CCCは液-液分配モードを基礎とした分配クロマトグラフィーであり, 互いに混ざり合わない二液層からなる二相溶媒の上層または下層のいずれか一方の層を固定相, 他方の層を移動相として用いる.

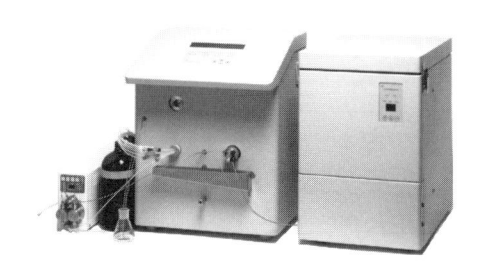

図4 遠心液液分配クロマトグラフ(上: 装置, 下: 小容量カラム例)(システムインスツルメンツ(株)CPC 240 システム)

試料物質はカラム内において二液相間での分配を繰り返した後,分配係数(partition coefficient : K)の大きさの順に従って互いに分離され,移動相とともに溶出される.

分離には,試料物質の性質や用いた二相溶媒の極性の大きさ,遠心場に働くさまざまな物理量などが複雑に関与しており,とくにカラム内の固定相保持率が低い場合には十分な分離が行われないことがある.

試料成分の保持体積 V_R は,次式で表される.

$$V_R = V_m + KV_s$$

ここで,V_m,V_s はカラム内の移動相および固定相体積である.得られたクロマトグラムから K 値を算出することができる.

操 作 CCCで良好な分離を達成するためには,試料物質の性質に応じて二相溶媒と装置の操作条件を適切に選択することが大切である.

(1) 二相溶媒の選択:二相溶媒は有機溶媒-水系と水性二相溶媒に大別される.従来,これらの溶媒系と構成する溶媒の組成比は実験者の経験に基づいて決定されてきたため,選択も難しく,多大の時間を要した.しかし,現在では有機溶媒-水系についてはある程度系統的な検討が可能である.数ある二相溶媒の中でも,n-ヘキサン/酢酸エチル/1-ブタノール/メタノール/水系,クロロホルム/メタノール/水系,t-ブチルメチルエーテル/1-ブタノール/アセトニトリル/水系の3種類は溶媒の組成比を変えることにより,極性の大きいものから小さいものまで幅広く調製することができる.これらの組成比を表1に示す[1].また,試料の性質によっては,二相溶媒にトリフルオロ酢酸あるいはアンモニア水など分離後の除去が容易な揮発性の試薬を加えて液性を調節することも可能である.HSCCCではほとんどの有機溶媒-水系の使用が可能であるが,CPCでは,1-ブタノール/水系は固定相がカラム内に保持されないため使用できない.

CCCで用いられる水性二相溶媒には,ポリエチレングリコール(PEG)/無機塩系

表1 CCCのための有機溶媒-水系二相溶媒選択法

(a) n-ヘキサン/酢酸エチル/1-ブタノール/メタノール/水系

n-ヘキサン	酢酸エチル	1-ブタノール	メタノール	水	
10	0	0	5	5	疎水性大
9	1	0	5	5	↑
8	2	0	5	5	
7	3	0	5	5	
6	4	0	5	5	
5	5	0	5	5	
4	5	0	4	5	
3	5	0	3	5	
2	5	0	2	5	
1	5	0	1	5	
0	5	0	0	5	
0	4	1	0	5	
0	3	2	0	5	
0	2	3	0	5	
0	1	4	0	5	↓
0	0	5	0	5	親水性大

(b) クロロホルム/メタノール/水系

クロロホルム	メタノール	水	
10	0	10	親水性大
10	1	9	↑
10	2	8	
10	3	7	
10	4	6	
10	5	5	
10	6	4	↓
10	7	3	疎水性大

(c) t-ブチルメチルエーテル/1-ブタノール/アセトニトリル/水系

t-ブチルメチルエーテル	1-ブタノール	アセトニトリル	水	
1	0	0	1	疎水性大
4	0	1	5	↑
6	0	3	8	
2	0	2	5	
4	2	3	8	↓
2	2	1	5	親水性大

とPEG/デキストラン系があるが，その中で12.5％(m/m)PEG 1000/12.5％(m/m)リン酸二カリウム水溶液は調製も簡単で分層も短時間ですむため，最初に検討すべき溶媒系として有用である．水性二相溶媒は，タンパク質のように有機溶媒により変性しやすい物質の分離に使用できるが，粘度が高く，分離画分からの除去に煩雑な操作を要するなどの問題点がある．

CPCでは使用が可能であるが，固定相保持率や分離効率も有機溶媒-水系と比較して極端に低い．一方，HSCCCでは固定相が保持されないため，使用できない．交軸型装置は水性二相溶媒で良好な分離が得られるが，カラムの回転機構が複雑なため，市販されていない．

(2) 分配係数の測定：CCC分離の成否を予測する上で，試験管による分配係数の測定は有用である．多くの場合，調製した二相溶媒の上層と下層それぞれ2 mLずつを同じ試験管に入れ，これに試料約1 mgを溶解し，およそ30秒間十分にかくはんする．静置して分層させた後，上，下層それぞれ1 mLずつを別々の試験管に入れ，適当な溶媒2 mLを加えて希釈し，紫外可視分光光度計により適当な波長で吸光度を測定し，その結果から分配係数の値を算出する．得られた分配係数の値の比が1.5以上（分離係数 $\alpha \geq 1.5$）である物質どうしではCCCにより十分な分離が可能であり，混合物試料の分離では，分配係数の値が1付近であることが二相溶媒系を選択する上で目安となる．

(3) 分離操作：試料溶液は，用いる二相溶媒の上下層同量の混合溶液少量に溶解して調製する．このとき，二液層間の界面の形成を確認することが分離を達成する上で大切である．カラムは，二相溶媒の一方の層を固定相として充填し，試料溶液を注入した後，800〜1000 rpmで回転させる．その後，他方の層を移動相としてポンプで一定の流速でカラム内に送液する．実験開始後しばらくは固定相が溶出するが，カラム内で固定相と移動相が平衡状態に達すると固定相に代わって移動相が溶出する（溶媒先端，solvent front：SF）．移動相とともに溶出した試料成分は，フラクションコレクターにより分画される．

HSCCCでは，カラムの回転方向は，固定相を保持させる上でとくに重要である．通常，下層を移動相とする場合には多層コイルの内側から外側に向かって送液させ，反時計まわりに回転させる．また，同じ反時計まわりで上層を移動相とする場合には送液方向を反対にする．

一方，CPCでは，カラムの回転方向は市販装置が規定した方向（時計まわり）で行うが，送液方向は，下層を移動相とする場合には下降法（descending mode），反対に上層を移動相とする場合には上昇法（ascending mode）を使用する．

移動相送液速度はカラム容量により異なるが，通常，100 mL容量のカラムの場合，1.0 mL/min前後が多く用いられる．流速を低下させると固定相の保持率は高くなるが，それだけ分離時間が長くなるので，試料成分の分離度を考慮して設定する．

用途 固体充填剤に吸着あるいは変性してしまう物質の分離が可能で，とくに天然物からの生理活性物質の分離・精製には幅広く用いられている．中でもタンニンやサポニンなど分液漏斗の使用により，エマルションを形成してしまう物質の分離には有効である．そのほか，医薬品，ペプチド類，金属や無機物質などの分離・分取に利用されている．

応用例 HSCCCによる大豆胚芽抽出物中イソフラボン配糖体の分離[2]

(1) 分離用試料の調製

①大豆胚芽128 gにエタノール1 Lを加えて加熱還流抽出し，抽出液を熱時沪過した後，溶媒を減圧留去する．

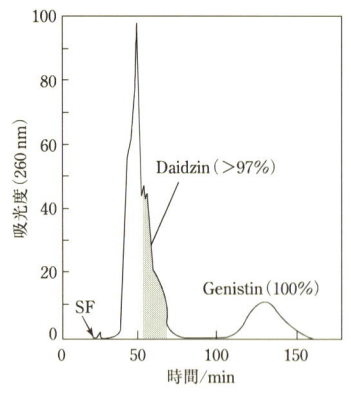

図5 HSCCCによる大豆胚芽由来白色沈殿物のクロマトグラム

②残査にアセトン700 mLを加えてよく攪拌した後沪過し，沪液を再び減圧留去する．
③この残査を水350 mLに溶解し，さらに酢酸エチル1 Lを徐々に加えると白色沈殿物が生じる．
④この沈殿物を沪別し，乾燥した後，分離用試料とする．

(2) HSCCCによる分離
①分離用試料50 mgを少量のジメチルスルホキシドに溶解し，さらに二相溶媒として酢酸エチル/エタノール/水 (4:2:7) を用い，上層と下層それぞれ0.5 mLずつを加えて試料溶液とする．
②カラム (容量106 mL) に二相溶媒の上層を充填した後，試料溶液を調製後ただちに試料導入部に注入する．

③その後，カラムを800 rpmで反時計まわりに回転させた後，ポンプで下層を流速1.0 mL/minでカラム内に送液する．
④溶出液はフラクションコレクターで1 mLずつ分画する．
⑤吸光度 (260 nm) を測定して得られたクロマトグラムを図5に示す．

(3) 分離画分のHPLC分析と高純度画分の回収

おもなHPLC条件は，カラム：ODS-シリカゲル，溶離液：30%メタノール水溶液，流速：1.0 mL/min，検出：UV 260 nm，カラム温度：室温，試料溶液注入量：10 μLである．

本実験では，大豆胚芽由来の白色沈殿物50 mgからDaizinが97%以上の純度で4.4 mg (回収率8.8%)，Genistinが100%の純度で7.9 mg (回収率15.8%) で単離された．分離用試料はジメチルスルホキシド以外の各種溶媒に対して難溶性が高く，固体充填剤を用いたカラムクロマトグラフィーでの分離分取は難しかったが，CCCでは，溶解に用いたジメチルスルホキシドは溶媒先端に溶出し，分離を妨害しなかった．

[四宮一総]

参考文献
1) 四宮一総：ぶんせき，35-36，2002．
2) Shinomiya, K., Kabasawa, Y., Nakazawa, H., Ito, Y.: *J. Liq. Chrom. & Rel. Technol.*, **26**, 3497-3509, 2003．
3) 椛澤洋三，四宮一総：分析試料前処理ハンドブック，中村 洋 (監修)，pp.424-428，丸善，2003．

VII

その他

97 イムノアッセイ関連測定装置

immunoassay apparatus

定性情報 応答の有無.
定量情報 応答量.
その他情報 抗体(抗血清)を用いて特異的に分析目的物質を捕捉する.
装置構成 液体シンチレーションカウンター,ガンマカウンター(以上ラジオイムノアッセイ),プレートリーダー(比色,蛍光,時間分解蛍光,発光),分光光度計,蛍光分光光度計,発光測定装置,プレート洗浄器.
原理・種類 イムノアッセイの原理は,抗原(antigen, Agと略)と抗体(antibody, Abと略)が反応して抗原-抗体結合物(Ag-Ab)を生成する抗原抗体反応(免疫反応)に基づく.

この反応は,可逆反応であるが,Kの値は10^{12}〜10^{13} mol/Lである.

$$Ag + Ab \rightarrow Ag\text{-}Ab \quad K = \frac{[Ag\text{-}Ab]}{[Ag][Ab]} \quad (1)$$

ここで生成した抗原*抗体結合物そのものの性質を利用して検出し,抗原あるいは抗体を測定する方法と

$$Ag^* + Ab \rightarrow Ag^*\text{-}Ab \quad K' = \frac{[Ag^*\text{-}Ab]}{[Ag^*][Ab]}$$

$$Ag + Ab^* \rightarrow Ag\text{-}Ab^* \quad K'' = \frac{[Ag\text{-}Ab^*]}{[Ag][Ab^*]}$$

で示される反応で標識体(*)を検出することにより,非標識の抗原または抗体を測定する方法とがある.前者を非標識法といい,濁度,光散乱,沈降線の有無などで判定する.後者は標識物を用いる方法であり,ここでKは平衡定数で抗原と抗体との親和力を示し,$K = K' = K''$が前提である.標識体(*)として,放射性化合物を用いる場合をラジオイムノアッセイ(radioimmunoassay: RIA)といい,酵素の場合は酵素イムノアッセイ(エンザイムイムノアッセイ,enzymeimmunoassay: EIA),蛍光色素を用いる場合は蛍光イムノアッセイ(fluoroimmunoassay: FIA),発光試薬を標識に用いる場合は発光イムノアッセイ(luminescent immunoassay: LIA)という.またEIAは酵素活性の検出法により蛍光酵素イムノアッセイや発光酵素イムノアッセイなどともよばれる.

イムノアッセイの種類とそのアッセイに用いられているおもな標識および検出法を表1に示す.

(1) ラジオイムノアッセイ

RIAに用いられる標識抗原として,ステロイドホルモンや薬物などでは^{3}Hまたは^{14}C標識物がしばしば利用される.^{3}Hまたは^{14}C標識ステロイドホルモン,薬物などは化学的にも構造的にも非標識化合物と性質が異ならないので免疫化学的には同等である.一方ペプチドやタンパク質への標識で,もっとも頻繁に使用されるのは^{125}Iま

表1 イムノアッセイの種類

方法	標識物質	検出法
ラジオイムノアッセイ	放射性同位元素:^{3}H,^{14}C,^{125}I,^{57}Co,ほか	放射活性
酵素イムノアッセイ	酵素:西洋ワサビペルオキシダーゼ,アルカリ性ホスファターゼ,ほか	酵素活性
蛍光イムノアッセイ	蛍光物質:フルオレセイン,ローダミン誘導体,ほか	蛍光強度,蛍光偏光度
発光イムノアッセイ	化学発光物質:アクリニジウムエステル,ほか	発光強度

たは ^{135}I による放射性ヨウ素標識である．タンパク質中のチロシンまたはヒスチジンの芳香環を直接置換する．タンパク質に放射性ヨウ素を標識する方法はいくつか報告されているが，クロラミン-T 酸化法およびラクトペルオキシダーゼと過酸化水素を用いる酵素法が繁用されている．後者の方法での hCG(ヒト絨毛性ゴナドトロピン)のヨウ素化の例を以下に示す．

［hCG のヨウ素化の例：順序と用量］

① hCG 2.5〜5 μg / PBS(pH 7.4)：10 μL，② 0.4 mol/L 酢酸塩緩衝液(pH 5.6)：25 μL，③ラクトペルオキシダーゼ 50〜100 ng / 0.1 mol/L 酢酸塩緩衝液(pH 5.6)：10 μL，④ 0.5〜1 mCi NaI：10 μL，⑤過酸化水素 100〜500 ng：5 μL，⑥全量 60 μL，10 分間放置．

チロジンまたはヒスチジンを分子内に含有しないペプチドでは，あらかじめ ^{125}I をフェノール核に導入したヒドロキスクシミドエステル(Bolton-Hunter 試薬)をペプチドの遊離アミノ基と反応させる方法が手軽である．

(2)酵素イムノアッセイ

抗原または抗体への酵素の標識は，酵素活性と免疫活性を損なわない方法が望ましい．また酵素分子どうし，抗原または抗体分子どうしが結合や重合しない方法が望ましい．酵素が多く結合するほど標識体あたりの酵素活性は大となるが，立体障害のために免疫活性が低下し，EIA の感度は低下する．逆に抗原または抗体が酵素に多く結合すると免疫活性，酵素活性ともに低下する(この特殊なケースとして均一系イムノアッセイが知られている)．以下に代表的な方法を記す．

グルタールアルデヒド法：グルタールアルデヒドは，アミノ基と反応し，-HC＝N 結合を形成するアルデヒド基を 2 個有する試薬で酵素と抗原または抗体のアミノ基と反応して両者を結合させる．一度に 3 者を反応させる一段階法と，酵素とグルタールアルデヒドを反応後，過剰のグルタールアルデヒドを除去後，抗原または抗体と反応させる二段階法がある．

混合酸無水物法，カルボジイミド法，活性エステル法：これらの方法は，主としてハプテン分子中の酵素標識に用いられる．ハプテン分子中のカルボキシル基と酵素分子中のアミノ基をアミド結合させる方法である．

ジマレイミド法：マレイミド基がチオール基と定量的に反応し，結合することに基づく方法である．チオール基を有する還元処理した抗体(IgG)または Fab′ に過剰のマレイミド試薬を反応させ，マレイミド結合体とし，過剰のマレイミド試薬を除去後，チオール基を有する酵素を反応させて標識する．この方法は副反応が少なく結合モル比 1：1 の酵素標識体が容易に得られる．チオール基がない酵素や抗原はそのアミノ基に対して *S*-アセチルメルカプトコハク酸塩酸塩を反応させチオール基を導入する．

マレイミドサクシニミジルエステル法：チオール基に反応するマレイミドとアミノ基に反応する活性エステル基を有する試薬でチオール基とアミノ基の間に架橋し，結合する．まず，抗原や抗体中のアミノ基に活性エステル基を反応させ，さらにマレイミド基を導入し，ついで酵素のチオール基と結合させる．この方法は酵素のアミノ基と抗体(IgG)または Fab′ のチオール基の結合に用いる．

過ヨウ素酸酸化法：ペルオキシダーゼのように糖タンパク質を含む酵素は，過ヨウ素酸酸化によりアルデヒド基となるので，容易に抗原または抗体のアミノ基と結合させることができる．テトラヒドロホウ酸ナトリウムにより-HC＝N 二重結合を還元するとより安定である．

酵素の標識法を図 1 に示す．

酵素活性の測定法は，多くの方法が開発されており，比色法，蛍光法および化学発光法などに大別される．これらのうち，比色法がもっとも普及しており，キット化されているEIAの大部分が比色法である．しかし，比色法で検出不可能な極微量の成分の検出には蛍光法や化学発光検出法が利用されている．EIAに用いられる酵素の検

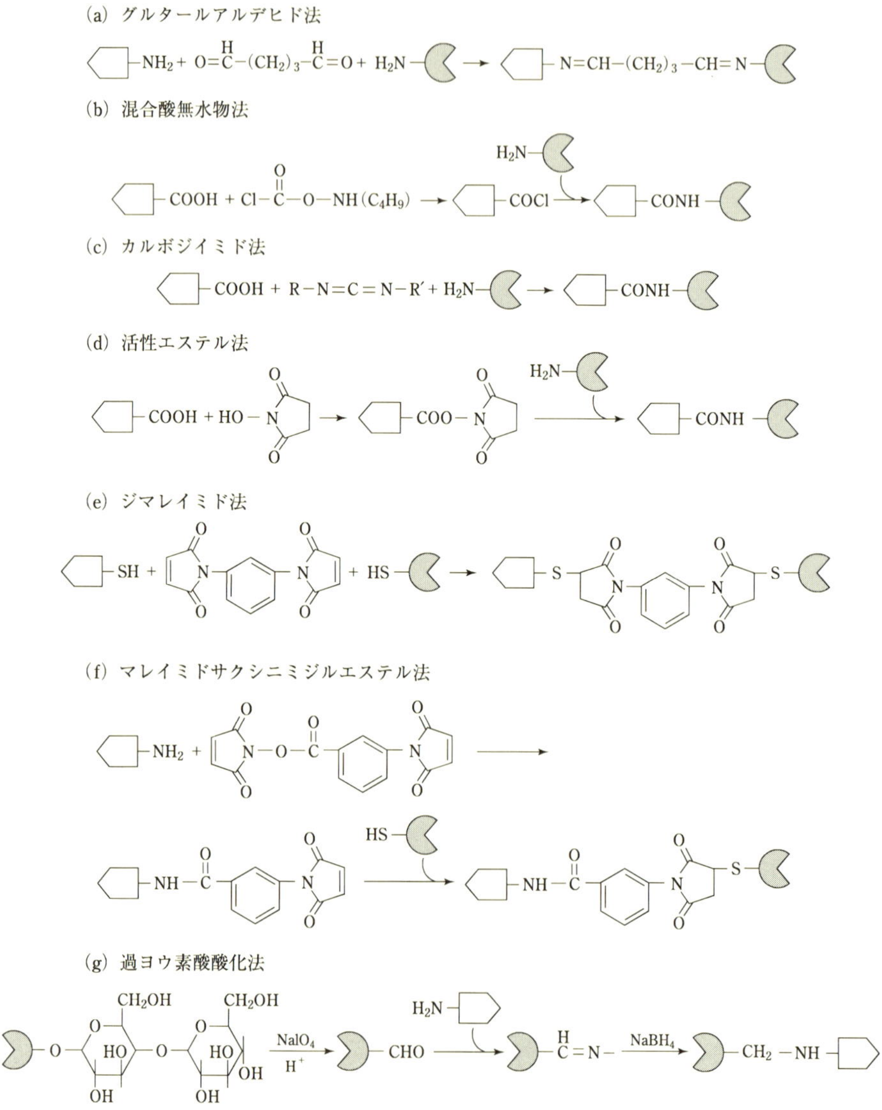
(a) グルタールアルデヒド法
(b) 混合酸無水物法
(c) カルボジイミド法
(d) 活性エステル法
(e) ジマレイミド法
(f) マレイミドサクシニミジルエステル法
(g) 過ヨウ素酸酸化法
NaIO4
NaBH4

図1　酵素の標識法

表2 EIAに用いられる酵素の検出法と感度

標識物質[*1]	測定法(基質)[*2]	感度(mol/assay)
HRP	比色法(OPD)	3×10^{-17}
	比色法(TMB)	5×10^{-18}
	蛍光法(HPPA)	5×10^{-19}
	発光法(SuperSignal™)	4×10^{-18}
ALP	比色法(pNPP)	2×10^{-16}
	蛍光法(4-MUP)	1×10^{-18}
	化学発光法(CSPD™)	1×10^{-20}
β-Gal	比色法(oNPG)	1×10^{-16}
	蛍光法(4-MUG)	2×10^{-20}

[*1] HRP:西洋ワサビペルオキシダーゼ,ALP:アルカリ性ホスファターゼ,β-Gal:β-ガラクトシダーゼ

[*2] OPD:o-フェニレンジアミン,TMB:3,3′,5,5′-テトラメチルベンジン,HPPA:3-(4-ヒドロキシフェニル)プロピオン酸,pNPP:p-ニトロフェニルリン酸,4-MUP:4-メチルウンベリフェリルリン酸,oNPG:o-ニトルフェニルリン酸,4-MUG:4-メチルウンベリフェクルβ-D-ガラクトシド

出法と感度を表2に示す.一般にELISAといわれるのはenzyme linked immunosorbent assayの略号で,酵素イムノアッセイでB/F分離に固相を用いる方法の一般名称であるが,最近ではとくにマイクロタイタープレートを用いる方法を指すことが多い.

(3)蛍光イムノアッセイ

FIAは蛍光色素で標識した抗体または抗原と測定対象物質を抗原抗体反応させ,蛍光法により検出測定する方法である.放射性物質の代わりに化学的に安定な蛍光色素を用いているので,①取り扱いが容易,②試薬が安定,③測定装置も比較的安価である.現在FIAの標識に用いられている蛍光色素は,フルオレセインイソチオシアネート(FITC),テトラメチルローダミンイソチオシアネート(TRITC)および基質標識蛍光イムノアッセイに用いられているβ-D-ガラクトシルウンベリフェロン誘導体(4-MUG)などがある(図2).FITCやTRITCはそのイソチオシアネート基(-N=C=S)により弱アルカリ性で抗原または抗体に標識される.低分子のハプテンもアミノ基を介して結合し,アミノ基のない場合はアミノ基を導入する.また時間分解蛍光イムノアッセイ(TR-FIA)に用いられる標識体は,配位子と結合した希土類元素のユウロピウム(Eu)やサマリウム(Sm)が用いられている.

(4)発光イムノアッセイ

蛍光色素と異なり,化学発光性試薬は励起光を必要とせずに,化学反応の結果として発光する.化学発光性標識剤としては,アクリジニウムエステルやイソルミノール誘導体が知られている(図3).いずれも活性エステル部分でアクセプター分子に結合する.そのほかにハプテンに結合させるための種々の架橋基を有するイソルミノール

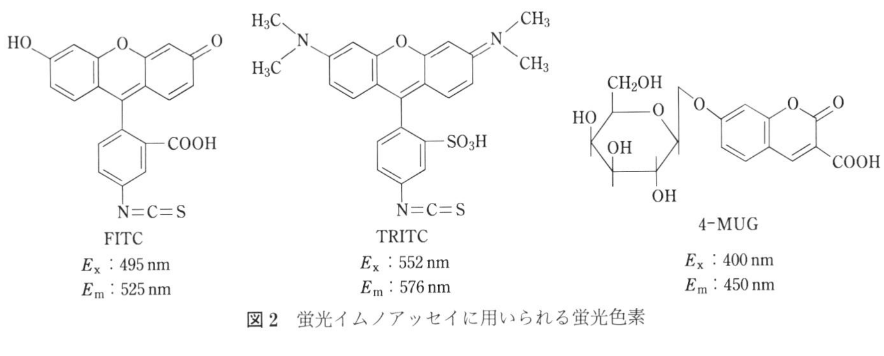

FITC
E_x:495 nm
E_m:525 nm

TRITC
E_x:552 nm
E_m:576 nm

4-MUG
E_x:400 nm
E_m:450 nm

図2 蛍光イムノアッセイに用いられる蛍光色素

誘導体が合成され，これらの多くは，たとえば，カルボジイミドや活性化されたスクシミドとの反応により直接ペプチド結合する．なお，化学発光のモニタリングには，発光を増大するエンハンサーが開発されている．

測定システム イムノアッセイの測定システムは，抗原，抗体および標識体(標識抗原または同抗体)の3者の間で競合的に反

図3 標識に用いられる化学発光性誘導体

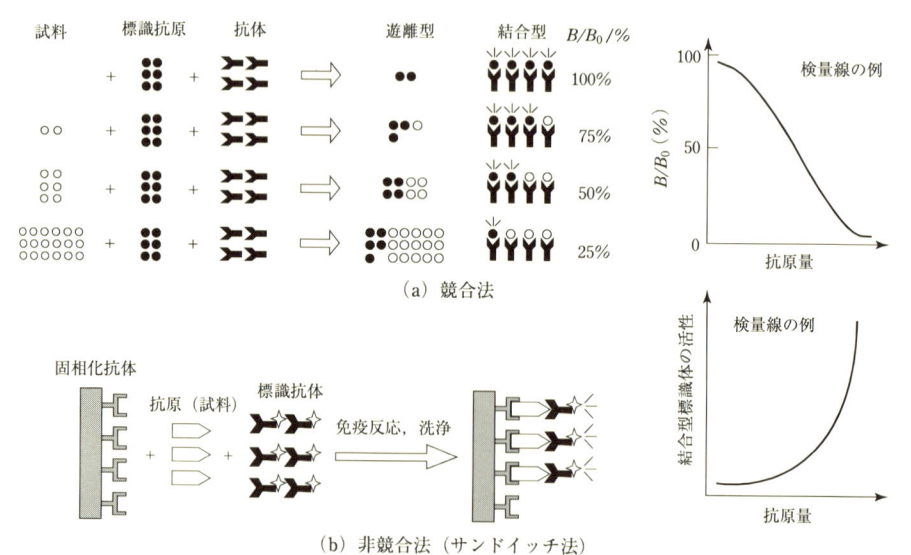

(a) 競合法

(b) 非競合法(サンドイッチ法)

図4 競合法と非競合法アッセイの模式図と典型的な検量線の例

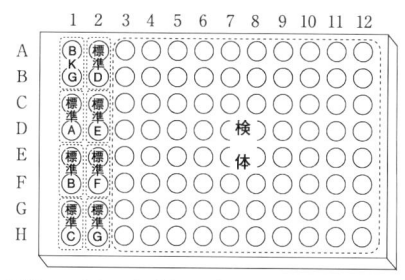

図5 マイクロタイタープレートウェルにおける試料の配置例

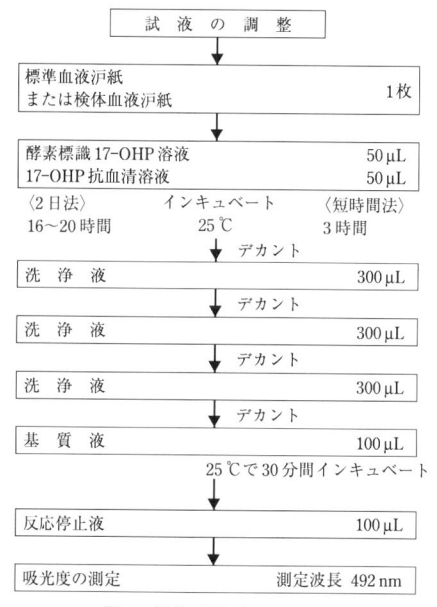

図6 操作手順プロトコール

試液の調整
↓
標準血液沪紙 または検体血液沪紙　　1枚
↓
酵素標識17-OHP溶液　　50μL
17-OHP抗血清溶液　　50μL
↓
〈2日法〉　インキュベート　〈短時間法〉
16〜20時間　　25℃　　3時間
↓デカント
洗浄液　　300μL
↓デカント
洗浄液　　300μL
↓デカント
洗浄液　　300μL
↓デカント
基質液　　100μL
↓
25℃で30分間インキュベート
↓
反応停止液　　100μL
↓
吸光度の測定　　測定波長 492 nm

図7 標準曲線の例

応させる方法と非競合的に反応させる方法に大別される（図4）。

用途 生体試料中，環境中，食品中の微量のほとんどすべてのタンパク性ホルモン，ステロイドホルモン，環境ホルモン，薬物およびその代謝物，農薬の残留分析，環境物質の測定など医学，薬学，農学および環境をはじめとするあらゆる分野で利用されている。

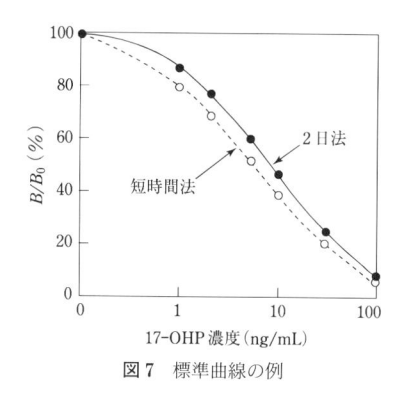

応用例 血液沪紙中の17α-ヒドロキシプロゲステロン（ステロイド）の測定

血液沪紙とは，全血を沪紙にしみ込ませたもので，新生児の代謝異常スクリーニングに使用されている血液検体である。本法は競合法に基づく第二抗体固相化プレートを用いるELISA法である色プレートに標準17α-ヒドロキシプロゲステロン（17-OHP）血液沪紙または検体（直径3mm，1個）をとり，酵素標識17-OHPおよび抗17-OHP抗体溶液を加えて反応させる。反応後，洗浄し，基質液を加えて酵素反応させた後にマイクロタイター用分光光度計を用いて吸光度を測定する。標準曲線を作成し検体中の17-OHPの濃度を求める。

マイクロタイタープレートのウェルにおける配置例を図5に，操作手順プロトコールを図6に，そして得られた検量線の例を図7に示す。

[前田昌子]

参考文献
1) Tijssen, P. : Practice and Theory of Enzyme Immunoassays, pp.268-290, Elsevier；石川栄治（監訳）：エンザイムイムノアッセイ，東京化学同人，1989．
2) 前田昌子：日本臨床，**53**，2188-2192，1995．
3) 前田昌子：ぶんせき，452-453，1996．
4) 前田昌子：臨床検査，**47**，1601-1609，2004．

98
濁度計
turbidimeter

定性情報 なし．組成に関する情報は得られない．
定量情報 吸光度または散乱光強度．
装置構成 測定方式とその基本構成，測定範囲および特性を表1に示す．
作動原理 光源からの光束が，透明容器に入った試料水を通過するときの懸濁物質による光の吸収量または散乱量を受光素子により計測する．光の吸収についてはブーゲ-ベール(Bouguer-Beer)の法則，散乱についてはミー-レイリー(Mie-Rayleigh)の法則が適用される．

近年は平行光束透過時の懸濁物質の影(パターン)を計測する微粒子カウンターを応用したものもある．

数種類の光学系があるが，校正用標準物質は精製カオリン，ホルマジンがあり，とくに上水では標準物質をポリスチレンラテックス粒子として，これらの標準物質の水溶液により校正したものが濁度計である．

用途・応用例 工業用水・排水の管理，河川水・湖沼水・海水の汚染調査など幅広く用いられ，とくに飲料水である上水場では衛生管理上数多く使用されている．

濁度計は光学系が異なるものがあるため，実際の懸濁物質の大きさ，形状，色あいにより，異なる測定値となることがあり注意を要する．

〔斉藤　誠〕

表1　各種濁度計の測定方式と特性(上水試験方法, p.135, 日本水道協会, 1993)

測定方式	基本構成	測定範囲 (mg/L)	特　性
(a) 透過光を測定する方法	光源―液層―受光部	0～2 0～10000	・高濁度の測定可能 ・窓の汚れの影響あり ・試料の色，気泡の影響あり ・測定範囲により，液層交換の必要あり
(b) 散乱光を測定する方法	光源―液層／受光部	0～0.2 0～50	・窓の汚れの影響あり ・試料の色，気泡の影響あり
(c) 透過光と散乱光の比を測定する方法	ミラー・光源・液層・受光部	0～0.2 0～50 0～2 0～1000	・窓の汚れの影響あり ・試料の色の影響少ない ・試料の気泡の影響あり ・測定範囲により，液層交換の必要あり
(d) 表面散乱光を測定する方法	光源―液層／受光部	0～2 0～2000	・窓の汚れの影響なし ・試料の色，気泡の影響あり ・同一液層で広範囲な測定可能

99

光散乱光度計

light scattering photometer

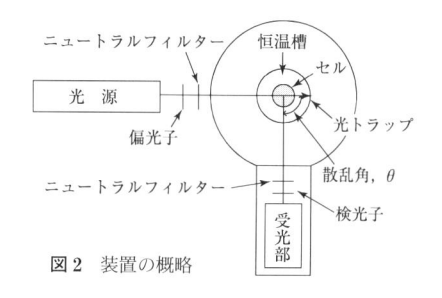

定性情報 組成・成分情報は得られない．
定量情報 散乱光強度．
その他の情報 散乱光強度の解析により，高分子の分子量測定，散乱体の物性情報など．

注 解 入射光と試料の相互作用による散乱光(レイリー散乱光)の強度を測定する．静的光散乱法では散乱光の強さ，動的光散乱法および電気泳動光散乱法では，散乱光の強度の時間的変化．

なお，光の散乱現象には，レイリー散乱，ラマン散乱，ブリルアン散乱，ミュー散乱など種々ある[1]が，光散乱とは通常レイリー散乱(電気振動双極子モーメントにより散乱光の中心振動数が，入射光の振動数と等しくなる準弾性散乱)を指す．

装置構成 動的光散乱光度計(大塚電子 DLS-7000)の概略を図1に示す．基本的な装置の構成としては，光源，一次光学系，試料セル，散乱光の受光光学系，計測回路よりなる．装置の概略を図2に示すが，まず測定試料を円筒型の光散乱セルに入れ，中央の恒温槽内にセットする．恒温槽にはセルの素材と屈折率の近い液体(キシレン，トルエン，シリコン油など)を入れておく．光源より照射された単色光がこのセルに入射し，試料から二次的な散乱光が四方に出射される．この散乱光強度を，図の右側に示す，入射光に対して θ の角度(散乱角)を向いた受光部で測定する．受光部の設置台を回転させ，θ を変えることにより，散乱光強度の散乱角度依存性を調べる[2]．

散乱光強度は入射光強度に比べ極端に弱い(両者の比 10^{-6}〜10^{-8} 程度)ので，透過光束に近い低散乱角での測定には種々の工夫がなされている．散乱光の検出位置により，低角度光散乱法，マルチ光散乱法，全角度光散乱法がある．さらに低角度光散乱法には，静的光散乱法，動的光散乱法(粒子のブラウン運動により起こるドップラーシフトを利用)，電気泳動光散乱法(表面電荷をもつ粒子を電気泳動により移動させて起こるドップラーシフトを利用)があり，最近は，これらの方法に基づく光散乱光度計

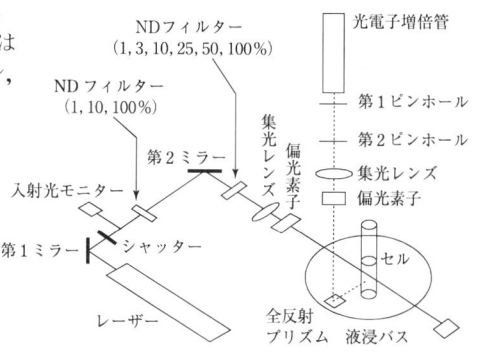

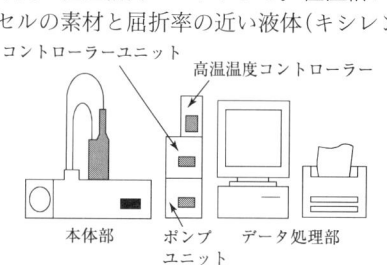

図2 装置の概略

図1 光散乱光度計（大塚電子 DLS-7000）

が主流である．また，光散乱の測定では，バックグラウンドを減少させ，質のよい信号を得るためには，使用する試料セルが非常に重要なので，試料セルにより，静止セルタイプとフローセルタイプに分類する．

光源：レイリー散乱は1～10^7 Hzの低振動数領域が関与するので，測定系の分解能を高めるために，光源には出力一定のレーザー，すなわちヘリウム-ネオンレーザー(633 nm)，アルゴンイオンレーザー(588 nm)，YAGレーザー(532 nm)や干渉フィルターを用いて単色化した水銀ランプ(546 nmまたは436 nm)などが使用されている．

検出器：光電子増倍管，フォトダイオードやCCD検出器などが用いられる．また，2本のレーザー光を光源として用いる位相コヒーレント光散乱法も提案されている．

測定系としてホモダイン法(散乱光のみ検出，動的光散乱法で利用)やヘテロダイン法(入射光と散乱光を検出，電気泳動光散乱法で利用)が用いられている．

光電子増倍管やフォトダイオードが受光部に入ってくる光エネルギーを光電流に変え出力する．この光電流を計測し，散乱光強度 I に換算する．散乱光の発生点と受光部との間の距離を r，入射光強度を I_0 および入射光と散乱光の幅で決まる散乱体積を V とすると，レイリー比(測定条件によらない試料固有の量)R_θ は，$R_\theta \equiv Ir^2/I_0V$ となる．I は，溶質あるいは懸濁粒子からと溶媒から散乱される光の強度の和になっており，溶媒から散乱される光の強度を差し引かなければならない．したがって，レイリー比が既知の標準物質(ベンゼン，トルエン)から換算係数を求めた過剰レイリー比 ΔR_θ を後の解析に用いる．

原理・特徴 図3のように，微粒子懸濁試料において，入射光は，サンプル内の散乱体分子に当たり，あらゆる方向に散乱する．入射光強度 I_0 の光が媒質に入り，入射方向に対し θ の角度をなす距離 r におけ

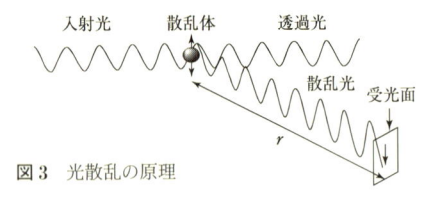

図3 光散乱の原理

る受光面での散乱光強度 I は，
$$I = I_0 \alpha^2 (2\pi/\lambda)^4 r^{-2}$$
で表される[3]．ここで，λ：入射光の波長，α：分極率である．光散乱光度計により I を求める．単独あるいはLCやGPCの検出器として利用され，高分子のキャラクタリゼーションの解析すなわち高分子，無機コロイド，超微粒子の静的・動的な状態の情報を提供する．

用途・応用例 高分子の平均分子量(質量平均分子量)，および分子量分布の測定，第二ビリアル係数*の測定，拡散係数の測定，ゼータ電位**の測定，ミセルの会合数，慣性半径，形状の測定，コロイド粒子の粒子径測定，ミセルの流体力学的半径と形状の測定，電気移動度分布の測定，生体成分の純度測定，濁度の測定．

＊気体の圧力や溶液の浸透圧は，次のような密度または濃度のべき級数に展開できる．
$$\pi/kT = c[A_1 + A_2c + A_3c^3 + \cdots]$$
ここで，π は圧力あるいは浸透圧，c は濃度または密度，k はボルツマン因子，T は絶対温度である．このときの A_2 を第二ビリアル係数といい，分子間力と密接な関係がある．

＊＊「すべり面」の表面電位，すなわち固体と液体とが相対運動を行ったとき，両者の界面に生じる電位差で，実際に測定できる唯一の電位であり，電気泳動や電気浸透のような界面における動電現象で重要である．粒子の表面特性，表面改質，分散・凝集制御，吸着，機能性を評価する際の重要なパラメータとなる． ［藤田芳一］

参考文献
1) 倉田道夫：近代工業化学18 高分子工業化学Ⅲ，朝倉書店，1975．
2) 高分子学会(編)：新高分子実験法6 高分子の構造(2)散乱実験と形態観察，共立出版，1997．
3) LSアドバンス，2(1)，大塚電子(株)，2003．

100
色彩測定器

color analyzer

定性情報 なし．
定量情報 なし．

得られる情報 色相(hue), 彩度(chroma)がある．すなわち，測定対象の色彩(color)を測色して得られる三刺激値(tristimulus values, X, Y, Z)から求めた色度座標(x, yおよびa^*, b^*など)を色度図にプロットし，その色相および彩度を既知物質と比較し判断する．また，試料の色と空試験の色との差(色差ΔE^*あるいは測色値の差$\Delta a^*, \Delta b^*$など)と物質量との相関性を用いて，濃度を求める．

装置構成 物体色を測色する方法には，分光測色方法(spectrophotometric colorimetry)と刺激値直読方法(photoelectric tristimulus colorimetry)があり，光源，分光器もしくはフィルター，検出器および演算部から構成される．測色に用いる光源は，標準の光 A, D_{65} および補助標準の光 D_{50}, D_{55}, D_{75}, C に近似した分光分布を有することが JIS Z 8720 に規定されており，ハロゲンランプ，キセノンランプ，発光ダイオードなどが使用されている．また，試料に照射する入射光の角度と受光の角度も"照明および受光の幾何学条件"として国際照明委員会(CIE)や JIS Z 8722 などで定められており，①試料面の法線に対して 45°方向から照明し，0°方向で受光する方法(45-0)，あるいは 0°方向から照明し，45°で受光する方法(0-45)の単方向照明方式と②積分球などを使って試料をあらゆる方向から均等に照明し，法線方向(0°)で受光する方法(d-0)，0°方向から照明し，あらゆる方向への反射光を集積して受光する方法(0-d)の拡散照明方式がある．

分光測色方法(図1)は，試料に照射した可視光線の反射光(あるいは透過光)を5〜20 nm 間隔で分光し，単色光ごとの相対的な反射量(透過量)を受光して分光分布を測定し，観測する照明光の分光分布と標準観測者の等色関数から計算によって三刺激値 X, Y, Z を求める測色方法である．分光器には，プリズム，回折格子，干渉フィルターなどが使われている．

刺激値直読方法(図2)は，照明光を測定対象に照射した際の反射光(透過光)を X, Y, Z の3枚のカラーフィルターを通して個別に受光部に導き，三刺激値を直読する方法である．測定に用いる光源，受光器，フィルターは，その組合せによる総合分光特性が CIE 等色関数に比例するというルーターの条件を満たす必要がある[1]．

原理 人間の網膜には視細胞として明るさを感じる杆体と色を知覚する錐体が存在し，錐体には赤(R)，緑(G)，青(B)の光

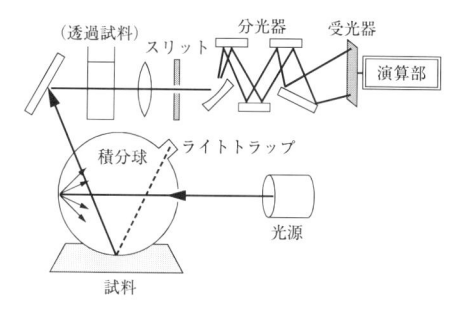

図1 分光測色方法の装置構成例

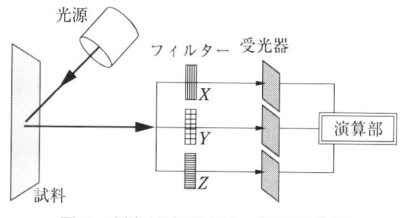

図2 刺激値直読方法の装置構成例

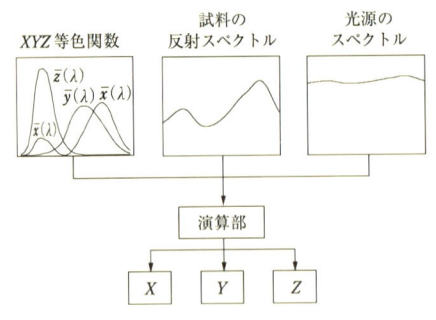

図3 色彩測定における三刺激値の求め方の原理

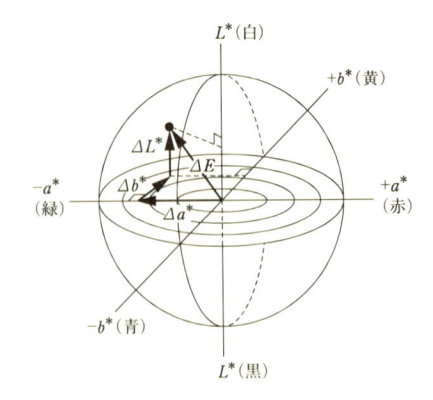

図4 $L^*a^*b^*$ 色空間イメージと色差

に感応する3種類がある．光はいろいろな波長の光を含んでいるが，RGBそれぞれに対応する原刺激が視神経を経て大脳視覚領に送られ，色知覚が生じる．CIEでは仮想の観測者の目の分光感度を用いて，RGB表色系を決定している．また，RGBの等色関数は負の値を示す波長域を有するため座標変換して，XYZ表色系の等色関数 $\bar{x}(\lambda)$, $\bar{y}(\lambda)$, $\bar{z}(\lambda)$ を規定した．色を数値として表す際には，光源の分光分布，等色関数および試料の分光反射率の積分値から求められた三刺激値 X, Y, Z が利用される（図3）．

$$X = K\int_{380}^{780} S(\lambda)\bar{x}(\lambda)R(\lambda)\mathrm{d}(\lambda)$$

$$Y = K\int_{380}^{780} S(\lambda)\bar{y}(\lambda)R(\lambda)\mathrm{d}(\lambda)$$

$$Z = K\int_{380}^{780} S(\lambda)\bar{z}(\lambda)R(\lambda)\mathrm{d}(\lambda)$$

ここで，$S(\lambda)$ は標準の光の分光分布，$R(\lambda)$ は分光立体角反射率である．

三刺激値 X, Y, Z おのおのの，それらの和に対する比は，x, y, $z(=1-x-y)$ で示され，xy 色度図で表したものが，XYZ 表色系である．三刺激値からは変換により L^*, a^*, b^*, u^*, v^* などの側色値も求められる．次式によって示されるCIE(1976) $L^*a^*b^*$ を直交座標にプロットして得られる三次元空間を均等色空間とよぶ．

$L^* = 116(Y/Y_n)^{1/3} - 16$
$a^* = 500\{(X/X_n)^{1/3} - (Y/Y_n)^{1/3}\}$
$b^* = 200\{(Y/Y_n)^{1/3} - (Z/Z_n)^{1/3}\}$

ここで，X_n, Y_n, Z_n は完全拡散反射面の測定値である．

色の違いを2点の座標間の距離，色差 ΔE^*_{ab} として表現できる（図4）．

$$\Delta E^*_{ab} = \{(\Delta L^*)^2 + (\Delta a^*)^2 + (\Delta b^*)^2\}^{1/2}$$

用途 工業的な用途としては，塗装・印刷分野では自動車などの塗装色や印刷物の色管理，プラスチック・繊維・食品分野では製品の色管理，農林水産業では葉色測定・果樹選別など，医薬分野では皮膚の色測定，錠剤の色管理など多岐にわたっている．色彩管理では目標色と試料色の差を色差として数量的に表すことが多いが，明度差，色相差，彩度差のように目で見た感じ方と対応させる場合もある．調色における原色の選択，配合比の計算などのカラーマッチングにも利用されており，近年では，対象物質を化学的に呈色させたのちに色彩測定を行い，物質を定量する目的にも応用されている[2]．

応用例

(1) 2-ニトロソ-5-(N-プロピル-N-スルホプロピルアミノ)フェノール(nitroso-PSAP)を用いるコバルト(II)，ニッケル

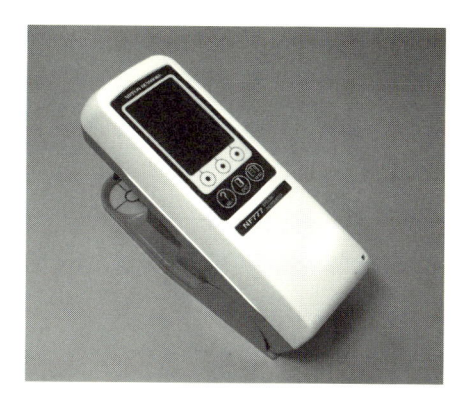

図5 色彩測定器(日本電色製 NF 777)

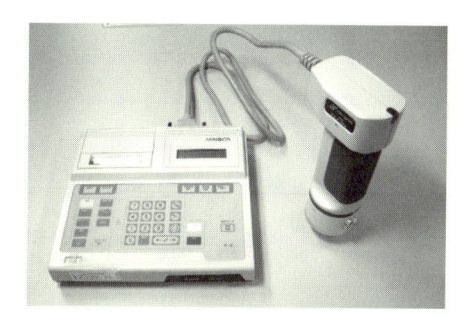

図6 色彩測定器(ミノルタ製 CR 300)

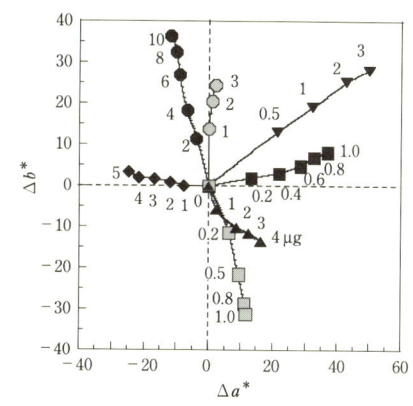

図7 a^*b^*色度図上への測色値のプロット

- ● : Hg-STTA
- ■ : Fe(II)-BPS
- ◆ : Fe(II)-nitroso-PSAP
- ▲ : Fe(III)-nitroso-PSAP
- ▼ : Co(II)-nitroso-PSAP
- ○ : Ni(II)-nitroso-PSAP
- □ : Co(II)-5-Br-PSAA

(II),鉄(II, III)の定量[3]

負電荷をもつ金属-nitroso-PSAP錯体を微細化した陰イオン交換樹脂で捕集したのち,沪過によりメンブランフィルター上に濃縮し,色彩測定器(図5,図6)で測色する.各錯体の色に相関する色方向($+\Delta a^*$,$-\Delta a^*$,$+\Delta b^*$および$-\Delta b^*$)により検量線を作製し定量する(図7).コバルト(II),ニッケル(II),鉄(II)および鉄(III)の検出限界はそれぞれ0.1,0.2,0.3および0.4 μgである.また,呈色の異なる二つの化学種は,混色系の検量面を作成し,ベクトル解析することで同時定量が可能である.

(2)金属イオン試験紙およびパックテストへの応用[2]

金属イオン試験紙:銅試験紙の変色域は白〜ピンク色であり,低濃度域(0.5〜2 ppm)ではΔL^*,Δa^*,Δb^*と濃度の間に良好な関係が得られる.ニッケル(II)試験紙の変色域はグレー〜赤色,クロム(VI)では薄ピンク〜赤紫色,銀(I)では黄〜こげ茶色,鉄(II)では白〜赤色であるが,それぞれの試験紙を用いた場合も同様に定量できる.試験紙分析において,目視による識別が不可能な濃度域においても,色彩色差計を用いることで定量が可能である.

パックテスト:標準変色表に対応した濃度の溶液を測定チューブに吸い取り,色彩計で測定を行う.パックテストでの残留塩素の変色域は透明〜青色,リン酸では透明〜青色,亜硝酸では透明〜赤色である.検量線は変色域に対応させて,残留塩素とリン酸ではΔb^*,亜硝酸ではΔa^*が適している. 　　　　　　　　　　［遠藤昌敏］

参考文献
1) 坂倉省吾:JISハンドブック61色彩(日本規格協会編),日本規格協会,400-409,2003.
2) 遠藤昌敏,横田文彦,水口仁志:ぶんせき,9-16,2002.
3) 横田文彦,遠藤昌敏,阿部重喜:分析化学,**48**,1135-1140,1999.

101
屈折計

refractometer

定性情報 なし．

定量情報 屈折率．

注　解　ある温度における屈折率と濃度との関係を用いることによって，屈折率測定と同時に試料濃度に換算することが可能．

装置構成　アッベ屈折計の概略構成を図1に，ディジタル屈折計の概略構成を図2に示す．

光源：アッベ屈折計は白色光としてタングステンランプを使用しているが，ディジタル屈折計は光源にはLEDを使用していることが多く，589.3 nmの干渉フィルターを用いてNa-D線の入射光にしている．

プリズム：材質はフリントガラスやサファイアガラスなどの屈折率の大きな光学ガラスを使用しているものが多い．

サンプルステージ：ディジタル屈折計のみに存在し，ここに試料を載せる．アッベ屈折計は，二つのプリズムで試料を挟み込む．

検出器：ディジタル屈折計のみに存在する．プリズムの境界面から反射してきた光の強度を検出する部分で，光信号を電気信号に変換する．フォトダイオードセンサーなどが用いられているが，最近は測定精度を向上させるためにCCD(光学センサー)を使用しているものが多い．アッベ屈折計では，望遠鏡で光の明暗を読み取って屈折率としている．

温度調節部：ディジタル屈折計のみに存在する．プリズム内に温度センサーを埋め込み，試料とプリズムの界面温度を電子冷熱素子などで一定温度にし，任意の温度で測定が行えるようにしている．アッベ屈折計では，外部から恒温水をプリズム部分に循環させて，試料を一定温度に保っている．

測　定　屈折計は，通常，水で装置の調整(ファクター校正やゼロ校正とよばれている操作)を行った後，ディジタル屈折計の場合は測定する試料をサンプルステージに載せて，測定キーを押すと，自動的に屈折率および温度の測定を行い，結果を画面上に表示する．アッベ屈折計の場合は，プリズムで試料を挟み込み，望遠鏡で明暗部

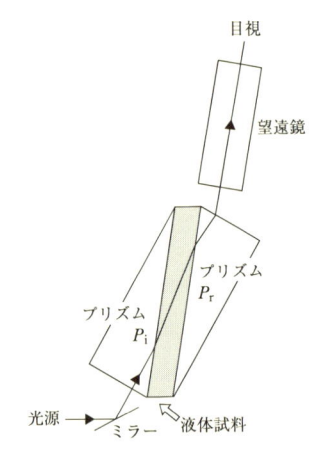

図1　アッベ屈折計の概略構成

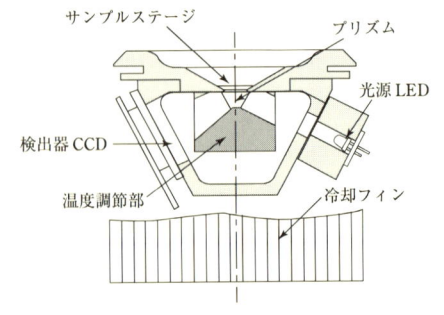

図2　ディジタル屈折計の概略構成

分の境界線を読み取る．

アッベ屈折計は一般的には屈折率1.30～1.70の範囲のものが測定でき，精度はNa-D線について0.0002である．ディジタル屈折計も一般的には屈折率1.32～1.70の範囲のものが測定でき，精度はNa-D線について0.0001である．また，屈折率の測定範囲を狭めて，精度向上をさせているものもある．

測定原理 屈折率の値は，沸点，分子量，比重などの値とともに，物質がもっている固有の基本的物性量の一つである．

図3のように光が媒質aから媒質bに入射することを考え，入射角をi，屈折角をrとすると，屈折率nは"入射角iの正弦と屈折角rの正弦の比は一定"というスネル(Snell)の法則により求まる．

$$(\sin i)/(\sin r) = 一定 = n_{ab} \quad \cdot (1)$$

n_{ab}をaに対するbの(相対)屈折率とよぶ．とくにaが真空である場合のnを絶対屈折率とよぶ．

$n_{ab} < 1$のとき，ある適当な角度i_c以上では，$\sin r > 1$となり，これに対応する屈折角rが存在しなくなる．(図3，式(1)参照)このとき，光は媒質bの中に入り込めなくなるため，すべての光は反射することになる．この現象を全反射とよび，このときの入射角i_cを臨界角とよぶ．アッベ屈折計，ディジタル屈折計はこれを応用したものである．

ディジタル屈折計では，光源(LED)からの光の波を媒質a(サファイアプリズム)から入射させ，媒質b(サンプル)との境界面で反射して媒質aに戻ってきた光をCCDで受けて，CCDの光量波形データから屈折角が90°になる入射角(=臨界角：図4のZの位置)を探し出し，その入射角より屈折率を計算している．

物質の屈折率の値は，測定入射光の波長と測定温度で変化するので，正確な屈折率や濃度値を測定するには，それらを一定の条件に保つ必要がある．一般に波長はNa-D線(589.3 nm)を使用している．

用途・応用例 屈折計は，食品・油脂・合成化学・一般化学・その他あらゆる産業で基礎研究から製品管理まで広く活用されている．物質の屈折率の測定のほかに試料の濃度と屈折率の関係を求めることによって，簡易的な濃度計として利用されている．その代表的なものが糖度計(ブリックス計)である．

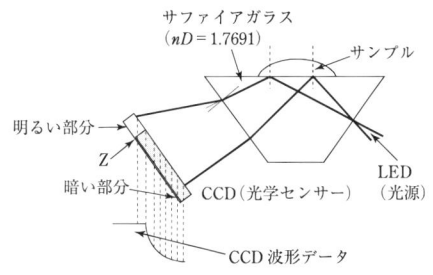

［尾林正信］

図4 ディジタル屈折計の測定機構

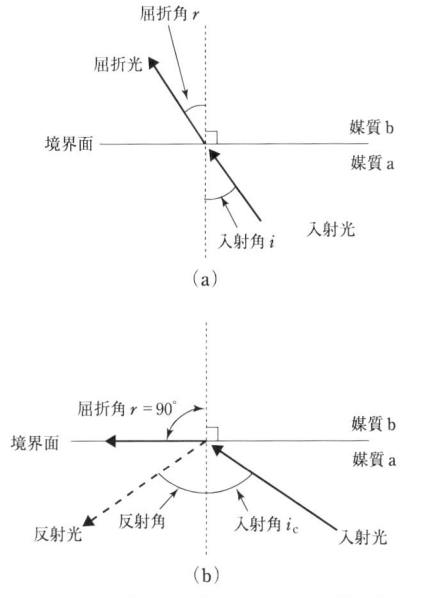

図3 光の屈折(a)と臨界角および全反射(b)

102 表面プラズモン共鳴測定装置

surface plasmon resonance meter

定性情報 表面プラズモン共鳴(SPR)角度(おおまかな情報).

定性情報 SPR信号の変化量.

注 解 表面プラズモン共鳴現象(surface plasmon resonance ; SPR)は,誘電率に依存する物理現象なので,化学種に特有な定性情報は得られない.金や銀の薄膜表面に化学種に対し選択的に応答する抗体または抗原などの物質を固定化して検量線を作成しておけば,試料溶液のSPR信号の変化を知ることにより,化学種を定量することができる.

装置構成 装置の基本構成を図1に示す.装置は光源,シリンドリカルレンズなどで構成される二つのレンズ群,プリズム,受光素子,エレクトロニクス,金薄膜チップ,センサーおよびフローセルからなるSPR本体およびコンピュータなどの記録・解析装置で構成される.

光源は700nm前後の波長をもつLEDまたはレーザーが使われている.シリンドリカルレンズは,プリズム上で線焦点を結ぶために使われる.プリズムは,ガラス製でBK7が一般的である.光検出素子にはCCDあるいはフォトダイオードが使われている.エレクトロニクスは,光源,CPU,CCD,LED,USB双方向データ通信インターフェイスおよび濃度表示などの回路基板から構成されている.

コンピュータにSPR角度を検出するソフトウエアをインストールして測定を開始すると,光源から一定の角度でプリズム上に照射された光によって,プリズム上のセンシングポイントでSPR現象が起きる.このときの反射光が光検出素子上で検出される.SPRは,誘電率に特定の角度で起こるので,角度変化の大きさが化学種の濃度に対応する.

作動原理 図2にSPR検出部の基本構成を示す.金あるいは銀のような金属をガラス板の片面に蒸着して,厚み数十nm(金の場合は45nm程度)の薄膜状にしてガラス板側から光を当てると金属表面に表面プラズモンとよばれる波動が発生する.

表面プラズモンとは,金属中における拘束の度合が小さい,自由電子群のゆらぎを

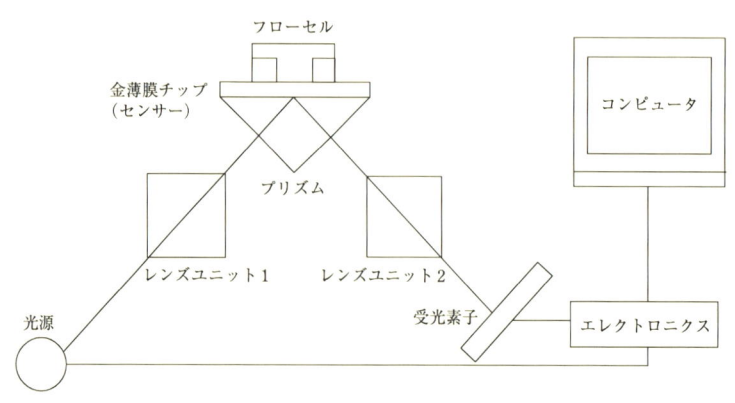

図1 装置の構成

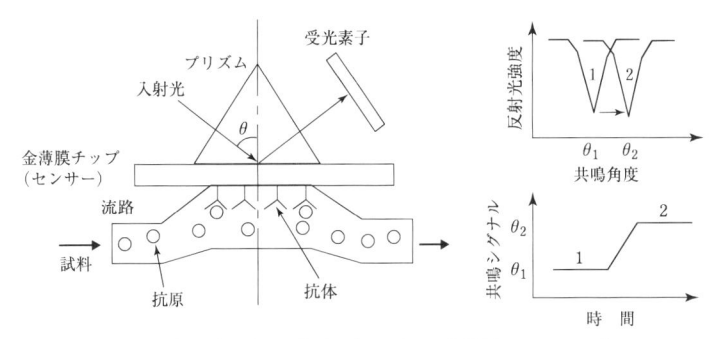

図2 表面プラズモン共鳴現象を用いた化学種のセンシング

量子化したものをいう．これは音波と同じ粗密波で表面を接線方向に伝播することができる．この波は伝播速度が同一の電磁波でゆさぶると共鳴して発生する．金属は金属の中を電子が自由に動くため，固体プラズマとみなすことができる．このような固体プラズマの表面付近には電子の集団励起である表面プラズマ振動(この量子が表面プラズモン)が存在している．

表面プラズモンは金属表面 100 nm 付近のみに局在し，その波数 K_{sp} と角振動数 ω の関係は金属の誘電率 ε_m だけでなく，金属の接している媒質(試料)の屈折率 n_s にも依存し，次式で与えられる．

$$K_{sp} = \frac{c}{\omega}\sqrt{\frac{\varepsilon_m n_s^2}{\varepsilon_m + n_s^2}} = K_{ev} \quad (1)$$

ここで，c は真空中の光速(K_{ev} はエバネッセント波の波数)である．式(1)より，試料に接する金属(ε_m が既知)の表面上での，角振動数 ω の表面プラズモンの波数 K_{sp} を知れば，試料の屈折率が得られる(図2)．プリズム(屈折率 n_p)に金属薄膜を付け，これを試料と接触させる．プリズム側から臨界角以上の角度でプリズム底面(センサー面)に光を入射すると，エバネッセント波が試料中にしみだす．平面波を入射角 θ で入射すると，エバネッセント波の波数 K_{ev} は入射光の空間周波数のプリズム底面方向成分

$$K_{ev} = K_p \sin\theta$$

となる．臨界角以上の入射角では $K_p \sin\theta > K_s$ なので，

$$K_{ev} = K_p \sin\theta > K_s \quad (2)$$

となる．すなわち，エバネッセント波の波数 K_{ev} は試料中を伝播する光の波数 K_s よりも大きい．このため $K_{ev} = K_{sp}$ を満足する入射角 θ_{sp} が存在し，その角度 θ_{sp} で入射した光は，そのエバネッセント波によって表面プラズモンを共鳴励起する．

エバネッセント波により表面プラズモンが励起されると光のエネルギーの一部が表面プラズモンに移り，プリズム中に戻る反射光の強度が減少する．このため，プリズム側での反射率の K_{ev} 依存性または平面波入射時の入射角依存性を測定すると，吸収ピークとして表面プラズモンの励起が観測される．この吸収ピークの位置(波数または入射角 θ_{sp})が表面プラズモンの波数 K_{sp} を与え，これから式(1)と式(2)を用いて試料屈折率 n_s を知ることができる．

試料溶液の屈折率は，溶液の濃度に依存するため結果として屈折率を測定することになり，濃度の測定が可能となる．また，金表面上に測定物質と相互作用する抗体などの物質を機能性膜として固定化することで，この膜の誘電率と厚さは変化し，図2に示したように SPR グラムは1から2に変化し，その共鳴角は θ_1 から θ_2 に変化するため，この角度変化をリアルタイムで測

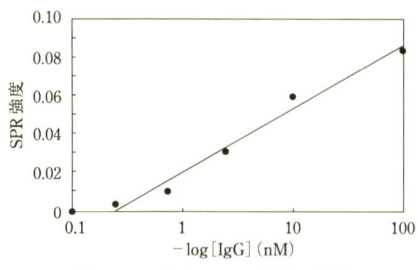

図3 IgG濃度とSPR強度の関係

定することで各種の反応・結合の様子，速度，量および成分濃度などが測定できる．

用　途　SPR装置の特徴は，従来法と異なり金属膜極近傍の免疫反応などに基づく分子情報をリアルタイムにSPR信号として得られることである．これにより細胞，タンパク質，ペプチド，DNA，RNA，糖質，医薬品などの速度論的解析，親和性解析，結合定数および濃度などの分子間相互作用を簡単に測定することができる．この装置は屈折率の変化を検出するので，分子量が1万以下の低分子では感度が小さいという欠点をもつ．この場合には，免疫計測における感度向上の手段としてよく利用される競合法や抗原固定化法などを適用することにより，分子量が200前後の環境汚染物質の場合，数ppb程度の濃度測定が可能となる．

応用例　標準タンパク質である免疫グロブリン(IgG)の免疫計測へ表面プラズモン共鳴測定装置(SPRメーター)を適用した一例を以下に示す．

①金薄膜チップをピランハ溶液に10分間浸漬して，金薄膜を洗浄．

②純水による金薄膜チップのピランハ溶液の除去と風乾．

③1mM 10-カルボキシ-1-デカンチオール/エタノール溶液に室温で2時間浸漬し金表面をチオール化．

④0.1mM N-ヒドロキシスクシイミド/0.1mM 1-エチル-3-(3-ジメチルアミノプロピル)カルボジイミド塩酸塩溶液(pH 7.2)にチップを浸漬し，10分間室温で撹拌して金表面を活性化．

⑤表面を活性化した金薄膜チップを10 μg/mL IgG抗体溶液(pH 7.2)に浸漬し，室温で2時間撹拌しながら，IgG抗体を固定化させる．

⑥純水で抗体を固定化した金薄膜チップを純水で洗浄．

⑦エタノールアミン溶液に抗体固定化金薄膜チップを浸漬，室温で1時間撹拌して，活性エステルをブロッキングする．

⑧金薄膜チップセンサーを純水で洗浄後，風乾．

⑨センサーをプリズムと光整合性をもってマッチングオイルなどの光インターフェイスを介して，SPRメーターにセット後，試料を測定セルに送液，SPRを測定し，検量線を用いてIgGの濃度を求める．

以上の操作に従って作成したIgGの検量線を図3に示した．

[浅野泰一・内山一美]

参考文献

1) 松原浩司，河田　聡，南　茂夫：分光研究，**37**，199，1989．
2) 笠井献一：蛋白質 核酸 酵素，**37**，53，1992．
3) 永田和弘，半田　宏(編)：生体物質相互作用のリアルタイム解析実験法，シュプリンガーフェアラーク東京，1998．

103
遠心分離機
centrifuge

定性情報 なし．
定量情報 なし．

装置構成 遠心分離機(遠心機)の種類には，回転数 25000 rpm 以下の高速遠心機，回転数 4000 rpm 以下の低速遠心機，微量試料用の小型遠心機などの研究室などで汎用されるものや，空気摩擦による熱発生を防ぐため真空ポンプを伴った分離用超遠心機(回転数 40000～85000 rpm 程度)(図1)およびその微量用のもの(回転数10万～12万 rpm 程度)，さらに試料用セル窓を通して紫外部吸収などの観察ができる機能をもち合わせ，分子量や沈降係数を求めるのに使われる分析用超遠心機などがある．これらの遠心機はタンパク質などの分離に用いるため冷却機能をもつものが多い．

遠心機に付属するローターにはアングル，スイングおよび垂直ローターなどがある(図2)．

用途・応用例 遠心法は分画遠心法と密度勾配遠心法に分けられる．前者の方法はアングルローター，スイングローターを用いる簡便な一般的な方法である．比較的小さな遠心力で短時間に行えるが，沈降係数が異なる物質を1回の遠心で分離することはできない．

後者の方法にはショ糖などであらかじめつくっておいた密度勾配の中で遠心する方法と塩化セシウムを試料に溶解し遠心することで密度勾配を生成させる等密度遠心法がある．これらの方法ではスイングローター，垂直ローターが使用され，タンパク質などの分画，精製だけでなく分子量や沈降係数を求めるのに使用される．また，垂直ローターを使用すると沈降距離が短いため遠心時間が早い． ［伊藤克敏］

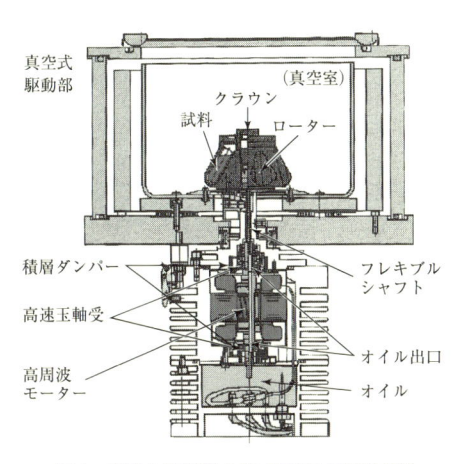

図1 超遠心分離機の模式図(日立工機(株)製 CSGXL シリーズ)

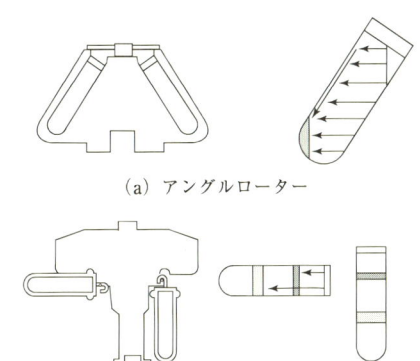

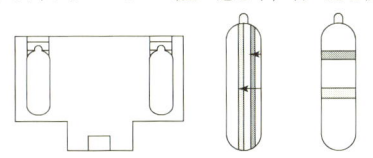

図2 遠心分離法で用いられるおもなローター
(桂 勲:新生化学実験講座1 タンパク質[I]，日本生化学会編，pp.131-142，東京化学同人，1990)

104
超臨界流体抽出装置

supercritical fluid extractor : SFE

定性情報 なし．
定量情報 なし．
装置構成 装置の構成例を図1に示す．いくつかの方式があり，分析用途ではおもにダイナミックな抽出，スタティックな抽出が単独あるいは組み合わせて用いられている．工業用途では圧力変化を利用して溶媒をリサイクル使用する方法が用いられている．

送液部：高速液体クロマトグラフ(HPLC)用の送液ポンプを用いる．液化炭酸や沸点の低い有機溶媒で室温近くに臨界温度がある溶液を送液するには，送液ポンプで圧縮する際の気化を防ぎ安定送液するためポンプヘッド部分を冷却する．シリンジポンプでは冷却しなくても送液できるものもある．送液にリザーバーを用いてこの温度を上げることで高圧をつくる方式もあるが，再使用に時間がかかることからあまり用いられなくなった．送部部では移動相は液体の状態である．

抽出の効率と選択性を変化させるために極性溶媒や有機溶媒を抽出助剤(エントレーナー)として添加する．これには，高圧にした抽出溶媒に添加する方法と抽出溶媒にあらかじめ添加しておき，これを高圧で送液する場合と二つの方法がある．

抽出部：抽出容器の内部を超臨界状態に保つには，容器の出口を臨界圧力以上とし，また容器の温度を臨界温度以上とする必要がある．このために抽出容器は恒温槽内部に設置したりヒーターを取り付けて温度を制御する．また容器出口には背圧制御部を設け圧力を維持する．抽出する試料を入れる容器は高圧に耐える耐圧容器を用いる．材質はおもにステンレスを用い，低温で圧力が低い領域での抽出を行う場合(150℃，20 MPa 以下)にはシール用のパッキン材にはテフロンやPEEK樹脂が用いられる．高温高圧の抽出条件で使用する際には金属製のパッキンを用いる．超臨界状態の水を使用する場合にはハステロイやインコネルなどの特殊金属を用いる．

HPLC用の分取カラム(空)は耐圧も問

(a) ダイナミックな抽出

(b) スタティックな抽出

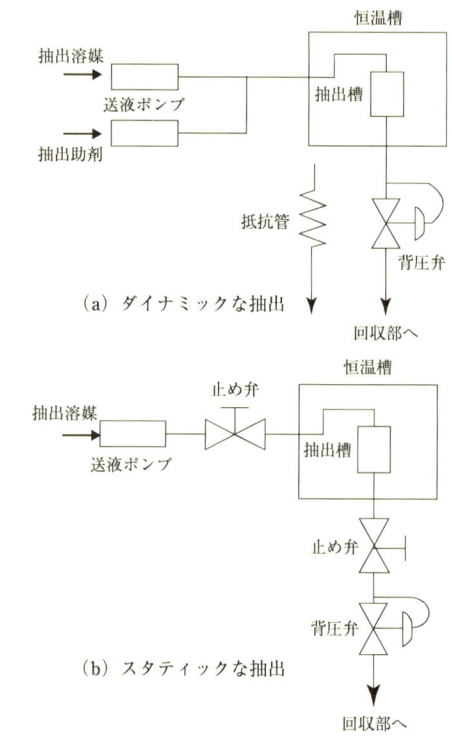

図1 抽出装置の例

(a)ダイナミックな抽出：試料を入れた抽出容器を恒温槽に入れ，容器内の圧力を一定にして連続して抽出する．
(b)スタティックな抽出：試料を入れた抽出容器を恒温槽に入れ，止め弁を閉じて容器内に圧力をかけた状態で一定時間保持した後止め弁を開き内部の圧力を開放しながら抽出する．

題なく再利用も容易なので抽出容器に用いられている．内部の状態を観測できるように石英ガラスやサファイアを窓材とした観測窓つきの容器もある．

背圧制御部：抽出溶媒を超臨界状態に保てるように抽出容器の出口側圧力を維持して分離を行うための制御に不可欠である．単純な構造のものとしては内径 $50\,\mu m$ 程度のキャピラリーを用い，この温度を制御することで背圧を維持する．精密な制御を行うものでは，抽出容器出口に圧力センサーを置き，この圧力が一定になるように抽出容器出口側の流量制御弁を開閉し抽出容器出口圧力の制御を行う．

回収部：抽出した成分は，抽出溶媒の温度と圧力を下げて気体状態にして回収容器内で溶媒と分離する．対象物質によっては抽出時に溶媒とともに揮散するのを防ぐために少量の有機溶媒に吹き込んだり，固相抽出用のカートリッジに回収する．工業用途の抽出では抽出溶媒は液化して再使用するが，分析用途では使用量が少ないので再利用は行われていない．

原理・特徴　超臨界状態とした抽出溶媒を被抽出物に加え，目的とする溶質を溶解して被抽出物より分離する試料処理技術である．超臨界流体は，臨界温度，圧力以上で粘度，密度，拡散係数が液体と気体の中間となり，気体よりも物質を溶解し，しかも物質移動が液体中より早いという性質をもつ．この性質により液体を用いる溶媒抽出より短時間で抽出を行うことができる．また，密度を調節することで溶解度を制御でき，単一の溶媒で簡単な分画操作を行うことができる．一般的な用途ではおもに二酸化炭素を用いる．二酸化炭素の臨界温度と臨界圧力は，おのおの $31.3\,°C$，$7.39\,MPa$ で容易に超臨界状態にすることができる．

毒性もなく高純度なものが安価に手に入るので便利である．

二酸化炭素は常温・常圧で気体となるので抽出後に溶媒との分離や濃縮操作を行う必要がないという利点もある．抽出条件を操作するには，密度の調節のほかに二酸化炭素に少量の抽出助剤としてメタノールやクロロホルム，トルエンなどを加えて抽出効率を改善したり選択性を変化させる．

超臨界状態の水を抽出溶媒として抽出を行うと，誘電率が有機溶媒と近くなり常温常圧の水には溶解しない有機物を容易に溶解することができるようになる．また，イオン積も常温常圧の水に対して数百倍になり，加水分解に適した反応場となる．

用途・応用例　超臨界状態の二酸化炭素を用いると比較的低温で酸素がない状態で抽出できる．この利点を活かし，天然物から各種香気成分や精油，脂肪酸，脂肪酸エステル類の抽出，医薬品に用いる有効成分の抽出などが実用化されている．分析用途では食品中の残留農薬の迅速抽出や汚染土壌から有害な有機化合物類の抽出などに利用されている．超臨界抽出を超臨界クロマトグラフィーの前処理として組み合わせたり，HPLC と組み合わせたりする例もある．工業規模ではコーヒーの脱カフェインやホップエキスの抽出，高分子製品から残留モノマーの除去などがある．超臨界流体は，このほかに反応の場や染色，微粒子製造，洗浄，殺菌など幅広く利用されている．

［前田恒昭］

参考文献
1) 前田恒昭，保母敏行：ぶんせき，39-45，1993．
2) 荒井康彦(監修)：超臨界流体のすべて，テクノシステム，pp.298，2002
3) *Jasco Report*, **145**, 2, 25, 日本分光, 2003．

105
マイクロ波分解装置
microwave digestion system

装置構成 代表的な構成を図1に示す．分解装置は，マイクロ波キャビティー(microwave cavity)方式，集束マイクロ波(focused microwave)方式，マイクロ波オートクレーブ(microwave autoclave)方式，フロースルーマイクロ波(flow-through microwave)方式の4種類に大別できる．ここでは，最も広く用いられている図1のマイクロ波キャビティー方式について解説する．ほかの方式とこれらの特長および製造元や販売元は参考文献[1]に示されているので参照されたい．

マイクロ波源としては商用の2.45GHzのマグネトロン($0.5\sim1.5\,\mathrm{kW}$)が用いられている．すべてのドアとキャビティーの開口部には，安全のためにインターロック機構や遮蔽が取り付けられている．キャビティー内部の電界を均一にするために，モードスターラーとターンテーブルが設けられている．試料を入れる分解容器は低圧・中圧・高圧のものが取り付けられるようになっている．そして，これらをモニターするための温度や圧力などのセンサーが組み込まれている．通常，マグネトロンからのマイクロ波エネルギーすべてが試料に吸収されるわけではなく，反射エネルギーによってマグネトロンの寿命が低減するので，キャビティーの内部または外部にダミーロードなどを取り付けてこの問題を解決している．

この装置は一見家庭の電子レンジに似ているが，危険なために多数の安全策が講じられている．すなわち，密閉または開放系で分解容器内の強酸などの腐食性の試料が加熱されるので，高濃度の酸フュームが発生することになる．このため，キャビティー内部を換気し，制御用のエレクトロニクス部品などが損傷しないようになっている．そして，換気はドラフトを通して排気できるように構成されている．さらに，キャビティーの内壁は，酸による腐食を防ぐためにテフロンを被覆したステンレス鋼などの耐酸性の材料が用いられている．

分解容器は，誘電体損失係数の小さなテフロン，ポリエチレン，石英ガラス，セラミックスなどからなり，腐食を防止するとともに汚染を低減するために，密閉型のものが一般的である．なお，揮発性元素を短時間で損失なく分解するために，密閉容器の内部を加圧する．このとき，圧力によって10気圧以下の場合を低圧分解，10〜80気圧を中圧分解，80気圧以上を高圧分解に分けられている．加圧したときは，容器を爆発から守るために，容器には石英ガラスまたはポリテトラフルオロエチレン(PTEE)やテトラフルオロメタキシール(TFM)製容器を硬質のプラスチック製外筒で覆ったものが用いられている．

装置の特長 試料そのものが発熱体とな

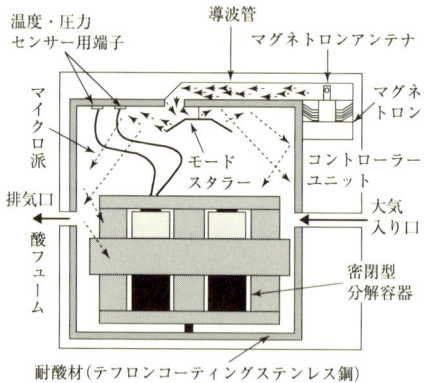

図1 マイクロ波キャビティー型分解装置の概略図[1]

り，試料の内部から加熱されるので，ホットプレート方式のような外部加熱法に比べて熱効率が非常によく，酸溶液と激しく混合されるので分解がより促進される．さらに，密閉型の分解容器と高純度の酸を用いるので，外部からの汚染がなく，再現性よく分解できる特長がある．

用　途　この装置は，固体試料などの中に含まれている微量の金属元素などを分析したいときに，マイクロ波エネルギーを用いて，分解容器内の試料と酸を加熱することにより，試料を効率よく分解溶液化するための試料調製装置として用いられている[1]．

応　用　微量元素分析に適しており，誘導結合プラズマ質量分析法はじめ発光分析法や原子吸光分析法などにおける試料の分解装置として広く用いられている．分析対象試料としては，植物性標準試料，生体組織，動物性標準試料，人体組織，食物，金属類（合金含む），セラミックス，ガラス，酸化物，岩石などがある．これらの分解用酸としては，硝酸を基本とし，これと過塩素酸，過酸化水素，硫酸，塩酸，フッ化水素酸などを適当に組み合わせて用いられている．分解した液は，直接希釈または蒸発乾固-再溶解-希釈の順序で調製し，上記分析法により定量されている[1〜3]．

マイクロ波加熱の原理　分解容器とともに試料（誘電体：分子やイオンが双極子を形成）をマイクロ波電界中にセットすると，整列していた双極子にはマイクロ波電場によって誘電率が小さくなるように振動や回転が生ずる．そして，この双極子がもとの配向状態に戻るときに熱としてエネルギーを放出する．この現象は，物質が結晶化するときに発熱する結晶化熱のように考えることができる．なお，発熱現象を双極子の摩擦熱によるとの説明もある．

マイクロ波を試料に照射すると，誘電体損失として試料に吸収され，試料は加熱される．このとき試料に吸収される単位体積あたりの電力 $P(\text{W/cm}^3)$ は，
$$P = 5.56 \times 10^{-11} f E^2 \varepsilon \tan\delta \quad (1)$$
で与えられる．ここで，f はマイクロ波周波数(Hz)，E は電界強度(V/cm)，ε は比誘電率，$\tan\delta$ は誘電体損失である．なお，$\varepsilon\tan\delta$ は誘電体損失係数とよばれ試料によって決まる定数であるが，温度や周波数に依存する．

式(1)から，試料の発熱量を大きくするためには，用いるマイクロ波周波数 f やキャビティー内のマイクロ波電界強度 E を高くするとよい．なお，fE を一定としたとき，f を高くするとその分だけ E を小さくでき，試料の絶縁破壊や放電を発生しないようにできる．さらに，誘電体損失係数 $\varepsilon\tan\delta$ の大きな試料ほどマイクロ波の吸収が大きくなり，発熱も大きくなる．

しかしながら，マイクロ波が試料の中を伝播するとき，電波のエネルギーは試料に吸収されて熱に変換されるために，電波の強さは試料の表面から内部へ指数関数的に減少する．その割合は，周波数や試料の電気的な特性によって異なり，それは入射エネルギーが半減する深さ(half power depth) D(cm)で与えられる．
$$D = \frac{\lambda_0}{2\pi}\left[\frac{2}{\varepsilon\sqrt{1+\tan^2\delta}-1}\right]^{1/2} \simeq \frac{9.56\times 10^5}{f\sqrt{\varepsilon}\tan\delta} \quad (2)$$
ここで，$\lambda_0 = C/f$ で，C は光速 3×10^{10} cm/s である．式(2)から，周波数 f や誘電体損失係数 $\varepsilon\tan\delta$ が大きすぎると，表面加熱のようになり，試料の内部まで加熱ができなくなる．周波数としては，わが国で商業的に割り当てられている 2.45 GHz が用いられている．一方，ガラス，セラミックス，テフロンなどのような誘電体損失係数の小さな物質は，D が大きくなり加熱されにくい．したがって，分解容器の材料には，これら誘電体損失係数の小さいものが用いられている．

このように,マイクロ波加熱は誘電体損失を原理とするので,選択加熱,高速加熱,高効率加熱,均一加熱,高応答加熱などの特長を有している。

なお,必要なマイクロ波電力(エネルギー)は次のようにして求めることができる。いま,加熱オーブンの中にセットした試料を,初期温度 T_1(℃)から加熱温度 T_2(℃)まで上昇させるとすると,必要なマイクロ波エネルギー W(W)は次式で与えられる。

$$W = 4.18\, mc(T_2 - T_1)/t \qquad (3)$$

ここで,m は試料の質量(g),c は試料の比熱(cal/g℃),t は加熱時間(s)である。しかしながら,現実はマイクロ波電力の利用率は反射などにより100%でないのでこれを考慮する必要がある。　　［岡本幸雄］

参考文献

1) Kingston, H. M., Walter, P. J. : Inductively Coupled Plasma Mass Spectrometry, A. Montaser (ed.), pp.33-81, Wiley-VCH, 1998；久保田正明(監修)：誘導結合プラズマ質量分析法, pp.34-81, 化学工業日報社, 2000.
2) 小島　功：ぶんせき,14-19, 1992.
3) 松本　健：ぶんせき,60-66, 2002.

106
有機元素分析装置
organic elemental analyzer

定性情報 有機化合物や有機物質中の炭素，水素，窒素，酸素，硫黄元素の存在を示す信号(クロマトグラフ方式ではピーク位置).

定量情報 有機化合物や有機物質中の炭素，水素，窒素，酸素，硫黄元素に関する信号量(クロマトグラフ方式ではピーク面積).

装置構成 装置の概略を図1に示す.

作動原理 Pregl(1910年代)の開発したC，H，Nの分析法を原理としている[1,2]. 有機化合物や有機物質を高温の酸素中で燃焼させ(酸素分析は例外)，得られた燃焼物ガスを安定な物質に還元して，それらを分離(物質の分離または分光学的に分離)，質量測定または広くは機器分析の検出器を用いて定量する. HはH_2O，CはCO_2，NはN_2として定量する. Oは，C，H，N元素を除いた残りとして求める(この場合他の元素が含まれないことの確認が必要)，または高温にある酸素を含まない不活性ガス中で触媒(白金炭素など)を用いて試料を熱分解し，COとして直接定量する. Sは，燃焼によりSO_2として定量する.

定量関係は次の化学反応式による.

$$C + O_2 = CO_2$$
$$2H + 1/2\, O_2 = H_2O$$
$$2N = N_2$$
$$O + C = CO$$
$$S + O_2 = SO_2$$

操作 校正された装置では，およそ3～10分間で1試料の測定が完了する. 以下は，CHN分析の操作を示す. O，Sの分析については装置の操作マニュアルを参考にする. CHN分析の試料(多くの場合1～数mg程度)をスズ箔(ホイル)に包み，試料導入部(サンプラー)から導入するか白金製の容器(形からボートという)に試料を載せ燃焼炉に導入する.

燃焼：スズや銀の箔(ホイル)に包まれた試料は，およそ900～1000℃の酸素中に落下させ，スズの酸化発熱反応により得られる約2000℃の高温で燃焼される. 燃焼物ガスは，酸化促進剤が充填された石英製の燃焼管中でさらに燃焼(酸化)が進む. 試料由来のハロゲン元素の影響を除くための吸収物質も充填されている. 燃焼管の最適温度は酸化剤の選択にかかわっており，それぞれの装置の操作マニュアルを参考にする.

還元：燃焼により生成した過酸化物を作動原理に示した安定な化合物にするために，燃焼物ガスは燃焼管の後に置かれ純銅を充填した，550～650℃に制御された還元管に通す. この結果，それぞれCO_2，H_2O，N_2ガスに変換される.

分離・定量：気体の計量のために，装置は温度と圧力を一定に制御する. 定量は変換されて得られたガス成分を順に吸収剤で取り除き，吸収前後の吸収管の質量差を測定する方式と，ガスクロマトグラフ分析に

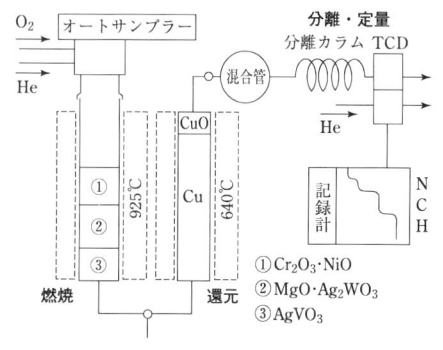

図1 装置構成の例(PerkinElmer 2400 II 型全自動元素分析装置-CHN分析モード)[1]

① $Cr_2O_3 \cdot NiO$
② $MgO \cdot Ag_2WO_4$
③ $AgVO_3$

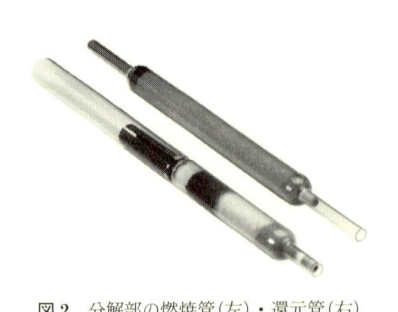

図2 分解部の燃焼管(左)・還元管(右)

よる分離・定量をする方式がある．検出は熱伝導度検出器または吸収分光測定による．装置の校正物質には，検定を受けた標準物質(装置メーカーや日本分析化学会有機微量研究懇談会などが頒布する)を用いる．試料となるべく類似した元素組成の標準物質を使うと，誤差要因を減らすことができる．

用途・応用例 C, H, N, O の分析は，製薬などの合成での化合物確認や化学工業製品の管理に広く用いられている．また，炭素工業，共重合体高分子工業，石油・エネルギー関連，燃料電池分野でも利用されている．N の分析は，食品，穀物，飼料，肥料，土壌，バイオテクノロジーなどの分野でタンパク定量に利用され，容量分析のケルダール(Kjeldahl)法との選択が必要である．分析速度・操作性では有機元素分析装置が優れており，大容量・低濃度試料にはケルダール法が採用される．

有機元素分析装置は，質量分析，NMR，フーリエ変換近赤外分析などのデータ解析(ケモメトリクス(chemometrics)を含む)に対して，確実な参照データを提供できる機器である． ［恩田宣彦］

参考文献
1) 成田九州男，板谷芳京：ぶんせき，602，1989；ぶんせき，690，1989．
2) 日本分析化学会有機微量分析研究懇談会(編)：創立 50 周年記念大会シンポジウム講演要旨集，2003．

107
密度計（比重計）

density meter, densitometer

定性情報 なし．
定量情報 密度（または比重）．

注 解 単一成分を溶解している場合には，標準溶液で作成された検量線（密度または比重と濃度との関係）より化学種濃度を求めることができる．

装置構成 装置の構成を図1に，外観を図2に示す．

測定原理 一端を固定した細い管を試料セルとし，これに密度を測定しようとする液体を試料サンプリング用チューブから導入する．この試料セルが駆動部により初期振動を与えられると，試料セルは導入された液体試料の質量に比例した，その物質固有の振動周期で振動する．試料セルの体積は一定であるので，その固有振動周期は試料密度に比例する．このようにして，液体試料の固有振動周期を検出することにより密度を求める方法は振動式密度計法とよばれる．

この測定法において，試料セル内の試料の密度とこの試料セルの振動数との間には

$$f = \frac{1}{2\pi}\sqrt{\frac{c}{\rho V + M}}$$

の関係が成り立つ．ここに，f は振動数，c は弾性係数を含む定数，ρ は震動部分に入っている液体の密度，V は震動部分に入っている液体の体積，M は液体が入っている試料セル震動部の質量である．

ここで，振動周期を T とすれば

$$T^2 = \frac{1}{f^2} = \frac{4\pi^2 \rho V}{c} + \frac{4\pi^2 M}{c}$$

が成り立つ．$4\pi^2 V/c$ および $4\pi^2 M/c$ は一定であるから，それぞれ A および B とすれば，

$$T^2 = A\rho + B$$

として表せる．いま，2種類の標準物質の試験温度 t（℃）における密度を ρ_{Wt} および ρ_{At} とし，これらの物質が試料セルに導入されたときに得られる振動周期をそれぞれ T_{Wt}，T_{At} とすると，

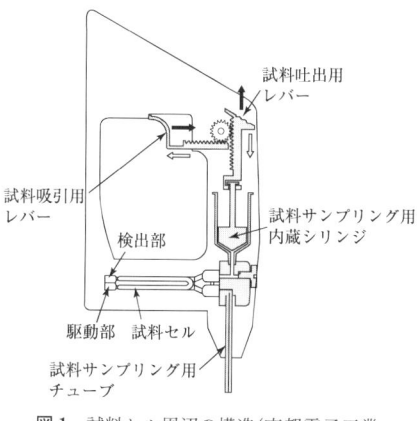

図1 試料セル周辺の構造（京都電子工業 DA-130型）

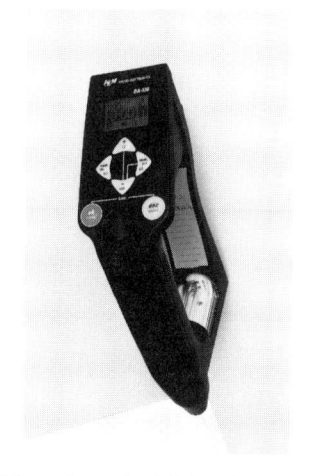

図2 ポータブル密度比重計 DA-130

が成り立つ.

$$\rho_{At} - \rho_{Wt} = \frac{T_{At}^2 - T_{Wt}^2}{A}$$

ここで，$1/A = K_t$とすれば，K_tは試験温度 t（°C）におけるセル定数で，

$$\rho_{At} - \rho_{Wt} = K_t(T_{At}^2 - T_{Wt}^2)$$

が成り立ち，これによりセル定数 K_t が求められる.

一方，未知試料をセル定数 K_t が求めてある試料セルに導入して振動周期を求めると，次式によって未知試料の密度を求めることができる.

$$\rho_{St} = \rho_{Wt} + K_t(T_{St}^2 - T_{Wt}^2)$$

ここに，試験温度 t（°C）における ρ_{St} は未知試料の密度，ρ_{Wt} は標準物質の密度，T_{St} は未知試料の振動周期，T_{Wt} は標準物質の振動周期，K_t はセル定数である.

なお，このような計算は，すべて装置に組み込まれているデータ処理システムにて自動的に処理される.

用途・応用例 原油，燃料油，潤滑油などの密度の測定．JIS K 0061 で規定された化学製品の 20°C 密度や 20/20°C 比重などの測定．牛乳，清涼飲料，果実飲料などの各種飲料の密度やブリックス濃度の測定．ビール，ウイスキー，ワイン，焼酎，日本酒などのアルコール度やエキス類の濃度の測定．食品原料の品質管理にブリックス濃度や成分濃度の測定．植物油や動物油など油脂類の密度や比重の測定．日本薬局方 13 局に規定された薬品関係の密度の測定．電子部品のエッチング液や酸洗い液などの濃度管理．バッテリー液の硫酸濃度の測定．

［乗富秀富］

参考文献

1) JIS K 0061 化学製品の密度及び比重測定方法，2001.

108
粘弾性測定装置

rheometer

定性情報 なし．
定量情報 なし．
その他の情報 粘性，弾性特性．

装置構成 粘弾性測定装置は試料に与える変形方向の違いにより，大きく分けて以下の2タイプに分類できる．

(1)回転型粘弾性測定装置：装置構成の模式図を図1に示し，おもな特長を以下に示す．

①試料に対してせんだん方向に変形を与える(図2(a)を参照)

②測定対象はプリンターインクのように粘度の低い試料から，熱硬化性樹脂の硬化過程まで多岐にわたる

③測定部のサイズが規定できるので，国際単位系(SI単位)による測定データを得ることができる．事例として，定常流動測定時においてせんだん速度が規定できるため，せんだん粘度を求めることが可能である．

④試料を加熱・冷却する様々な温調システムを備えており，任意の温度条件下での粘弾性特性を評価することが可能である．

(2)伸張・圧縮型粘弾性測定装置：装置構成図を図3に示し，おもな特長を以下に示す．

①試料に対して伸張・圧縮方向に変形を与える(図2(b)を参照)

②測定対象物は基本的に固体試料である．フィルムやファイバー，射出成形されたプラスチック樹脂など

③試料を加熱・冷却するさまざまな温調システムを備えており，任意の温度条件下での粘弾性特性を評価することが可能である．

④回転型と同様に測定部のサイズが規定できるので，任意の伸張ひずみ速度での伸張粘度を求めることが可能である．

作動原理

(1)粘弾性測定原理：粘弾性測定は測定対象物に力学的ひずみ(または応力)を与えたとき，試料に発生する応力(またはひずみ)の応答を時間の関数として検出する測定である．試料特有の特性である粘弾性は応力とひずみの関係から求められる．つまり，応力がひずみに比例するならば弾性的性質，ひずみ速度に比例するならば粘性的性質をもつ試料であるといえる．

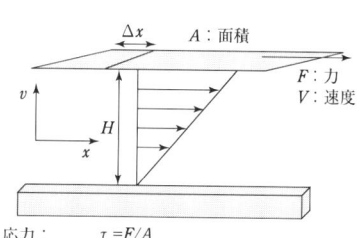

応力： $\tau = F/A$
ひずみ： $\gamma = \Delta x/\Delta y = \Delta x/H$
ひずみ速度： $\dot{\gamma} = d\gamma/dt = V/H$

(a) せんだん応力/ひずみ

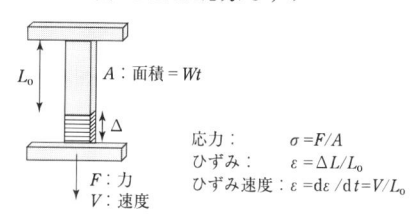

応力： $\sigma = F/A$
ひずみ： $\varepsilon = \Delta L/L_0$
ひずみ速度： $\dot{\varepsilon} = d\varepsilon/dt = V/L_0$

(b) 伸張応力/ひずみ

図1 回転型粘弾性測定装置の模式図

・駆動部：トルクモーター
・検出部：オプティカルエンコーダー
・温度制御システム

図2 変形図

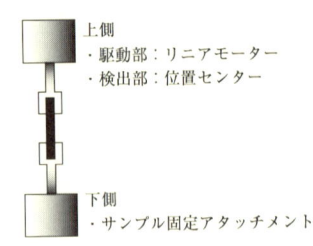

図3 伸張・圧縮型粘弾性測定装置の模式図

試料へのひずみの加え方が一定方向の回転または伸張・圧縮変形であれば静的粘弾性測定, 正弦波形であれば動的粘弾性測定とよばれる. また, 試料に与える変形の種類としてせんだん, ねじり, 曲げ, 引っ張り, 圧縮などがある.

(2) 回転型粘弾性測定装置(図4)測定原理：図1において, 試料は円錐・円板の間に均一に挟むようにして設置される. 円錐を一定方向に定速回転させ, 円錐の同一方向に発生するトルクつまり回転応力を測定することにより, 定常せんだん粘度を求めることができる. また, 円錐を周期的(正弦関数)に左右に振動させ, 発生するトルクを時間的な関数で測定することにより, 動的弾性率, 動的粘性率を求めることができる.

(3) 伸張・圧縮型粘弾性測定装置：図3において, 応力(またはひずみ)発生器からの正弦波応力がプローブを経由して試料に伝えられると, 試料は変形(または応力)を生じる. このとき, 試料に与えるひずみは, きわめて小さく試料の構造破壊を生じない量である. 試料の変形ひずみ(または変形応力)は変位検出器(応力検出器)により計測される. コンピュータは応力・ひずみおよび両者の位相差から, 動的粘弾性変数である貯蔵弾性率, 損失弾性率および損失正接などを算出する.

粘度測定の全般にわたる注意事項として, 粘度は温度に大きく依存し変化するの

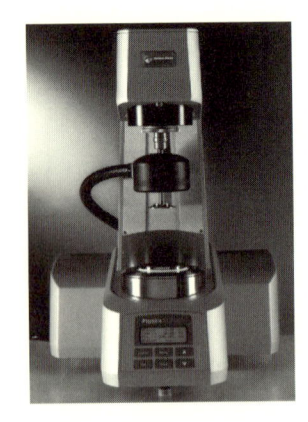

図4 粘弾性測定装置(アントンパール社製 PhysicaMCR)

で, 測定結果の記録には測定時の試料の温度を必ず併記する必要がある.

用途・応用例 熱可塑性, 熱硬化性樹脂などに代表される高分子合成化学, 電子材料に多く用いられるはんだペーストやプリント基板材料, カラーインクジェットプリンター用のインクや自動車の塗装用塗料, 製薬原材料, 寒天やサラダ油, コーヒー飲料などあらゆる食品分野などにおける製品開発から品質管理, 工程管理まで粘弾性測定によりあらゆる評価手法に応用できる.

また, 回転型粘弾性測定装置と伸張・圧縮型粘弾性測定装置を用いることで, 固体試料から液体試料までの各種材料の粘弾性特性を評価することが可能となる. これは材料のマクロ的な機械特性を知ることでもあり, 材料の強度や耐熱性の評価に利用できる.

一方, 高分子材料などでは分子構造が複雑であり, 粘弾性特性はミクロな分子構造的特長を反映する. したがって, 高分子材料の粘弾性測定結果を分析することで, 分子量・分子量分布, 架橋度合い, 分岐度合いなどの分子構造的知見を間接的に得ることができる.

［宮本圭介］

109 粘度計

viscometer

定性情報 なし.
定量情報 なし.
その他の情報 粘度.
装置構成 回転粘度を測定する装置は下記の3タイプに分類できる.

(1)円錐・円板型回転粘度計：装置構成図を図1に示し，おもな特長を以下に示す.
①測定に必要な試料量が約1mL程度で済む.
②測定部のサイズが規定できるタイプは，せんだん速度が規定できるためせんだん粘度を求めることが可能である.

(2)共軸二重円筒型回転粘度計：装置の構成図を図2に示し，おもな特長を以下に示す.
①試料接触面積が大きいため低粘度試料の測定に適している.
②測定部のサイズが規定できるので，せんだん速度が規定できせんだん粘度を求めることが可能である.

(3)単一円筒型回転粘度計：装置構成図を図3に示し，おもな特長を以下に示す.
①測定ローターを直接液槽に浸すことが可能であり，製品検査や中間工程チェックなどに用いられる.
②持ち運びが可能な小型軽量タイプがある.

作動原理

(1)円錐・円板型回転粘度計：図1の円錐・円板の組合せである測定部には一般的にスプリング・バランスによる測定原理を用いている場合が多い．このスプリング・バランス方式についての詳細は，(3)の単一円筒型回転粘度計で述べる.

図1に示す円錐ローターの円錐角(円錐の傾斜角)αは微小角とする．円錐ローターと円板に挟まれた空間を満たす試料液量は，αが小さいので非常に少量で測定が可能である．また，円錐ローターが回転すると接液面全体に一様なせんだん方向への

R：円錐半径
α：コーン角度

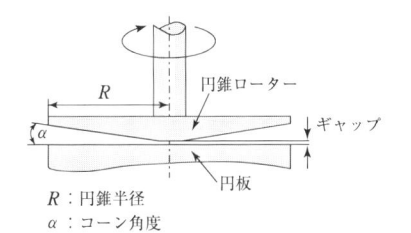

図1 円錐・円板型回転粘度計の構成図

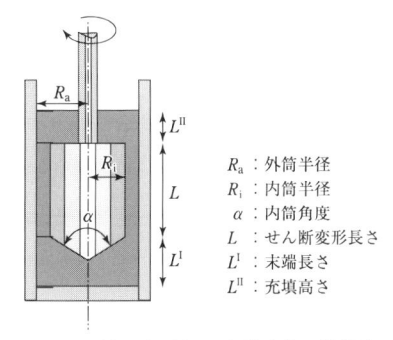

R_a：外筒半径
R_I：内筒半径
α：内筒角度
L：せん断変形長さ
L^I：末端長さ
L^{II}：充填高さ

図2 共軸二重円筒型回転粘度計の構成図

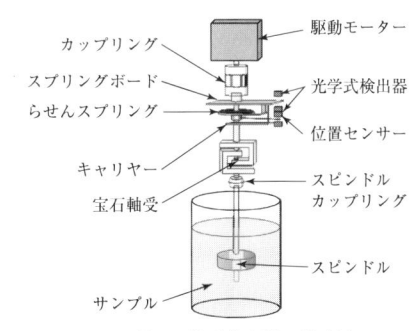

図3 単一円筒型粘度計の構成図

図4 回転粘度計(アントンパール社製レオラボ QC)

変形が試料に加わり，下式に示すような半径 R 方向に一様な"せんだん速度(ずり速度) $D(\mathrm{s}^{-1})$"

$$D = 2\pi N/60 \phi$$

を与えるので，測定結果を理論的に扱うことができる．すなわち上式の回転数 N を多段に変化させ，各回転数 N_i における回転粘度 η_i から"せんだん速度 D_i"に対応する"せんだん応力 τ_i"を計算から求めることができる(数式省略)．

(2) 共軸二重円筒型回転粘度計：図2のように同一の中心軸をもつ外筒および内筒の隙間に試料を満たし，内筒を回転させたときに作用するトルクを測定する．試料によって定常な流動状態をつくろうとする力に逆らう度合いが異なり，これが内筒を回転させているモーター軸に作用するトルクとなる．

(3) 単一円筒型回転粘度計：図3のように，円筒型のスピンドルローターを測定液中に浸した状態で，一定回転速度で回転させ，スピンドルが試料より受ける粘性トルクを回転軸に取り付けられたスプリングで平衡を保つ．粘度はこのときのスプリングの捩れ角度または捩れの力を検出し，スピンドルの寸法と回転速度などの諸条件から計算により求める．この原理を用いた粘度計をスプリング・バランス方式の回転粘度計とよぶ．

粘度測定の全般にわたる注意事項として，粘度は温度に大きく依存し変化するので，測定結果の記録には測定時の試料の温度を必ず併記する必要がある．

用途・応用例 高分子合成化学，塗料，製薬，食品などあらゆる製造工業において液体材料が使用され，製造されている．これらの材料は組成や溶媒だけでなく物理的特性もさまざまであり，製造工程においてはその流動特性，つまり粘度値が工程管理，品質管理，性能管理，工程条件に大きく影響することが知られている．よって，測定対象物も多岐にわたり液体，溶液，融液の形態である試料すべてであるといえる．

[宮本圭介]

110
粒度分布測定装置

particle size distribution analyzer

定性情報 なし.
定量情報 なし.

A. 遠心沈降光透過法[1,2]

その他の情報 重力または遠心力による粒子の沈降速度(粒子径に依存する).

測定原理 ある媒質中に分散した粒子は,重力によって粒子の大きさに従って,次式で表される一定の速度(終末沈降速度ν_t)で沈降する(ストークス式).

$$\nu_t = \frac{(\rho_p - \rho)D^2 g}{18\eta}$$

ここで,ρ_p,ρはそれぞれ粒子および分散媒の密度,Dは球形粒子の直径,gは重力加速度,ηは分散媒の粘度である.いま一定の沈降距離における粒子濃度の時間変化を測定すれば,粒度分布を求めることができる.本法で求められる粒子径は沈降相当径とよばれ,測定粒子と同じ沈降速度をもつ,密度が同一の球形粒子の直径を意味する.遠心沈降法では粒子分散液を高速で回転し粒子を遠心沈降させることで,測定時間の短縮と重力による自然沈降法の測定下限を拡げることができる.粒子濃度は,白色光や可視光域のレーザー光を粒子分散系に照射し,入射光強度と透過光強度がベールの法則により粒子濃度と関係あることを利用して求める.

装置構成 粒子沈降部(セル,遠心機),粒子濃度検出のための光学系(光源,検出器),制御・演算装置,データ入出力装置からなる(図1).

測定 測定前に試料の密度,測定温度における分散媒の密度および粘度を求めておく.試料濃度は通常 0.1〜0.2 mass%である.試料調製に関しては別記する.

B. レーザー回折・散乱法[1,2]

その他の情報 粒子による光回折・散乱パターン(粒子の大きさに依存する).

測定原理 粒子による光散乱は粒子の大きさDと光の波長λの関係により,

① $D \gg \lambda$:フラウンホーファー回折
② $D \fallingdotseq \lambda$:ミー散乱
③ $D \ll \lambda$:レイリー散乱

の三つの領域に分類される.①の領域においては回折光の光強度分布が粒子径と波長の関数になるため,回折パターンの解析により粒子径を算出できる.②の領域では散乱が支配的となり,ミー理論による散乱パターンの解析で粒子径を算出する.このとき,粒子の屈折率が必要となる.さらに粒子径が小さくなり,③の領域になると散乱パターンは粒子径に依存しなくなるため,一般の装置では散乱法による測定下限は約 $0.1\,\mu m$ となる.

装置構成 測定試料の循環系と回折・散乱光検出のための光学系,制御・演算装置,データ入出力装置からなる.測定試料は超音波振動子を内蔵した分散槽から循環ポン

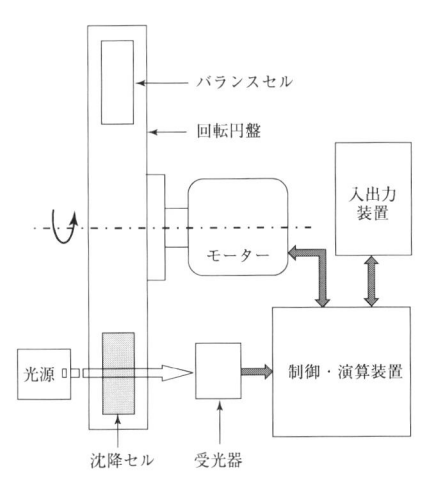

図1 遠心沈降光透過法の装置構成例

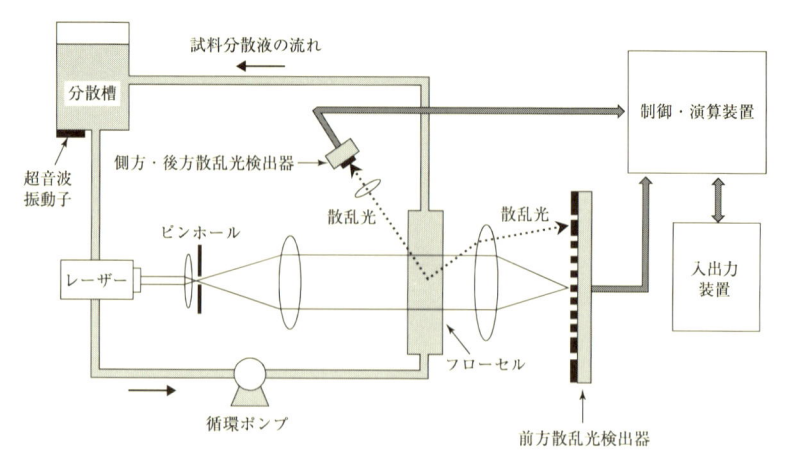

図2 レーザー回折・散乱法の装置構成例

プによって光照射するフローセルへ送られ，再び分散槽へと循環する．光源として可視光レーザー(半導体レーザー，He-Neレーザー)が用いられる．検出器は粒子径に応じた回折・散乱光を検出するために前方，後方，側方に配置される(図2)．

測　定　ミー散乱領域の粒度分布測定では試料の屈折率が必要であるが，文献値の採用が適当な粒度分布を与えない場合もあるので注意を要する．試料調製に関しては別記する．

試料調製　粒度分布測定は少量の試料で測定が可能であるため，大量の試料からのサンプリングには注意を要する．両装置では通常固体試料を液中に分散させて測定するために，液中における分散状態は粒度分布測定結果に多大な影響を及ぼす．分散媒の選択条件として，①試料が溶解・反応しないこと，②試料をよくぬらすこと，③試料が膨潤・収縮を起こさないことがあげられる．分散剤の添加や超音波バスによる分散促進も有効である．

用　途　セラミックス，医薬品，化粧品，塗料，顔料，食品分野の粉体の粒度分布測定．　　　　　　　　　　　　　　　　［武井　孝］

参考文献
1) 粉体工学会(編)：粒子径計測技術，日刊工業新聞社，1994．
2) 椿　淳一郎，早川　修：現場で役立つ 粒子径計測技術，日刊工業新聞社，2001．

111
凍結乾燥機
lyophilizer

装置構成 一般的に以下の三つの部分からなる（図1，図2）．

ドライチャンバー：乾燥すべき物質を入れる容器．なす型フラスコなどを直接取り付けられるマニホールドを備えるものや，バイアル瓶などを直接置ける棚を備えたものなどがある．

冷却トラップ：昇華した水蒸気を捕集し凝集させる部分．ガラス容器をドライアイス-アセトンなどの冷媒中に置く程度の実験室レベルで使用されるもの，冷凍機によってコイルを冷却する専用の機器のものがある．

真空ポンプ：装置内の空気を取り除き，真空を維持するもの．

原理 物質の水溶液を凍結し，水蒸気圧以下に減圧することにより水を昇華させて除き，内容物を乾燥させることによる．

用途・応用例 タンパク質などの熱に不安定な物質を凍結した状態で減圧下乾燥する．なす型フラスコのような高真空に耐えうる試料容器中に入れた試料溶液を凍結する．このとき，ゆっくり回転しながら溶液が内壁に均一になるように凍結させることで表面積が広がり，早く乾燥する．凍結乾燥機は冷却トラップが使用する温度まで冷却されたのち，真空ポンプを作動させる．装置内が真空に達したら予備凍結が終了した試料をドライチャンバーに取り付け，乾燥を行う．乾燥中は試料容器を静置する．乾燥が終了したら，乾燥物が飛散しないよう乾燥容器中に穏やかに空気を入れ，常圧に戻してから乾燥容器を取り外し，すみやかに密栓する． ［伊藤克敏］

参考文献
1) 飛田 亨：新実験化学講座1［I］，日本化学会編，pp.459-463，丸善，1975．

図1 凍結乾燥機（タイテック社製 VD-800 F 型）

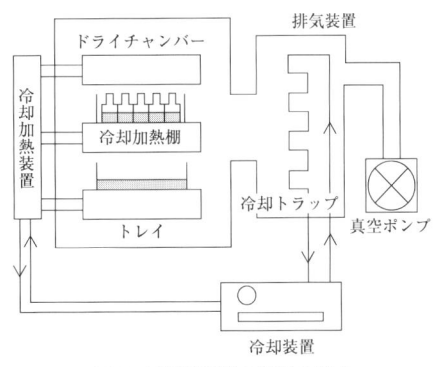

図2 凍結乾燥機の装置の構成

(太字のページは項目名を示す)

索　引

ア　行

アッベ屈折計　312
アミノ酸センサー　89
アングルローター　317
安定化ジルコニア　90
安定同位体比質量分析計　65
アンフォライト　282

イオン感応性電界効果トランジスター　89
イオンクロマトグラフ　254
イオントラップ型質量分析計　46, 61
位相敏感検出器　219
一次標準測定法　82
イムノアッセイ関連測定装置　300
イルコビッチ式　78
インターフェログラム　117

液体クロマトグラフ-核磁気共鳴装置　264
液体クロマトグラフ-質量分析計　258
エネルギー分散型蛍光 X 線分析装置　41
エネルギー分散型分光器　186
エバネッセント光　113
エバネッセント波　315
エポキシ基盤　177
エレクトロスプレーイオン化　46, 258
炎光分光光度計　**32**
エンザイムイムノアッセイ　300
遠心液液分配クロマトグラフ　295
遠心分離機　317
円二色性分光計　142

円偏光変調器法　139

応力緩和測定　176
オクタント則　144
オージェ電子　198
オージェ電子分光装置　198
オプティカルセンサー　93
オプトード　93
オフレゾナンスデカップリング　154
温度滴定装置　96
温度変調測定　173

カ　行

回転型粘弾性測定装置　327
回転粘度　329
回転ブラウン運動　6
化学炎　33
化学シフト　159
化学発光応答曲線　13
化学発光分析計　**12**
化学発光量子収率　13
核オーバーハウザー効果　153
核磁気共鳴装置　**150**, 155
隔膜電極式酸素計　84
ガスクロマトグラフ　266
ガスクロマトグラフ-質量分析計　269
ガスクロマトグラフ分析　323
ガスセンサー　90
カソードルミネッセンス　237
活性エステル法　301
過渡的電気注入法　281
カーブフィッティング　184
過ヨウ素酸酸化法　301
ガルバニ電池式酸素計　84
カールフィッシャー滴定法　102
カルボジイミド法　301
還元気化原子吸光分光光度計　20

干渉分光法　116
完全プロトン照射法　154

気相化学発光　12
気体試料用シリンジ　266
希土類イオンキレート　8
機能性色素　94
キャビティー　30
キャピラリーゾーン電気泳動　284
キャピラリー等速電気泳動　280
キャピラリー等電点電気泳動装置　282
吸光度　3
吸着熱測定　179
競合法　304
共焦点顕微鏡　133
共鳴ラマン効果　126, 132
極限モル電気伝導率　87
極微弱発光　13
近赤外分光光度計　**125**
近接場光学顕微鏡　243
近接場ラマン光　134
金属イオン試験紙　311
金薄膜チップ　316

空冷型 X 線管　41
屈折計　312
クベルカ-ムンク関数　120
クラーク型微少電極　85
グラファイトカーボン　233
クラマー-クロニー変換　140
グルコースセンサー　88
グルタールアルデヒド法　301
クロスニコルの状態　135, 139
クロマトグラム　278

蛍光異方性　6
蛍光イムノアッセイ　300, 303
蛍光強度　4

335

蛍光顕微鏡　243
蛍光光度計　4
蛍光寿命計　10
蛍光プローブ　95
蛍光偏光測定装置　6
蛍光誘導体化反応　4
軽油の分離　268
ケモメトリクス　324
ケルダール法　324
ゲル電気泳動装置　288
原子間力顕微鏡　246
元素分析　321, 323
顕微赤外分光法　124
顕微測定用フーリエ変換赤外分光光度計　123
顕微ラマン分光光度計　133
顕微ラマン分光法　123

光学顕微鏡　242
光学遅延変調法　139
光学的ゼロ位法　115
交差分極法　158
高性能薄層クロマトグラフィー　277
酵素イムノアッセイ　301
高速液体クロマトグラフ　250, 274
高速向流クロマトグラフ　294
酵素センサー　88
後段加速型検出器　50
光電効果　107
光度滴定装置　98
高分解能電荷結合素子　229
高分解能透過電子顕微鏡像　240
交流熱量計　180
向流分配クロマトグラフ　294
誤差拡大係数　70
固体核磁気共鳴装置　155
固体高分解能 NMR　156
コットレルの式　80
コットン効果　141, 144
ゴニオメーター　210
固有 X 線　37
コロナ放電　259
混合酸無水物法　301

コンプトン散乱　107

サ 行

最小分散度　292
サイズ分離ゲル電気泳動　288
酸化還元滴定用標準溶液　99
酸化還元電位計　76
酸素イオン伝導体　90
三相面　91
サンドイッチ法　304
三連四重極型質量分析計　61

紫外線照射装置　21
時間分解蛍光イムノアッセイ　303
時間分解蛍光光度計　8
磁気異方性効果　152
色彩測定器　309
刺激値直読方法　309
自己集合単分子膜　93
示差走査熱量計　173, 180
示差熱分析装置　171
シチジンの構造解析　217
実体顕微鏡　243
シマレイミド法　301
シム　156
遮へい体　106
重金属分析管理用試料　43
集束マイクロ波方式　320
自由誘導減衰　151, 167
ジュワー容器　7
脂溶性 pH 応答色素　95
衝突誘導解離　60
シリコン・ドリフト検出器　42
ジルコニア式酸素ガスセンサー　90
伸張・圧縮型粘弾性測定装置　327
シンチレーション計数管　38
振動式密度計法　325

水銀の定量　20
水素イオン活量　73
水素化物生成法　30
水素化物発生原子吸光分光光度計　23

垂直ローター　317
水分気化-電量滴定法水分測定装置　105
水分気化法　105
水分測定装置　102
スイングローター　317
ストークス式　331
ストークスの法則　5
ストリークカメラ　10
スネルの法則　313
スパーク放電　34
スパーク放電発光分析装置　34
スパン校正　74
スピン-スピン結合　152
スピン量子数　150

制限視野回折像　230
生体高分子の構造解析　218
生物化学的酸素要求量　85
赤外拡散反射分光法　119
赤外全反射吸収法　118
赤外発光スペクトル　122
赤外発光分光法　121
積算濃度　289
絶対スピン濃度　161
絶対分析法　70
ゼーマン分裂　151
ゼロ校正　74, 312
ゼロ磁場分裂定数　161
遷移磁気能率　144
遷移双極子能率　144
旋光計　135
旋光分散計　139
全消費型バーナー　32
全反射蛍光 X 線分析装置　41
全反射蛍光顕微鏡　112

双極子相互作用　157
双極子デカップリング　158
走査電子顕微鏡　234
走査トンネル顕微鏡　244
走査トンネル分光　244
速度制御法　169
ゾーン電気泳動装置　284

タ 行

大気圧イオン化法　258
大気圧化学イオン化　46, 258
楕円率　144
濁度計　306
多重標識測定　9
単結晶回折計　214
単収束質量分析計　50
ダンシルアミノ酸　251
タンデム質量分析計　60
断熱型熱量計　178
断熱走査双子型熱量計　180
タンパク質分析　260

中性子検出器　219
超臨界流体クロマトグラフ　274
超臨界流体抽出装置　318
直流ポーラログラフ　78
沈降相当径　331

低角度光散乱法　307
ディジタル屈折計　312
底質試料の分析　27
低速電子回折装置　201
定電圧電流法　83
定電位クーロメトリー　81
定電流クーロメトリー　81
低分子化合物分析　262
ディレイドエクストラクション法　57
デカップリング　153
滴下水銀電極　78
デプスプロファイル　207
デュプレクサー　155
電位差滴定法　100
電解分析装置　79
電界放射型電子銃　198
電界放出電子銃　234
電気泳動　285
電気化学測定装置　79
電気加熱原子吸光分光分析法　18
電気加熱炉　18
電気浸透　285
電気滴定装置　100

電気伝導率計　86
電気透析形サプレッサー　255
電子イオン化法　65
電子エネルギー損失分光法　239
電子-核二重共鳴　168
電子スピンエコー　168
電子スピン共鳴装置　161
電子スピン包絡線変調　168
電子線回折装置　201
電子線マイクロアナライザー　186
電子チャネリングコントラスト　236
電子対生成　107
デンシトグラム　278
デンシトメーター　278
伝導型熱量計　178
電流滴定法　100
電量滴定　81
電量滴定法水分測定装置　104
電量分析装置　81

同位体希釈法　69
透過光による検鏡方法　242
透過電子顕微鏡　228
凍結乾燥機　333
等速電気泳動装置　280
動的粘弾性測定　177
等電点ゲル電気泳動　288
等電点電気泳動装置　282
導電率計　86
糖度計　138, 313
等密度遠心法　317
トーチ　31
ドデシル硫酸ナトリウム　286
ドライチャンバー　333

ナ 行

二結晶分光方式　222
二次イオン質量分析計　205
二次元ゲル電気泳動　288
二次電子増倍管　65
二重共鳴法　153
二重収束型質量分析計　50
二相溶媒　296

ニュートラルロス走査法　60
尿素センサー　89

熱機械分析装置　176
熱重量測定装置　169
熱の平衡状態　33
熱補償型 DSC　174
熱流束型 DSC　173, 174
熱量計　178
ネブライザー　259
粘弾性測定原理　327
粘弾性測定装置　327
粘度計　329

濃度消光　5

ハ 行

バイオセンサー　88
ハイパワーデカップリング法　158
薄層クロマトグラフ　277
波長分散型分光器　186
波長分散型蛍光 X 線分析装置　37
パックテスト　311
発光イムノアッセイ　300, 303
発光分析法　27
ハナワルト法　210
パルス光　10
パルス電子スピン共鳴装置　167
パルス分布解析法　36
反射光検鏡方法　243
反射高速電子回折装置　201

光音響顕微鏡　148
光音響分光装置　146
光散乱光度計　307
光電子回折　203
光電子増倍管　26
非競合法　304
飛行時間型質量分析計　55
比重計　325
ヒ素の定量　24
ビタミン E 誘導体　265
比熱測定装置　180

非分散型赤外分光光度計　116
表面増強ラマン散乱　127
表面プラズモン　314
表面プラズモン共鳴センサー　95
表面プラズモン共鳴測定装置　314

ファイバーセンサー　93
ファクター校正　312
ファラデーカップ検出器　65
ファラデー変調器法　136
ファンダメンタルパラメーター法　40
ファン・デームター式　251
フォースカーブ　246
不完全プロトン照射法　154
ブーゲ-ベールの法則　3, 94, 114, 306
フラウンホーファー回折　331
フラグメントイオン　49
ブラッグの条件　38
フーリエ変換 ESR 法　167
フーリエ変換赤外分光光度計　116
プリカーサー走査法　60
ブリックス計　313
フレーム原子吸光分光光度計　15
フローインジェクション　24
フローインジェクション分析装置　291
フロースルーマイクロ波方式　320
プロダクトイオン走査法　60
プロトンノイズデカップリング　154
分画遠心法　317
文化財鉄釘　109
分極滴定法　103
分光干渉　27
分光器　4, 25
分光光度計　2
分光測色方法　309
分光素子　37
分光立体角反射率　310
分散型赤外分光光度計　114
分散型ラマン分光計　130

分子楕円率　144
分取液体クロマトグラフ　252
分析電子顕微鏡　239
分配係数　296
粉末 X 線回折計　210
粉末中性子回折装置　219

ベースピーク　49
ペプチドマスシーケンスタグ法　261
ペプチドマッピングフィンガープリント法　59
ヘリウム MIP　30
変調磁場　162

飽和移動　162
ポストカラム検出器　13
ホスフォロスコープ　7
ポテンショスタット　79, 81
ポーラスアルミナ　172
ポーラログラフ式酸素計　84
ポリアクリルアミド　289
ポリアクリルアミド修飾　282
ポリエチレンテレフタレート　174
ポリスチレン　175, 181
ボルタンメトリー　80
ボルツマンの分布則　33

マ 行

マイクロシリンジ　266
マイクロタイタープレート　305
マイクロチャネルプレート光電子増倍管　10
マイクロ波オートクレーブ方式　320
マイクロ波加熱　321
マイクロ波キャビティー方式　320
マイクロ波分解装置　320
マイクロ波誘導プラズマ原子発光分光分析装置　29
マイラーフィルム　44
膜厚測定　39
摩擦力顕微鏡　247

マジックアングルスピニング法　157
マージングゾーン法　293
マトリックス支援レーザー脱離イオン化法　55, 57
マルチチャネルプレート　55
マレイミドサクシニミジルエステル法　301
マンガン含有率　17

ミクロフロー法　293
ミー散乱　331
ミセル動電クロマトグラフィー　286
密度計　325
密度勾配遠心法　317
密封形比例計数管　38
ミー-レイリーの法則　306

無反跳分率　182
無輻射失活　146

メスバウアー効果　183
メスバウアー分光装置　182
免疫センサー　88

モディファイヤー　275
モリブデン青法　3
モル電気伝導率　86

ヤ 行

有機元素分析装置　323
誘電体損失係数　320
誘導結合プラズマ質量分析　194
誘導結合プラズマ質量分析装置　68
誘導結合プラズマ発光分光分析装置　25
ユウロピウムキレート　9
油溶性色素の分離　279
溶液化学発光　12
溶存酸素計　84
溶融シリカキャピラリー　284
容量滴定法水分測定装置　104

予混合バーナー　15
四極子相互作用　157
四重極型質量分析計　46

ラ　行

ラジオイムノアッセイ　300
ラマン散乱光　132
ラングミュア-ブロジット膜　93

リートベルト解析　212
リートベルト法　220
粒度分布測定装置　331
りん光測定装置　7

励起子キラリティ法　145
冷却トラップ　333
レイリー散乱　131, 307, 331
レーザー　11
レーザースキャン顕微鏡　243
レーザーラマン分光光度計　130
レーザー励起蛍光光度計　11

ロックインアンプ　148

欧　文

AC カロリメーター　180
AEM　239
AES　198
AFM　246
APCI　46, 258
API 法　258
APPI 法　258

Beenakker キャビティー　30

CCC　294
CCD　229, 312
CHA　199
CID　60
CIEF　282
CITP　280
CMA　199
CPC　295
CV-AAS　20

CW 法　151
CZE　284

D-SIMS　206
DME　78
DSC　173
DTA　171

EBSD 法　237
ECC　236
EDS　186
EELS　239
EIA　300
ELISA　303
ELNES　240
ENDOR　168
EPMA　186
ESE　168
ESEEM　168
ESI　46, 258
ESR　161
ESR イメージング法　163
ET-AAS　18
EXAFS　222

FAAS　15
FE 電子銃　234
FIA　291, 300
FT 法　151
FT-ラマン分光光度計　126
FT-ESR　167
FT-SERS 分光法　127
FTIR　116
FTIR-ATR 法　118
FTIR-DRS 法　119
FTIR-RAS 法　120

GC　266
GC-MS　269
GC-TOF-MS　59
Ge 検出器　106

HPLC　250, 274
HPTLC　277
HREM　241
HSCCC　294

Hy-AAS　23

IC　254
ICDD-PDF　210
ICP-AES　25
ICP-MS　68, 194
ICP 発光分析装置　25
IEF　282
ISFET　89
IT-MS　46
ITP　280

LC-MS　258
LC-NMR　264
LC-TOF-MS　59
LEED 装置　201
LIA　300

MALDI-TOF-MS　57
MIP-AES　29
MS/MS　60

NMR　150

Okamoto キャビティー　30
ORP　76

PEM　143
pH 計　73
pH 標準液　73
PMF 法　59
PMS 法　261
PSD　219

QP-MS　46

RAS 法　120
RGB 表色系　310
RHEED 装置　201
RIA　300

S-SIMS　206
SD-OES　34
SDD　42
SDS ゲル電気泳動　290
SEM　234

索　引

339

SERS 127
SFC 274
SFE 318
SIM 法 270
SIMS 205
SNP 89
SPR 95, 314
SPR グラム 315
SSD 42
STM 244
STS 244

TEM 228

TG 169
TIM 法 270
TLC 277
TMA 176
TOF-MS 55
TR-FIA 303
TXRF 192

WDS 186

X 線応力測定装置 225
X 線吸収分光装置 222
X 線光電子分光装置 196, 204

X 線反射率測定装置 195
XAFS 222
XANES 222
XPS 196, 204

YSZ 90

ZAF 法 188
ZE 284

γ 線測定装置 106

$\phi(\rho z)$ 法 188

資　料　編

―掲載会社―
（五十音順）

京都電子工業株式会社 …………………………………………………1
日本シイベルヘグナー株式会社 ………………………………………2
日本電子株式会社 ………………………………………………………3
株式会社リガク …………………………………………………………4,5

KEM

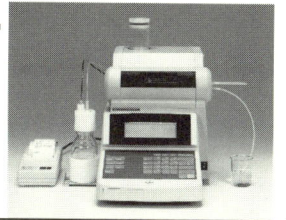

密度比重計 DA-520

振動式密度比重計法は、微量サンプルをスピーディに精度良く測定できる優れた方法です。
石油や石油製品、化学製品、飲料類、医薬、食品など液体製品の品質管理や研究などに広く使われています。

特徴

○ 恒温機能搭載。
○ 自動粘度補正機能内蔵。
○ サンプリング及び乾燥用ポンプの内蔵により、測定セルの洗浄・乾燥が容易。
○ GLPに適応した機能があり、チェック測定や校正の履歴の保存及び印字が可能。

仕様

測定範囲	0〜3 g/cm3
正確さ	± 0.00002 g/cm3
測定温度	4〜70℃
くり返し性	SD:0.000005 g/cm3
最小必要試料	1) シリンジによる手動注入時:約1.2mL 2) 内蔵ポンプによる自動吸引時:約2mL
測定時間	1) 手動操作:1〜4分 2) プログラムによる自動操作:2〜10分
自動粘度補正機能	内蔵
ディスプレイ	240x64ドットバックライト付き液晶ディスプレイ
表示内容	密度、比重、振動周期、測定温度など
インターフェイス	1) プリンタ接続用 2) 多検体チェンジャ接続用 3) パソコン接続用RS-232C
PCカード	メモリカードや濃度換算テーブルカードとして使用
使用環境	温度5〜35℃、湿度85%RH以下

屈折計 RA-520N

屈折計RA-520Nは、光屈折臨界角検出法を用いて液体の屈折率を測定する装置です。食品や飲料関係の品質管理には屈折計が利用されており、日本農林規格(JAS)や日本工業規格(JIS)などにも屈折率の測定が定められています。

特徴

○ 短時間(最短で約4秒)での測定が可能。
○ 恒温機能搭載。
○ 屈折率から各濃度を計算することができます。
○ 多検体チェンジャを接続することができます。

仕様

測定範囲	1.32000〜1.58000
くり返し性	± 0.00002
測定温度	15〜50℃
ディスプレイ	240x64ドットバックライト付き液晶ディスプレイ
インターフェイス	1.プリンタ接続用 2.多検体チェンジャ接続用 3.パソコン接続用RS-232C
PCカード	データや測定パラメータの保存が可能
表示内容	屈折率、Brixなど

京都電子工業株式会社

東京営業所 〒102-0084 東京都千代田区二番町8-3
大阪営業所 〒540-0031 大阪市中央区北浜東1-8
福岡営業所 〒812-0013 福岡市博多区博多駅東1-11-5
北九州営業所 〒804-0003 北九州市戸畑区中原新町1-2

ホームページ:http://www.kyoto-kem.com
☎(03) 3239-7332 FAX(03) 3237-0537
☎(06) 6942-7373 FAX(06) 6942-9898
☎(092) 473-4001 FAX(092) 473-4003
☎(093) 861-2525 FAX(093) 861-2250

Anton Paar

回転粘度計、粘弾性測定装置の
世界標準機

回転粘度計 レオラボQC

単純な回転粘度から複雑系まで

　一定の回転粘度の評価から、サンプルのチクソトロピー性やレベリング性、たれ性といった複雑な流動特性を幅広い回転速度・せんだん速度範囲で再現性良く評価できる品質管理向け高性能型回転粘度計です。装置単体またはパソコンによる制御方式を選択できます。

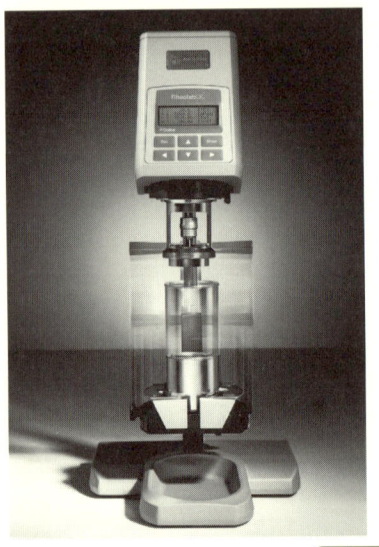

粘弾性測定装置 Physica MCRシリーズ

水から固体まで

　水の粘度測定から熱硬化性樹脂の硬化過程、固体サンプルのねじり測定（DMTA）まで1台の装置で様々なアプリケーションに対応する研究開発向け粘弾性測定装置です。日本語表示のソフトウェアにより直感的にかつ簡単に操作することができます。

最大温調範囲：-150～1,000℃

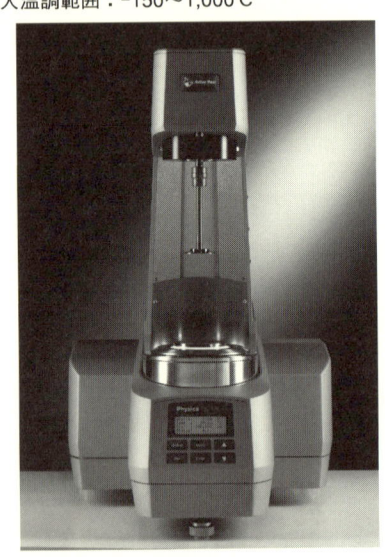

豊富なオプション

- UV硬化セル　　：UV光照射タイミングと同期した測定により、UV硬化過程を数値化
- ボール測定セル　：セメント材料や果肉入りジャムなど、粒子系の大きなサンプルの粘度測定
- ER/MRセル　　：電気粘性流体（ER）、磁気粘性流体（MR）の流動特性変化を評価
- 界面セル　　　　：気―液、液―液界面に発生する微小構造を粘弾性測定により評価
- SALSセル　　　：流動誘起光散乱現象と粘弾性測定の同時測定

詳細については　http://www.anton-paar.jp/

- 低粘度・粘弾性のことならアプリケーションラボにお問い合わせ下さい。　TEL.03-3767-4510

DKSH Market Intelligence　日本シイベルヘグナー株式会社　テクノロジー事業部門 科学機器部
〒108-8360 東京都港区三田4-19（シイベルヘグナー三田ビル）TEL.03-5730-7610 FAX.03-5730-7606

資料編

豊かな未来に、科学で貢献します

日本電子はナノテクノロジーへの最適なソリューションを提供します

ナノテクノロジーは、21世紀の産業基盤技術と言われています。材料・情報通信・ライフサイエンス・環境などあらゆる分野の研究に、ナノテクノロジーが根幹の科学技術となっています。ナノテクノロジーが創る未来社会に貢献するために、日本電子の経営理念を通して、ユーザーの皆様と共に、ナノテクノロジーソリューションに取り組みつづけたいと考えています。

JXA-8500F
フィールドエミッション
電子プローブマイクロアナライザ

JSM-7000F
電解界放出形走査電子顕微鏡

JAMP-9500F
フィールドエミッション
オージェマイクロプローブ

"Accu TOF"シリーズ
飛行時間形質量分析計

JMS-800D
ダイオキシン類分析専用質量分析計

JNM-ECA800 FT NMR装置／固体NMR

JEOL 日本電子株式会社　　http://www.jeol.co.jp/

本社・昭島製作所　〒196-8558　東京都昭島市武蔵野3-1-2　☎(042)543-1111
営業本部　〒190-0012　東京都立川市曙町2-8-3　新鈴春ビル3F　☎(042)528-3353(電子光学機器)　☎(042)528-3340(分析機器)
札幌 (011) 726-9680・仙台 (022) 222-3324・筑波 (029) 856-3220・東京 (042) 528-3211・横浜 (045) 474-2181
名古屋 (052) 581-1406・大阪 (06) 6304-3941・広島 (082) 221-2500・高松 (087) 821-8487・福岡 (092) 411-2381

資　料　編

3

株式会社 リガク
携帯型 蛍光 X 線分析装置
NITON XLt シリーズ 成分分析計

特　徴：
超小型ミニチュア X 線管球と高感度エネルギー分散型 X 線検出器を組み合わせ，計測から成分計算表示までの全機能を片手操作可能な携帯型にまとめた本格的な組成分析用蛍光 X 線分析装置．分析結果は試料表面状態には影響を受けない．金属はもちろん，プラスチック，土壌なども前処理なしで，そのまま分析できる．バッテリー駆動で，どこでも，いつでも持ち出して分析できる．パソコンやプリンターとは無線通信で接続でき，スペクトル解析も可能．

用　途：
合金の元素成分分析，Mg(12) – Bi(83)，合金ライブラリーとの照合機能内蔵
土壌中の元素成分分析，S(16) – Bi(83)，(Pb, Hg, Cd, As, Se, Cr ほか)
プラスチック中の有害元素成分分析，Ti(22) – Bi(83)，(Pb, Cd, Br, Hg, Cr ほか)

性能（typical）：
合金中の元素成分分析　　鉄鋼中の Cu：0.04%(LOD) 30 秒
土壌中の Pb：5 ppm(LOD)　3 分　　プラスチック中の Pb：2 ppm(LOD)　3 分

構　造：
使用 X 線管球；加速電圧 40 kV　最大出力 1 W
検出器；－25℃電子冷却 PIN ダイオード
MCA(4,096 チャンネル)・スペクトル演算・
FP 法による成分計算搭載
防 X 線インタロック標準装
LCD 画面に成分値をリアルタイム表示
4,300 データー記憶および読み出し可能
外部機器(プリンター・パソコン)との無線送受信機能標準装備
バーコードリーダ機能内蔵　　防滴構造
寸法・重量　248 × 273 × 95 mm　1.7 kg (バッテリー含む)

原　理：
装置先端部に置かれた超小型ミニチュア X 線管球に最大定格 40 kV の加速電圧が XG (X 線源発生器) から与えられ，極めて微弱な X 線を発生し，試料に励起 X 線として照査する．試料からは元素組成比に準じた蛍光 X 線が発生し，その
蛍光 X 線を－25℃に冷却した Si-PIN ダイオード検出器で検出する．検出器に入射した X

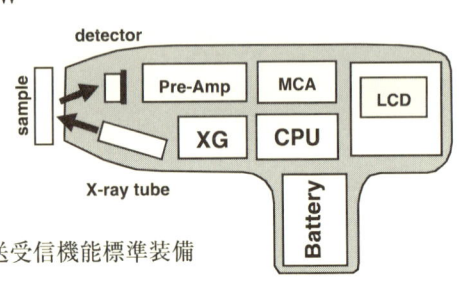

線はフォトン1個ごとにパルスを発生させるが，そのパルス波高は試料元素に固有の高さを持つ．パルス波信号はプリアンプを介してMCA（マルチチャンネルアナライザー）でそれぞれのパルス波高別にチャンネル分けされ，スペクトルとして演算部に送られる．分析演算部は，X線管球や検出器の経時変化による信号量変動，および試料表面状態による蛍光X線強度の変動などを，FP法（ファンダメンタルパラメータ法）とコンプトン散乱補正法で処理し，LCD画面に成分値を刻々表示する．

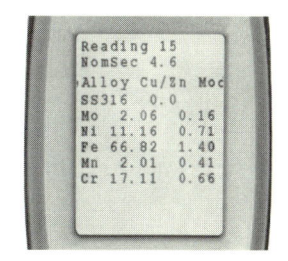

使用法：

蛍光X線分析法の最大の特徴である非破壊分析の利点を活かし，試料表面の形状にはまったくとらわれず，凹凸のある金属試料や，粉体，土壌，プラスチック成型品などを前処理なしでいきなり分析できる．試料の測定先端部には試料位置センサーがあり，試料がない場合にはX線は放射しない．充電式バッテリー駆動で，通電後すぐに使用可能．1回の充電で5～8時間の連続使用が可能．

使用例：

合金成分の測定

土壌の現地測定

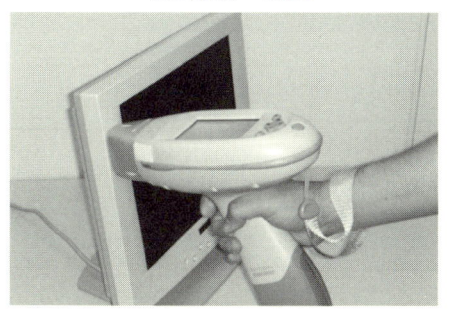

プラスチック成型品の測定

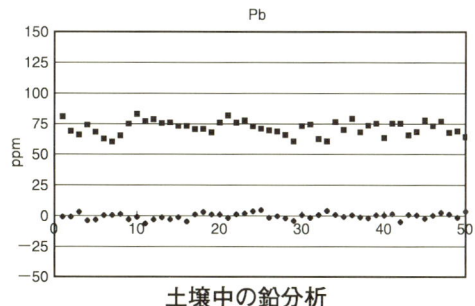

土壌中の鉛分析
鉛70ppmおよび＜1ppmの50回繰り返し再現テスト

㈱リガク NITON グループ　〒151-0051 東京都渋谷区千駄ヶ谷4-14-4
TEL：03-3479-3065　FAX：03-3479-6171

機器分析の事典

定価は外函に表示

2005年11月25日　初版第1刷
2007年5月20日　　　第2刷

編　集　社団法人　日本分析化学会
発行者　朝　倉　邦　造
発行所　株式会社　朝　倉　書　店
　　　　東京都新宿区新小川町 6-29
　　　　郵便番号　162-8707
　　　　電　話　　03(3260)0141
　　　　Ｆ Ａ Ｘ　　03(3260)0180
　　　　http://www.asakura.co.jp

〈検印省略〉

© 2005〈無断複写・転載を禁ず〉

ISBN 978-4-254-14069-9　C 3543

中央印刷・渡辺製本

Printed in Japan

日本分析化学会編

分離分析化学事典

14054-5 C3543　　　A5判 488頁 本体18000円

分離，分析に関する事象や現象，方法などについて，約500項目にまとめ，五十音順配列で解説した中項目の事典。〔主な項目〕界面／電解質／イオン半径／緩衝液／水和／溶液／平衡定数／化学平衡／溶解度／分配比／沈殿／透析／クロマトグラフィー／前処理／表面分析／分光分析／ダイオキシン／質量分析計／吸着／固定相／ゾル-ゲル法／水／検量線／蒸留／インジェクター／カラム／検出器／標準物質／昇華／残留農薬／データ処理／電気泳動／脱気／電極／分離度／他

前学習院大 高本　進・前東大 稲本直樹・
前立大 中原勝儼・前電通大 山崎　昶編

化合物の辞典

14043-9 C3543　　　B5判 1008頁 本体55000円

工業製品のみならず身のまわりの製品も含めて私達は無機，有機の化合物の世界の中で生活しているといってもよい。そのような状況下で化学を専門としていない人が化合物の知識を必要とするケースも増大している。また研究者でも研究領域が異なると化合物名は知っていてもその物性，用途，毒性等までは知らないという例も多い。本書はそれらの要望に応えるために，無機化合物，有機化合物，さらに有機試薬を含めて約8000化合物を最新データをもとに詳細に解説した総合辞典

東大 梅澤喜夫編

化学測定の事典
―確度・精度・感度―

14070-5 C3043　　　A5判 352頁 本体9500円

化学測定の3要素といわれる"確度""精度""感度"の重要性を説明し，具体的な研究実験例にてその詳細を提示する。〔実験例内容〕細胞機能（石井由晴・柳田敏雄）／プローブ分子（小澤岳昌）／DNAシーケンサー（神原秀記・釜堀政男）／蛍光プローブ（松本和子）／タンパク質（若林健之）／イオン化と質量分析（山下雅道）／隕石（海老原充）／星間分子（山本智）／火山ガス化学組成（野津憲治）／オゾンホール（廣田道夫）／ヒ素試料（中井泉）／ラマン分光（浜口宏夫）／STM（梅澤喜夫・西野智昭）

前東工大 鈴木周一・前理科大 向山光昭編

化学ハンドブック（新装版）

14071-2 C3043　　　B5判 1056頁 本体29000円

物理化学から生物工学などの応用分野に至るまで広範な化学の領域を網羅して系統的に解説した集大成。基礎から先端的内容まで，今日の化学が一目でわかるよう簡潔に説明。各項目が独立して理解できる事典的な使い方も出来るよう配慮した。〔内容〕物理化学／有機化学／分析化学／地球化学／放射化学／無機化学／錯体化学／生物化学／高分子化学／有機工業化学／機能性有機材料／有機・無機（複合）材料の合成・物性／医療用高分子材料／工業物理化学／他。初版1993年

首都大 伊与田正彦・東工大 榎　敏明・東工大 玉浦　裕編

炭素の事典

14076-7 C3543　　　A5判 660頁 本体22000円

幅広く利用されている炭素について，いかに身近な存在かを明らかにすることに力点を置き，平易に解説。〔内容〕炭素の科学：基礎（原子の性質／同素体／グラファイト層間化合物／メタロフラーレン／他）無機化合物（一酸化炭素／二酸化炭素／炭酸塩／コークス）有機化合物（天然ガス／石油／コールタール／石炭）炭素の科学：応用（素材としての利用／ナノ材料としての利用／吸着特性／導電体, 半導体／燃料電池／複合材料／他）環境エネルギー関連の科学（新燃料／地球環境／処理技術）

前日赤看大 山崎　昶編

化学データブックI　無機・分析編

14626-4　C3343　　　　A 5 判　192頁　本体3500円

研究・教育，あるいは実験をする上で必要なデータを収録。元素，原子，単体に関わるデータについては，周期表順，数値の大→小の順に配列。〔内容〕元素の存在，原子半径，共有結合半径，電気陰性度，密度，融点，沸点，熱，解離定数，他

佐々木義典・山村　博・掛川一幸・
山口健太郎・五十嵐香著
基本化学シリーズ12

結晶化学入門

14602-8　C3343　　　　A 5 判　192頁　本体3500円

広範囲な学問領域にわたる結晶化学を図を多用し平易に解説。〔内容〕いろいろな結晶をながめる／結晶構造と対称性／X線を使って結晶を調べる／粉末X線回折の応用／結晶成長／格子欠陥／結晶に関する各種データとその利用法／付表

東大 渡辺　正編著
化学者のための基礎講座 6

化学ラボガイド

14588-5　C3343　　　　A 5 判　200頁　本体3200円

化学実験や研究に際し必要な事項をまとめた。〔内容〕試薬の純度／有機溶媒／融点／冷却・加熱／乾燥／酸・塩基／同位体／化学結合／反応速度論／光化学／電気化学／クロマトグラフィー／計算化学／研究用データソフト／データ処理

日本分析化学会編

分析化学実験の単位操作法

14063-7　C3043　　　　B 5 判　292頁　本体4800円

研究上や学生実習上，重要かつ基本的な実験操作について，〔概説〕〔機器・器具〕〔操作〕〔解説〕等の項目毎に平易・実用的に解説。〔主内容〕てんびん／測容器の取り扱い／濾過／沈殿／抽出／滴定法／容器の洗浄／試料採取・溶解／機器分析／他

幸本重男・加藤明良・唐津　孝・小中原猛雄・
杉山邦夫・長谷川正著
基本化学シリーズ 2

構造解析学

14572-4　C3343　　　　A 5 判　208頁　本体3400円

有機化合物の構造解析を 1 年で習得できるようわかりやすく解説した教科書。〔内容〕紫外-可視分光法／赤外分光法／プロトン核磁気共鳴分光法／炭素-13核磁気共鳴分光法／二次元核磁気共鳴分光法／質量分析法／X線結晶解析

日本分析化学会編
入門分析化学シリーズ

分　離　分　析

14565-6　C3343　　　　B 5 判　136頁　本体3800円

化学の基本ともいえる物質の分離について平易に解説。〔内容〕分離とは／化学平衡／反応速度／溶媒の物性と溶質・溶媒相互作用／汎用試薬／溶媒抽出法／イオン交換分離法／クロマトグラフィー／膜分離／起泡分離／吸着体による分離・濃縮

日本分析化学会編

基　本　分　析　化　学

14066-8　C3043　　　　B 5 判　216頁　本体3600円

理学・工学系，農学系，薬学系の学部学生を対象に，必要十分な内容を盛り込んだ標準的な教科書。〔内容〕分析化学の基礎／化学分析，分離と濃縮・電気泳動／機器分析，元素分析法・電気化学分析法・熱分析法・表面分析法／生物学的分析法／他

太田清久・酒井忠雄編著　中原武利・増原　宏・
寺岡靖剛・田中庸裕・今堀　博・石原達己他著
役にたつ化学シリーズ 4

分　析　化　学

25594-2　C3358　　　　B 5 判　208頁　本体3400円

材料科学，環境問題の解決に不可欠な分析化学を正しく，深く理解できるように解説。〔内容〕分析化学と社会の関わり／分析化学の基礎／簡易環境分析化学法／機器分析法／最新の材料分析法／これからの環境分析化学／精確な分析を行うために

小熊幸一・石田宏二・酒井忠雄・渋川雅美・
二宮修治・山根　兵著
基本化学シリーズ 7

基　礎　分　析　化　学

14577-9　C3343　　　　A 5 判　208頁　本体3800円

化学の基本である分析化学について大学初年級を対象にわかりやすく解説した教科書。〔内容〕分析化学の基礎／容量分析／重量分析／液-液抽出／イオン交換／クロマトグラフィー／光分光法／電気化学的分析法／付表

舟橋重信編　内田哲男・金　継業・竹内豊英・
中村　基・山田眞吉・山田碩道・湯地昭夫他著

定　量　分　析
—基礎と応用—

14064-4　C3043　　　　A 5 判　184頁　本体2900円

分析化学の基礎的原理や理論を実験も入れながら平易に解説した。〔内容〕溶液内反応の基礎／酸塩基平衡と中和滴定／錯形成平衡とキレート滴定／沈殿生成平衡と重量分析・沈殿滴定／酸化還元反応と酸化還元滴定／溶媒抽出／分光分析／他

中井　泉編
蛍光 X 線分析の実際
14072-9 C3043　　　　B 5 判 248頁 本体5700円

試料調製，標準物質，蛍光 X 線装置スペクトル，定量分析などの基礎項目から，土壌・プラスチック・食品中の有害元素分析，毒物混入飲料の分析，文化財などへの非破壊分析等の応用事例，さらに放射光利用分析，などについて平易に解説

日本分析化学会 X 線分析研究懇談会編
粉末 X 線解析の実際
—リートベルト法入門—
14059-0 C3043　　　　B 5 判 208頁 本体4800円

物質の構造解析法として重要な X 線粉末回折法—リートベルト解析の実際を解説。〔内容〕粉末回折法の基礎／データ測定／データの解析／応用／結晶学／リートベルト法／リートベルト解析のためのデータ測定／実例で学ぶリートベルト解析／他

慶大 大場　茂・前奈良女大 矢野重信編著
化学者のための基礎講座12
X 線構造解析
14594-6 C3343　　　　A 5 判 184頁 本体3200円

低分子〜高分子化合物の構造決定の手段としての X 線構造解析について基礎から実際を解説。〔内容〕X 線構造解析の基礎知識／有機化合物や金属錯体の構造解析／タンパク質の X 線構造解析／トラブルシューティング／CIFファイル／付録

日本分析化学会ガスクロ研究懇談会編
キャピラリーガスクロマトグラフィー
14052-1 C3043　　　　A 5 判 176頁 本体3500円

ガスクロマトグラフィーの最新機器である「キャピラリーガスクロマトグラフィー」を用いた分離分析の手法と簡単な理論についてわかりやすく解説。〔内容〕序論／分離の理論／構成と操作／定性分析／定量分析／応用技術／各種の応用例

前神奈川大 竹内敬人・加藤敏代・角屋和水著
初歩から学ぶ NMRの基礎と応用
14068-2 C3043　　　　B 5 判 168頁 本体3500円

NMRを親しみやすく，ていねいに解説。〔内容〕知っておきたいNMRの基本／プロトン化学シフト／^{13}C化学シフトは有機化学に不可欠／スピン結合は原子のつながりを教える／緩和も重要な情報源／2次元NMRを理解するために／他

日本分析化学会編
入門分析化学シリーズ
機　器　分　析 (1)
14563-2 C3343　　　　B 5 判 144頁 本体4000円

代表的な13の機器分析について解説。〔内容〕原子吸光・蛍光／原子発光／X線分析／放射化分析／イオン選択性電極／ボルタンメトリー／紫外・可視／蛍光・りん光／円偏光／赤外・ラマン／NMR／ESR／質量分析

名工大 津田孝雄・広島大 廣川　健編著
機　器　分　析　化　学
14067-5 C3043　　　　B 5 判 216頁 本体3800円

大学理工系の学部，高専で初めて機器分析を学ぶ学生のための教科書。〔内容〕分離／電磁波を用いた分離法／温度を用いた分析法／化学反応を利用した分析法／電子移動・イオン移動を伴う分析法／NMR／電子スピン共鳴法／表面計測／他

前都立大 保母敏行・前千葉大 小熊幸一編著
理工系 機 器 分 析 の 基 礎
14056-9 C3043　　　　B 5 判 144頁 本体3400円

おもに理工系の学生のために，種々の機器を使った分析法についてわかりやすく解説した教科書。〔内容〕吸光光度法／原子吸光法／蛍光・りん光／赤外・ラマン／電気分析法／クロマトグラフィー／X線分析／原子発光／質量分析法

理科大 中村　洋編著
機 器 分 析 の 基 礎
34006-8 C3047　　　　B 5 判 168頁 本体3900円

理工学から医学・薬学・農学にわたり種々の機器を使った分析法について分かりやすく解説した教科書。〔内容〕分子・原子スペクトル分析／電気分析／熱分析／放射能を用いる分析／クロマトグラフィー／電気泳動／生物学的分析／容量分析／他

日本分析化学会編
入門分析化学シリーズ
機器分析におけるコンピュータ利用
14562-5 C3343　　　　B 5 判 144頁 本体3400円

機器を用いた実験を行う際必要不可欠なコンピュータやエレクトロニクスについて解説。〔内容〕集積回路／コンピュータの種類・仕組み／ソフトウェア／機器（紫外・可視，蛍光・りん光，クロマトグラフ，NMR・ESR，他）への応用

上記価格（税別）は 2007 年 4 月現在